R을 활용한

소셜 빅데이터
연구방법론

송태민 · 송주영 지음

한
나래
아카데미

R을 활용한
소셜 빅데이터 연구방법론

지은이 | 송태민 · 송주영
펴낸이 | 한기철

2016년 1월 20일 1판 1쇄 펴냄
2016년 8월 25일 1판 2쇄 펴냄

펴낸곳 | 한나래출판사
등록 | 1991. 2. 25 제22-80호
주소 | 서울시 마포구 토정로 222, 한국출판콘텐츠센터 309호
전화 | 02-738-5637 · 팩스 | 02-363-5637 · e-mail | hannarae91@naver.com
www.hannarae.net

ⓒ 2016 송태민 · 송주영
published by Hannarae Publishing Co.
Printed in Seoul

ISBN 978-89-5566-189-7 93310

머리말

스마트폰, 센서, 모바일 인터넷, 그리고 소셜 미디어 등의 급속한 보급과 확산으로 데이터량이 비약적으로 증가하면서 데이터가 경제적 자산이 될 수 있는 빅데이터 시대가 도래하였다. 세계 각국의 정부와 기업들은 빅데이터가 미래 국가 경쟁력에 큰 영향을 미칠 것으로 기대하고 있으며, 국가별로는 안전을 위협하는 글로벌 요인이나 테러·재난재해·질병·위기 등에 선제적으로 대응하기 위해 빅데이터를 활용한 시스템을 우선적으로 도입하고 있다. 특히, 주요국들은 SNS를 통해 생산되는 소셜 빅데이터를 활용·분석함으로써 사회적 문제를 해결하고 정부 정책의 수요를 예측하기 위하여 적극적으로 노력하고 있다. 우리나라 역시 정부 3.0과 창조경제를 실현하기 위하여 다양한 분야에서 빅데이터의 효율적 활용을 적극적으로 모색하고 있다.

빅데이터는 데이터의 형식이 복잡하고 방대할 뿐만 아니라 그 생성 속도가 매우 빨라 기존의 데이터 처리 방식이 아닌 새로운 관리 및 분석 방법을 필요로 한다. 이에 따라 방대한 데이터를 집적(集積)·관리하면서 복잡하고 다양한 사회현상을 분석할 수 있는 능력을 지닌 데이터 사이언티스트(data scientist)의 역할이 그 중요성을 더해 가고 있다.

기존에 실시하던 횡단적 조사와 종단적 조사 등을 대상으로 한 연구는 정해진 변인들에 대한 개인과 집단의 관계를 파악하는 데는 유용하나, 사이버상에서 언급된 정보 혹은 개인별 온라인 문서에서 논의된 정보 상호 간의 연관관계를 밝히고 원인을 파악하는 데는 한계가 있다. 이에 반해 '소셜 빅데이터 분석'은 훨씬 방대한 양의 데이터를 활용하여 다양한 참여자의 생각과 의견을 확인할 수 있기 때문에 보다 정확히 사회적 문제를 예측하고 현상에 대한 복잡한 연관관계를 밝혀낼 수 있다.

그동안 저자들은 급속히 변화하는 사회현상을 예측하여 선제적으로 대응하기 위해 정형화된 빅데이터와 소셜 빅데이터를 연결하여 분석하는 연구에 노력을 경주해왔다. 이 책 역시 그러한 연구의 결과로, 실제로 소셜 빅데이터를 분석하여 미래를 예측하고 정책을 개발하기 위해 필요한 전체 연구과정(데이터 수집부터 분석과 고찰에 이르는 전체 과정)을 자세히 담았다. 또한 온라인 문서에서 유용한 정보를 추출하는 텍스트마이닝, 문서에 담긴 감정을 분석하는 오피니언마이닝, 키워드 간 상호관계를 예측하는 데이터마이닝과 시각화 분석 과정 등을 깊이 있게 다루었다.

이러한 점에서 본서는 몇 가지 특징을 지닌다.

첫째, 본서에 수록된 소셜 빅데이터 연구사례의 모든 분석에는 기본적으로 오픈소스 프로그램인 R을 사용하였고 일부 분석 내용은 SPSS와 비교하여 설명하였다. 이로써 독자들이 통계분석, 데이터마이닝, 그리고 시각화 분석 등을 통하여 분석결과를 비교할 수 있도록 하였다.

둘째, 기본적인 통계지식과 고급통계를 모르더라도 독자가 쉽게 따라할 수 있도록 연구 단계별로 본문을 구성하고 상세히 기술하였다.

셋째, 대부분의 소셜 빅데이터 연구를 위한 실전자료와 분석결과는 국내외 학회지에 게재하여 검증을 받았다.

넷째, 소셜 빅데이터 연구를 위한 방법론과 함께 실제 연구사례를 담아 독자들이 사회현상 분석 및 정책수요 예측을 위한 연구에 쉽게 적용할 수 있도록 하였다.

본서의 내용을 소개하면 다음과 같다.

1부에서는 소셜 빅데이터의 이론적 배경과 함께 소셜 빅데이터를 분석하기 위한 다양한 연구방법론을 설명하였다. 1장에는 빅데이터의 정의, 소셜 빅데이터 분석방법과 수집 및 분류 방법, 소셜 빅데이터 활용방안 등에 대해 상세히 기술하였다. 2장에는 소셜 빅데이터 분석 프로그램인 R의 설치 및 활용 방법을 소개하고, 소셜 빅데이터 분석을 위해 데이터 사이언티스트가 습득해야 할 과학적 연구방법에 관해 기술하였다. 3장에는 데이터마이닝의 의사결정나무분석, 분류모형 평가, 연관분석의 개념을 설명하고 분석 사례를 기술하였다. 4장에는 소셜 빅데이터 분석결과를 시각적으로 표현하고 전달하는 과정인 시각화에 대해 상세히 기술하였다.

2부에서는 국내의 온라인 뉴스사이트, 블로그, 카페, SNS, 게시판 등에서 수집한 소셜 빅데이터를 바탕으로 분석한 실제 연구사례를 기술하였다. 5장에는 '소셜 빅데이터 분석 기반 메르스 정보 확산 위험요인 예측' 연구사례를 기술하였다. 6장에는 '소셜 빅데이터를 활용한 통일인식 동향 분석 및 예측' 연구사례를 기술하였다. 7장에는 '소셜 빅데이터를 활용한 한국의 섹스팅 위험 예측' 연구사례를 기술였다. 8장에는 '소셜 빅데이터를 활용한 담배 위험 예측' 연구사례를 기술하였다.

본서에 기술된 대부분의 연구는 2015년부터 최근까지 국내 학회지 등에 게재된 것이며 일부는 해외 학회지에 싣기 위해 작성된 논문으로 구체적인 분석 내용들은 저자들의 의견임을 밝힌다. 이 책을 저술하는 데는 많은 주변 분들의 도움이 컸다. 먼저 본서의 출간을 가능하게 해주신 한나래아카데미 한기철 사장님과 조광재 상무님 및 편집부 직원들께 감사의 인사를 드린다. 저자들이 집필하면서 참고한 서적이나 논문의 저자 분들께도 머리 숙여 감사를 드린다. 특히, 소셜 빅데이터 수집을 지원해주신 SKT 스마트인사이트의 김정선 박사님과 임직원들께 무한한 감사를 전한다.

끝으로 소셜 빅데이터 분석을 통하여 급속히 변화하는 사회현상을 예측하고 창조적인 발견을 이끌어내고자 하는 모든 분들에게 이 책이 실질적인 도움이 되기를 바란다. 나아가 빅데이터 연구의 학문적 발전을 이루고 더 나은 미래를 여는 길에 일조할 수 있기를 진심으로 희망한다.

2016년 1월

송태민·송주영

일러두기

- 이 책의 2부(5~8장)에는 실제 국내 학회지 등에 게재된 내용을 본문에 기술하였다.
- 본문의 분석방법은 매뉴얼 형식으로 수록하여 초급자가 쉽게 따라 할 수 있도록 구성하였다.
- 본서에 사용된 모든 데이터 파일은 한나래출판사 홈페이지(http://www.hannarae.net) 자료실에서 내려받을 수 있다.
- R 프로그램은 R프로젝트의 홈페이지(http://www.r-project.org)에서 다운로드 받아 사용할 수 있다.
- 본서에 사용된 R 프로그램은 R-3.1.3 버전으로 본서의 R-설치 폴더에서 R-3.1.3-win.exe를 실행시킬 수 있다. 단, 일부 데이터마이닝 패키지(rpart, arulesVIZ 등) 실행 시에는 R-3.2.1-win.exe를 추가로 설치해야 한다.
- SPSS 평가판 프로그램은 (주)데이타솔루션 홈페이지(http://www.datasolution.kr/ trial/trial.asp)에서 회원 가입 후 설치할 수 있다.

1부 소셜 빅데이터 연구방법론

1장 소셜 빅데이터 분석과 활용방안

2장 소셜 빅데이터 연구방법론

3장 데이터마이닝

4장 시각화

소셜 빅데이터
연구방법론

1부에서는 소셜 빅데이터의 이론적 배경과 함께 소셜 빅데이터를 분석하기 위한 다양한 연구방법론을 설명하였다. 1장에는 빅데이터의 정의, 소셜 빅데이터 분석방법과 수집 및 분류 방법, 소셜 빅데이터 활용방안 등에 대해 상세히 기술하였다. 2장에는 소셜 빅데이터 분석 프로그램으로서 R과 SPSS의 설치 및 활용 방법을 소개하고, 빅데이터 분석을 위해 데이터 사이언티스트가 습득해야 할 과학적 연구방법에 관해 기술하였다. 3장에는 데이터마이닝의 의사결정나무분석, 분류모형 평가, 연관분석의 개념을 설명하고 분석 사례를 기술하였다. 4장에는 소셜 빅데이터 분석결과를 시각적으로 표현하고 전달하는 과정인 시각화에 대해 상세히 기술하였다.

1장

소셜 빅데이터 분석과 활용방안

최근 스마트폰, 스마트TV, RFID, 센서 등의 급속한 보급과 모바일 인터넷과 소셜미디어의 확산으로 데이터량이 기하급수적으로 증가하고 데이터의 생산·유통·소비 체계에 큰 변화가 일어나면서 데이터가 경제적 자산이 될 수 있는 빅데이터 시대를 맞이하게 되었다(송태민, 2012). 세계 각국의 정부와 기업들은 빅데이터가 향후 국가와 기업의 성패를 가름할 새로운 경제적 가치의 원천이 될 것으로 기대하고 있으며 더 이코노미스트(The Economist), 가트너(Gartner), 맥킨지(McKinsey) 등은 빅데이터를 활용한 시장변동 예측과 신사업 발굴 등 경제적 가치창출 사례 및 효과를 제시하고 있다. 특히 빅데이터는 미래 국가 경쟁력에도 큰 영향을 미칠 것으로 기대하여 국가별로는 안전을 위협하는 글로벌 요인이나 테러, 재난재해, 질병, 위기 등에 선제적으로 대응하기 위해 우선적으로 도입하고 있다.

구글 독감예보서비스(www.google.org/flutrends)는 독감·인플루엔자 등 독감과 관련된 검색어 쿼리의 빈도를 조사하여 독감확산 조기 경보체계를 제공하고 있다. 싱가포르는 테러 및 전염병으로 인한 불확실한 미래를 대비하기 위해 2004년부터 빅데이터를 분석·관리하는 RAHS(Risk Assessment & Horizon Scanning)[2] 시스템을 구축하여 운영하고 있다. 영국은 HSC(The Foresight Horizon Scanning Centre)[3]를 설립·운영하면서 비만대책 수립, 잠재적 위험 관리(해안침식·기후변화), 전염병 대응 등 사회 전반의 다양한 문제에 빅데이터 기술을 활용하고 있다. EU는 대지진이나 쓰나미 같은 자연재난, 테러, 글로벌 위기, 참여와 네트워크 등 미래의 문제들에 대비하기 위한 iKnow(Interconnect Knowledge) 프로젝트를 추진하여 세계 변화의 불확실성에 대응하고 있다. OECD는 빅데이터를 비즈니스 효율성을 제공하는 새로운 자산으로 인식하여 제15차 WPIIS 회의[4]에서 빅데이터의 경제적 가치 측정을 의제로 채택하였다. 한국에서는 현 정부의 주요 정책과제인 정부3.0과 창조경제를 실현하고자 다양한 분야에서 빅데이터의 활용가치를 강조하고 있다.

---

1. 본 글의 일부 내용은 '송태민(2015). 소셜 빅데이터 분석과 활용방안. 보건복지포럼, 통권 제227호'에 게재된 내용임을 밝힌다.

2. http://www.rahs.gov.sg/public/www/home.aspx, 2015. 8. 5. 인출

3. https://www.gov.uk/government/groups/horizon-scanning-centre, 2015. 8. 5. 인출

4. OECD, 15TH MEETING OF THE WORKING PARTY ON INDICATORS FOR THE INFORMATION SOCIETY, 7-8 June 2011.

빅데이터는 데이터의 형식이 다양하고 방대할 뿐만 아니라 그 생성 속도가 매우 빨라 기존의 데이터 처리 방식이 아닌 새로운 관리 및 분석 방법이 요구된다. 또한 트위터나 페이스북과 같은 소셜미디어에 남긴 정치·경제·문화에 대한 메시지가 그 시대의 감성과 정서를 파악할 수 있는 원천으로 등장함에 따라 대중매체에 의해 수립된 정책의제는 이제 소셜미디어를 통해 파악할 수 있으며, 개인이 주고받은 수많은 댓글과 소셜 로그정보는 공공정책을 위한 공공재로서 진화 중에 있다(송영조, 2012). 이와 같이 많은 국가와 기업에서는 SNS를 통하여 생산되는 소셜 빅데이터를 분석·활용함으로써 새로운 경제적 효과와 일자리 창출을 도모하고, 나아가 사회적 문제를 해결하기 위하여 적극적으로 노력하고 있다.

기존에 실시하던 횡단적 조사나 종단적 조사 등을 대상으로 한 연구는 정해진 변인들에 대한 개인과 집단의 관계를 보는 데는 유용하나 사이버상에서 언급된 개인별 문서(버즈: buzz)에서 논의된 관련 정보 상호 간의 연관관계를 밝히고 원인을 파악하는 데는 한계가 있다(송주영·송태민, 2014). 이에 반해 소셜 빅데이터 분석은 훨씬 방대한 양의 데이터를 활용하여 다양한 참여자의 생각과 의견을 확인할 수 있기 때문에 보다 정확히 사회적 문제를 예측하고 현상에 대한 복잡한 연관관계를 밝혀낼 수 있다.

본고는 다양한 분야의 소셜 빅데이터를 수집·분석하여 가치를 창출하고 미래를 예측할 수 있는 소셜 빅데이터 연구방법과 활용방안을 제시하고자 한다.

2 빅데이터 개요

2-1 빅데이터 정의

위키피디아(Wikipedia)에서는 빅데이터를 "기존 데이터베이스 관리도구로 데이터를 수집·저장·관리·분석하는 역량을 넘어서는 대량의 정형 또는 비정형 데이터 세트 및 이러한 데이터로부터 가치를 추출하고 결과를 분석하는 기술"로 정의하고 있다(2015. 8. 5). 가트너[5]는 "더 나은 의사결정, 시사점 발견 및 프로세스 최적화를 위해 사용되는 새로운 형태의 정보처리가

---

5. http://www.gartner.com/newsroom/id/2124315, 2015. 8. 5. 인출

필요한 대용량, 초고속 및 다양성의 특성을 지닌 정보자산"으로 정의하고 있으며, 맥킨지[6]는 "일반적인 데이터베이스 소프트웨어 도구가 수집·저장·관리·분석하기 어려운 대규모의 데이터"로 정의하고 있다. 이와 같은 정의를 살펴볼 때 '빅데이터'란 엄청나게 많은 데이터로 양적인 의미를 벗어나 데이터 분석과 활용을 포괄하는 개념으로 이해할 수 있다(송태민, 2012).

우리나라는 정부3.0의 효과적인 추진과 생애주기별 맞춤형 서비스 및 국민 행복 실현을 위하여 정부 차원의 빅데이터 추진방안을 마련하였다. 빅데이터의 주요 특성은 일반적으로 3V(Volume, Variety, Velocity)를 기본으로 2V(Value, Veracity)나 1C(Complexity)의 특성을 추가하여 설명한다[그림 1-1]. 특히, 보건복지 분야에서는 국민의 생명과 직결되는 정보를 다루기 때문에 빅데이터에서 가치(Value)와 신뢰성(Veracity)은 매우 중요하다고 볼 수 있다.

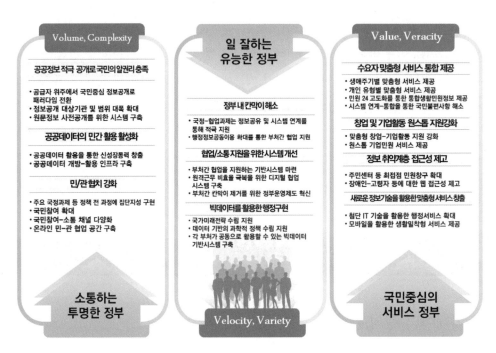

[그림 1-1] 빅데이터의 특성과 정부3.0 추진 전략

---

6. McKinsey Global Institute(2011). Big data: The next frontier for innovation, competition, and productivity, 2015. 8. 5. 인출.

2-2 공공 빅데이터 현황

'공급자 위주'에서 '국민 중심' 정보 공개로 패러다임이 전환됨에 따라 공공정보가 민간의 창의성 및 혁신적인 아이디어와 결합하여 새로운 비즈니스를 창출할 수 있는 생태계 조성을 위해 많은 국가에서 공공정보 공개를 추진하고 있다. 우리나라는 2011년 8월부터 정부와 공공기관이 보유한 데이터를 대대적으로 개방하여 기관 간 공유는 물론 국민과 기업이 상업적으로 자유롭게 활용할 수 있도록 공공데이터 개방을 추진하고 있다. 공공데이터는 각 기관이 전자적으로 생성·취득하여 관리하고 있는 모든 데이터베이스 또는 전자화된 파일로, 범정부 차원에서 영리·비영리 목적에 관계없이 개발·활용을 촉진하고 있다. 공공데이터 개방과 관련하여 2013년 10월 '공공데이터의 제공 및 이용 활성화에 관한 법률'이 제정·시행됨에 따라 각 부처별로 분야별 공공데이터의 공개와 효율적 활용방안을 모색하고 있다(송태민 외, 2014).

OECD는 2015년 처음으로 국가별 공공데이터 개방 전략 수립과 이행을 돕기 위해 가용성(availability), 접근성(accessibility), 정부지원(government support)의 3개 분야 19개 지표로 구성된 공공데이터 개방지수를 평가하여 2015년 정부백서(Government at a Glance 2015)를 발표하였다. OECD 대상국의 공공데이터 개방지수 평균은 0.58이었으며, 한국이 1위로 0.98, 2위 프랑스(0.92), 3위 영국(0.83), 4위 호주(0.81), 5위 캐나다(0.79) 등의 순으로 선정되었다[그림 1-2].[7]

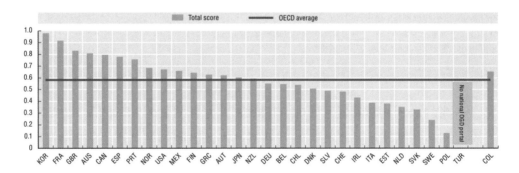

자료: OECD(2015), Government at a Glance 2015
[그림 1-2] OECD 공공데이터 개방지수 순위

---

7. 월드와이드웹 재단(World Wide Web Foundation)에서 발표한 ODB(Open Data Barometer) 2015에서 86개국을 대상으로 공공데이터를 평가한 결과 1위는 영국(100점), 2위 미국(92.66점), 3위 스웨덴(83.7점), 4위 프랑스(80.21), 5위 뉴질랜드(80.01) 순으로 나타났으며, 한국은 체코와 공동 17위로 평가되었다.

우리나라의 공공데이터는 공공데이터 포털(data.go.kr)에서 공개하고 있으며, 2015년 7월 24일 현재 1만 8,014건의 데이터셋을 제공하고 있다. 전체 데이터셋 중 보건복지분야 데이터는 10.57%로 보건분야 909건, 복지분야 995건의 총 1,904건이 제공되고 있다[표 1-1].

[표 1-1] 보건복지분야 공공데이터 제공 현황(데이터 최초 등록일 기준)　　　　　　　　　　(단위: N, %)

구분		2013	2014	2015	계	
보건	공공기관	23	88	4	115	(12.7)
	국가행정기관	13	82	8	103	(11.3)
	지방행정조직	142	519	30	691	(76.0)
	소계	178	689	42	909	(100.0)
		(19.6)	(75.8)	(4.6)		
복지	공공기관	23	83	1	113	(11.4)
	국가행정기관	12	48	10	70	(7.0)
	정부투자기관	1	7	1	9	(0.9)
	지방행정조직	219	550	34	803	(80.7)
	소계	255	668	46	995	(100.0)
		(26.3)	(68.9)	(4.7)		
계		433 (22.7)	1,377 (72.3)	88 (4.6)	1,904	(100.0)

1) 공공기관(총 15개 기관): 건강보험심사평가원, 국립암센터, 국립중앙의료원, 국민건강보험공단, 근로복지공단, 대한적십사, 한국건강증진개발원, 한국과학기술정보연구원, 한국국제보건의료재단, 한국보건복지정보개발원, 한국보건산업진흥원, 한국보건의료인국가시험원, 한국산업안전보건공단, 한국지역난방공사, 한국환경공단
2) 국가행정기관(총 3개 기관): 국민안전처, 보건복지부, 행정자치부
3) 자치행정조직(총 17개 시도): 강원도, 경기도, 경상남도, 경상북도, 광주광역시, 대구광역시, 대전광역시, 부산광역시, 서울특별시, 세종특별자치시, 울산광역시, 인천광역시, 전라남도, 전라북도, 제주특별자치도, 충청남도, 충청북도
※ 공공데이터 현황파악 조사: 2015. 07. 24. 기준

보건복지분야에서 제공하는 공공데이터의 연도별 상위 빈출 키워드는 [표 1-2]와 같다. 보건분야는 2013년과 2014년의 경우 '병원'과 관련된 공공데이터의 제공 빈도가 높은 반면 2015년에는 '미용' 관련 공공데이터의 제공 빈도가 높은 것으로 나타났다[그림 1-3].

[표 1-2] 보건복지분야 연도별 상위 빈출 키워드

구분	보건			복지		
	2013년	2014년	2015년	2013년	2014년	2015년
1	병원	병원	미용	노인	시설	노인
2	의료기관	업소	병원	현황	장애인	마을회관
3	현황	의료기관	의료기관	장애인	현황	아동
4	약국	약국	공중위생	복지시설	노인	현황
5	의원	의료	피부	복지	복지	노인복지
6	업소	현황	의원	시설	어린이	무료급식
7	예방접종	국가시험	이미용	약국	아동	복지
8	용인시	보건의료	미용실	경로당	청소년	복지시설
9	공중위생	공중위생	세탁	아동	센터	장례
10	정보	광주광역시	위생소	센터	복지시설	회관

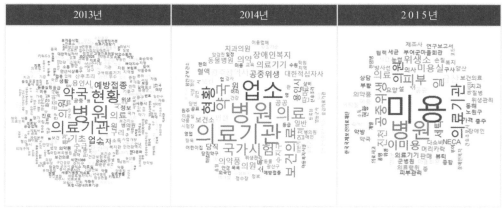

[그림 1-3] 연도별 보건분야 제공 데이터의 키워드 워드클라우드(Word Cloud)

복지분야는 2013년부터 2015년까지 노인 및 장애인, 복지시설 관련 공공 데이터의 제공 빈도가 높게 나타났으며, 2015년에는 무료급식 관련 공공 데이터를 업로드 하면서 상위 빈출 키워드로 나타났다[그림 1-4].

[그림 1-4] 연도별 복지분야 제공 데이터의 키워드 워드클라우드

2-3 빅데이터 개인정보보호 방안

현재 어느 나라를 막론하고 빅데이터 활용의 가장 큰 과제는 개인의 사생활 비밀보호 및 개인정보보호이다(송태민 외, 2014). 개인정보보호에 중점을 두면 빅데이터 활용을 저해하게 될 우려가 있다. 개인정보보호법의 목적은 '개인정보의 수집·유출·오용·남용으로부터 사생활의 비밀 등을 보호함으로써 국민의 권리와 이익을 증진'하는 데 있다. 그러나 현실적으로 개인정보와 비개인정보를 명확히 구분하기가 어렵고, 비즈니스에 있어 자동적으로 수집되는 데이터가 비개인정보라고 할지라도 프라이버시를 침해할 가능성이 있다(송태민 외, 2014). 특히 소셜미디어에 공개된 개인정보는 위변조와 오남용이 쉽고 상업적 이용을 위한 정보수집 등에 노출될 수 있기 때문에 프라이버시 침해 문제가 발생할 가능성이 매우 높다(송태민 외, 2014).

방송통신위원회는 2013년 12월 18일 '빅데이터 개인정보보호 토론회'와 2014년 3월 19일 '온라인 개인정보보호 세미나'를 통해 의견을 수렴하고 2014년 12월 23일 '빅데이터 개인정보보호 가이드라인'을 발표하였다. 가이드라인의 주요 내용은 [표 1-3]과 같이 빅데이터 수집 시부터 개인식별 정보에 대해 비식별화 조치를 철저히 취하고 개인의 사상·신념, 정치적 견해와 같은 민감정보에 대해 조합·분석과 같은 처리를 금하는 것 등이다.

빅데이터로부터 개인을 보호하기 위해 가장 중요한 것은 특정 개인을 식별하지 못하도록 하는 익명화와 정보접근 및 정보처리에 대한 통제다. 그러나 정보접근 및 정보처리에 대한 통제를 강하게 하면 정보활용을 활성화할 수 없기 때문에 빅데이터의 '활용과 보호의 균형'에 대한 효과적인 정책이 우선적으로 마련되어야 할 것이다(송태민, 2013).

[표 1-3] '빅데이터 개인정보보호 가이드라인'의 주요 내용

구분	내용
비식별화 조치	수집 시부터 개인식별 정보에 대한 철저한 비식별화 조치(제3조·제4조·제5조·제10조) • 개인정보가 포함된 공개된 정보 및 이용내역정보는 비식별화 조치를 취한 후 수집·저장·조합·분석 및 제3자 제공 등이 가능하다.
공개를 통한 투명성 확보	빅데이터 처리 사실·목적 등의 공개를 통한 투명성 확보(제4조·제5조·제9조) • 개인정보 취급방침을 통해 비식별화 조치 후 빅데이터 처리 사실·목적·수집 출처 및 정보 활용 거부권 행사 방법 등을 이용자에게 투명하게 공개한다. • (개인정보 취급방침) 비식별화 조치 후 빅데이터 처리 사실·목적 등을 이용자 등에게 공개하고 '정보 활용 거부 페이지 링크'를 제공하여 이용자가 거부권을 행사할 수 있도록 조치한다. • (수집 출처 고지) 이용자 이외의 자로부터 수집한 개인정보 처리 시 '수집 출처·목적, 개인정보 처리 정지 요구권'을 이용자에게 고지한다.
재식별 시 비식별화 조치	개인정보 재식별 시 즉시 파기 및 비식별화 조치(제3조·제6조) • 빅데이터 처리 과정 및 생성정보에 개인정보가 재식별될 경우, 즉시 파기하거나 추가적인 비식별화 조치를 취한다.
민감정보의 처리 금지	민감정보 및 통신비밀의 수집·이용·분석 등 처리 금지(제7조·제8조) • 특정 개인의 사상·신념, 정치적 견해 등 민감정보의 생성을 목적으로 정보의 수집·이용·저장·조합·분석과 같은 처리를 금지한다. • 이메일, 문자메시지 등 통신 내용의 수집·이용·저장·조합·분석과 같은 처리를 금지한다.
기술적·관리적 보호조치	수집된 정보의 저장·관리 시 '기술적·관리적 보호조치' 시행 (제3조·제2항) • 비식별화 조치가 취해진 정보를 저장·관리하고 있는 정보 처리시스템에 대한 기술적·관리적 보호조치를 적용한다. ※ (보호조치) 침입차단시스템 등 접근 통제장치 설치, 접속기록에 대한 위·변조 방지 조치 백신 소프트웨어 설치·운영, 악성프로그램에 의한 침해 방지 조치 등을 취한다.

3 소셜 빅데이터 분석방법

빅데이터 분야에서 '데이터 사이언티스트(data scientist)'는 트위터, 페이스북 등 온라인 채널에서 수집되는 비정형 데이터를 신속하게 분석한다. 소셜미디어에서 정보를 뽑아내고 분석하는 방법은 크게 세 가지로 나눌 수 있다(송태민·송주영, 2013).

첫째, 텍스트마이닝(text mining)은 인간의 언어로 쓰인 비정형 텍스트에서 자연어처리기술을 이용하여 유용한 정보를 추출하는 것을 말한다. 다시 말해 비정형 텍스트의 연계성을 파악하여 분류 혹은 군집화하거나 요약하는 등 빅데이터 속에 숨겨진 의미 있는 정보를 발견하는 것이다.

둘째, 오피니언마이닝(opinion mining)은 소셜미디어의 텍스트 문장을 대상으로 자연어처리 기술과 감성분석 기술을 적용하여 사용자의 의견(긍정, 보통, 부정 등)을 분석하는 것으로

마케팅에서는 버즈(buzz: 입소문)분석이라고도 한다.

셋째, 네트워크 분석(network analysis)은 네트워크 연결구조와 연결강도를 분석하여 어떤 메시지가 어떤 경로를 통해 전파되는지, 누구에게 영향을 미칠 수 있는지를 파악하는 것이다.

소셜 빅데이터 분석 절차 및 방법은 [그림 1-5]와 같다.

첫째, 해당 주제와 관련한 문서(메르스)를 분석 모델링을 통해 수집대상과 수집범위를 설정한 후, 대상채널(뉴스·블로그·카페·게시판·SNS 등)에서 크롤러 등 수집엔진(로봇)을 이용하여 수집한다. 이때 불용어(메르스벤츠, 메르스데스벤츠)를 지정하여 수집의 오류를 방지하고, 메르스 관련 연관 키워드 그룹(메르스 바이러스, 중동 호흡기 증후군, 메르스 코로나 바이러스, 매르스)을 지정한다.

둘째, 수집한 메르스 원데이터(raw data)는 텍스트 형태의 비정형 데이터로 연구자가 원상태로 분석하기에는 어려움이 있다. 따라서 수집한 비정형 데이터를 텍스트마이닝, 오피니언 마이닝을 통하여 분류하고 정제하는 절차가 필요하다. 정제된 비정형 데이터 분석은 버즈분석, 키워드분석, 감성분석, 계정분석 등으로 진행한다.

셋째, 비정형 빅데이터를 정형 빅데이터로 변환해야 한다. 메르스 관련 주제분석 사례를 살펴보면, 메르스 버즈 각각의 문서는 ID로 코드화하여야 하고 버즈 내에서 발생하는 키워드는 모두 코드화하여야 한다.

넷째, 사회현상과 연계하여 분석하기 위해서는 정형화된 빅데이터를 오프라인 통계(조사) 자료와 연계해야 한다. 오프라인 통계 자료는 대부분 정부나 공공기관에서 유료 또는 무료로 제공하기 때문에 연계 대상 자료와 함께 연계 가능한 식별자(일별·월별·연별·지역별)를 확인한 후 오프라인 자료를 수집해 연계(link)할 수 있다.

다섯째, 오프라인 통계 자료와 연계된 정형화된 빅데이터의 분석은 요인 간 인과관계나 시간별 변화궤적을 분석할 수 있는 구조방정식모형이나 일별(월별·연별), 지역별 사회현상과 관련된 요인과의 관계를 분석할 수 있는 다층모형, 그리고 수집된 키워드의 분류과정을 통해 새로운 현상을 발견할 수 있는 데이터마이닝 분석이나 시각화를 실시할 수 있다.

[그림 1-5] 소셜 빅데이터 분석 절차 및 방법(메르스 버즈 분석 사례)

빅데이터 연계방법[big data linkage(matching)]으로는 정확매칭(exact matching)과 통계적매칭(statistical matching)이 있다. 정확매칭은 고유식별 정보가 존재할 때 사용하며, 통계적매칭은 고유식별 정보가 존재하지 않기 때문에 유사한 개체를 찾아 상호 데이터를 결합시킬 때 사용한다. 소셜 빅데이터와 공공 빅데이터의 연계는 시간 변수와 지역 변수 등을 고유식별 정보로 하여 상호 매칭하는 정확매칭 방법을 활용할 수 있다[표 1-4].

[표 1-4] 빅데이터 분석 기반의 위기청소년 예측 및 적시대응 기술개발 연계 사례

소셜빅데이터	1388정형빅데이터	최종연계빅데이터
일자	일자	일자
성적	가출	성적
성	가정폭력	성
우울	학업중단	우울
경제	학교폭력	경제
질병	성	질병
외모	흡연음주	외모
자살위험	자살	자살위험
	인터넷중독	가출
	은둔형	가정폭력
	비행	학업중단
		학교폭력
		성
		흡연음주
		자살
		인터넷중독
		은둔형
		비행

소셜 빅데이터 수집 및 분류 방법에는 두 가지가 있다. 첫 번째는 해당 토픽에 대한 이론적 배경 등을 분석하여 온톨로지(ontology)를 개발한 후 온톨로지의 키워드를 수집하여 분류하는 톱다운(top-down) 방법이다. 두 번째는 해당 토픽을 웹크롤러로 수집한 후 범용 사전이나 사용자 사전으로 분류(유목화 또는 범주화)하는 보텀업(bottom-up) 방법이다.

4-1 톱다운 방법[8]

소셜 미디어에 표현되는 언어들은 주로 사람들이 일상 대화에서 쓰는 구어체 문장으로 이루어진 비정형 데이터이기 때문에(노진석, 2012) 이를 보다 효과적으로 수집·분석하기 위한 분석틀이 필요하다. 분석틀의 내용으로는 관련 주제가 어떤 개념 영역들로 구성되어 있는지와 각 개념 간 관계에 대한 정의가 필요하기 때문에, 이를 반영한 온톨로지를 개발하여야 한다. 온톨로지는 관심 주제의 공유된 개념(shared concepts)을 형식화하고(formalizing) 표현하기(representing) 위한, 컴퓨터가 해석 가능한 지식 모델(computer-interpretable knowledge model)이다(Kim et al., 2013). 수집되는 소셜 빅데이터 자료는 비정형적으로 다양하게 표현되므로 온톨로지를 구성하는 개념을 설명하는 용어와 그 유의어를 정의하여 기술하는 용어체계를 마련해야 한다.

따라서 온라인상의 비만 주제에 대한 소셜 빅데이터를 수집하기 위해서는 수집된 빅데이터 자료를 식별하고 활용하기 위한 분석틀로서, 비만관리 관련 주제를 분류하고 비만관리 온톨로지와 용어체계를 개발해야 한다. 비만 온톨로지의 예를 들면 [그림 1-6]과 같이 비만의 진단, 예방과 치료 방법은 대상자가 보유한 인구학적 특성, 위험요인, 증상 및 징후, 합병증 유무의 영향을 받는다.

---

8. 본 절의 내용은 '송태민 외(2014). 보건복지 빅데이터 효율적 관리방안 연구'의 일환으로 비만 빅데이터 수집을 위해 서울대학교 간호대학 박현애 교수 연구팀과 공동으로 수행되었으며, 'Ae Ran Kim, Tae Min Song, Hyeoun-Ae Park(2014). Development of an obesity ontology for collection and analysis of big data related to obesity. TBC 2014'에 게재되었음을 밝힌다.

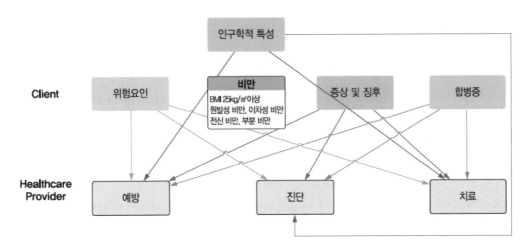

[그림 1-6] 비만 온톨로지(비만의 진단, 예방과 치료 프로세스)

　　온톨로지 개발은 비만 관리 주제를 설명하는 분류틀에 해당하는 용어에 대하여 '대분류-중분류-소분류'의 각 영역 수준별로 용어를 추출하여 제시해야 한다. 따라서 [표 1-5]와 같이 각 용어별로 비만 관련 임상실무지침, 통계지표, 선행 문헌 검토 등의 방법을 이용하여 동의어와 유사어를 정의해야 한다.[9]

[표 1-5] 비만 온톨로지 분류에 따른 영역 수준

대분류	중분류	소분류 1	소분류 2	동의어·유의어	영역 수준
위험요인				위험인자, 위험요소	대분류(위험요인)
	식이 및 식사 습관			식사, 식이, 식이요법, 식사습관	대분류(위험요인)>중분류(식이 및 식사습관)
		고지방식이		고지방식, 지방 과다섭취	대분류(위험요인)>중분류(식이 및 식사습관)>소분류1(고지방식이)
			지방	기름기, 기름부위, 유지류	대분류(위험요인)>중분류(식이 및 식사습관)>소분류1(고지방식이)>소분류2(지방)
			과자	과자류, 비스킷, 스낵	대분류(위험요인)>중분류(식이 및 식사습관)>소분류1(고지방식이)>소분류2(과자)
			삼겹살구이	돼지고기 구이, 삼겹살	대분류(위험요인)>중분류(식이 및 식사습관)>소분류1(고지방식이)>소분류2(삼겹살구이)
			튀김	튀김요리, 튀김류	대분류(위험요인)>중분류(식이 및 식사습관)>소분류1(고지방식이)>소분류2(튀김)
			…		이외 분류를 포함할 수 있음

---

9. 비만 온톨로지 개발의 자세한 내용은 '송태민 외(2014). 보건복지 빅데이터 효율적 관리방안 연구. pp. 230-252'를 참조하기 바란다.

4-2 보텀업 방법

소셜 빅데이터를 수집 분류하기 위해서는 '21세기 세종계획'과 같은 범용 사전을 사용할 수 있지만 대부분 분석 목적에 맞게 사용자가 설계한 사전을 활용한다. 예를 들어 보건복지정책의 수요예측을 위하여 소셜 빅데이터를 수집한다고 하면, 웹크롤러의 수집 조건은 '보건, 복지, 보건복지'가 된다. 수집 가능한 채널(보건복지 키워드의 수집 가능 채널은 116개의 온라인 뉴스 사이트, 4개의 블로그, 2개의 카페, 2개의 SNS, 4개의 게시판 등 총 128개의 온라인 채널)에서 수집된 보건복지 온라인 문서는 범용 사전이나 사용자 사전을 이용하여 [그림 1-7]과 같이 유목화(범주화)한 후, 해당 키워드의 출현 유무를 확인하여 정형화 빅데이터로 변환해야 한다.

수집된 소셜 빅데이터의 분류 및 변환(정형 빅데이터 변환)을 완료한 후, 분류된 키워드에 대해 감성분석을 실시하여 요인을 추출(변수 축약)해야 한다. 감성분석은 사용자가 감성어 사전을 개발하여 해당 문서의 감성을 분석하는 방법[10]과 감정 키워드를 이용하여 요인분석과 주제분석을 실시하는 감성분석 방법이 있다.

보건복지 수요예측을 위해서는 해당 문서에 대해 '찬성, 반대'를 정의하는 감성분석을 실시해야 한다. 따라서 감정/태도로 분류된 59개(지원, 필요, 문제, 반대, 추진, 운영, 가능, 진행, 행복, 계획, 주장, 확대, 관심, 도움, 방문, 실시, 이용, 마련, 다양, 노력, 확인, 개선, 참여, 발표, 혜택, 지적, 중요, 논란, 기부, 사용, 최고, 폐지, 규제, 시행, 준비, 신청, 예정, 강화, 도입, 부담, 정의, 비판, 저지, 실현, 추천, 거짓말, 축소, 걱정, 증가, 부족, 어려움, 복지잔치, 억울, 무시, 소중, 외면, 신속, 최우선, 눈물)의 감정 키워드에 대해 요인분석을 통하여 변수축약을 실시해야 한다.[11] 1차 요인분석 결과 18개의 요인으로 축약되었고, 18개 요인에 대한 2차 요인분석 결과 5개 요인으로 축약되었다. 2차 요인분석 후 5개 요인으로 결정된 주제어의 의미를 파악하여 '찬성, 반대'로 감성분석을 실시한 결과 찬성요인(운영, 지원, 계획, 예정, 강화, 실시, 확대, 진행, 이용, 사용, 도입, 추진, 참여)과 반대요인(문제, 지적, 반대, 거짓말, 논란, 비판, 걱정, 억울, 외면)으로 분류하였다.

---

10. 비만의 감성분석은 감성어 사전을 사용하여 긍정(Positive)감정[비만예방하다, 하체비만(탈출하다·다이어트하다), 복부비만(해결하다·관리하다·빼다·벗어나다), 다이어트(성공하다·효과적이다·올바르다·빠르다·추천하다 등), 즉 비만 탈출의 긍정적 의미]은 성공(Success)으로, 부정(Negative)과 보통(Usually) 감정[마른비만, 비만(원인되다·심각하다·심각하다·증가하다·위험하다), 다이어트(무리하다·실패하다·잘못되다·포기하다·좋지 않다 등), 즉 비만 탈출의 부정과 보통의 의미]은 실패(Failure)로 분석하였다.

11. 보건복지 감성분석의 자세한 내용은 '송태민·송주영(2015). 빅데이터 연구 한 권으로 끝내기. 한나래아카데미. pp. 415-418'을 참조하기 바란다.

[그림 1-7] 보건복지 분류(범주화, 유목화) 체계

소셜 빅데이터 분석 사례(메르스 감정 위험 예측)[12]

5-1 분석대상 및 분석방법

본 연구는 149개의 온라인 뉴스사이트, 15개의 게시판, 1개의 SNS(트위터), 4개의 블로그, 2개의 카페 총 171개의 온라인 채널을 통해 수집 가능한 텍스트 기반의 웹문서(버즈)를 소셜 빅데이터로 정의하였다.

메르스 토픽(topic)으로는 모든 관련 문서를 수집하기 위해 '메르스'를 사용하였다. 토픽과 같은 의미로 사용되는 토픽 유사어로는 '메르스 바이러스, 중동 호흡기 증후군, 메르스 코로나 바이러스, 매르스' 용어를 사용하였고 불용어는 '메르스벤츠, 메르스데스벤츠'로 하였다.

소셜 빅데이터 수집은 우리나라에 메르스 발생이 알려진 시점인 2015년 5월 20일부터 6

---

12. 본 연구의 일부 내용은 해외 학술지에 게재하기 위하여 '송주영 교수(펜실베이니아주립대학교), 송태민 박사(한국보건사회연구원), 서동철 교수(이화여자대학교), 진달래 연구원(한국보건사회연구원), 김정선 박사(SK텔레콤 스마트 인사이트)'에서 공동 수행한 것임을 밝힌다.

월 18일까지(30일간) 해당 채널에서 매 시간 단위로 수집하였고,[13] 수집된 총 867만 1,695건[14] 의 텍스트 문서를 본 연구의 분석에 포함하였다. 메르스 위험을 설명하는 가장 효율적인 예측모형을 구축하기 위해 데이터마이닝의 연관규칙과 의사결정나무분석, 그리고 시각화 분석을 사용하였다. 연관규칙의 분석 알고리즘은 선험적 규칙(apriori principle)을 사용하였고, 의사결정나무 형성을 위한 분석 알고리즘은 훈련표본과 검정표본의 정분류율이 높게 나타난 Exhaustive CHAID(Chi-squared Automatic Interaction Detection) 알고리즘을 사용하였다. 기술분석, 다중응답분석, 로지스틱회귀분석, 의사결정나무분석은 SPSS 22.0을 사용하였고 연관분석과 시각화는 R version 3.1.3을 사용하였다.

5-2 분석결과

메르스 감정 키워드는 온라인 문서 수집 이후 주제분석을 통하여 총 181개의 긍정감정 키워드와 250개의 부정감정 키워드로 분류하고, 문서상의 긍정과 부정 키워드를 각각 합산한 후 감성분석을 실시하였다. 긍정은 메르스에 대해 안심하는 감정이고, 부정은 불안해하는 감정이며, 보통은 긍정과 부정이 동일한 감정을 나타낸다.

　[그림 1-8]과 같이 메르스와 관련된 버즈는 2015년 5월 28일 '내국인 메르스 의심자 1명 중국으로 출국' 보도(2015. 5. 28. 보도자료) 후 급속히 증가하여 5월 30일 '유언비어 관련 당부 사항'과 5월 31일 '보건복지부 장관, 메르스 확산 방지 위해 민관 합동 총력 대응 선언' 보도 이후 감소하였다가, 6월 1일 이후 메르스 추가 환자 발생과 사망자 발생 보도 후 급속히 증가한 것으로 나타났다. 또한 2015년 6월 7일 10대 감염자 첫 발생 이후 급속히 증가하여 6월 9일 세계보건기구(WHO) 메르스 합동조사단 국내활동 시작 보도 후 감소하였다가, 6월 14일 삼성서울병원 부분폐쇄 결정 보도 후 급속히 증가한 것으로 나타났다.

---

13. 본 연구를 위한 소셜 빅데이터의 수집 및 토픽 분류는 '(주)SK텔레콤 스마트인사이트'에서 수행하였다.

14. 블로그 7만 8,884건(0.9%), 카페 18만 7,641건(2.2%), SNS 767만 2,083건(88.5%), 게시판 45만 1,615건(5.2%), 뉴스 28만 1,472건(3.2%).

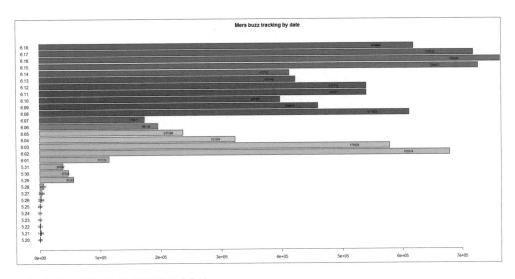

[그림 1-8] 메르스 관련 문서(버즈)량의 일별 추이

[그림 1-9]와 같이 메르스에 대한 단계별[15] 긍정적 감정(안심) 표현 단어는 전체적으로 '가능성, 안전, 진정, 안심, 극복, 응원' 키워드에 집중되었다. 단계적으로 보면 관심단계(1단계)와 주의단계(2단계)는 '가능성, 안전', 경계단계(3단계)는 '가능성, 기대', 심각1단계(4단계)는 '안전, 가능성', 심각2단계(5단계)와 심각3단계(6단계)는 '가능성, 안전' 키워드에 집중된 것으로 나타났다.

반면 메르스에 대한 부정적 감정(불안) 표현 단어는 전체적으로 '문제, 위험, 우려, 의심, 불안, 무능' 키워드에 집중되었다. 단계적으로 보면 관심단계는 '호소, 의심', 주의단계는 '공포, 의심', 경계단계는 '의심, 거부', 심각1단계는 '취소, 문제', 심각2단계는 '우려, 문제', 심각3단계는 '문제, 위험' 키워드에 집중된 것으로 나타났다.

---

15. 메르스가 국내에 알려진 5월 20일~25일을 관심단계, 내국인 메르스 환자 중국 출국과 평택성모병원 확진환자가 알려진 5월 26일~30일을 주의단계, 보건복지부장관의 '메르스 전파력 판단 미흡했다' 사과문 발표 이후 5월 31일~6월 4일을 경계단계, 박원순 서울시장의 '서울삼성병원 35번 확진자가 자가격리 중에 공공장소 활보하며 최소 1,500명의 사람과 접촉했다'는 발표 이후 6월 5일~10일을 심각1단계, 메르스 의심 임산부 확진, 대통령 미국 순방 일정 연기가 발표된 이후 6월 11일~14일을 심각2단계, 삼성서울병원 부분폐쇄가 결정된 이후 6월 15일~18일을 심각3단계의 6단계로 구분하였다.

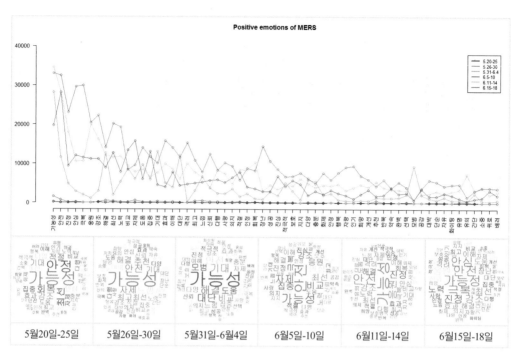

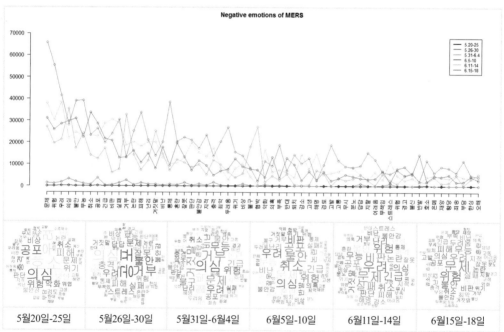

[그림 1-9] 메르스에 대한 단계별 감정 변화

[표 1-6]과 같이 메르스와 관련하여 긍정적 감정(안심)을 나타내는 온라인 문서(버즈)는 8.8%, 보통의 감정을 나타내는 버즈는 11.0%, 부정적 감정(불안)을 나타내는 버즈는 80.2%로 나타났다. 메르스 관련 순계정은 최초문서(21.6%), 확산문서(78.4%)의 순으로 나타났다. 메

르스 관련 증상은 전파(28.3%), 사망/중증질환(24.8%), 판정(17.1%), 호흡기증상(11.0%) 등의 순으로 나타났다. 메르스 관련 대처/치료로는 정부대응(27.6%), 격리(21.4%), 감염검사(19.9%) 등의 순으로 나타났다. 메르스 관련 산업으로는 전통시장(38.1%), 경기(15.8%), 백화점(9.9%) 등의 순으로 나타났다. 메르스 관련 예방으로는 마스크(35.8%), 예방수칙(35.7%), 손씻기(19.1%) 등의 순으로 나타났다. 메르스 관련 괴담으로는 루머(73.0%), 여의도성모병원(10.0%), 바셀린(8.9%) 등의 순으로 나타났다.

[표 1-6] 메르스 관련 버즈 현황

구분	항목	N(%)	구분	항목	N(%)
감정	긍정(안심)	613,538(8.8)	산업	경기	74,561(15.8)
	보통	760,750(11.0)		생활용품	16,443(3.5)
	부정(불안)	5,568,313(80.2)		건설산업	2,062(0.4)
	계	6,942,601		여행산업	27,024(5.7)
순계정	최초문서	1,873,412(21.6)		영화	43,038(9.1)
	확산문서	6,798,283(78.4)		숙박사업	19,281(4.1)
	계	8,671,695		식품산업	5,162(1.1)
증상	전파	507,905(28.3)		온라인쇼핑산업	3,033(0.6)
	판정	306,834(17.1)		운수산업	36,566(7.7)
	의심증상	44,272(2.5)		주식시장	13,299(2.8)
	열	125,853(7.0)		통신산업	1,387(0.3)
	잠복기간	62,030(0.3)		화장품산업	4,012(0.8)
	신경성증상	6,084(0.3)		백화점/대형슈퍼	46,694(9.9)
	호흡기증상	197,601(11.0)		전통시장	179,971(38.1)
	소화기증상	23,226(1.3)		계	472,533
	면역력저하	1,192(0.1)	괴담	여의도성모병원	17,379(10.0)
	신장질환	9,167(0.5)		닭고기	10,162(5.8)
	심장질환	727(0.05)		해열제	2,229(1.3)
	혈관성질환	12,523(0.7)		35호환자	226(0.1)
	사망/중증질환	445,641(24.8)		바셀린	15,465(8.9)
	기타질환	51,468(2.9)		루머	127,470(73.0)
	계	1,794,523		흉부외과	356(0.2)
대처/치료	예방	28,176(1.4)		타미플루	1,302(0.7)
	초기대응	298,141(14.5)		계	174,589
	치료	242,021(11.8)	예방	면역식품	63,329(8.0)
	격리	440,437(21.4)		예방수칙	283,050(35.7)
	감염검사	408,494(19.9)		외출자제	11,008(1.4)
	치료제	55,965(2.7)		손씻기	150,921(19.1)
	정부대응	567,336(27.6)		마스크	283,550(35.8)
	경제적지원	14,087(0.7)		계	791,858
	계	2,054,657			

[표 1-7]과 같이 메르스 부정 감정의 연관성 예측에서 신뢰도가 가장 높은 연관규칙은 '{무능, 거부, 비판} => {불구}'이며 네 변인의 연관성은 지지도 0.004, 신뢰도는 0.995, 향상도는 54.092로 나타나 온라인 문서(버즈)에서 '무능, 거부, 비판'이 언급되면 메르스를 극복하지 못할 수 있다는 불구의 부정적 감정으로 생각할 확률이 99.5%이며, '무능, 거부, 비판'이 언급되지 않은 버즈보다 메르스에 대한 불구의 부정적 감정일 확률이 약 54.1배 높아지는 것으로 나타났다.

[그림 1-10]과 같이 메르스에 대한 부정적 표현 단어는 '무능, 거부, 비난, 불구', '무능, 비난, 무책임', '무능, 비난, 불구' 키워드와 강하게 연결되어 있는 것으로 나타났다.

[표 1-7] 메르스 부정(불안) 감정 예측*

순위*	규칙	지지도	신뢰도	향상도
1	{Disability, Refused, Critically} => {Despite}	0.004000845	0.9945851	54.09139
2	{Disability, Refused} => {Despite}	0.004015524	0.9233449	50.21693
3	{Refused, Critically} => {Despite}	0.004015998	0.8597060	46.75588
4	{Disability, Criticism} => {Irresponsibility}	0.001008616	0.4491776	42.51412
5	{Disability, Critically} => {Despite}	0.004031151	0.7813676	42.49537
6	{Disability, Refused, Despite} => {Critically}	0.004000845	0.9963443	31.77943
7	{Refused, Despite} => {Critically}	0.004015998	0.9539933	30.42859
8	{Disability, Despite} => {Critically}	0.004031151	0.9415994	30.03328
9	{Disability, Refused} => {Critically}	0.004022627	0.9249782	29.50313
10	{Disability, Critically, Despite} => {Refused}	0.004000845	0.9924821	26.00310

* 향상도 10 이상인 규칙이 31개로 분석되었으나 본고에서는 10개만 제시한다.

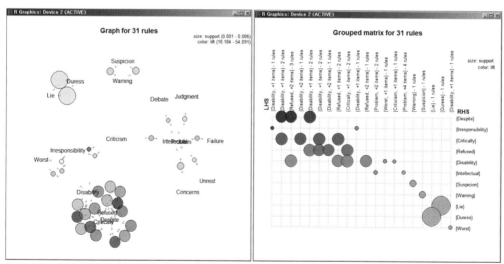

[그림 1-10] 메르스 감정의 연관규칙에 대한 그래프와 행렬 기반 시각화

[표 1-8]과 같이 예방요인에 대한 메르스 감정의 연관성 예측에서 신뢰도가 가장 높은 연관규칙은 '{면역식품, 외출자제} => {안심}'이며 세 변인의 연관성은 지지도 0.001, 신뢰도는 0.966, 향상도는 4.268로 나타나 온라인 문서(버즈)에서 '면역식품, 외출자제'가 언급되면 메르스를 긍정적(안심)으로 생각할 확률이 96.6%이며, '면역식품, 외출자제'가 언급되지 않은 버즈보다 메르스에 대한 감정이 긍정적일 확률이 4.27배 높아지는 것으로 나타났다.

대처/치료요인에 대한 메르스 감정의 연관성 예측에서 신뢰도가 가장 높은 연관규칙은 '{초기대응, 치료, 격리, 치료제, 정부대응} => {안심}'이며 여섯 개 변인의 연관성은 지지도 0.001, 신뢰도는 0.978, 향상도는 5.833으로 나타나 온라인 문서(버즈)에서 '초기대응, 치료, 격리, 치료제, 정부대응'이 언급되면 메르스를 긍정적(안심)으로 생각할 확률이 97.8%이며, '초기대응, 치료, 격리, 치료제, 정부대응'이 언급되지 않은 버즈보다 메르스에 대한 감정이 긍정적일 확률이 5.8배 높아지는 것으로 나타났다.

또한 '{예방, 감염검사, 정부대응} => {불안}'이며 네 변인의 연관성은 지지도 0.007, 신뢰도는 0.792, 향상도는 1.086으로 나타나 온라인 문서(버즈)에서 '예방, 감염검사, 정부대응'이 언급되면 메르스를 부정적(불안)으로 생각할 확률이 79.2%이며, '예방, 감염검사, 정부대응'이 언급되지 않은 버즈보다 메르스에 대한 감정이 부정적일 확률이 1.09배 높아지는 것으로 나타났다.

[표 1-8] 예방요인, 대처/치료요인에 대한 메르스 감정 예측

구분	규칙	지지도	신뢰도	향상도
예방 요인	{면역식품, 외출자제} => {안심}	0.001022935	0.9661319	4.268669
	{예방수칙, 외출자제} => {안심}	0.002608295	0.9009126	3.980510
	{면역식품, 예방수칙, 손씻기, 마스크 } => {안심}	0.010725718	0.8830019	3.901375
	{면역식품, 예방수칙, 마스크} => {안심}	0.012669671	0.8791252	3.884247
	{면역식품, 예방수칙, 손씻기} => {안심}	0.016533043	0.8775796	3.877418
	{외출자제, 손씻기} => {안심}	0.001413613	0.8609195	3.803808
	{손씻기, 외출자제, 마스크} => {안심}	0.001028597	0.8569182	3.786129
	{외출자제, 마스크} => {안심}	0.001879784	0.7879747	3.481515
	{예방수칙, 손씻기, 마스크 } => {안심}	0.027334254	0.6661301	2.943168
	{면역식품, 예방수칙} => {안심}	0.028885643	0.5923905	2.617364

대처/치료 요인	{초기대응, 치료, 격리, 치료제, 정부대응} => {안심}	0.001184365	0.9782016	5.833252
	{초기대응, 격리, 치료제, 정부대응} => {안심}	0.001535716	0.9718163	5.795174
	{초기대응, 치료, 치료제, 정부대응} => {안심}	0.001583552	0.9701870	5.785458
	{초기대응, 격리, 치료제, 정부대응} => {안심}	0.001383134	0.9643473	5.750635
	{초기대응, 치료, 격리, 치료제} => {안심}	0.002230169	0.9633060	5.744426
	{초기대응, 감염검사, 치료제, 정부대응} => {안심}	0.001281688	0.9616337	5.734453
	{초기대응, 치료제, 정부대응} => {안심}	0.002362132	0.9588216	5.717684
	{예방, 감염검사, 정부대응} => {불안}	0.007228256	0.7921186	1.0861011
	{격리} => {불안}	0.203783370	0.7150940	0.9804900
	{예방, 감염검사} => {불안}	0.007784973	0.7041402	0.9654709

[표 1-9]와 같이 메르스 예방과 관련한 면역식품, 예방수칙, 외출자제, 손씻기, 마스크는 긍정인 감정에 양(+)의 영향을 미쳐 메르스와 관련한 예방요인이 온라인상에 많이 언급될수록 메르스에 대한 부정적 감정(불안)이 감소하는 것으로 나타났다.

메르스 대처와 관련한 초기대응, 치료, 격리, 감염검사, 정부대응은 긍정인 감정에 양의 영향을 미치는 것으로 나타났다. 그러나 초기대응, 치료, 격리는 보통인 감정에 음(-)의 영향을 미쳐 초기대응, 치료, 격리가 온라인상에 많이 언급되면 긍정인 감정은 증가하나 보통의 감정은 감소하여 부정적 감정을 증가시키는 것으로 나타났다.

[표 1-9] 메르스 감정에 영향을 미치는 요인*

변수		긍정				보통			
		$b^†$	$S.E.^‡$	$OR^§$	P	$b^†$	$S.E.^‡$	$OR^§$	P
예방	면역식품	1.453	0.010	4.276	0.000	0.091	0.016	1.095	0.000
	예방수칙	1.032	0.006	2.807	0.000	0.481	0.006	1.618	0.000
	외출자제	2.565	0.027	13.007	0.000	2.042	0.028	7.709	0.000
	손씻기	1.414	0.007	4.112	0.000	0.687	0.009	1.988	0.000
	마스크	0.269	0.007	1.308	0.000	−0.115	0.007	0.891	0.000
대처/치료	초기대응	1.151	0.006	3.161	0.000	−0.198	0.009	0.820	0.000
	치료	1.100	0.006	3.004	0.000	−0.142	0.009	0.867	0.000
	격리	0.459	0.005	1.583	0.000	−0.464	0.007	0.629	0.000
	감염검사	0.525	0.005	1.690	0.000	0.190	0.006	1.210	0.000
	정부대응	0.962	0.004	2.618	0.000	0.513	0.005	1.670	0.000

주: * 기본범주: 부정, †Standardized coefficients, ‡Standard error, §odds ratio

[그림 1-11]과 같이 메르스 관련 예방요인이 메르스 감정 예측모형에 미치는 영향은 '손씻기'의 영향력이 가장 큰 것으로 나타났다. 손씻기가 있을 경우 메르스에 대한 부정적 감정(불안)은 이전의 80.2%에서 48.2%로 크게 감소한 반면, 보통 감정은 11.0%에서 14.4%, 긍정적 감정은 8.8%에서 37.4%로 증가하였다. '손씻기가 있고 예방수칙이 있는' 경우 메르스에 대한 부정적 감정은 이전의 48.2%에서 29.8%로 감소한 반면, 긍정적 감정은 37.4%에서 55.0%로 증가하였다. '손씻기와 예방수칙이 있고, 면역식품이 있는' 경우 부정적 감정은 이전의 29.8%에서 7.9%로 감소한 반면, 긍정적 감정은 55.0%에서 87.8%로 증가하였다.

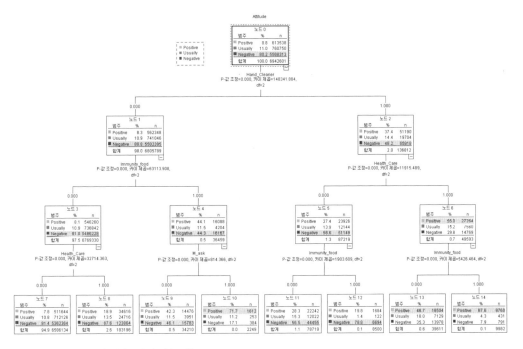

[그림 1-11] 메르스 관련 예방요인의 예측모형

---

6 소셜 빅데이터 활용방안 및 제언

소셜 빅데이터는 다양한 분야에 활용할 수 있다.

첫째, 조사를 통한 기존의 정보수집 체계의 한계를 보완할 수 있는 새로운 자료수집 방법으로 활용할 수 있다. 통일에 대한 국민 인식 조사, 정부의 금연정책(가격정책·비가격정책 등) 실시 이후 흡연 실태 조사, 스마트폰 및 인터넷 중독 실태 조사 등 여러 분야의 조사에 활용할 수 있다.

둘째, 보건복지정책 수요를 예측할 수 있다(저출산정책 수요 예측 등). 새정부 출범 이후 건강보험보장성 강화에 대한 국민의 요구가 커지고 인구고령화와 저출산이 사회적 문제로 대두됨에 따라 대상자별·분야별로 다양한 보건복지정책이 요구되고 있다. 이러한 변화에 대응하기 위해 오프라인 보건복지 욕구 조사와 더불어 소셜미디어에 남긴 다양한 정책 의제를 분석하여 수요를 파악해야 한다.

셋째, 사회적 위기상황에 대한 모니터링과 예측으로 위험에 대한 사전 대응체계를 구축할 수 있다. 예를 들면 청소년 자살과 사이버폭력 대응체계 구축, 질병에 대한 위험 예측, 식품안전 모니터링 등에 활용할 수 있다.

넷째, 새로운 기술에 대한 동향을 파악할 수 있다. 빅데이터, 사물인터넷, 머신러닝(인공지능)과 같은 새로운 기술에 대해 수요자와 공급자가 요구하는 기술 동향 등을 파악할 수 있다.

끝으로 정부와 공공기관이 보유·관리하고 있는 빅데이터는 통합방안보다는 각각의 빅데이터의 집단별 특성을 분석하여 위험(또는 수요) 집단 간 연계를 통한 예측(위험 예측 또는 질병 예측 등) 서비스를 제공하여야 할 것이다. 즉 빅데이터 분석을 통한 개인별 맞춤형 서비스는 프라이버시를 침해할 수 있기 때문에 위험 집단별 맞춤형 서비스를 제공하여야 한다(송태민·송주영, 2015). 또한 빅데이터를 분석하여 인과성을 발견하고 미래를 예측하기 위해서는 데이터 사이언티스트 양성을 위한 정부 차원의 노력이 필요하다.

참고문헌

1. 노진석(2012). 빅데이터와 소셜 분석: 빅데이터의 바다에서 '의미'를 찾다.
   http://www.imaso.co.kr/?doc=bbs/gnuboard.php&bo_table=article&wr_id=40725
2. 송영조(2012). 빅데이터 시대! SNS의 진화와 공공정책. 한국정보화진흥원.
3. 송태민·송주영(2013). 빅데이터 분석방법론. 한나래아카데미.
4. 송주영·송태민(2014). 소셜 빅데이터를 활용한 북한 관련 위협인식 요인 예측. 국제문제연구, 가을, 209-243.
5. 송태민·송주영(2015). 빅데이터 연구 한 권으로 끝내기. 한나래아카데미.
6. 송태민(2012). 보건복지 빅데이터 효율적 활용방안. 보건복지포럼, 통권 제193호, 68-76.
7. 송태민(2013. 9). 우리나라 보건복지 빅데이터 동향 및 활용방안. 과학기술정책, 192, 과학기술정책연구원.
8. 송태민 외(2014). 보건복지 빅데이터 효율적 관리방안 연구. 한국보건사회연구원.
9. Kim HY·Park HA·Min YH·Jeon E (2013). Development of an obesity management ontology based on the nursing process for the mobile-device domain. *J Med Internet Res*, 15(6), e130. doi: 10.2196/jmir.2512

2장

소셜 빅데이터 연구방법론

1-1 R 개념

R 프로그램(이하 R)은 통계분석과 시각화 등을 위해 개발된 오픈소스 프로그램(소스코드 공개를 통해 누구나 코드를 무료로 이용하고 수정·재배포할 수 있는 소프트웨어)이다. R은 1976년 벨연구소(Bell Laboratories)에서 개발한 S언어에서 파생된 오픈소스 언어로, 뉴질랜드 오클랜드대학교(University of Auckland)의 로버트 젠틀맨(Robert Gentleman)과 로스 이하카(Ross Ihaka)에 의해 1995년에 소스가 공개된 이후 현재까지 'R development core team'에 의해 지속적으로 개선되고 있다. 대화방식(interactive) 모드로 실행되기 때문에 실행 결과를 바로 확인할 수 있으며, 분석에 사용한 명령어(script)를 다른 분석에 재사용할 수 있는 오브젝트 기반 객체지향적(object-oriented) 언어이다.

R은 특정 기능을 달성하는 명령문의 집합인 패키지와 함수의 개발에 용이하여 통계학자들 사이에서 통계소프트웨어 개발과 자료 분석에 널리 사용된다. 오늘날 CRAN(Comprehensive R Archive Network)을 통하여 많은 전문가들이 개발한 패키지와 함수를 공개함으로써 그 활용가능성을 지속적으로 높이고 있다.

1-2 R 설치

R프로젝트의 홈페이지(http://www.r-project.org)에서 다운로드 받으면 누구나 R을 설치해 사용할 수 있다. 특히 R의 그래프나 시각화를 이용하려면 현재 윈도 운영체제(OS)에 적합한(32비트 혹은 64비트) 자바 프로그램을 설치하여야 한다. R과 자바의 설치 절차는 다음과 같다.

① R프로젝트의 홈페이지에서 다운로드한 R 프로그램(본서의 R-설치 폴더에서 R-3.1.3-win.exe)을 실행시킨다(더블클릭).[1]
② 설치 언어로 '한국어'를 선택한 후 [확인] 버튼을 누른다.

---

1. 본서에 사용된 일부 데이터마이닝 패키지(rpart, arulesViz 등)는 R-3.1.3에서 실행되지 않기 때문에 'R-3.2.1-win.exe'도 추가로 설치한다.

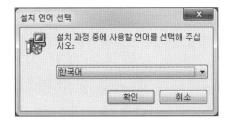

③ [다음]을 선택한 후 설치를 시작한다. 설치 정보가 나타나면 계속 [다음]을 누른다.

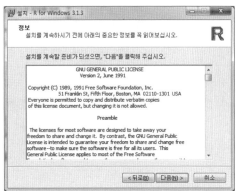

④ R 프로그램을 설치할 위치를 설정한다. 기본으로 설정된 폴더를 이용할 경우 [다음]을 선택한다. 설치할 해당 PC의 운영체제에 맞는 구성요소를 설치한 후 [다음]을 누른다.

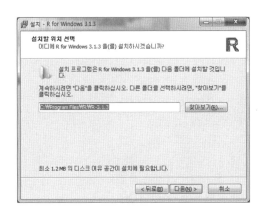

⑤ 스타트업 옵션은 'No(기본값 사용)'를 선택하고 [다음]을 누른다. R의 시작메뉴 폴더를 선택한 후 [다음]을 누른다.

⑥ 설치 추가사항을 지정하고(기본값 사용) [다음]을 누른다. 설치 중 화면이 나타난 후, 설치 완료 화면이 나타나면 [완료]를 누른다.

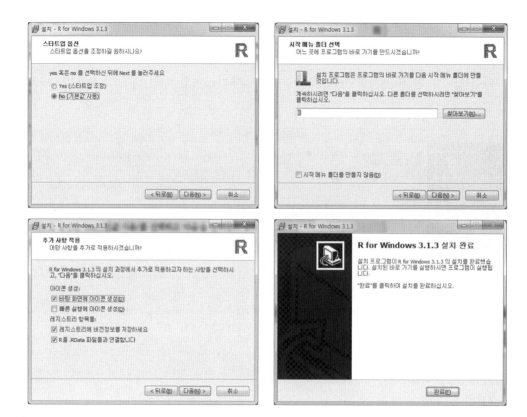

⑦ 구글에서 자바 프로그램(jdk se development)을 검색한 후, 다운로드 홈페이지에서 해당 PC에 맞는 jdk파일을 다운로드한다. 본서의 R-설치 폴더에서 jdk-8u40-windows-x64를 실행시킨다.

⑧ 자바 설치 화면이 나타나면 [Next]를 누른다. 설치 구성요소를 선택한 후(기본항목 선택),
　[Next]를 누른다.

⑨ 자바 프로그램의 설치가 완료된 후 [Close]를 선택하여 자바 설치를 종료한다.

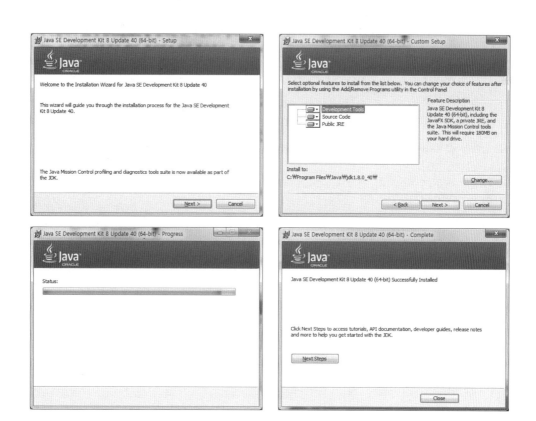

1-3 R 실행

윈도에서 [시작]→[모든 프로그램]→[R]을 클릭하거나 바탕화면에 설치된 R 프로그램을 실행
시키면 R이 시작된다. 프로그램을 종료할 때는 화면의 종료(×)나 'q()'를 입력한다.

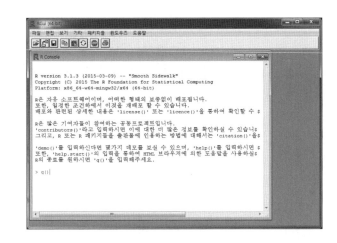

1-4 R 활용

R은 명령어(script) 입력 방식(command based)의 소프트웨어로, 분석에 필요한 다양한 패키지 (package)를 설치(install)한 후 로딩(library)하여 사용한다.

1) 값의 할당 및 연산

① R은 윈도의 바탕화면에 설치된 R을 실행시킨 후, 초기 화면에 나타난 기호(prompt) '>' 다음 열(column)에 명령어를 입력한 후 Enter 키를 선택하면 실행된다.

② R에서 실행한 결과(값)를 객체 혹은 변수에 저장하는 것을 할당이라고 하며, R에서 값의 할당은 '='(본서에서 사용) 또는 '<−'를 사용한다.

③ R 명령어가 길 때 다음 행의 연결은 '+'를 사용한다.

④ 여러 개 명령어의 연결은 ';'을 사용한다.

⑤ R에서 변수를 사용할 때 아래와 같은 규칙이 있다.

- 대소문자를 구분하여 변수를 지정해야 한다.
- 변수명은 영문자, 숫자, 마침표(.), 언더바(_)를 사용할 수 있지만 첫글자는 숫자나 언더바를 사용할 수 없다.
- R 시스템에서 사용하는 예약어(if, else, NULL, NA, in 등)는 변수명으로 사용할 수 없다.

⑥ 함수(function)는 인수 형태의 값을 입력하고 계산된 결과값을 리턴하는 명령어의 집합으

로 R은 함수를 이용하여 프로그램을 간결하게 작성할 수 있다.

⑦ R에서는 연산자[+, -, *, /, %%(나머지), ^(거듭제곱) 등]나 R의 내장함수[sin(), exp(), log(), sqrt(), mean() 등]를 사용하여 연산할 수 있다.

■ 연산자를 이용한 수식의 저장

> pie=3.1415: pie에 3.1415를 할당한다.

> x=100: x에 100을 할당한다.

> y=2*pie+x: y에 2×pie+x를 할당한다.

> y: y의 값을 화면에 인쇄한다.

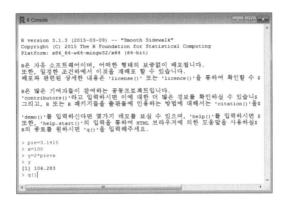

■ 내장함수를 이용한 수식의 저장

> x=c(75, 80, 73, 65, 75, 83, 73, 82, 75, 72): x에 10개의 벡터값(체중)을 할당한다.

> mean(x): x의 평균을 화면에 인쇄한다.

> sd(x): x의 표준편차를 화면에 인쇄한다.

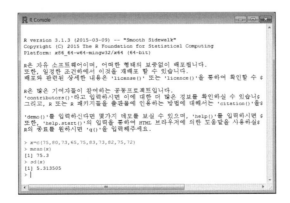

⑧ R에서 이전에 수행했던 작업을 다시 실행하기 위해서는 위 방향키를 사용하면 된다.

⑨ R 프로그램의 종료는 화면의 종료(X)나 'q()'를 입력한다.

2) R의 기본 데이터형

① R에서 사용하는 모든 객체(함수, 데이터 등)를 저장할 디렉터리를 지정한 후[예: >setwd("f:/ R_기초통계분석")] 진행한다.

② R에서 사용하는 기본 데이터형은 다음과 같다.

- 숫자형: 산술 연산자[+, −, *, /, %%(나머지), ^(거듭제곱) 등]를 사용해 결과를 산출한다.

  [예: > x=sqrt(50*(100^2))]

- 문자형: 문자열 형태로 홑따옴표(' ')나 쌍따옴표(" ")로 묶어 사용한다.

  [예: > v_name='R 사용하기']

- NA형: 값이 결정되지 않아 값이 정해지지 않을 경우 사용한다.

  [예: > x=mean(c(75, 80, 73, 65, 75, 83, 73, 82, 75, NA))]

- Factor형: 문자 형태의 데이터를 숫자 형태로 변환할 때 사용한다.

  [예: > x=c('a', 'b', 'c', 'd'); x_f=factor(x)]

- 날짜와 시간형: 특정 기간과 특정 시간을 분석할 때 사용한다.

  [예: > x=(as.Date('2015-07-05')-as.Date('2014-07-05'))]

3) R의 자료구조

R에서는 벡터, 행렬, 배열, 리스트 형태의 자료구조로 데이터를 관리하고 있다.

(1) 벡터(vector)

벡터는 R에서 기본이 되는 자료구조로 여러 개의 데이터를 모아 함께 저장하는 데이터 객체를 의미한다. R에서의 벡터는 c( )함수를 사용한다.

> x=c(75, 80, 73, 65, 75, 83, 73, 82, 75, 72): 10명의 체중을 벡터로 변수 x에 할당한다.

> y=c(5, 2, 3, 2, 5, 3, 2, 5, 7, 4): 10명의 체중 감소량을 벡터로 변수 y에 할당한다.

> d=x − y: 벡터 x에서 벡터 y를 뺀 후, 벡터 d에 할당한다.

> d: 벡터 d의 값을 화면에 출력한다.

```
R Console
> x=c(75,80,73,65,75,83,73,82,75,72)
> y=c(5,2,3,2,5,3,2,5,7,4)
> d=x - y
> d
 [1] 70 78 70 63 70 80 71 77 68 68
> |
```

- 벡터 데이터 관리
  - 문자형 벡터 데이터 관리

  > x=c('Depression', 'Elders', 'Adolescent', 'QualityofLife', 'Stress'): x 객체에 문자 데이터를 할당한다.

  > x[4]: x 벡터의 네 번째 요소를 화면에 인쇄한다.

```
R Console
> x=c('Depression','Elders','Adolescent','QualityofLife', 'Stress')
> x[4]
[1] "QualityofLife"
> |
```

- 벡터에 연속적 데이터 할당: seq()함수나 ':' 사용
> x=seq(20, 70, 10): 20부터 70까지 수를 출력하되 10씩 증가하여 객체 x에 할당한다.
> x=20:30: 20에서 30의 수를 벡터 x에 할당한다.

```
R Console                                              _ □ ×
> x=seq(20, 70, 10)
> x
[1] 20 30 40 50 60 70
> x=20:30
> x
 [1]  20 21 22 23 24 25 26 27 28 29 30
> |
```

(2) 행렬(matrix)

행렬은 이차원 자료구조인 행과 열을 추가적으로 가지는 벡터로, 데이터 관리를 위해 matrix()함수를 사용한다.

> x_matrix=matrix(c(75, 80, 73, 65, 75, 83, 73, 82, 75, 72, 77, 76), nrow=4, ncol=3): 12명의 체중을 4행과 3열의 matrix 형태로 x_matrix에 할당한다.
> x_matrix: matrix x_matrix의 값을 화면에 출력한다.

```
R Console                                              _ □ ×
> x_matrix=matrix(c(75,80,73,65,75,83,73,82,75,72,77,76), nrow=4, ncol=3)
> x_matrix
     [,1] [,2] [,3]
[1,]   75   75   75
[2,]   80   83   72
[3,]   73   73   77
[4,]   65   82   76
> |
```

(3) 배열(array)

배열은 3차원 이상의 차원을 가지며 행렬을 다차원으로 확장한 자료구조로, 데이터 관리를 위해 array()함수를 사용한다.

> x=c(75, 80, 73, 65, 75, 83, 73, 82, 75, 72, 77, 76): 12명의 체중을 벡터 x에 할당한다.
> x_array=array(x, dim=c(3, 3, 3)): 벡터 x를 3차원 구조로 x_array 변수로 할당한다.
> x_array: array 변수인 x_array의 값을 화면에 출력한다.

```
R Console
> x=c(75,80,73,65,75,83,73,82,75,72,77,76)
> x_array=array(x, dim=c(3,3,3))
> x_array
, , 1

     [,1] [,2] [,3]
[1,]   75   65   73
[2,]   80   75   82
[3,]   73   83   75

, , 2

     [,1] [,2] [,3]
[1,]   72   75   65
[2,]   77   80   75
[3,]   76   73   83

, , 3

     [,1] [,2] [,3]
[1,]   73   72   75
[2,]   82   77   80
[3,]   75   76   73

> |
```

(4) 리스트(list)

리스트는 (주소, 값) 형태로 데이터 형을 지정할 수 있는 행렬이나 배열의 일종이다.

> x_address=list(name='한국보건사회연구원', address='세종특별자치시 시청대로 370', homepage='www.kihasa.re.kr'): 주소를 list형의 x_address 변수에 할당한다.

> x_address: x_address 변수의 값을 화면에 출력한다.

> x_address=list(name='Pennsylvania State University Schuylkill, Criminal Justice',

+address='200 University Drive, Schuylkill Haven, PA 17972',

+homepage='http://www.sl.psu.edu/')

> x_address

```
R Console
> x_address=list(name='한국보건사회연구원', address='세종특별자치시 시청대로 370', homepage='www.kihasa.re.kr')
> x_address
$name
[1] "한국보건사회연구원"

$address
[1] "세종특별자치시 시청대로 370"

$homepage
[1] "www.kihasa.re.kr"

> x_address=list(name='Pennsylvania State University Schuylkill, Criminal Justice',
+ address='200 University Drive, Schuylkill Haven, PA 17972',
+ homepage='http://www.sl.psu.edu/')
> x_address
$name
[1] "Pennsylvania State University Schuylkill, Criminal Justice"

$address
[1] "200 University Drive, Schuylkill Haven, PA 17972"

$homepage
[1] "http://www.sl.psu.edu/"

> |
```

4) R의 함수 사용

R에서 제공하는 함수를 사용할 수 있지만 사용자는 function( )을 사용하여 새로운 함수를 생성할 수 있다. R에서는 다음과 같은 기본적인 형식으로 사용자가 원하는 함수를 정의하여 사용할 수 있다.

```
함수명 = function(인수, 인수, ...) {
        계산식 또는 실행 프로그램
        return(계산 결과 또는 반환값)
                                }
```

예제 1 신뢰수준과 표본오차를 이용하여 표본의 크기 구하기

공식: $n=(\pm Z)^2 \times P(1-P)/(SE)^2$

복지수요를 파악하기 위하여 $p=.5$ 수준을 가진 신뢰수준 95%($Z=1.96$)에서 표본오차 3%로 전화조사를 실시할 경우 적당한 표본의 크기를 구하는 함수(SZ)를 작성하라.

```
R Console                                          _ □ X
> SZ=function(p, z, s) {
+ n=z^2*p*(1-p)/s^2
+ return(n)
+                          }
>
> SZ(0.5, 1.96, 0.03)
[1] 1067.111
> |
```

예제 2 표준점수 구하기

표준점수는 관측값이 평균으로부터 떨어진 정도를 나타내는 측도로, 이를 통해 자료의 상대적 위치를 찾을 수 있다.

공식: $z_i=(x_i-\bar{x})/s_x$

10명의 체중을 측정한 후 표준점수를 구하는 함수(ZC)를 작성하라.

```
R Console                                          _ □ X
> ZC=function(d) {
+ m=mean(d)
+ s=sd(d)
+ z=(d-m)/s
+ return(z)
+                          }
> d=c(72, 65, 77, 80, 73, 75, 64, 85, 70, 77)
> ZC(d)
 [1] -0.2778931 -1.3585885  0.4940322  0.9571874 -0.1235080  0.1852621
 [7] -1.5129736  1.7291126 -0.5866632  0.4940322
> |
```

> install.packages('foreign'): SPSS의 데이터파일을 읽어들이는 패키지를 설치한다.

> library(foreign): foreign 패키지를 로딩한다.

> setwd("f:/R_기초통계분석"): 작업용 디렉터리를 지정한다.

> data_spss=read.spss(file='비만_기초통계분석.sav', use.value.labels=T, use.

+ missings=T, to.data.frame=T): SPSS 데이터를 불러와서 data_spss에 할당한다.

– read.spss 함수의 자세한 설명은 본서의 'SPSS 파일로부터 데이터 프레임 작성' 부분(p. 57)을 참조한다.

> attach(data_spss): data_spss를 실행 데이터로 고정한다.

> VAR=function(x) var(x)*(length(x)-1)/length(x)

– 'function(인수 또는 입력값) 계산식'으로 새로운 함수를 만든다.

– length(x): VAR 함수의 인수로 전달되는 x변수의 표본수를 산출한다.

– x인수에 대한 모집단의 분산을 구하는 함수(VAR)를 생성한다.

> VAR(Onespread): VAR 함수를 불러와서 Onespread의 모집단 분산을 산출한다.

> VAR(Twospread): VAR 함수를 불러와서 Twospread의 모집단 분산을 산출한다.

```
R Console

> install.packages('foreign')
경고: package 'foreign' is in use and will not be installed
> library(foreign)
> setwd("f:/R_기초통계분석")
> data_spss=read.spss(file='비만_기초통계분석.sav', use.value.labels=T,use.missings=T,to.data.frame=T)
read.spss(file = "비만_기초통계분석.sav", use.value.labels = T, 에서 다음과 같은 경고가 발생했습니다 :
  비만_기초통계분석.sav: Unrecognized record type 7, subtype 18 encountered in system file
read.spss(file = "비만_기초통계분석.sav", use.value.labels = T, 에서 다음과 같은 경고가 발생했습니다 :
  비만_기초통계분석.sav: Unrecognized record type 7, subtype 24 encountered in system file
> attach(data_spss)
The following objects are masked from data_spss (pos = 3):

    Account, Attitude, Channel, Onespread, Twospread, Type

The following objects are masked from data_spss (pos = 4):

    Account, Attitude, Channel, Onespread, Twospread, Type

The following objects are masked from data_spss (pos = 5):

    Account, Attitude, Channel, Onespread, Twospread, Type

> VAR=function(x) var(x)*(length(x)-1)/length(x)
>
> VAR(Onespread)
[1] 638395.7
> VAR(Twospread)
[1] 30202.32
> |
```

5) R 기본 프로그램(조건문과 반복문)

R에서는 실행의 흐름을 선택하는 조건문과 같은 문장을 여러 번 반복하는 반복문이 있다.

- 조건문의 사용 형식은 다음과 같다.
  - 연산자[같다(==), 다르다(!=), 크거나 같다(>=), 크다(>), 작거나 같다(<=), 작다(<)]를 사용하여 조건식을 작성한다.

```
if(조건식) {
<조건이 참일 때 실행되는 계산식>
        }
else {
<조건이 거짓일 때 실행되는 계산식>
    }
```

예제 4　조건문 사용

10명의 키를 저장한 벡터 x에 대해 '1'일 경우 평균을 출력하고, '1'이 아닐 경우 표준편차를 출력하는 함수(F)를 작성하라.

```
R Console
> x=c(75, 78, 80, 67, 72, 86, 62, 90, 84, 70)
> F=function(a){
+   if(a==1) { m=mean(x)
+             return(m)
+           }
+   else {
+             m=sd(x)
+             return(m)
+         }
+       }
> F(1)
[1] 76.4
> F(3)
[1] 8.871928
> |
```

- 반복문의 사용 형식은 다음과 같다.
  - for반복문에 사용되는 '횟수'는 '벡터 데이터'나 'n: 반복횟수'를 나타낸다.

```
for(루프변수 in 횟수) {
  실행문
            }
```

1에서 정해진 숫자까지의 합을 구하는 함수(F)를 작성하라.

```
R R Console
> F=function(a){
+     y=0
+     for(i in 1:a){
+     y=y+i
+                   }
+     return(y)
+                   }
> F(100)
[1] 5050
> F(125)
[1] 7875
> F(1956)
[1] 1913946
> |
```

6) R 데이터 프레임 작성

R에서는 다양한 형태의 데이터 프레임을 작성할 수 있다. R에서 가장 많이 사용되는 데이터 프레임은 행과 열이 있는 이차원의 행렬(matrix) 구조이다. 데이터 프레임은 데이터셋으로 부르기도 하며 열은 변수, 행은 레코드로 명명하기도 한다.

(1) 벡터로부터 데이터 프레임 작성

data.frame() 함수를 사용한다.

> WK=c(4, 7, 16, 12, 8, 11, 14, 9, 4, 8): 10개의 수치를 WK벡터에 할당한다.

> AE=c(3, 5, 11, 11, 6, 6, 13, 4, 3, 7): 10개의 수치를 AE벡터에 할당한다.

> FL=c(2, 5, 12, 17, 9, 6, 15, 6, 3, 9): 10개의 수치를 FL벡터에 할당한다.

> SP=c(0, 0, 4, 0, 0, 0, 4, 1, 0, 1): 10개의 수치를 SP벡터에 할당한다.

> BI=c(3, 2, 5, 3, 1, 2, 6, 2, 1, 4): 10개의 수치를 BI벡터에 할당한다.

> my_data=data.frame(Walking=WK, Aerobic=AE, Flexibility=FL, Sport=SP, Bike=BI): 5개의 운동요인 벡터를 my_data 데이터 프레임 객체에 할당한다.

> my_data: my_data 데이터 프레임의 값을 화면에 인쇄한다.

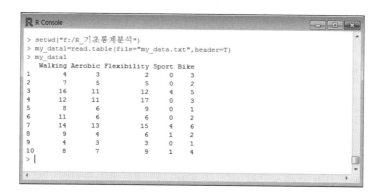

```
R R Console                                                    [ - ] [ □ ] [ × ]
> WK=c(4, 7, 16, 12, 8, 11, 14, 9, 4, 8)
> AE=c(3, 5, 11, 11, 6, 6, 13, 4, 3, 7)
> FL=c(2, 5, 12, 17, 9, 6, 15, 6, 3, 9)
> SP=c(0, 0, 4, 0, 0, 0, 4, 1, 0, 1)
> BI=c(3, 2, 5, 3, 1, 2, 6, 2, 1, 4)
> my_data=data.frame(Walking=WK, Aerobic=AE, Flexibility=FL, Sport=SP, Bike=BI)
> my_data
   Walking Aerobic Flexibility Sport Bike
1        4       3           2     0    3
2        7       5           5     0    2
3       16      11          12     4    5
4       12      11          17     0    3
5        8       6           9     0    1
6       11       6           6     0    2
7       14      13          15     4    6
8        9       4           6     1    2
9        4       3           3     0    1
10       8       7           9     1    4
> |
```

(2) 텍스트 파일로부터 데이터 프레임 작성

read.table() 함수를 사용한다.

> setwd("f:/R_기초통계분석"): 작업용 디렉터리를 지정한다.

> my_data1=read.table(file="my_data.txt", header=T): my_data1 객체에 'my_data.txt' 파일을 데이터 프레임으로 할당한다.

> my_data1: my_data1 객체의 값을 화면에 인쇄한다.

```
R R Console                                                    [ - ] [ □ ] [ × ]
> setwd("f:/R_기초통계분석")
> my_data1=read.table(file="my_data.txt",header=T)
> my_data1
   Walking Aerobic Flexibility Sport Bike
1        4       3           2     0    3
2        7       5           5     0    2
3       16      11          12     4    5
4       12      11          17     0    3
5        8       6           9     0    1
6       11       6           6     0    2
7       14      13          15     4    6
8        9       4           6     1    2
9        4       3           3     0    1
10       8       7           9     1    4
> |
```

(3) CSV(쉼표) 파일로부터 데이터 프레임 작성

read.table() 함수를 사용한다.

> setwd("f:/R_기초통계분석"): 작업용 디렉터리를 지정한다.

> my_data=read.table(file="비만_데이터프레임_csv파일.csv", header=T): my_data 객체에 '비만_데이터프레임_csv파일.csv'를 데이터 프레임으로 할당한다.

> my_data: my_data 객체의 값을 화면에 인쇄한다.

```
R R Console                                                              - □ X
> setwd("f:/R_기초통계분석")
> my_data=read.table(file="비만_데이터프레임_csv파일.csv",header=T)
> my_data
   WK AE FE SP BI
1   4  3  2  0  3
2   7  5  5  0  2
3  16 11 12  4  5
4  12 11 17  0  3
5   8  6  9  0  1
6  11  6  6  0  2
7  14 13 15  4  6
8   9  4  6  1  2
9   4  3  3  0  1
10  8  7  9  1  4
> |
```

⑷ SPSS 파일로부터 데이터 프레임 작성

　read.spss() 함수를 사용한다.

> install.packages('foreign'): SPSS나 SAS 등 R 이외의 통계소프트웨어에서 작성한 외부
　데이터를 읽어들이는 패키지를 설치한다.

> library(foreign): foreign 패키지를 로딩한다.

> setwd("f:/R_기초통계분석"): 작업용 디렉터리를 지정한다.

> my_data=read.spss(file='비만_데이터프레임.sav', use.value.labels=T, use.missings=T, to.data.
　frame=T)

　－ my_data 객체에 '비만_데이터프레임.sav'를 데이터 프레임으로 할당한다.

　－ file=' ' : 데이터를 읽어들일 외부의 데이터파일을 정의한다.

　－ use.value.labels=T : 외부 데이터의 변수값에 정의된 레이블(label)을 R의 데이터 프레
　　임의 변수 레이블로 정의한다.

　－ use.missings=T : 외부 데이터 변수에 사용된 결측치의 포함 여부를 정의한다.

　－ to.data.frame=T : 데이터 프레임으로 생성 여부를 정의한다.

> my_data: my_data 객체의 값을 화면에 인쇄한다.

```
R R Console                                                    [_][□][×]
> install.packages('foreign')
Installing package into 'C:/Users/Administrator/Documents/R/win-library/3.1'
(as 'lib' is unspecified)
경고: package 'foreign' is in use and will not be installed
> library(foreign)
> setwd("f:/R_기초통계분석")
> my_data=read.spss(file='비만_데이터프레임.sav', use.value.labels=T,use.missings=T,to.data$
경고메시지:
In read.spss(file = "비만_데이터프레임.sav", use.value.labels = T,  :
   비만_데이터프레임.sav: Unrecognized record type 7, subtype 18 encountered in system file
> my_data
   Walking Aerobic Flexibility Sport Bike
1        4       3           2     0    3
2        7       5           5     0    2
3       16      11          12     4    5
4       12      11          17     0    3
5        8       6           9     0    1
6       11       6           6     0    2
7       14      13          15     4    6
8        9       4           6     1    2
9        4       3           3     0    1
10       8       7           9     1    4
> |
```

(5) 텍스트 파일로부터 데이터 프레임 출력하기

write.matrix() 함수를 사용한다.

> setwd("f:/R_기초통계분석")

> my_data1=read.table(file="my_data.txt", header=T)

> library(MASS): write.matrix( ) 함수를 사용하기 위한 패키지를 로딩한다.

> write.matrix(my_data1, "f:/R_기초통계분석/my_data1.txt"): my_data1 객체를 'my_data1. txt' 파일에 출력한다.

> my_data2= read.table('f:/R_기초통계분석/my_data1.txt', header=T): 'my_data1.txt' 파일을 읽어와서 my_data2 객체에 저장한다.

> my_data2: my_data2 객체의 값을 화면에 출력한다.

7) R 데이터 프레임의 변수 이용방법

R에서 통계분석을 위한 변수 이용방법은 다음과 같다.

(1) '데이터$변수'의 활용

> setwd("f:/R_기초통계분석")

> my_data=read.spss(file='다중회귀_최종모형.sav', use.value.labels=T, use.missings=T, to.data.
frame=T)

> sd(my_data$Walking)/mean(my_data$Walking): my_data 데이터 프레임의 Walking 변
수를 이용하여 변이계수를 구한다.

(2) attach(데이터) 함수의 활용

> attach(my_data): attach 함수는 실행 데이터를 '데이터' 인수로 고정시킨다.

> sd(Walking)/mean(Walking): '데이터$변수'의 활용과 달리 attach 실행 후 변수만 이용
하여 변이계수를 구할 수 있다.

(3) with(데이터, 명령어) 함수의 활용

> with(my_data, sd(Walking)/mean(Walking)): attach 함수를 사용하지 않고 with( ) 함수로
해당 데이터 프레임의 변수를 이용하여 명령어를 실행할 수 있다.

```
R Console                                                                    _ □ ×
> setwd("f:/R_기초통계분석")
> my_data=read.spss(file='다중회귀_최종모형.sav', use.value.labels=T,use.missings=T,to.data.frame=T)
경고메시지:
1: In read.spss(file = "다중회귀_최종모형.sav", use.value.labels = T,  :
  다중회귀_최종모형.sav: Unrecognized record type 7, subtype 18 encountered in system file
2: In read.spss(file = "다중회귀_최종모형.sav", use.value.labels = T,  :
  다중회귀_최종모형.sav: Unrecognized record type 7, subtype 24 encountered in system file
> sd(my_data$Walking)/mean(my_data$Walking)
[1] 0.5400078
> attach(my_data)
> sd(Walking)/mean(Walking)
[1] 0.5400078
> with(my_data,sd(Walking)/mean(Walking))
[1] 0.5400078
> |
```

8) 패키지 설치 및 로딩

R은 분석방법(통계분석, 데이터마이닝, 시각화 등)에 따라 다양한 패키지를 설치(install packages)
하고 로딩(library)할 수 있다. R은 자체에서 제공하는 기본 패키지가 있고 CRAN에서 제공하
는 7,600여 개(2015. 12. 25. 현재 7,689개 등록)의 추가 패키지(패키지를 추가로 설치할 때 반드시 인터
넷이 연결되어 있어야 한다)가 있다. R에서 install.packages( ) 함수나 메뉴바에서 패키지 설치하
기를 이용하면 홈페이지의 CRAN 미러[2]로부터 패키지를 설치할 수 있다.

(1) script 예(2011년 담배 위험에 대한 워드클라우드 작성)

> setwd("f:/R_기초통계분석"): 작업용 디렉터리를 지정한다.

> install.packages("KoNLP"): 한국어를 처리하는 패키지를 설치한다.

> install.packages("wordcloud"): 워드클라우드를 처리하는 패키지를 설치한다.

> library(KoNLP): 한국어 처리 패키지를 로딩한다.

> library(wordcloud): 워드클라우드 처리 패키지를 로딩한다.

> smoking=read.table("2011년_위험.txt"): smoking 변수에 데이터를 할당한다.

---

2. R은 오픈소스이기 때문에 배포에 제한이 없는 게 특징이다. 즉 R을 이용해 자산화를 한다든지 새로운 솔루션을 제
작해 제공하는 등의 행위에 제한을 받지 않는다. CRAN(www.r-project.org) 사이트에서 자유롭게 내려받아 설치할
수 있다. 2015년 12월 25일 현재 48개국에 123개 미러 사이트가 운영 중이다. 미러 사이트는 한 사이트에 많은 트래
픽이 몰리는 것을 방지하기 위해 똑같은 내용을 복사해 여러 곳에 분산시킨 사이트를 일컫는다(http://www.etnews.
com/201205040084).

> WC=table(smoking): smoking 변수를 table 형태로 변환하여 WC 변수에 할당한다.

> library(RColorBrewer): 컬러를 출력하는 패키지를 로딩한다.

> palete=brewer.pal(9, "Set1"): RColorBrewer의 9가지 글자 색상을 palete 변수에 할당한다.

> wordcloud(names(wordcount), freq=wordcount, scale=c(5, 1), rot.per=.12, min.freq=1, random.order=F, random.color=T, colors=palete): 워드클라우드를 출력한다.

- 워드클라우드 함수에 대한 자세한 설명은 본서의 '텍스트 데이터의 시각화' 부분(p. 228)을 참조한다.

> savePlot("2011년_위험.png", type="png"): 결과를 그림 파일로 저장한다.

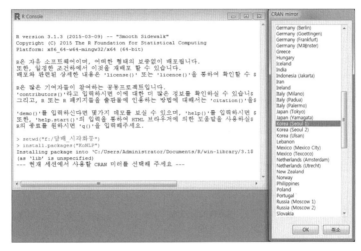

```
> smoking=read.table("2011년_위험.txt")
> WC=table(smoking)
> library(RColorBrewer)
> palete=brewer.pal(9,"Set1")
> wordcloud(names(WC),freq=WC,scale=c(5,1),rot.per=.12,min.freq=1,random.order=F,random.color=T,colors=palete)
> savePlot("2011년_위험.png",type="png")
> |
```

9) R의 주요 GUI(Graphic User Interface) 메뉴 활용

(1) 새 스크립트 작성: [파일 – 새 스크립트]

• 스크립트는 R-편집기에서 작성한 후 필요한 스크립트를 R-Console 화면으로 가져와 실행
할 수 있다.

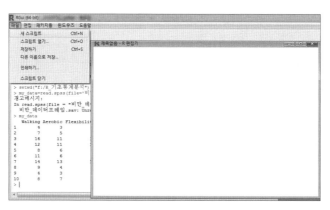

(2) 새 스크립트 저장: [파일 - 다른 이름으로 저장]

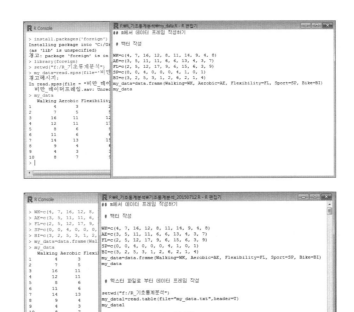

※ 본 장에 사용된 모든 스크립트는 '소셜빅데이터_1부2장_syntax.R'에 저장된다.

(3) 새 스크립트 불러오기: [파일 - 스크립트 열기]

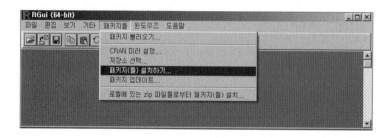

(4) 패키지 설치하기: [패키지들 – 패키지(들) 설치하기]

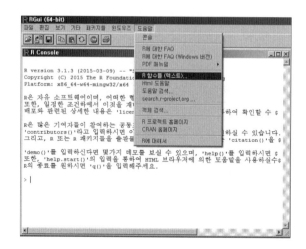

(5) R의 도움말 사용: [도움말 – R함수들(텍스트)]

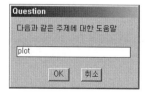

- plot( ) 함수에 대한 도움말을 입력하면 plot 함수와 사용 인수에 대해 자세한 도움말 정보를 얻을 수 있다.

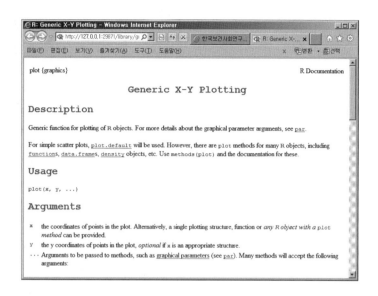

2 SPSS의 설치 및 활용

2-1 SPSS 개념

SPSS(Statistical Package for the Social Science)는 컴퓨터를 이용하여 복잡한 자료를 편리하고 쉽게 처리·분석할 수 있도록 만들어진 통계분석 전용 소프트웨어이다. 1965년 스탠퍼드대학교(Stanford University)에서 개발되었으며 1970년 시카고대학교(University of Chicago)에서 통계분석용 프로그램으로 활용된 이후 상품화되었다. 1993년에 윈도용 프로그램인 SPSS for windows 5.0이 출시되었으며 최근에는 IBM SPSS Statistics version23(64bit)이 개발되었다.

2-2 SPSS 설치

데이타솔루션에서는 SPSS를 평가용으로 사용할 수 있도록 평가판을 제공하고 있다. 홈페이지(http://www.datasolution.kr/trial/trial.asp)에서 회원 가입 후 프로그램을 설치한다.

① 데이타솔루션 홈페이지에서 다운로드한 SPSS 평가판 프로그램을 해당 폴더(SPSS_ Statistics_23_win64\SPSS_Statistics_23_win64\SPSSStatistics\win64\setup.exe)에서 실행한다.

② 설치 순서에 따라 실행한 후 SPSS 라이센스 인증 화면에서 '임시 사용 가능'을 선택한 후 [다음]을 누른다.

③ '임시 사용 기간'을 활성화하기 위해 '임시 사용 파일(temp.txt)'을 선택한 후 [다음]을 누른다.

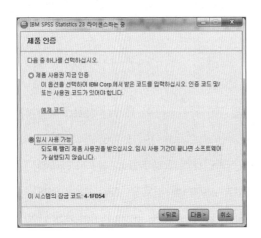
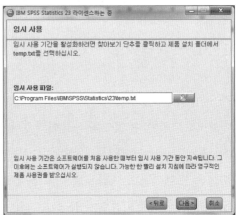

2-3 SPSS 활용

SPSS는 윈도 화면의 [시작]→[프로그램]→[IBM SPSS Statistics 23]을 선택하거나 윈도 화면에서 단축아이콘을 실행한다.

1) SPSS의 기본 구성

SPSS는 기본적으로 다음과 같은 7개의 창으로 구성되어 있다.

① 데이터편집기: 데이터파일을 열고 통계 절차를 수행할 수 있다.
② 출력항해사: 출력결과를 확인할 수 있다.
③ 피벗테이블: 출력결과의 피벗테이블(pivot table)을 수정 또는 편집할 수 있다.
④ 도표편집기: 각종 차트나 그림을 수정할 수 있다.
⑤ 텍스트 출력결과 편집기: 텍스트 출력결과를 수정할 수 있다.
⑥ 명령문편집기: SPSS 수행 시 선택된 내용에 대한 명령문을 보관할 수 있다.
⑦ 스크립트편집기: 스크립트(script)와 OLE(Object Linking and Embedding) 기능을 수행한다.

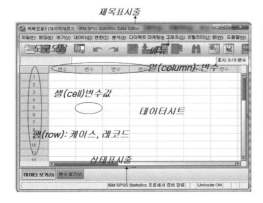

- 제목표시줄: 새로운 데이터파일 작성 시 [제목없음]이 표시됨, 기존 파일 열기 시 [파일명]이 표시됨
- 메뉴: 데이터편집기에서 사용할 수 있는 여러 기능
- 도구모음: 자주 사용하는 메뉴 기능을 등록한 도구단추
- 데이터시트: 실제 데이터의 내용이 표시되는 부분
- 상태표시줄: SPSS가 동작되는 각종 상태가 표시됨

2) SPSS의 자료 입력

SPSS에서는 데이터편집기를 사용하여 자료를 입력할 수 있다. 데이터편집기는 SPSS 실행 시 자동적으로 열리는 스프레드시트 형태의 창으로, 새로운 데이터를 추가할 수 있으며 기존 데이터를 읽어들여 수정·삭제·추가할 수도 있다. 데이터편집기창은 1개만 열 수 있으며 엑셀

과 달리 셀 자체에 수식 등을 입력할 수 없다.

(1) 자료 입력

비만 소셜 빅데이터를 SPSS에서 직접 입력하려면 다음과 같이 변수를 정의해야 한다.

 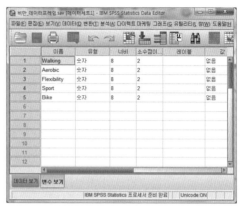

- 변수정의(define variable)는 창 하단의 변수보기(variable view)를 선택하거나 데이터시트의
  변수이름(name)을 더블클릭한다.
  - 변수이름을 지정하지 않으면 'VAR' + 5자리의 숫자가 초기 지정된다.
  - SPSS의 예약어(reserved keyword)는 변수이름으로 사용할 수 없다.
  예: ALL, NE, EQ, TO, LE, LT, BY, OR, AND, GT, WITH 등

(2) SPSS로 자료 불러오기

① 텍스트 자료 불러오기

[파일]→[텍스트 데이터 읽기](파일: 비만_데이터프레임.txt)→[텍스트 가져오기 마법사]를 차례
로 실행한 후 [마침]을 선택한다.

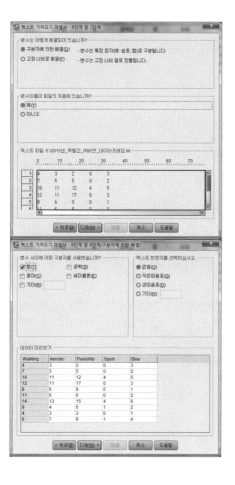

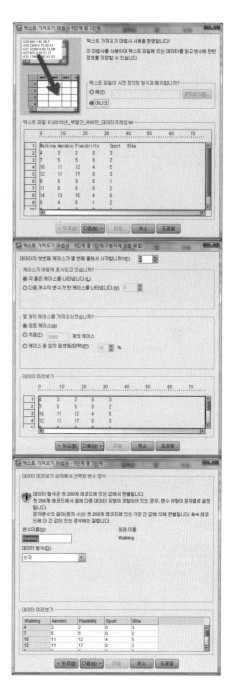

② 엑셀 자료 불러오기

[파일]→[열기]→[데이터](파일: 비만_데이터프레임.xlsx)→[Excel 데이터 소스 열기]→[확인]을
선택한다.

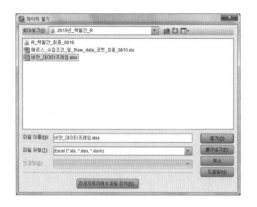
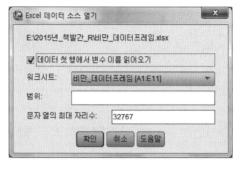

③ 케이스 선택(select cases)

  조건에 맞는 케이스만 분석하고 나머지 케이스는 분석하지 않을 목적으로 사용한다.

  - [파일]→[열기]→[데이터](파일: 담배_다항로지스틱_20150712.sav)를 선택한다.

  - [케이스 선택]→[조건을 만족하는 케이스–조건]을 선택한다.

  - [선택하지 않은 케이스–필터]: 선택하지 않은 케이스 번호에 대각선이 표시된다.

  - [선택하지 않은 케이스–삭제]: 파일에서 완전 삭제한다.

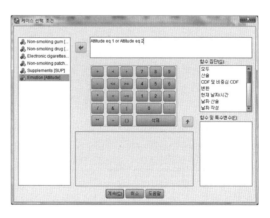

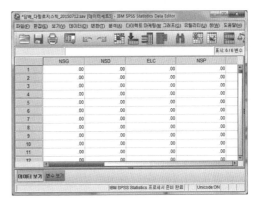

3 과학적 설계[3]

세상이 하루가 다르게 복잡해지면서 우리 인간들의 활동 결과로 쌓이는 데이터의 양도 계속 증가하고 있다. 모바일 인터넷과 소셜미디어의 확산으로 데이터량이 기하급수적으로 증가하여 데이터가 경제적 자산이 될 수 있는 빅데이터(big data) 시대가 도래한 것이다. 이러한 빅데이터 시대에는 데이터를 분석하여 문제를 해결할 수 있는 역량이 연구자의 핵심 경쟁력이 된다. 빅데이터는 기존의 관리분석 체계로는 감당할 수 없을 정도의 방대한 분량의 데이터로, 이와 같이 복잡하고 다양한 사회현상 데이터를 관리하고 분석할 수 있는 능력을 지닌 데이터 사이언티스트의 역할은 그 중요성을 더해 가고 있다.

빅데이터를 분석하여 다양한 사회현상을 탐색·기술하고 인과성을 발견하여 미래를 예측하기 위해서는 과학적 연구방법이 필요하다. 따라서 연구자는 수많은 온오프라인 빅데이터에서 새로운 가치를 찾기 위해 과학적·창조적인 탐구과정을 끊임없이 거쳐야 한다.

본 장에서는 빅데이터를 분석하기 위해 데이터 사이언티스트가 습득해야 할 기본적인 과학적 연구방법에 관해 소개하고자 한다.

---

3. 본 절의 일부 내용은 '송태민·송주영(2015). 빅데이터 연구 한 권으로 끝내기. pp. 62-74' 부분에서 발췌한 것임을 밝힌다.

3-1 과학적 연구설계

과학(science)은 사물의 구조·성질·법칙 등을 관찰·탐구하는 인간의 인식활동 및 그것의 산물로서의 체계적·이론적 지식을 말한다. 자연과학은 인간에 의해 나타나지 않은 모든 자연현상을 다루고 사회과학은 인간의 행동과 그들이 이루는 사회를 과학적 방법으로 연구한다(위키백과, 2014. 8. 2).

과학적 지식을 습득하려면 현상에 대한 문제를 개념화하고 가설화하여 검정하는 단계를 거쳐야 한다. 즉 과학적 사고를 통하여 문제를 해결하기 위해서는 논리적인 설득력을 지니고 경험적 검정을 통하여 추론해야 한다. 과학적인 추론방법으로는 연역법과 귀납법이 있다.

과학적 연구설계를 하기 위해서는 사회현상에 대해 문제를 제기하고, 연구목적과 연구주제를 설정한 후, 문헌고찰을 통해 연구모형과 가설을 도출해야 한다. 그리고 조사설계 단계를 통해 측정도구를 개발하여 표본을 추출한 후, 자료 수집 및 분석 과정을 거쳐 결론에 도달해야 한다.

[표 2-1] 연역법과 귀납법

과학적 추론방법	정의 및 특징
연역법	• 일반적인 사실이나 기존 이론에 근거하여 특수한 사실을 추론하는 방법이다. • 이론→가설→사실의 과정을 거친다. • 이론적 결과를 추론하는 확인적 요인분석의 개념이다. • 예: 모든 사람은 죽는다→소크라테스는 사람이다→그러므로 소크라테스는 죽는다
귀납법	• 연구자가 관찰한 사실이나 특수한 경우를 통해 일반적인 사실을 추론하는 방법이다. • 사실→탐색→이론의 과정을 거친다. • 잠재요인에 대한 기존의 가설이나 이론이 없는 경우 연구의 방향을 파악하기 위한 탐색적 요인분석의 개념이다. • 예: 소크라테스도 죽고 공자도 죽고 ○○○ 등도 죽었다→이들은 모두 사람이다→그러므로 사람은 죽는다

3-2 연구의 개념

개념은 어떤 현상을 나타내는 추상적 생각으로, 과학적 연구모형의 구성개념(construct)으로
사용되며 연구방법론상의 개념적 정의와 조작적 정의로 파악될 수 있다.

[표 2-2] 연구의 개념

구분	정의 및 특징
개념적 정의 (conceptual definition)	• 연구하고자 하는 개념에 대한 추상적인 언어적 표현으로 사전에 동의된 개념이다. • 예: 자아존중감
조작적 정의 (operational definition)	• 개념적 정의를 실제 관찰(측정) 가능한 현상과 연결시켜 구체화시킨 진술이다. • 예[자아존중감: 로젠버그의 자아존중감 척도(Rosenberg Self Esteem Scales)] 나는 내가 다른 사람들처럼 가치 있는 사람이라고 생각한다. 나는 좋은 성품을 가졌다고 생각한다. 나는 대체적으로 실패한 사람이라는 느낌이 든다. 나는 대부분의 다른 사람들과 같이 일을 잘할 수가 있다. 나는 자랑할 것이 별로 없다. 나는 내 자신에 대하여 긍정적인 태도를 가지고 있다. 나는 내 자신에 대하여 대체로 만족한다. 나는 내 자신이 좀 더 존경할 수 있었으면 좋겠다. 나는 가끔 내 자신이 쓸모없는 사람이라는 느낌이 든다. 나는 때때로 내가 좋지 않은 사람이라고 생각한다.

3-3 변수 측정

과학적 연구를 위해서는 적절한 자료를 수집하고 그 자료가 통계분석에 적합한지를 파악해
야 한다. 측정(measurement)은 경험적으로 관찰한 사물과 현상의 특성에 대해 규칙에 따라 기
술적으로 수치를 부여하는 것을 말한다. 측정규칙, 즉 척도는 일정한 규칙을 가지고 관찰대
상이 지닌 속성의 질적 상태에 따라 값(수치나 수)을 부여하는 것이다(김계수, 2013: p. 119). 변수
(variable)는 측정한 사물이나 현상에 대한 속성 또는 특성으로서, 경험적 개념을 조작적으로
정의하는 데 사용할 수 있는 하위 개념을 말한다.

1) 척도

척도(scale)는 변수의 속성을 구체화하기 위한 측정단위로, [표 2-3]과 같이 측정의 정밀성에
따라 크게 명목척도, 서열척도, 등간척도, 비율(비)척도로 분류한다. 또한 속성에 따라 [그림
2-1]과 같이 정성적 데이터와 정량적 데이터로 구분하기도 한다.

[표 2-3] 측정의 정밀성에 따른 척도 분류

구분	정의 및 특징
명목척도 (nominal scale)	• 변수를 범주로 구분하거나 이름을 부여하는 것으로, 변수의 속성을 양이 아니라 종류나 질에 따라 나눈다. • 예: 주거지역, 혼인상태, 종교, 질환 등
서열척도 (ordinal scale)	• 변수의 등위를 나타내기 위해 사용되는 척도로, 변수가 지닌 속성에 따라 순위가 결정된다. • 예: 학력, 사회적 지위, 공부 등수, 서비스 선호 순서 등
등간척도 (interval scale)	• 자료가 가지는 특성의 양에 따라 순위를 매길 수 있다. • 동일 간격에 대한 동일 단위를 부여함으로써 등간성이 있고 임의의 영점과 임의의 단위를 지니며 덧셈법칙은 성립하나 곱셈법칙은 성립하지 않는다(성태제, 2008: p. 22) • 예: 온도, IQ점수, 주가지수 등
비율(비)척도 (ratio scale)	• 등간척도의 특수성에 비율개념이 포함된 것으로, 절대영점과 임의의 단위를 지니고 있으며 덧셈법칙과 곱셈법칙 모두 적용된다. • 예: 몸무게, 키, 나이, 소득, 매출액 등

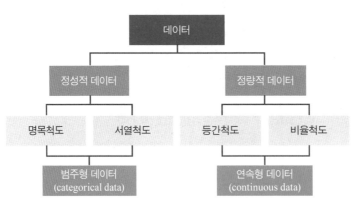

[그림 2-1] 척도의 속성에 따른 데이터 분류

사회과학에서는 다양한 변수들이 여러 차원으로 구성되기 때문에 측정을 위한 도구인 척도를 단일 문항으로 측정하기 어렵다. 사회과학분야에서 많이 사용되는 측정방법으로는 리커트 척도(Likert scale), 보가더스의 사회적 거리 척도(Bogardus social distance scale), 어의차이 척도(semantic differential scale), 서스톤 척도(Thurstone scale), 거트만 척도(Guttman scale) 등이 있다.

[표 2-4] 척도의 구성 유형

구분	정의 및 특징
리커트 척도	• 문항끼리의 내적 일관성을 파악하기 위한 척도로, 찬성이나 반대의 상대적인 강도를 판단할 수 있다. • 유헬스 기기의 서비스 질 평가를 위한 측정사례 유헬스를 이용한 건강관리서비스를 통해 느낀 서비스의 질에 관한 질문이다. 전혀 그렇지 않음 … … … 매우 그러함 ① ② ③ ④ ⑤ ⑥ ⑦ 1. 유헬스는 적당한 건강관리서비스를 해준다. 2. 유헬스는 건강관리에 많은 콘텐츠를 제공한다. 3. 유헬스 기기의 측정값은 신뢰할 수 있다.
보가더스 사회적 거리 척도	• 사회관계에서 다른 유형의 사람들과 친밀한 사회적 관계를 측정하는 척도이다. • 에볼라 바이러스 감염 나라에 대한 보가더스 사회적 거리 측정사례 1. 귀하는 귀하의 나라에 에볼라 바이러스 감염 나라의 사람이 방문하는 것을 허용하겠습니까? 2. 귀하는 귀하의 나라에 에볼라 바이러스 감염 나라의 사람이 사는 것을 허용하겠습니까? 3. 귀하는 같은 직장에 에볼라 바이러스 감염 나라의 사람이 일하는 것을 허용하겠습니까? 4. 귀하는 이웃에 에볼라 바이러스 감염 나라의 사람이 사는 것을 허용하겠습니까?
어의차이척도	• 척도의 양극점에 서로 상반되는 형용사나 표현을 제시하여 측정하는 방법이다. • 현재 사용하고 있는 유헬스 기기의 품질 평가를 위한 측정사례 귀하가 이용 중인 유헬스 기기의 품질을 평가해주시기 바랍니다. 　　　　　　+3　+2　+1　0　−1　−2　−3 ① 경제적이다.　---　---　---　---　---　---　---　경제적이지 않다. ② 믿을 만하다.　---　---　---　---　---　---　---　믿지 못한다. ③ 정확하다.　---　---　---　---　---　---　---　정확하지 않다. ④ 편리하다.　---　---　---　---　---　---　---　불편하다.
서스톤 척도	• 측정변수를 나타내는 지표들 사이에 경험적 구조를 발견하려는 측정방법이다. • 일련의 자극에 대하여 피험자의 주관적인 양적 판단에 의존하는 방법이다(김은정, 2007: p. 305). • 서스톤 척도의 측정값은 응답자(평가자)가 찬성하는 모든 문항의 가중치를 합하여 평균을 계산한다. • 개인주의 가치에 대한 서스톤 척도의 측정사례(김은정, 2007: p. 306) 가중치 문항 (1.1) 사회의 의사를 받아들이기 위해 개인의 의사를 억압하는 것은 자신의 숭고한 목적을 성취하는 일이다. (8.9) 타인의 요구를 흔쾌히 수용하면 자기 개성을 희생시키게 된다. (10.4) 능력의 한계까지 자기발전을 이루려고 하는 것은 인간 존재의 주된 목적이다.
거트만 척도	• 어떤 태도나 개념을 측정할 수 있는 질문들을, 질문의 강도에 따라 순서대로 나열할 수 있는 경우에 적용되며 누적척도법(cumulative scale)이라고 부른다. • 가장 강도가 강한 질문에 긍정적인 응답을 하였다면, 나머지 응답에도 긍정적인 대답을 하였다고 본다. • 거트만 척도는 해당 연구에 대한 경험적 관찰을 통하여 구성되며 척도구성의 정확도는 재생계수(coefficient of reproduction)로 산출한다. 1. 당신은 담배를 피우십니까? 2. 당신은 하루에 담배를 반 갑 이상 피우십니까? 3. 당신은 하루에 담배를 한 갑 이상 피우십니까?

2) 변수

변수(variable)는 상이한 조건에 따라 변하는 모든 수를 말하며 최소한 두 개 이상의 값(value)을 가진다. 변수와 상반되는 개념인 상수(constant)는 변하지 않는 고정된 수를 말한다. 변수는 변수 간 인과관계에 따라 독립변수, 종속변수, 매개변수, 조절변수로 구분하며 속성에 따라 질적 변수와 양적 변수로 구분한다.

독립변수(independent variable)는 다른 변수에 영향을 주는 변수를 나타내며 예측변수(predictor variable), 설명변수(explanatory variable), 원인변수(cause variable), 공변량 변수(covariates variable)라고 부르기도 한다. 종속변수(dependent variable)는 독립변수에 의해 영향을 받는 변수로, 반응변수(response variable) 또는 결과변수(effect variable)를 말한다. 매개변수(mediator variable)는 독립변수와 종속변수 사이에서 독립변수의 결과인 동시에 종속변수의 원인이 되는 변수를 말하며, 연구에서 통제되어야 할 변수를 말한다. 따라서 매개효과는 독립변수와 종속변수 사이에 제3의 매개변수가 개입될 때 발생한다(Baron & Kenny, 1986).

조절변수(moderation variable)는 변수의 관계를 변화시키는 제3의 변수가 있는 경우로, 변수 간(예: 독립변수와 종속변수 간) 관계의 방향이나 강도에 영향을 줄 수 있는 변수를 말한다. 질적 변수(qualitative variable)는 분류를 위하여 용어로 정의되는 변수이며, 양적 변수(quantitative variable)는 양의 크기를 나타내기 위하여 수량으로 표시되는 변수를 말한다(성태제, 2008: p. 26).

예를 들어 알코올 의존이 삶의 만족도로 가는 경로에 우울감이 영향을 미치고 있다면 독립변수는 알코올 의존, 종속변수는 삶의 만족도, 매개변수는 우울감이 된다. 스트레스에서 자살로 가는 경로에서 남녀 집단 간 차이가 있다고 하면, 스트레스는 독립변수, 자살은 종속변수, 성별은 조절변수가 된다.

3-4 분석단위

분석단위는 분석수준이라고 부르며 연구자가 분석을 위하여 직접적인 조사대상인 관찰단위를 더욱 세분화하여 하위단위로 나누거나 상위단위로 합산하여 실제 분석에 이용하는 단위로, 자료 분석의 기초단위가 된다(박정선, 2003: p. 286). 분석단위는 표본추출이 되는 모집단의 최소단위로 개인, 집단 혹은 특정 조직이 될 수 있다(김은정, 2007: p. 46).

연구를 수행하는 과정에서 분석단위를 잘못 선정하거나 조사결과를 잘못 해석하거나 조사결과에서 그릇된 결론을 내리는 오류를 범할 수 있다(이주열 외 2013: p. 79). 분석단위에 대한 잘못된 추론으로는 생태학적 오류(ecological fallacy), 개인주의적 오류(individualistic fallacy), 환원주의적 오류(reductionism fallacy) 등이 있다.

생태학적 오류는 집단 내 집단의 특성에 근거하여 그 집단에 속한 개인의 특성을 추정할 때 범할 수 있는 오류이다(예: 천주교 집단의 특성을 분석한 다음 그 결과를 토대로 천주교도 개개인의 특성을 해석할 경우). 개인주의적 오류는 생태학적 오류와 반대로 개인을 분석한 결과를 바탕으로 개인이 속한 집단의 특성을 추정할 때 범할 수 있는 오류이다(예: 어느 사회 개인들의 질서의식이 높은 것으로 나타났다고 해서 바로 그 사회가 질서 있는 사회라고 해석하는 경우). 환원주의적 오류는 개인주의적 오류가 포함된 개념으로, 광범위한 사회현상을 이해하기 위해 개념이나 변수들을 지나치게 한정하거나 환원하여 설명하는 경향을 말한다(예: 심리학자가 사회현상을 진단하는 경우 심리변수는 물론 경제변수나 정치변수 등을 다각적으로 분석해야 하는데 심리변수만으로 사회현상을 진단하는 경우). 즉 개인주의적 오류는 분석단위에서 오는 오류이고, 환원주의적 오류는 변수 선정에서 오는 오류이다.[4]

3-5 표본추출과 가설검정

1) 조사설계

광범위한 대상 집단(모집단)에서 특정 정보를 과학적인 방법으로 알아내는 것이 통계조사이다. 통계조사를 위해서는 조사목적·조사대상·조사방법·조사일정·조사예산 등을 사전에 계획해야 한다. 즉 조사계획서에는 조사의 필요성과 목적을 기술하고, 조사목적과 조사예산, 그리고 조사일정에 따라 모집단을 선정한 후 전수조사인가 표본조사인가를 결정해야 한다. 그리고 조사목적을 달성할 수 있는 조사방법(면접조사, 우편조사, 전화조사, 집단조사, 인터넷 조사 등)을 결정하고 상세한 조사일정과 조사에 필요한 소요예산을 기술해야 한다. 일반적인 통계조사는 '조사계획→설문지 개발→표본추출→사전조사→본 조사→자료입력 및 수정→통계분석→보고서 작성'의 과정을 거쳐야 한다.

사회과학 연구에서는 조사도구로 설문지(questionnaire)를 많이 사용한다. 설문지는 조사대상자로부터 필요한 정보를 얻기 위해 작성된 양식으로, 조사표 또는 질문지라고 한다. 설문지에는 조사배경, 본 조사항목, 응답자 인적사항 등이 포함되어야 한다. 조사배경에는 조사주관자의 신원과 조사가 통계적인 목적으로만 활용된다는 점을 명시하고, 개인정보 이용 시 개인정보 활용 동의에 대한 내용을 자세히 기술하여야 한다. 응답자의 인적사항은 인구통계학적 배경으로 성별, 나이, 주거지, 교육수준, 직업, 소득수준, 문화적 성향 등이 포함되어야 한다. 인구통계학적 변인에 따라 본 조사항목에 대한 반응을 분석할 수 있고, 조사한 표본이 모집단을 대표할 수 있는지 검토할 수 있다. 인구통계학적 배경의 조사항목은 되도록 조사의 마지

---

4. http://cafe.naver.com/south88/1008. 2014/09/20

막 부분에 위치하는 것이 좋다.

연구자는 윤리적 고려를 위하여 사전에 생명윤리위원회(IRB: Institutional Review Board)의 승인을 얻은 후 연구나 조사를 진행하여야 한다. 특히 연구대상자료가 소셜 빅데이터일 경우, 수집문서에서 개인정보를 인식할 수 없더라도 IRB의 승인을 받아서 연구를 수행해야 한다.[5]

설문지는 응답내용이 한정되어 응답자가 그중 하나를 선택하는 폐쇄형 설문과 응답자들이 질문에 대해 자유롭게 응답하도록 하는 개방형 설문이 있다. 설문지 개발 시 주의할 점은 한쪽으로 편향되는 설문(예: 대다수의 일반 시민을 위하여 지하철 노조의 파업은 법적으로 금지되어야 한다고 생각하십니까?)과 쌍렬식 질문[이중질문(예: 스트레스에 음주나 흡연이 어느 정도 영향을 미친다고 생각하십니까?)]은 피해야 한다.

설문지가 개발된 후에는 본 조사를 하기 전에 설문지 예비테스트와 조사원 훈련을 위해 시험조사(pilot survey)를 실시하여야 한다. 조사원 훈련은 연구책임자가 주관하여 조사의 목적, 표집 및 면접 방법, 코딩방법 등을 교육하고 면접자와 피면접자로서 조사원 간 역할학습(role paly)을 실시하며, 조사지도원의 경험담 교육 등이 이루어져야 한다. 특히 본 조사에서 첫 인사는 매우 중요하기 때문에 소속과 신원, 조사명, 응답자 선정경위, 조사 소요시간, 응답에 대한 답례품 등을 상세히 설명해야 한다.

2) 표본추출

과학적 조사연구 과정에서 측정도구가 구성된 후 연구대상 전체를 대상(전수조사)으로 할 것인가, 일부만을 대상(표본조사)으로 할 것인가 자료수집의 범위가 결정되어야 한다.

모집단은 연구자의 연구대상이 되는 집단 전체를 의미하며 과학적 연구가 추구하는 목적은 모집단의 성격을 기술하거나 추론하는 것이다(박용치 외, 2009: p. 245). 모집단 전체를 조사하는 것은 비용 과다(경제성), 시간 부족(시간성)과 같은 문제점이 많기 때문에 모집단에 대한 지식이나 정보를 얻고자 할 때 모집단의 일부인 표본을 추출하여 모집단을 추론한다.

[그림 2-2]와 같이 모수(parameter)는 모집단(population)의 특성값을 나타내는 것으로 모평균(μ), 표준편차(σ), 상관계수(ρ) 등을 말한다. 통계량(statistics)은 표본(sample)에서 얻게 되는

---

5. 소셜 빅데이터 기반 사이버불링 위험 예측 연구의 IRB 승인에 대한 논문표기 예시: 연구에 대한 윤리적 고려를 위하여 한국보건사회연구원 생명윤리위원회(IRB)의 승인(NO. 2014-1)을 얻은 후 연구를 진행하였다. 연구대상 자료는 한국보건사회연구원과 SKT가 2013년 5월에 수집한 2차 자료를 활용하였으며, 수집된 소셜 빅데이터는 개인정보를 인식할 수 없는 데이터로 대상자의 익명성과 기밀성이 보장되도록 하였다.

표본의 특성값으로 표본평균(x̄), 표본의 표준편차(s), 표본의 상관계수(r) 등이 있다.

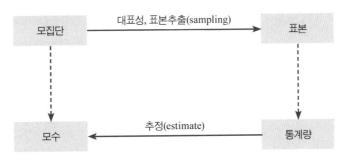

[그림 2-2] 전수조사와 표본조사의 관계

모집단에서 표본을 추출하기 위해서는 표본의 대표성을 유지하기 위하여 표본의 크기를 결정해야 한다. 표본의 크기는 모집단의 성격, 연구목적, 시간과 비용 등에 따라 결정하며, 일반적으로 여론조사에서는 신뢰수준과 표본오차(각 표본이 추출될 때 모집단의 차이로 기대되는 오차)로 표본의 크기를 구할 수 있다. 표준오차(각 표본들의 평균이 전체 평균과 얼마나 떨어져 있는지를 알려주는 것으로, 표본분포의 표준편차를 말한다. 표본의 크기가 크면 표준오차는 작아지고, 표본의 크기가 작으면 표준오차는 커진다.)로 표본의 크기를 구할 수도 있다.[6]

※ 신뢰수준과 표본오차를 이용하여 표본의 크기 구하기

$$SE = \pm Z_{\frac{\alpha}{2}} \sqrt{\frac{P(1-P)}{n}}$$

SE: 표본오차, n: 표본의 크기
Z: 신뢰수준의 표준점수(95%=1.96, 99%=2.58)
P=모집단에서 표본의 비율이 틀릴 확률
(95%: P=0.5, 99%: P=0.1)

예제 복지수요를 파악하기 위하여 P=0.5 수준을 가진 신뢰수준 95%에서 표본오차를 3%로 전화조사를 실시할 경우 적당한 표본의 크기는?

$n = (\pm Z)^2 \times P(1-P)/(SE)^2 = (\pm 1.96)^2 \times 0.5 \times (1-0.5)/(0.03)^2 ≒ 1{,}067$명

표본을 추출하는 방법은 크게 확률표본추출과 비확률표본추출 방법으로 나눌 수 있다. 확률표본추출(probability sampling)은 모집단의 모든 구성요소들이 표본으로 추출될 확률이 알려져 있는 조건하에서 표본을 추출하는 방법으로 단순무작위표본추출, 체계적 표본추출,

---

6. 공식: n(표본의 크기) $\geq [1/d$(표준오차$)]^2$. 예: 표준오차가 2.5%일 경우 표본의 크기는 $n \geq (1/0.025)^2 = 1{,}600$이 된다.

층화표본추출, 집락표본추출 등이 있다.

단순무작위표본추출(simple random sampling)은 모집단의 모든 표본단위가 선택될 확률을 동일하게 부여하여 표본을 추출하는 방법이다. 체계적 표본추출(systematic sampling)은 모집단의 구성요소에 일련번호를 부여한 후 매번 K번째 요소를 표본으로 선정하는 방법으로, 계통적 표본추출이라고 한다(이주열 외, 2013: p. 163). 층화표본추출(stratified sampling)은 모집단을 일정한 기준에 따라 2개 이상의 동질적인 계층으로 구분하고, 각 계층별로 단순무작위추출법을 적용하여 표본을 추출하는 방법이다(전보협, 2009: p. 78). 집락표본추출(cluster sampling)은 표본들을 군집으로 묶어 이들 집단을 선택하고, 다시 선택된 집단 안에서 표본을 추출하는 방법이다(전보협, 2009: p. 79). 층화집락무작위표본추출은 층화표본추출, 집락표본추출, 단순무작위표본추출을 모두 사용하여 표본을 추출하는 방법이다[예: 서울시민 의식 실태조사 시 서울시를 25개 구(층)로 나누고, 구에서 일부 동을 추출(집락: 1차 추출단위)하고, 동에서 일부 통을 추출(집락: 2차 추출단위)하고, 통 내 가구대장에서 가구를 무작위로 추출한다].

비확률표본추출(nonprobability sampling)은 모집단의 모든 구성요소들이 표본으로 추출될 확률이 알려져 있지 않은 상태에서 표본을 추출하는 방법으로 편의표본추출, 판단표본추출, 눈덩이표본추출, 할당표본추출 등이 있다. 편의표본추출(convenience sampling)은 연구자의 편의에 따라 표본을 추출하는 방법으로, 임의표본추출(accidental sampling)이라고도 한다. 판단표본추출은 모집단의 의견이 반영될 수 있는 것으로 판단되는 특정집단을 표본으로 선정하는 방법으로, 목적표본추출(purposive sampling)이라고도 한다. 할당표본추출(quota sampling)은 미리 정해진 기준에 따라 전체 표본으로 나눈 다음, 각 집단별로 모집단이 차지하는 구성비에 맞추어 표본을 추출하는 방법이다. 눈덩이표본추출(snowball sampling)은 처음에는 모집단의 일부 구성원을 표본으로 추출하여 조사한 다음, 그 구성원의 추천을 받아 다른 표본을 선정하여 조사과정을 반복하는 방법이다.

표본추출 후 자료수집의 타당도를 확보하기 위해서는 인터뷰 시 나타날 수 있는 효과를 최소화하기 위해 노력해야 한다. 인터뷰 시 나타날 수 있는 대표적인 효과로는 동조효과, 후광효과, 겸양효과, 호손효과, 무관심효과 등이 있다. 동조효과는 다수의 생각에 동조하여 응답하는 것이다. 후광효과는 평소 생각해본 적이 없는 내용인데 면접자의 질문을 받고서 없던 생각을 새로이 만들어서 응답하는 것이다. 겸양효과는 면접자의 비위를 맞추려고 응답하는 것이다. 호손효과는 연구대상자들이 실험에서 사용되는 변수나 처치보다는 실험하고 있다는 상황 자체에 영향을 받는 경우이다. 무관심효과는 면접을 빨리 끝내려고 내용을 보지 않고 응답하는 경우이다.

① 무작위추출법

1,000명의 조사응답자 중 20명을 무작위 추첨하여 답례품을 증정할 경우 1,000명 중 20명을 무작위로 추출해야 한다.

가 R 프로그램 활용

R에서 sample() 함수를 사용한다. 즉 길이가 n인 주어진 벡터의 요소로부터 길이가 seq인 부분 벡터를 랜덤하게 추출하는 것이다.

> n=1000 ; seq=20: n에 1000, seq에 20을 할당한다.

> id=1:n: 1에서 1000의 수를 벡터 id에 할당한다.

> id1=sample(id, seq, replace=F)

– 벡터 id에서 20명을 랜덤 추출하여 벡터 id1에 할당한다.

– replace=F(비복원 추출), replace=T(복원추출: 같은 요소도 반복 추출)

> sort(id1): 랜덤 추출된 벡터 id1을 오름차순으로 정렬한다.

> sort(id1, decreasing = T): 랜덤 추출된 벡터 id1을 내림차순으로 정렬한다.

```
R Console
> n=1000 ; seq=20
> id=1:n
> id1=sample(id, seq, replace=F)
> sort(id1)
 [1]   30   42  138  189  268  289  320  327  404  445  548  665  672  797  805  869  884  944  996 1000
> sort(id1, decreasing = T)
 [1] 1000  996  944  884  869  805  797  672  665  548  445  404  327  320  289  268  189  138   42   30
>
```

나 SPSS 프로그램 활용

1단계: 변수 2개(seq, id)를 만든다(파일명: 무작위추출법.sav).

2단계: 변수 seq에 1~20의 일련번호를 입력한다.

3단계: SPSS 실행 후 [변환]→[변수계산]→[대상변수(id)]를 지정한다.

– 숫자식 표현[RND(uniform(1)*1000+0.5)]: 0과 1 사이의 난수값에 1000(명)을 곱하여 반

올림하라는 의미이다.

4단계: [데이터]→[케이스 정렬]→[정렬기준: id(A), 정렬 순서: 오름차순)]을 선택한다.

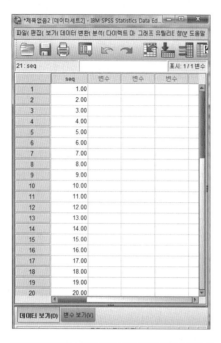

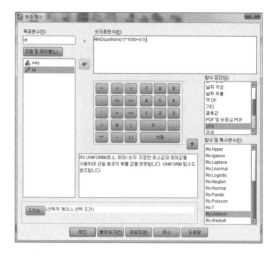

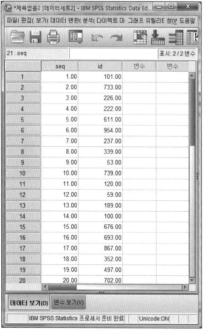

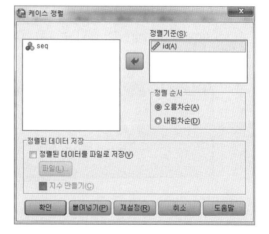

3) 가설검정[7]

과학적 연구를 위해서 연구자는 연구하고자 하는 대상에 대해 문제의식을 가지고 많은 논문과 보고서를 통해 개념 간의 인과적인 개연성을 확보해야 한다. 그리고 기존의 이론과 연구자의 경험을 바탕으로 연구모형을 구축하고, 그 모형에 기초하여 가설을 설정하고 검정하여야 한다.

가설(hypothesis)은 연구와 관련한 잠정적인 진술이다. 표본에서 얻은 통계량을 근거로 모집단의 모수를 추정하기 위해서는 가설검정을 실시한다. 가설검정은 연구자가 통계량과 모수 사이에서 발생하는 표본오차(sampling error)의 기각 정도를 결정하여 추론할 수 있다. 따라서 모수의 추정값은 일치하지 않기 때문에 신뢰구간(interval estimation)을 설정하여 가설의 채택 여부를 결정한다. 신뢰구간은 표본에서 얻은 통계량을 가지고 모집단의 모수를 추정하기 위하여 모수가 놓여 있으리라고 예상하는 값의 구간을 의미한다.

가설은 크게 귀무가설[또는 영가설, (H_0)]과 대립가설[또는 연구가설, (H_1)]로 나뉜다. 귀무가설은 '모수가 특정한 값이다' 또는 '두 모수의 값은 동일하다(차이가 없다)'로 선택하며, 대립가설은 '모수가 특정한 값이 아니다' 또는 '한 모수의 값은 다른 모수의 값과 다르다(크거나 작다)'로 선택하는 가설이다. 즉 귀무가설은 기존의 일반적인 사실과 차이가 없다는 것이며, 대립가설은 연구자가 새로운 사실을 발견하게 되어 기존의 일반적인 사실과 차이가 있다는 것이다. 따라서 가설검정은 표본의 추정값에 유의한 차이가 있다는 점을 검정하는 것이다.

가설은 이론적으로 완벽하게 검정된 것이 아니기 때문에 두 가지 오류가 발생한다. 1종오류(α)는 H_0가 참인데도 불구하고 H_0를 기각하는 오류이고(즉 실제로 효과가 없는데 효과가 있다고 나타내는 것), 2종오류(β)는 H_0가 거짓인데도 불구하고 H_0를 채택하는 경우이다(즉 실제로 효과가 있는데 효과가 없다고 나타내는 것). 가설검정은 유의확률(p-value)과 유의수준(significance)을 비교하여 귀무가설이나 대립가설의 기각 여부를 결정한다. 유의확률은 표본에서 산출되는 통계량으로 귀무가설이 틀렸다고 기각하는 확률을 말한다.

유의수준은 유의확률인 p-값이 어느 정도일 때 귀무가설을 기각하고 대립가설을 채택할 것인가에 대한 수준을 나타낸 것으로 'α'로 표시한다. 유의수준은 연구자가 결정하는 것으로 일반적으로 '.01, .05, .1'로 결정한다.

가설검정에서 '$p < \alpha$'이면 귀무가설을 기각하게 된다. 즉 가설검정이 '$p < .05$'이면 1종오류

---

7. 가설검정의 일부 내용은 '송태민·송주영(2015). 빅데이터 연구 한 권으로 끝내기. pp. 72-73' 부분에서 발췌한 것임을 밝힌다.

가 발생할 확률을 5% 미만으로 허용한다는 의미이며, 가설이 맞을 확률이 95% 이상으로 매우 신뢰할 만하다고 간주하는 것이다. 따라서 통계적 추정은 표본의 특성을 분석하여 모집단의 특성을 추정하는 것으로, 가설검정을 통하여 판단할 수 있다.

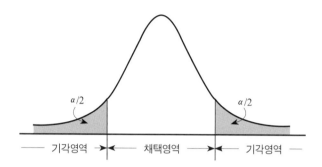

[그림 2-3] 귀무가설 채택/기각 영역

3-6 통계분석

통계분석은 수집된 자료를 이해하기 쉬운 수치로 요약하는 기술통계(descriptive statistics)와 모집단을 대표하는 표본을 추출하여 표본의 특성값으로 모집단의 모수를 추정하는 추리통계(stochastic statistics)가 있다. 수집된 자료를 분석하기 위한 통계 프로그램은 많이 있으나, 본 장에서는 R과 SPSS 프로그램을 사용한다.

1) 기술통계분석

각종 통계분석에 앞서 측정된 변수들이 지닌 분포의 특성을 파악해야 한다. 기술통계는 수집된 자료를 정리·요약하여 자료의 특성을 파악하기 위한 것으로, 이를 통해 자료의 중심위치(대푯값), 산포도, 왜도, 첨도 등 분포의 특징을 파악할 수 있다.

(1) 중심위치(대푯값)

중심위치란 자료가 어떤 위치에 집중되어 있는가를 나타내며 한 집단의 분포를 기술하는 대표적인 수치라는 의미로 대푯값이라고도 한다.

대푯값	설명
산술평균(mean)	평균(average, mean)이라고 하며, 중심위치 측도 중 가장 많이 사용되는 방법이다. • 모집단의 평균 $(\mu) = \dfrac{1}{N}(X_1 + X_2 + \cdots X_n) = \dfrac{1}{N}\sum X_i$ • 표본의 평균 $(\bar{x}) = \dfrac{1}{n}(X_1 + X_2 + \cdots X_n) = \dfrac{1}{n}\sum X_i$
중앙값(median)	측정값들을 크기순으로 배열하였을 경우, 중앙에 위치한 측정값이다. n이 홀수 개이면 $\dfrac{n+1}{2}$ 번째 n이 짝수 개이면 $\dfrac{n}{2}$ 번째와 $\dfrac{n+1}{2}$ 번째 측정값의 산술평균
최빈값(mode)	자료의 분포에서 빈도가 가장 높은 관찰값을 말한다.
4분위수(quartiles)	자료를 크기순으로 나열한 경우 전체의 1/4(1.4분위수), 2/4(2.4분위수), 3/4(3.4분위수)에 위치한 측정값을 말한다.
백분위수 (percentiles)	자료를 크기 순서대로 배열한 자료에서 100등분한 후 위치해 있는 값으로, 중앙값은 제50분위수가 된다.

(2) 산포도(dispersion)

중심위치 측정은 자료의 분포를 파악하는 데 충분하지 못하다. 산포도는 자료의 퍼짐 정도와 분포 모형을 통하여 분포의 특성을 살펴보는 것이다.

산포도	설명
범위(range)	자료를 크기순으로 나열한 경우 가장 큰 값과 가장 작은 값의 차이를 말한다.
평균편차 (mean deviation)	편차는 측정값들이 평균으로부터 떨어져 있는 거리(distance)이고, 평균편차는 편차합의 절대값 평균을 말한다. $$MD = \frac{1}{n}\sum |X_i - \bar{X}|$$
분산(variance)과 표준편차(standard deviation)	산포도의 정도를 나타내는 데 가장 많이 쓰이며, 통계분석에서 매우 중요한 개념이다. • 모집단의 분산: $\quad \sigma^2 = \dfrac{1}{N}\sum(X_i - \mu)^2$ • 모집단의 표준편차: $\sigma = \sqrt{\dfrac{1}{N}\sum(X_i - \mu)^2}$ • 표본의 분산: $\quad s^2 = \dfrac{1}{n-1}\sum(X_i - \bar{X})^2$ • 표본의 표준편차: $s = \sqrt{\dfrac{1}{n-1}\sum(X_i - \bar{X})^2}$ N: 관찰치수, X: 관찰값, μ: 모집단의 평균, $\bar{X}$: 표본의 평균
변이계수(coefficient of variance)	상대적인 산포도의 크기를 쉽게 파악할 때 사용된다. • 변이계수 $(CV) = \dfrac{s}{\bar{x}}$ 또는 $\dfrac{s}{\bar{x}} \times 100$ s: 표준편차, $\bar{x}$: 평균
왜도(skewness)와 첨도(kurtosis)	• 왜도는 분포의 모양이 중앙 위치에서 왼쪽이나 오른쪽으로 치우쳐 있는 정도를 나타내며, 분포의 중앙 위치가 왼쪽이면 '+' 값, 오른쪽이면 '−' 값을 가진다. • 첨도는 평균값을 중심으로 뾰족한 정도를 나타낸다. '0'이면 정규분포에 가깝고, '+'이면 정규분포보다 뾰족하고, '−'이면 정규분포보다 완만하다.

■ 연구데이터 설명[비만(다이어트) 소셜 빅데이터]

- 본 연구의 기술통계, 추리통계, 데이터마이닝, 시각화 분석 등에 사용된 연구데이터는 2011년 1월 1일부터 2013년 12월 31일까지 최근 3년 동안 블로그, 카페, 게시판 및 주요 커뮤니티, SNS(트위터), 인터넷 뉴스 및 미디어 사이트 채널 등에서 '비만', '다이어트' 키워드로 수집(120만 7,531건)[8]된 소셜 빅데이터를 사용하였다.
- 텍스트 형태로 수집된 소셜 빅데이터는 데이터 멍잉[9]을 거쳐 통계분석이 가능한 코드 형태의 정형화 데이터로 변환하여야 한다.
- 소셜 빅데이터의 수집 및 분류에는 해당 토픽에 대한 이론적 배경 등을 분석하여 온톨로지(ontology)를 개발한 후 온톨로지의 키워드를 수집하는 톱다운(top-down) 방식과 해당 토픽을 웹크롤러로 수집한 후 유목화(범주화)하는 보텀업(bottom-up) 방식이 있다. 본 연구의 비만 관련 키워드는 톱다운 방식[10]을 사용하여 수집·분류하였다.
- 본 연구에 사용된 주요 항목은 다음과 같다.

	항목	내용
운동 요인	걷기(Walking)	달리기, 걷기, 조깅, 계단, 계단오르기
	유산소(Aerobic)	유산소운동
	유연성(Flexibility)	스트레칭, 유연성운동, 요가
	스포츠(Sport)	농구, 배구, 축구, 핸드볼, 스쿼시, 테니스, 라켓스포츠, 배드민턴
	댄스(Dance)	에어로빅댄스, 에어로빅, 수중에어로빅, 댄싱
	근력운동(Strength)	근력운동, 바벨, 덤벨
	자전거(Bike)	하이킹, 자전거타기, 자전거, 좌식싸이클, 실내자전거
	운동치료(Exercise)	운동처방, 운동밴드, 짐볼, 저항성운동, 노젓기운동, 로잉머신
	감정(Attitude)*	[0: Failure(Negative, Usually), 1: Success(Positive)]
	트위터 언급형태(Type)	(1: interactive, 2: propagation, 3: monologue, 4: reply, 5: link)
	언급채널(Channel)	(1: SNS, 2:BLOG, 3: CAFE, 4: BOARD, 5: NEWS)
확산수	1주확산수(Onespread)	실수
	2주확산수(Twospread)	실수
	순계정(Account)	(1: First, 2: Spread)

* 본 연구의 비만 감성분석은 감성어 사전을 사용하여 긍정(Positive)감정[비만예방하다, 하체비만(탈출하다·다이어트하다), 복부비만(해결하다·관리하다·빼다·벗어나다), 다이어트(성공하다·효과적이다·올바르다·빠르다·추천하다 등), 즉 비만 탈출의 긍정적 의미]은 성공(Success)으로, 부정(Negative)과 보통(Usually)감정[마른비만, 비만(원인되다·심하다·심각하다·증가하다·위험하다), 다이어트(무리하다·실패하다·잘못되다·포기하다·좋지 않다 등), 즉 비만 탈출의 부정과 보통의 의미]은 실패(Failure)로 분석하였다.

---

8. 본 연구자료의 수집은 'SKT 스마트인사이트'에서 수행하였다.

9. 텍스트 형태의 비정형 소셜 빅데이터는 전처리, 파싱, 필터링 등의 데이터 핸들링 작업(데이터 멍잉: data munging)(전희원, 2014: p. 52)을 거쳐 코드 형태의 정형 빅데이터로 변환한 후 분석해야 한다.

10. 비만 온톨로지 개발은 '송태민 외(2014). 보건복지 빅데이터 효율적 관리방안 연구' 과제의 일환으로 소셜 빅데이터 수집을 위해 서울대학교 간호대학 박현애 교수 연구팀과 공동으로 수행하였다.

① 중심위치와 산포도 분석

가 R 프로그램 활용

1단계: 중심위치와 산포도 분석에 필요한 패키지를 설치한다.

- 본서의 '범주형 변수의 빈도분석을 위한 패키지 설치방법' 부분(p. 94)을 참조한다.
- > install.packages('foreign'): SPSS의 '.sav' 파일과 같은 외부 데이터를 읽어들이는 패키지를 설치한다.
- > library(foreign): foreign 패키지를 로딩한다.
- > install.packages('MASS'): MASS 패키지를 설치한다.
- > install.packages('e1071'): e1071 패키지를 설치한다.
- Rcmdr 패키지가 로딩되지 않을 경우, MASS와 e1071 패키지를 설치하면 된다.
- > install.packages('Rcmdr'): R 그래픽 사용환경(GUI)을 지원하는 R Commander 패키지를 설치한다.
- > library(Rcmdr): Rcmdr 패키지를 로딩한다.

2단계: 중심위치와 산포도 분석을 실시한다.

- > setwd("f:/R_기초통계분석"): 작업용 디렉터리를 지정한다.
- > data_spss=read.spss(file='다중회귀_최종모형.sav', use.value.labels=T, use.missings=T, to.data.frame=T): SPSS 데이터파일을 불러와서 data_spss에 할당한다.
- > length(data_spss$Walking): Walking 요인의 표본수를 산출한다.
- > attach(data_spss): 실행 데이터를 data_spss 데이터 프레임으로 고정한다.
- attach()함수로 data_spss 데이터 프레임을 고정하지 않으면 모든 함수의 인수는 '데이터$변수' 형태를 사용해야 한다.
- > mean(Walking): Walking 요인의 평균을 산출한다.
- attach(data_spss)로 지정되어 'data_spss$Walking'으로 지정할 필요가 없다.
- > var(Walking): Walking 요인의 분산을 산출한다.
- 표본의 분산 산출[var() 함수는 표본의 분산이 산출된다.]
- > var(Walking)*(length(Walking)−1)/length(data_spss$Walking)
- 모집단의 분산[표본분산*[(n-1)/n] 산출

> sd(Walking): Walking 요인의 표준편차를 산출한다.

– 표본 표준편차 산출[sd() 함수는 표본의 표준편차가 산출된다.]

> sd(Walking)*(length(Walking)–1)/length(data_spss$Walking)

– 모집단 표준편차[표본 표준편차*[(n–1)/n] 산출

> sd(Walking)/sqrt(length(Walking)): Walking 요인의 표준오차를 산출한다.

– 표본분포의 표준편차인 표준오차(표준편차/$\sqrt{n}$) 산출

> sd(Walking)/mean(Walking): Walking 요인의 변이계수(CV)를 산출한다.

> sd(Sport)/mean(Sport): Sport 요인의 변이계수(CV)를 산출한다.

> quantile(Walking): Walking 요인의 사분위수를 산출한다.

> quantile(Sport): Sport 요인의 사분위수를 산출한다.

> numSummary(data_spss[,"Walking"], statistics=c("skewness", "kurtosis")): Walking 요인의 정규성을 검정한다.

> numSummary(data_spss[,"Aerobic"], statistics=c("skewness", "kurtosis")): Aerobic 요인의 정규성을 검정한다.

> numSummary(data_spss[,"Flexibility"], statistics=c("skewness", "kurtosis")): Flexibility 요인의 정규성을 검정한다.

> numSummary(data_spss[,"Sport"], statistics=c("skewness", "kurtosis")): Sport 요인의 정규성을 검정한다.

> numSummary(data_spss[,"Bike"], statistics=c("skewness", "kurtosis")): Bike 요인의 정규성을 검정한다.

```
R Console
> numSummary(data_spss[,"Walking"], statistics=c("skewness", "kurtosis"))
 skewness kurtosis  n
 1.109708 1.666552 365
> numSummary(data_spss[,"Aerobic"], statistics=c("skewness", "kurtosis"))
 skewness kurtosis  n
 1.332717 5.17059 365
> numSummary(data_spss[,"Flexibility"], statistics=c("skewness", "kurtosis"))
 skewness kurtosis  n
 1.318528 2.452064 365
> numSummary(data_spss[,"Sport"], statistics=c("skewness", "kurtosis"))
 skewness kurtosis  n
 7.660435 93.49369 365
> numSummary(data_spss[,"Bike"], statistics=c("skewness", "kurtosis"))
 skewness kurtosis  n
 2.712314 16.67407 365
> |
```

해석 Sport 요인과 Bike 요인은 정규성 가정에 위배된 것으로 나타나 모든 요인에 대해 다음과 같이 상용로그로 치환하여 정규성 검정을 실시한다.

> numSummary(log(Walking+.1), statistics=c("skewness", "kurtosis")): Walking 요인을 로그치환한 후 정규성을 검정한다.

– '+.1': 부정[log(0)] 값의 산출을 방지하기 위한 로그치환 방법

> numSummary(log(Aerobic+.1), statistics=c("skewness", "kurtosis"))

> numSummary(log(Flexibility+.1), statistics=c("skewness", "kurtosis"))

> numSummary(log(Sport+.1), statistics=c("skewness", "kurtosis"))

> numSummary(log(Bike+.1), statistics=c("skewness", "kurtosis"))

```
R Console
> numSummary(log(Walking+.1), statistics=c("skewness", "kurtosis"))
  skewness  kurtosis  n
 -0.4748713 0.1527451 365
> numSummary(log(Aerobic+.1), statistics=c("skewness", "kurtosis"))
 skewness kurtosis  n
 -1.524961 6.528876 365
> numSummary(log(Flexibility+.1), statistics=c("skewness", "kurtosis"))
  skewness kurtosis  n
 -0.6540989 1.107876 365
> numSummary(log(Sport+.1), statistics=c("skewness", "kurtosis"))
  skewness  kurtosis  n
 -0.7607796 -0.4948258 365
> numSummary(log(Bike+.1), statistics=c("skewness", "kurtosis"))
 skewness kurtosis  n
 -1.707985 4.704999 365
> |
```

■ 연속형 변수의 시각화(boxplot, histogram, line)

> boxplot(Walking, col='blue', main='Box Plot'): Walking 요인의 boxplot

> boxplot(log(Walking+.1), col='blue', main='Box Plot(log)'): 로그치환 Walking 요인의 boxplot(변수가 정규화되어 Outliers가 거의 없다.)

```
R R Console                                                              _ □ ×
> boxplot(Walking, col='blue', main='Box Plot')
> boxplot(log(Walking+.1), col='blue', main='Box Plot(log)')|
```

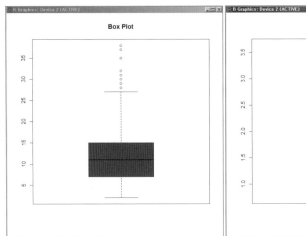
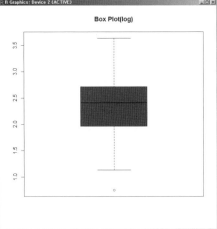

> hist(Walking, prob=T, main='Histogram'): Walking 요인의 Histogram

> lines(density(Walking), col='blue'): Histogram에 추정분포선을 추가한다.

> hist(log(Walking+.1), prob=T, main='Histogram(log)'): 로그치환 Histogram

> lines(density(log(Walking+.1)), col='blue'): Histogram에 추정분포선을 추가한다.

– 로그치환한 Walking 변수는 정규분포를 보인다.

```
R R Console                                                              _ □ ×
> hist(Walking, prob=T,main='Histogram' )
> lines(density(Walking), col='blue')
> hist(log(Walking+.1), prob=T,main='Histogram(log)')
> lines(density(log(Walking+.1)), col='blue')
> |
```

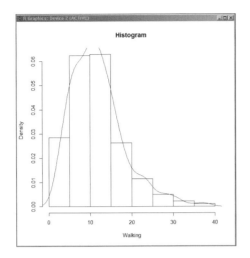

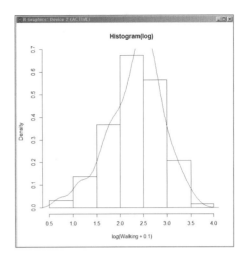

> boxplot(data_spss): data_spss 프레임의 모든 요인에 대한 boxplot을 작성한다.

> boxplot(log(Walking+.1), log(Aerobic+.1), log(Flexibility+.1), log(Sport+.1), log(Bike+.1)): 로그 치환한 모든 요인에 대한 boxplot을 작성한다.

> pairs(data_spss): data_spss 프레임의 모든 요인에 대한 산포도를 작성한다.

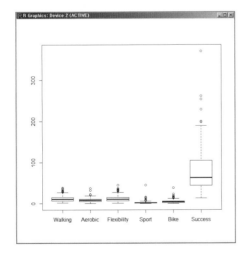

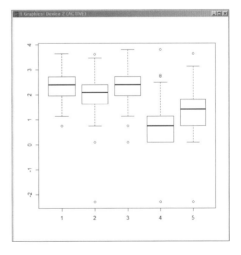

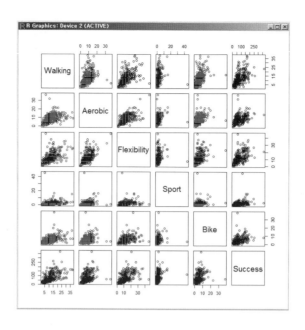

나 SPSS 프로그램 활용

1단계: 데이터파일을 불러온다(분석파일: 다중회귀_최종모형.sav).

2단계: [분석]→[기술통계량]→[기술통계]→[대상변수(Walking, Aerobic, Flexibility, Sport, Bike)]를 지정한다.

3단계: [옵션]→[평균, 표준편차, 분산, 범위, 첨도, 왜도 등]을 선택한다.

4단계: 결과를 확인한다.

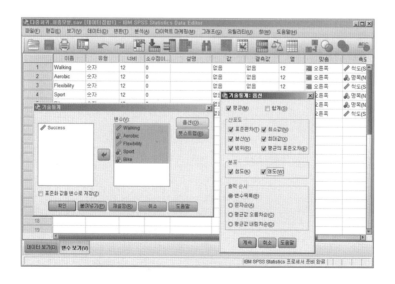

기술통계량

	N	범위	최소값	최대값	평균		표준편차	분산	왜도		첨도	
	통계량	통계량	통계량	통계량	통계량	표준오차	통계량	통계량	통계량	표준오차	통계량	표준오차
Walking	365	36	2	38	11.90	.336	6.428	41.323	1.110	.128	1.667	.255
Aerobic	365	37	0	37	8.57	.238	4.546	20.669	1.333	.128	5.171	.255
Flexibility	365	44	1	45	11.91	.353	6.737	45.393	1.319	.128	2.452	.255
Sport	365	45	0	45	2.24	.166	3.164	10.013	7.660	.128	93.494	.255
Bike	365	38	0	38	4.95	.199	3.806	14.487	2.712	.128	16.674	.255
유효수 (목록별)	365											

해석 Walking의 표본수는 365개이며, 평균 11.90, 표준편차는 6.43, 왜도는 1.11, 첨도는 1.67로 나타나 정규성 가정을 충족한다. Sport의 표본수는 365개이며, 평균 2.24, 표준편차는 3.16, 왜도는 7.66, 첨도는 93.49로 나타나 정규성 가정을 벗어난다.

Sport, Bike 요인이 정규성 가정에 위배되어 전체 변수에 대해 상용로그로 치환하여 기술통계량을 분석할 수 있다.

1단계: SPSS 명령문을 사용하여 변수변환을 실시한다.
 - 상용로그(LG10) 함수의 인수를 0 이상의 값으로 변경한 후 로그치환을 실시한다.

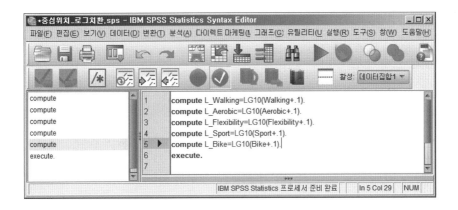

2단계: [분석]→[기술통계량]→[기술통계]→[대상변수(L_Walking, L_Aerobic, L_Flexibility, L_Sport, L_Bike)]를 지정한다.

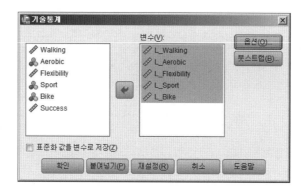

기술통계량

	N	범위	최소값	최대값	평균		표준편차	분산	왜도		첨도	
	통계량	통계량	통계량	통계량	통계량	표준오차	통계량	통계량	통계량	표준오차	통계량	표준오차
L_Walking	365	1.26	.32	1.58	1.0152	.01292	.24690	.061	-.475	.128	.153	.255
L_Aerobic	365	2.57	-1.00	1.57	.8706	.01411	.26957	.073	-1.525	.128	6.529	.255
L_Flexibility	365	1.61	.04	1.65	1.0106	.01354	.25863	.067	-.654	.128	1.108	.255
L_Sport	365	2.65	-1.00	1.65	.0680	.03206	.61241	.375	-.761	.128	-.495	.255
L_Bike	365	2.58	-1.00	1.58	.5675	.02159	.41254	.170	-1.708	.128	4.705	.255
유효수 (목록별)	365											

해석 다변량 정규성 검정에서 벗어난 Sport와 Bike의 상용로그 치환 결과 왜도는 절대값 3 미만, 첨도는 절대값 10 미만으로 정규성 가정을 충족하는 것으로 나타났다.

② 범주형 변수의 빈도분석

범주형 변수는 평균과 표준편차의 개념이 없기 때문에 변수값의 빈도와 비율을 계산해야 한다. 따라서 범주형 변수는 빈도, 중위수, 최빈값, 범위, 백분위수 등 분포의 특징을 살펴보는데 의미가 있다.

가 R 프로그램 활용

R에서 통계분석을 하려면 분석에 사용되는 패키지를 설치하고 로딩하여야 한다(이때 반드시 인터넷에 연결되어 있어야 분석에 필요한 패키지를 추가로 설치할 수 있다). R의 기술통계분석에 필요한 패키지는 다음과 같다.

> install.packages('foreign'): SPSS의 '.sav' 파일과 같은 외부 데이터를 읽어들이는 패키지를 설치한다.
> library(foreign): foreign 패키지를 로딩한다.

> install.packages('MASS'): MASS 패키지를 설치한다.

> install.packages('e1071'): e1071 패키지를 설치한다.

> install.packages('Rcmdr'): R 그래픽 사용환경(GUI)을 지원하는 R Commander 패키지를 설치한다.

> library(Rcmdr): Rcmdr 패키지를 로딩한다.

> install.packages('catspec'): 이원분할표(교차분석)를 지원하는 패키지를 설치한다.

> library(catspec): catspec 패키지를 로딩한다.

1단계: install.packages('foreign')를 실행한 후 CRAN 미러 사이트를 지정하고[Korea (Seoul 1)] OK를 선택한다(foreign 설치 시 시스템의 성능에 따라 몇 분씩 시간이 소요됨). 그런 다음 library(foreign)를 실행한다. 차례로 MASS와 e1071 패키지를 설치한다.

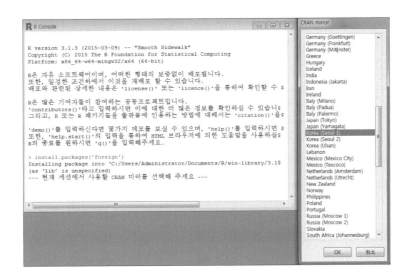

2단계: install.packages('Rcmdr')를 실행한 후 library(Rcmdr)를 실행한다.
 - 본고에서는 R Commander 함수만 사용하기 때문에 R Commander의 메뉴를 이용하여 통계분석을 실시하지 않는다. 따라서 생성된 R Commander 화면의 최소화 버튼을 클릭하여 윈도의 작업표시줄로 옮긴다.

- library(Rcmdr) 실행 후 다음의 에러가 발생할 경우에는 해당 패키지(SparseM)를 추가로 설치한 후 'library(Rcmdr)'를 실행하면 된다.

```
R Console
> library(catspec)
> local({pkg <- select.list(sort(.packages(all.available = TRUE)),graphics=TRUE)
+ if(nchar(pkg)) library(pkg, character.only=TRUE)})
Error in loadNamespace(j <- i[[1L]], c(lib.loc, .libPaths()), versionCheck = vI[[j]]) :
  'SparseM'이라고 불리는 패키지가 없습니다
에러: package or namespace load failed for 'car'
> install.packages('SparseM')
Installing package into 'C:/Users/Administrator/Documents/R/win-library/3.1'
(as 'lib' is unspecified)
URL 'http://healthstat.snu.ac.kr/CRAN/bin/windows/contrib/3.1/SparseM_1.7.zip'을 시도합니다
```

3단계: install.packages('catspec')를 실행한 후 library(catspec)를 실행한다.

```
R Console
> install.packages('catspec')
URL 'http://cran.nexr.com/bin/windows/contrib/3.1/catspec_0.97.zip'을 시도합니다
Content type 'application/zip' length 33147 bytes (32 KB)
URL을 열었습니다
downloaded 32 KB

패키지 'catspec'를 성공적으로 압축해제하였고 MD5 sums 이 확인되었습니다

다운로드된 바이너리 패키지들은 다음의 위치에 있습니다
        C:\Users\kihasa\AppData\Local\Temp\RtmpQ5dzSu\downloaded_packages
> library(catspec)
> |
```

4단계: 범주형 변수의 빈도분석을 실시한다.

> setwd("f:/R_기초통계분석"): 작업용 디렉터리를 지정한다.

> data_spss=read.spss(file='비만_기초통계분석.sav', use.value.labels=T, use.missings=T, to.data.frame=T): SPSS 데이터파일을 불러와서 data_spss에 할당한다.

> t1=ftable(data_spss[c('Channel')]): 'Channel'의 빈도분석을 실시한 후 t1에 할당한다.

> ctab(t1, type='n'): 'Channel'의 빈도를 화면에 인쇄한다.

> length(data_spss$Channel): 'Channel'의 Total 빈도를 화면에 인쇄한다.

– ctab 함수에서 변수의 Total 빈도를 분석하는 인수가 없어 변수의 표본수를 분석하는 length 함수를 사용하여 Total 빈도를 산출한다.

> ctab(t1, type='r'): 'Channel'의 빈도에 대한 퍼센트를 화면에 인쇄한다.

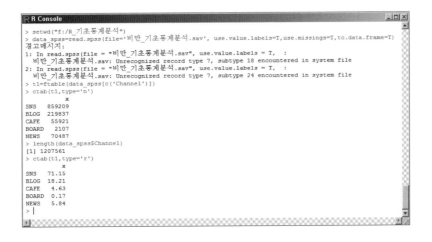

해석 전체 120만 7,561건의 온라인 문서 중 SNS가 차지하는 비율이 71.15%(85만 9,209건)로 나타났다.

※ R에서 SPSS의 통계표와 같은 결과를 얻기 위해서는 사용자 함수, 조건문, 반복문 등을 사용하여 생성할 수 있으나 본서에서는 통계표 생산에 필요한 기본적 함수만 사용하였기 때문에 연구자는 R의 분석결과를 바탕으로 필요한 통계표를 작성하여야 한다.

나 SPSS 프로그램 활용

1단계: 데이터파일을 불러온다(분석파일: 비만_기초통계분석.sav).
2단계: [분석]→[기술통계량]→[빈도분석]→[대상변수(Channel)]를 지정한다.

3단계: [통계량]→[사분위수, 중위수, 최빈값, 범위]를 선택한다.
4단계: 결과를 확인한다.

빈도분석

통계량

Channel Channel

N	유효	1207561
	결측	0
중위수		1.00
최빈값		1
범위		4
백분위수	25	1.00
	50	1.00
	75	2.00

Channel Channel

		빈도	퍼센트	유효 퍼센트	누적 퍼센트
유효	1 SNS	859209	71.2	71.2	71.2
	2 BLOG	219837	18.2	18.2	89.4
	3 CAFE	55921	4.6	4.6	94.0
	4 BOARD	2107	.2	.2	94.2
	5 NEWS	70487	5.8	5.8	100.0
	전체	1207561	100.0	100.0	

③ 연속형 변수의 빈도분석

연속형 변수는 평균과 분산으로 변수의 퍼짐 정도를 파악하고, 왜도와 첨도로 정규분포를 파악한다. 왜도는 절대값 3 미만, 첨도는 절대값 10 미만이면 정규성 가정을 충족한다(Kline, 2010).

가 R 프로그램 활용

1단계: install.packages('foreign'), library(foreign), install.packages('MASS'), install.packages('e1071'), install.packages('Rcmdr'), library(Rcmdr), install.packages('catspec'), library(catspec) 패키지를 차례로 사전에 설치한다. 본 연구에서는 범주형 빈도분석에서 이미 설치되었기 때문에 추가 설치는 필요 없다.

2단계: 연속형 변수의 빈도분석을 실시한다.
> setwd("f:/R_기초통계분석"): 작업용 디렉터리를 지정한다.
> data_spss=read.spss(file='비만_기초통계분석.sav', use.value.labels=T, use.missings=T, to.data.frame=T): SPSS 데이터파일을 불러와서 data_spss에 할당한다.
> numSummary(data_spss[,"Onespread"], statistics=c("mean", "sd", "IQR", "quantiles", "skewness", "kurtosis")): 'Onespread'의 기술통계분석을 실시한다.
> numSummary(data_spss[,"Twospread"], statistics=c("mean", "sd", "IQR", "quantiles", "skewness", "kurtosis")): 'Twospread'의 기술통계분석을 실시한다.

```
R R Console
> setwd("f:/R_기초통계분석")
> data_spss=read.spss(file='비만_기초통계분석.sav', use.value.labels=T,use.missings=T,to.data.frame=T)
read.spss(file = "비만_기초통계분석.sav", use.value.labels = T, 에서 다음과 같은 경고가 발생했습니다 :
  비만_기초통계분석.sav: Unrecognized record type 7, subtype 18 encountered in system file
read.spss(file = "비만_기초통계분석.sav", use.value.labels = T, 에서 다음과 같은 경고가 발생했습니다 :
  비만_기초통계분석.sav: Unrecognized record type 7, subtype 24 encountered in system file
> numSummary(data_spss[,"Onespread"], statistics=c("mean", "sd", "IQR", "quantiles","skewness", "kurtosis"))
     mean       sd IQR skewness kurtosis 0% 25% 50% 75% 100%       n
 176.2671 798.997   8 6.782104 49.41225  0   0   0   8 6528 1207561
> numSummary(data_spss[,"Twospread"], statistics=c("mean", "sd", "IQR", "quantiles","skewness", "kurtosis"))
    mean       sd IQR skewness kurtosis 0% 25% 50% 75% 100%       n
 27.8113 173.7882   0 7.052825 49.32657  0   0   0   0 1414 1207561
> |
```

표본수 120만 7,561 버즈를 분석한 1주확산수(Onespread)의 평균은 176.27, 표준편차(평균으로부터 떨어진 거리의 평균)는 798.997로 분포의 중앙위치가 왼쪽(왜도: 6.782)으로 치우쳐 있으며, 정규분포보다 뾰족한 분포(첨도: 49.412)를 나타내고 있다. Onespread와 Twospread는 정규성 가정에 위배된 것으로 나타나 상용로그로 치환하여 정규성 검정을 실시한다.

> attach(data_spss): 실행 데이터를 data_spss 데이터셋으로 고정한다.

> numSummary(log10(Onespread+.1), statistics=c("mean", "sd", "IQR", "quantiles", "skewness", "kurtosis")): 로그치환 Onespread의 정규성 검정을 실시한다.

> numSummary(log10(Twospread+.1), statistics=c("mean", "sd", "IQR", "quantiles", "skewness", "kurtosis")): 로그치환 Twospread의 정규성 검정을 실시한다.

```
R Console                                                                    _|□|x|
      Account, Attitude, Channel, Onespread, Twospread, Type
> numSummary(log10(Onespread+.1), statistics=c("mean", "sd", "IQR", "quantiles","skewness", "kurtosis"))
      mean       sd     IQR skewness   kurtosis 0% 25% 50%      75%     100%       n
 0.03224656 1.381511 1.908485 1.050956 -0.1206928 -1  -1  -1 0.908485 3.814787 1207561
> numSummary(log10(Twospread+.1), statistics=c("mean", "sd", "IQR", "quantiles","skewness", "kurtosis"))
      mean       sd IQR skewness kurtosis 0% 25% 50% 75%     100%       n
 -0.6688256 0.8596189  0 2.811427 7.48689 -1  -1  -1  -1 3.15048 1207561
> boxplot(Onespread~Channel,col='red', main='Box Plot')
> boxplot(log10(Onespread+.1)~Channel,col='red', main='Box Plot(log)')
> |
```

다변량 정규성 검정에서 벗어난 Onespread의 상용로그 치환 결과 왜도는 절대값 3 미만(1.051), 첨도는 절대값 10 미만(-0.121)으로 정규성 가정을 충족하는 것으로 나타났다.

> boxplot(Onespread~Channel, col='red', main='Box Plot')

- Channel별 Onespread의 boxplot을 작성(모든 채널이 비정규성)한다.

> boxplot(log10(Onespread+.1)~Channel, col='red', main='Box Plot(log)')

- Channel별 로그치환 Onespread의 boxplot을 작성(SNS가 정규성)한다.

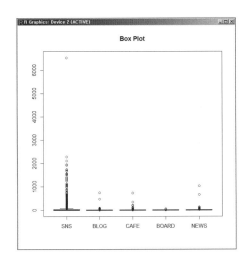
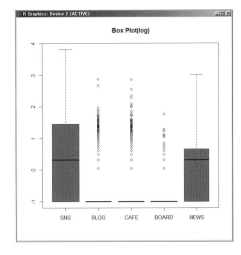

나 SPSS 프로그램 활용

1단계: 데이터파일을 불러온다(분석파일: 비만_기초통계분석.sav).

2단계: [분석]→[기술통계량]→[기술통계]→[대상변수(Onespread, Twospread)]를 지정한다.

3단계: [옵션]→[평균, 표준편차, 분산, 최소값, 최대값, 첨도, 왜도]를 선택한다.

4단계: 결과를 확인한다.

기술통계량

	N	최소값	최대값	평균	표준편차	왜도		첨도	
	통계량	통계량	통계량	통계량	통계량	통계량	표준오차	통계량	표준오차
Onespread One weeks be spread	1207561	0	6528	176.27	798.997	6.782	.002	49.412	.004
Twospread Two weeks be spread	1207561	0	1414	27.81	173.788	7.053	.002	49.327	.004
유효 N(목록별)	1207561								

표본수 120만 7,561 버즈를 분석한 1주 확산수(Onespread)의 평균은 176.27, 표준편차는 798.997로 분포의 중앙위치가 정규분포보다 왼쪽(왜도: 6.789)으로 치우쳐 있으며, 정규분포보다 뽀족한 분포(첨도: 49.412)를 나타낸다. 1주 확산수와 2주 확산수(Twospread)는 왜도의 절대값이 3 이상, 첨도의 절대값이 10 이상으로 정규성 가정에서 벗어난 것으로 나타났다.

분석변수가 정규성 가정을 위배할 경우, 상용로그로 치환하여 사용할 수 있다.

1단계: 데이터파일을 불러온다(분석파일: 비만_기초통계분석.sav).

2단계: [변환]→[변수계산]을 선택한다.

3단계: [목표변수: L_Onespread], [숫자표현식: LG10(Onespread+.1)]을 지정한다.

4단계: 결과를 확인한다.

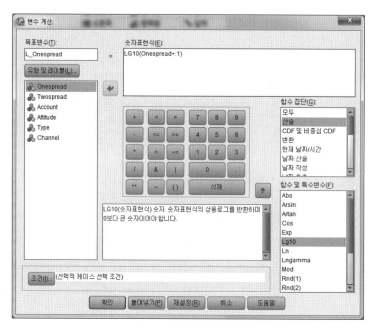

기술통계량

	N	최소값	최대값	평균	표준편차	왜도		첨도	
	통계량	통계량	통계량	통계량	통계량	통계량	표준오차	통계량	표준오차
L_Onespread	1207561	-1.00	3.81	.0322	1.38151	1.051	.002	-.121	.004
유효 N(목록별)	1207561								

다변량 정규성 검정에서 벗어난 1주 확산수(Onespread)의 상용로그 치환 결과 왜도는 절대값 3 미만, 첨도는 절대값 10 미만으로 정규성 가정을 충족하는 것으로 나타났다.

2) 추리통계 분석

추리통계는 표본의 연구결과를 모집단에 일반화할 수 있는지를 판단하기 위하여 표본의 통계량으로 모집단의 모수를 추정하는 통계방법이다. 추리통계는 가설검정을 통하여 표본의 통계량으로 모집단의 모수를 추정한다. 추리통계에서는 모집단의 평균을 추정하기 위해 평균분석을 실시하고, 변수 간의 상호 의존성을 파악하기 위해 교차분석·상관분석·요인분석·군집분석 등을 실시하며, 변수 간의 종속성을 분석하기 위해 회귀분석과 로지스틱 회귀분석 등을 실시해야 한다.

④ 교차분석

빈도분석은 단일 변수에 대한 통계의 특성을 분석하는 기술통계이지만, 교차분석은 두 가지이상의 변수 사이에 상관관계를 분석하기 위해 사용하는 추리통계이다. 빈도분석은 한 변수의 빈도분석표를 작성하는 데 반해 교차분석은 2개 이상의 행(row)과 열(column)이 있는 교차표(crosstabs)를 작성하여 관련성을 검정한다.

　즉 조사한 자료들은 항상 모집단(population)에서 추출한 표본이고, 통상 모집단의 특성을 나타내는 모수(parameter)는 알려져 있지 않기 때문에 관찰 가능한 표본의 통계량(statistics) 을 가지고 모집단의 모수를 추정한다.

　이러한 점에서 χ^2-test는 분할표(contingency table)에서 행과 열을 구성하고, 두 변수 간에 독립성(independence)과 동질성(homogeneity)을 검정해주는 통계량을 가지고 우리가 조사한 표본에서 나타난 두 변수 간의 관계를 모집단에서도 동일하다고 판단할 수 있는가에 대한 유의성을 검정해주는 것이다.

- 독립성 검정: 모집단에서 추출한 표본에서 관찰대상을 사전에 결정하지 않고 검정을 실시하는 것으로, 대부분의 통계조사가 이에 해당된다.
- 동질성 검정: 모집단에서 추출한 표본에서 관찰대상을 사전에 결정한 후 두 변수 간에 검정을 실시하는 것으로, 주로 임상실험 결과를 분석할 때 이용한다(예: 비타민 C를 투여한 임상군과 투여하지 않은 대조군과의 관계).
- χ^2-test 순서

1단계: 가설 설정[귀무가설(H_0): 두 변수가 서로 독립적이다.]

2단계: 유의수준(α) 결정(통상 0.01이나 0.05를 많이 사용한다.)

3단계: 표본의 통계량에서 유의확률(p)을 산출한다.

4단계: $p<\alpha$의 경우, 귀무가설을 기각하고 대립가설을 채택한다.

- 연관성 측도(measures of association)
  - χ^2-test에서 H_0를 기각할 경우 두 변수가 얼마나 연관되어 있는가를 나타낸다.
  - 분할계수(contingency coefficient): R(행)×C(열)의 크기가 같을 때 사용한다. ($0 \le C \le 1$)
  - Cramer's V: R×C의 크기가 같지 않을 때도 사용이 가능하다. ($0 \le V \le 1$)
  - Kendall's τ(타우): 행과 열의 수가 같거나(τ_b) 다른(τ_c) 순서형 자료(ordinal data)에 사용한다.
  - Somer's D: 순서형 자료에서 두 변수 간에 인과관계가 정해져 있을 때 사용한다(예: 전공과목, 졸업 후 직업). ($-1 \le D \le 1$)
  - η(이타): 범주형 자료(categorical data)와 연속형 자료(continuous data) 간에 연관측도를 나타낸다. ($0 \le \eta \le 1$, 1에 가까울수록 연관관계가 높다.)
  - Pearson's R: 피어슨 상관계수로, 구간 자료(interval data) 간에 선형적 연관성을 나타낸다. ($-1 \le R \le 1$)

가 R 프로그램 활용

1단계: install.packages('foreign'), library(foreign), install.packages('MASS'), install.packages('e1071'), install.packages('Rcmdr'), library(Rcmdr), install.packages('catspec'), library(catspec) 패키지를 차례로 사전에 설치한다.

2단계: 교차분석을 실시한다.

> setwd("f:/R_기초통계분석"): 작업용 디렉터리를 지정한다.

> data_spss=read.spss(file='비만_기초통계분석.sav', use.value.labels=T, use.missings=T, to.data.frame=T): SPSS 데이터파일을 불러와서 data_spss에 할당한다.

> t1=ftable(data_spss[c('Channel', 'Account')]): 이원분할표의 값을 t1 변수에 할당한다.

> ctab(t1, type='n'): 이원분할표 빈도값을 화면에 인쇄한다.

> ctab(t1, type='r'): 이원분할표 행(row)의 퍼센트를 화면에 인쇄한다.

> ctab(t1, type='c'): 이원분할표 열(column)의 퍼센트를 화면에 인쇄한다.

> ctab(t1, type='t'): 이원분할표 열의 total 퍼센트를 화면에 인쇄한다.

> chisq.test(t1): 이원분할표의 카이제곱 검정 통계량을 화면에 인쇄한다.

> t1=ftable(data_spss[c('Channel', 'Account', 'Attitude')]): 삼원분할표의 값을 t1 변수에 할당한다.

> ctab(t1, type='n'): 삼원분할표의 빈도값을 화면에 인쇄한다.

> ctab(t1, type='r'): 삼원분할표 행(row)의 퍼센트를 화면에 인쇄한다.

> ctab(t1, type='c'): 삼원분할표 열(column)의 퍼센트를 화면에 인쇄한다.

> ctab(t1, type='t'): 삼원분할표 열의 total 퍼센트를 화면에 인쇄한다.

> chisq.test(t1): 삼원분할표의 카이제곱 검정 통계량을 화면에 인쇄한다.

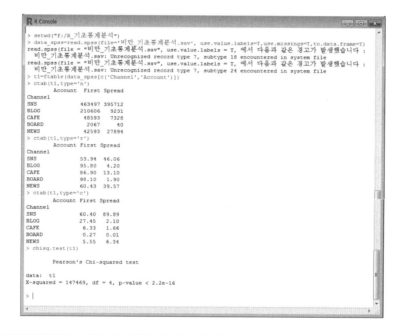

해석 | 최초문서(First)는 게시판(BOARD)의 온라인 문서가 가장 많으며(98.1%), 확산문서(Spread)는 SNS의 온라인 문서가 가장 많은 것으로(46.1%)로 나타났다. 카이제곱 검정결과 두 변수 간에 유의한 차이(χ^2=147469, $p<.001$)가 있는 것으로 나타났다.

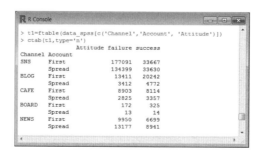

나 SPSS 프로그램 활용

1단계: 데이터파일을 불러온다(분석파일: 비만_기초통계분석.sav).

2단계: [분석]→[기술통계량]→[교차분석]→[행: Channel, 열: Account]를 선택한다.

3단계: [셀 표시]→[관측빈도, 행, 열]을 선택한다.

4단계: [통계량]→[카이제곱, 분할계수, 파이 등]을 선택한다.

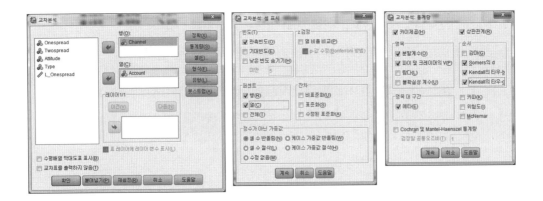

5단계: 결과를 확인한다.

Channel Channel * Account Account 교차표

			Account Account		전체
			1 First	2 Spread	
Channel Channel	1 SNS	빈도	463497	395712	859209
		Channel Channel 중 %	53.9%	46.1%	100.0%
		Account Account 중 %	60.4%	89.9%	71.2%
	2 BLOG	빈도	210606	9231	219837
		Channel Channel 중 %	95.8%	4.2%	100.0%
		Account Account 중 %	27.4%	2.1%	18.2%
	3 CAFE	빈도	48593	7328	55921
		Channel Channel 중 %	86.9%	13.1%	100.0%
		Account Account 중 %	6.3%	1.7%	4.6%
	4 BOARD	빈도	2067	40	2107
		Channel Channel 중 %	98.1%	1.9%	100.0%
		Account Account 중 %	0.3%	0.0%	0.2%
	5 NEWS	빈도	42593	27894	70487
		Channel Channel 중 %	60.4%	39.6%	100.0%
		Account Account 중 %	5.6%	6.3%	5.8%
전체		빈도	767356	440205	1207561
		Channel Channel 중 %	63.5%	36.5%	100.0%
		Account Account 중 %	100.0%	100.0%	100.0%

카이제곱 검정

	값	자유도	근사 유의확률 (양측검정)
Pearson 카이제곱	147468.977[a]	4	.000
우도비	183464.202	4	.000
선형 대 선형결합	27742.270	1	.000
유효 케이스 수	1207561		

a. 0 셀 (0.0%)은(는) 5보다 작은 기대 빈도를 가지는 셀입니다. 최소 기대빈도는 768.09입니다.

대칭적 측도

		값	절근 표준오차[a]	근사 T 값[b]	근사 유의확률
명목척도 대 명목척도	파이	.349			.000
	Cramer의 V	.349			.000
	분할계수	.330			.000
순서척도 대 순서척도	Kendall의 타우-b	-.275	.001	-347.371	.000
	Kendall의 타우-c	-.252	.001	-347.371	.000
	Spearman 상관	-.285	.001	-326.944	.000[c]
구간 대 구간	Pearson의 R	-.152	.001	-168.507	.000[c]
유효 케이스 수		1207561			

해석 최초문서는 BOARD가 가장 많으며(98.1%), 확산문서는 SNS가 가장 많았다(46.1%). 카이제곱 검정 결과 두 변수 간에 유의한 차이(χ^2=147468.98, p<.001)가 있는 것으로 나타났다. R×C가 다르므로 Cramer의 연관측도는 .349로 유의한 연관관계(p<.001)가 있는 것으로 나타났다.

⑤ 평균의 검정(일표본 T검정)

일표본 T검정은 모집단의 평균을 알고 있을 때 모집단과 단일표본의 평균을 검정하는 방법이다.

가 R 프로그램 활용

연구가설: (H_0: μ_1=100, H_1: μ_1≠100). 즉 120만 7,561 버즈(문서)의 1주차 평균 확산수(Onespread)가 모집단의 1주차 평균 확산수인 100회보다 더 높은 값인지를 검증한다.

1단계: install.packages('foreign'), library(foreign), install.packages('Rcmdr'), install.packages('MASS'), install.packages('e1071'), library(Rcmdr), install.packages('catspec'), library(catspec) 패키지를 차례로 사전에 설치한다.

2단계: 일표본 T검정 분석을 실시한다.

> setwd("f:/R_기초통계분석"): 작업용 디렉터리를 지정한다.

> data_spss=read.spss(file='비만_기초통계분석.sav', use.value.labels=T, use.missings=T, to.data.frame=T): SPSS 데이터파일을 불러와서 data_spss에 할당한다.

> t.test(data_spss[c('Onespread')], mu=100): 변수(Onespread)에 대한 일표본 T검정 분석을 실시한다.

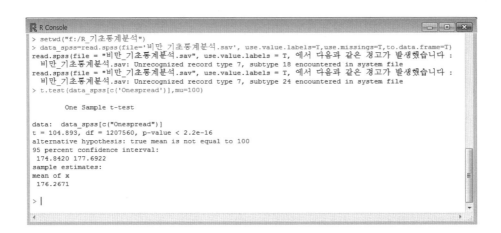

> 해석 120만 7,561 온라인 문서(버즈)를 대상으로 측정한 1주차 확산수의 평균은 176.27로 1주차 확산수의 평균값은 1주차 확산수의 검정값 100회보다 유의하게 높다고 볼 수 있다(t=104.89, p=.000<.001). 따라서 대립가설(H_1: $\mu_1 \neq 100$)이 채택되고 95% 신뢰구간은 174.84~177.69로 이 신뢰구간이 0을 포함하지 않으므로 대립가설을 지지하는 것으로 나타났다.

나 SPSS 프로그램 활용

1단계: 데이터파일을 불러온다(분석파일: 비만_기초통계분석.sav).

2단계: [분석]→[평균비교]→[일표본 T검정]을 선택한다.

3단계: [검정 변수: 1주 확산수(Onespread)]→[검정값: 100(모집단의 평균값)]을 지정한다.

4단계: 결과를 확인한다.

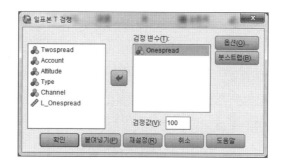

일표본 통계량

	N	평균	표준편차	평균의 표준오차
Onespread One weeks be spread	1207561	176.27	798.997	.727

일표본 검정

	검정값 = 100					
			유의확률 (양측)	평균차이	차이의 95% 신뢰구간	
	t	자유도			하한	상한
Onespread One weeks be spread	104.893	1207560	.000	76.267	74.84	77.69

해석 120만 7,561 버즈를 대상으로 측정한 1주차 확산수의 평균은 176.27, 표준편차는 798.98로, 1주차 확산수의 평균값은 1주차 확산수의 검정값 100회보다 유의하게 높다고 볼 수 있다(t=104.89, *p*=.000<.001). 따라서 대립가설(H_1: $\mu_1 \neq 100$)이 채택되고, 95% 평균차의 신뢰구간은 74.84~77.69로 이 신뢰구간이 0을 포함하지 않으므로 대립가설을 지지하는 것으로 나타났다.

⑥ 평균의 검정(독립표본 T검정)

독립표본 T검정은 두 개의 모집단에서 각각의 크기 n1, n2의 표본을 추출하여 모집단 간 평균의 차이를 검정하는 방법이다.

가 R 프로그램 활용

연구가설: 비만감정(Attitude) 두 집단(Failure, Success) 간 1주 확산수(Onespread) 평균의 차이는 없다.
※ 등분산 검정(H_0: $\sigma_1^2 = \sigma_2^2$) 후 평균의 차이 검정(H_0: $\mu_1 = \mu_2$)을 실시한다. 즉 등분산 검정에서 p>.01이면 99% 신뢰구간에서 등분산이 성립되어 평균의 차이 검정을 위한 t 값은 '등분산이 가정됨'을 확인한 후 해석해야 한다.

1단계: install.packages('foreign'), library(foreign), install.packages('Rcmdr'), install.packages('MASS'), install.packages('e1071'), library(Rcmdr), install. packages('catspec'), library(catspec) 패키지를 차례로 사전에 설치한다.

2단계: 독립표본 T검정 분석을 실시한다.

> rm(list=ls()): 모든 변수를 초기화한다.

> setwd("f:/R_기초통계분석"): 작업용 디렉터리를 지정한다.

> data_spss=read.spss(file='비만_기초통계분석.sav', use.value.labels=T, use.missings=T, to.data.frame=T): SPSS 데이터파일을 불러와서 data_spss에 할당한다.

> var.test(Onespread~Attitude, data_spss): 등분산 검정 분석을 실시한다.

– 본 분석에서는 (F=1.269, $p<.01$)로 등분산 가정이 기각되었다.

> t.test(Onespread~Attitude, data_spss): 분산이 다른 경우 T검정을 실시한다.

– 본 분석에서는 등분산 가정이 기각되어 Welch의 T검정을 실시하였다.

> t.test(Onespread~Attitude, var.equal=T, data_spss): 분산이 같은 경우 T검정을 실시한다.

– 등분산 가정이 채택되었다면 합동분산(pooled variance)을 이용하여 T검정을 실시한다.

```
R R Console                                                      [_][□][x]
> rm(list=ls())
> setwd("f:/R_기초통계분석")
> data_spss=read.spss(file='비만_기초통계분석.sav', use.value.labels=T,use.missings=T,to.data.frame=T)
read.spss(file = "비만_기초통계분석.sav", use.value.labels = T, 에서 다음과 같은 경고가 발생했습니다 :
    비만_기초통계분석.sav: Unrecognized record type 7, subtype 18 encountered in system file
read.spss(file = "비만_기초통계분석.sav", use.value.labels = T, 에서 다음과 같은 경고가 발생했습니다 :
    비만_기초통계분석.sav: Unrecognized record type 7, subtype 24 encountered in system file
> var.test(Onespread~Attitude,data_spss)

        F test to compare two variances

data:  Onespread by Attitude
F = 1.2685, num df = 363352, denom df = 119760, p-value < 2.2e-16
alternative hypothesis: true ratio of variances is not equal to 1
95 percent confidence interval:
 1.256808 1.280238
sample estimates:
ratio of variances
          1.268483

> t.test(Onespread~Attitude,data_spss)

        Welch Two Sample t-test

data:  Onespread by Attitude
t = 20.7342, df = 227715.8, p-value < 2.2e-16
alternative hypothesis: true difference in means is not equal to 0
95 percent confidence interval:
 44.64464 53.96620
sample estimates:
mean in group failure mean in group success
          181.1887              131.8833

> t.test(Onespread~Attitude,var.equal=T,data_spss)

        Two Sample t-test

data:  Onespread by Attitude
t = 19.5316, df = 483112, p-value < 2.2e-16
alternative hypothesis: true difference in means is not equal to 0
95 percent confidence interval:
 44.35770 54.25314
sample estimates:
mean in group failure mean in group success
          181.1887              131.8833

> |
```

독립표본 T검정을 하기 전에 두 집단에 대해 분산의 동질성을 검정해야 한다. 1주 확산수(Onespread)는 등 분산 검정 결과 F=1.2685(등분산을 위한 F 통계량), 'p=.000<.001'로 등분산 가정이 성립되지 않은 것으로 나타 났으며, 비만감정(Attitude) 두 집단(Failure, Success)의 평균 차이는 유의하게[t= 20.734(p<.001)] 나타났다.
※ 만약 등분산 가정이 성립된다면 [t=19.532(p<.001)]로 평균의 차이가 유의하다.

나 SPSS 프로그램 활용

1단계: 데이터파일을 불러온다(분석파일: 비만_기초통계분석.sav).

2단계: [분석]→[평균비교]→[독립표본 T검정]을 선택한다.

3단계: 평균을 구하고자 하는 연속변수(Onespread)를 검정변수로, 집단변수(Attitude)를 독립 변수로 이동하여 집단을 정의한다(0, 1).

4단계: [옵션]→[신뢰구간(95% 혹은 99%)]를 선택한다.

5단계: 결과를 확인한다.

집단통계량

	Attitude Attitude	N	평균	표준편차	평균의 표준오차
Onespread One weeks be spread	0 failure	363353	181.19	778.317	1.291
	1 success	119761	131.88	691.057	1.997

독립표본 검정

		Levene의 등분산 검정		평균의 동일성에 대한 T 검정						
		F	유의확률	t	자유도	유의확률 (양측)	평균차이	차이의 표준오차	차이의 95% 신뢰구간 하한	상한
Onespread One weeks be spread	등분산을 가정함	1124.696	.000	19.532	483112	.000	49.305	2.524	44.358	54.253
	등분산을 가정하지 않음			20.734	227715.776	.000	49.305	2.378	44.645	53.966

1주 확산수(Onespread)는 Levene의 등분산 검정 결과 F=1124.696, 'p=.000<.001'로 등분산 가정이 성립 되지 않은 것으로 나타났으며, 비만감정 두 집단의 평균 차이는 유의하게[t=20.734(p<.001)] 나타났다.

⑦ 평균의 검정(대응표본 T검정)

대응표본 T검정은 동일한 모집단에서 각각의 크기 n1, n2의 표본을 추출하여 평균 간의 차이를 검정하는 방법이다.

가 R 프로그램 활용

대응표본 T검정은 자료가 정규분포를 가정한다. 자료가 정규성일 경우 Students's paired t-test를 실시하며, 정규성이 아닐 때는 wilcox test를 실시한다.

> 연구가설: 비만환자 20명을 대상으로 다이어트 약의 복용 전과 후의 체중을 측정하여 약의 복용이 체중감량에 효과가 있었는지를 검정한다(H_0: $\mu_1 = \mu_2$, H_1: $\mu_1 \neq \mu_2$).

1단계: install.packages('foreign'), library(foreign), install.packages('Rcmdr'), install.packages('MASS'), install.packages('e1071'), library(Rcmdr), install.packages('catspec'), library(catspec) 패키지를 차례로 사전에 설치한다.

2단계: 대응표본 T검정 분석을 실시한다.
- \> rm(list=ls( )): 모든 변수를 초기화한다.
- \> setwd("f:/R_기초통계분석"): 작업용 디렉터리를 지정한다.
- \> data_spss=read.spss(file='대응사례_다이어트.sav', use.value.labels=T, use.missings=T, to.data.frame=T): SPSS 데이터파일을 불러와서 data_spss에 할당한다.
- \> with(data_spss, shapiro.test(diet_b-diet_a)): 정규성 검정을 실시한다.
- – 본 연구에서 p=.4994로 p>.05이므로 Students's paired t-test를 실시한다.
- \> with(data_spss, t.test(diet_b-diet_a)): Students's paired t-test
- – 대응표본 T검정 분석(정규분포일 경우: p>.05)
- \> with(data_spss, wilcox.test(diet_b-diet_a)): wilcox test
- – 대응표본 T검정 분석(정규분포가 아닐 경우: p<.05)

```
R R Console                                                                    ⬓ ⬒ ⬓

> setwd("f:/R_기초통계분석")
> data_spss=read.spss(file='대응사례_다이어트.sav', use.value.labels=T,use.missings=T,to.data.frame=T)
read.spss(file = "대응사례_다이어트.sav", use.value.labels = T, 에서 다음과 같은 경고가 발생했습니다 :
  대응사례_다이어트.sav: Unrecognized record type 7, subtype 18 encountered in system file
> with(data_spss,shapiro.test(diet_b-diet_a))

        Shapiro-Wilk normality test

data:  diet_b - diet_a
W = 0.9577, p-value = 0.4994

> with(data_spss,t.test(diet_b-diet_a))

        One Sample t-test

data:  diet_b - diet_a
t = 14.0125, df = 19, p-value = 1.812e-11
alternative hypothesis: true mean is not equal to 0
95 percent confidence interval:
 6.252146 8.447854
sample estimates:
mean of x
     7.35

> with(data_spss,wilcox.test(diet_b-diet_a))
wilcox.test.default(diet_b - diet_a)에서 다음과 같은 경고가 발생했습니다 :
  cannot compute exact p-value with ties

        Wilcoxon signed rank test with continuity correction

data:  diet_b - diet_a
V = 210, p-value = 9.251e-05
alternative hypothesis: true location is not equal to 0

> |
```

해석 두 변수의 정규성 검정 결과 (W=0.958, *p*=.499>.005)로 정규분포로 나타나 Students's paired t-test를 실시해야 한다. 다이어트 전 체중과 다이어트 후 체중의 평균 차이가(7.35) 있는 것으로 검정되어(t=14.013, *p*<.001) 귀무가설을 기각하고 대립가설을 채택한다.

나 SPSS 프로그램 활용

1단계: 데이터파일을 불러온다(분석파일: 대응사례_다이어트.sav).

2단계: [분석]→[평균비교]→[대응표본 T검정]을 선택한다.

3단계: [대응 변수: 다이어트 전 체중↔다이어트 후 체중]을 지정한다.

4단계: [옵션]→[신뢰구간(95% 혹은 99%)]를 선택한다.

5단계: 결과를 확인한다.

대응표본 통계

		평균	N	표준 편차	표준 오차 평균
쌍 1	diet_b	136.7500	20	18.37583	4.10896
	diet_a	129.4000	20	18.45735	4.12719

대응표본 상관

		N	상관	유의수준
쌍 1	diet_b & diet_a	20	.992	.000

대응표본 검정

		대응 차이					t	df	유의수준 (양쪽)
		평균	표준 편차	표준 오차 평균	차이의 95% 신뢰구간				
					하한	상한			
쌍 1	diet_b - diet_a	7.35000	2.34577	.52453	6.25215	8.44785	14.013	19	.000

> **해석** 다이어트 전 체중과 다이어트 후 체중의 평균 차이는 7.35±2.34로 나타났으며, 통계량에는 유의한 차이가 있는 것으로 검정되어($t=14.013$, $p<.001$) 귀무가설을 기각하는 것으로 나타났다.

⑧ 평균의 검정(일원배치 분산분석)

T검정이 2개의 집단에 대한 평균값을 검정하기 위한 분석이라면, 3개 이상의 집단에 대한 평균값의 비교분석에는 분산분석(ANOVA, analysis of variance)을 사용할 수 있다. 종속변수는 구간척도나 정량적인 연속형 척도로, 종속변수가 2개 이상일 경우 다변량분산분석(MANOVA)을 사용한다. 특히, 독립변수(요인)가 하나 이상의 범주형 척도로서 요인이 1개이면 일원배치 분산분석(one-way ANOVA), 요인이 2개이면 이원배치 분산분석(two-way ANOVA)이라고 한다.

가 R 프로그램 활용

> 연구가설: ($H_0: \mu_1-\mu_2-... \mu_k=0$, $H_1: \mu_1-\mu_2-... \mu_k\neq0$)
> 즉 H_0는 채널별 평균 버즈 1주 확산수(Onespread)에 유의한 차이가 없다(같다).
> H_1은 채널별 확산수에 유의한 차이가 있다(다르다).

1단계: install.packages('foreign'), library(foreign), install.packages('Rcmdr'), library(Rcmdr), install.packages('catspec'), library(catspec) 패키지를 차례로 사전에 설치한다.

2단계: 일원배치 분산분석을 실시한다.

> rm(list=ls()): 모든 변수를 초기화한다.

> setwd("f:/R_기초통계분석"): 작업용 디렉터리를 지정한다.

> data_spss=read.spss(file='비만_기초통계분석.sav', use.value.labels=T, use.missings=T, to.data.frame=T): SPSS 데이터파일을 data_spss에 할당한다.

> sel=aov(Onespread~Channel, data=data_spss): 분산분석표를 sel 변수에 할당한다.

> summary(sel): 분산분석표를 화면에 출력한다.

> numSummary(data_spss$Onespread, groups=data_spss$Channel, statistics=c("mean", "sd")): 채널별 평균과 표준편차를 산출한다.

> with(data_spss, tapply(Onespread, Channel, mean)): tapply() 함수는 각 그룹의 평균을 산출한다.

> with(data_spss, tapply(Onespread, Channel, sd)): 각 그룹의 표준편차를 산출한다.

> bartlett.test(Onespread~Channel, data=data_spss): 등분산 검정(barlett test)을 실시한다.

```
R R Console
> rm(list=ls())
> setwd("f:/R_기초통계분석")
> data_spss=read.spss(file='비만_기초통계분석.sav', use.value.labels=T,use.missings=T,to.data.frame=T)
read.spss(file = "비만_기초통계분석.sav", use.value.labels = T, 에서 다음과 같은 경고가 발생했습니다 :
  비만_기초통계분석.sav: Unrecognized record type 7, subtype 18 encountered in system file
read.spss(file = "비만_기초통계분석.sav", use.value.labels = T, 에서 다음과 같은 경고가 발생했습니다 :
  비만_기초통계분석.sav: Unrecognized record type 7, subtype 24 encountered in system file
> sel=aov(Onespread~Channel,data=data_spss)
> summary(sel)
              Df    Sum Sq   Mean Sq F value Pr(>F)
Channel        4 1.473e+10 3.682e+09    5879 <2e-16 ***
Residuals 1207556 7.562e+11 6.262e+05
---
Signif. codes:  0 '***' 0.001 '**' 0.01 '*' 0.05 '.' 0.1 ' ' 1
> numSummary(data_spss$Onespread, groups=data_spss$Channel,statistics=c("mean", "sd"))
            mean         sd data:n
SNS  246.5702710 937.890197 859209
BLOG   0.2905425   3.807227 219837
CAFE  10.4468625  81.273252  55921
BOARD  0.2031324   1.792283   2107
NEWS   4.9566870  12.529875  70487
> with(data_spss,tapply(Onespread, Channel, mean))
        SNS        BLOG        CAFE       BOARD        NEWS
246.5702710   0.2905425  10.4468625   0.2031324   4.9566870
> with(data_spss,tapply(Onespread, Channel, sd))
       SNS       BLOG       CAFE      BOARD       NEWS
937.890197   3.807227  81.273252   1.792283  12.529875
> bartlett.test(Onespread~Channel,data=data_spss)

        Bartlett test of homogeneity of variances

data:  Onespread by Channel
Bartlett's K-squared = 2918936, df = 4, p-value < 2.2e-16

> |
```

해석 채널 1(SNS)의 평균 버즈 1주 확산수(Onespread)는 246.57로 가장 높게 나타났으며 등분산 검정 결과 (B=2918936, $p<.01$)로 나타나 귀무가설이 기각되어 채널 간 분산이 다르게 나타났다.

> install.packages('multcomp'): 다중비교 패키지를 설치한다.

> library(multcomp): 다중비교 패키지를 로딩한다.

> sel=lm(Onespread~Channel, data=data_spss): 회귀분석 결과를 sel 변수에 할당한다.

> sel: sel 변수(회귀분석 결과)를 출력한다.

```
> install.packages('multcomp')
Installing package into 'C:/Users/Administrator/Documents/R/win-library/3.1'
(as 'lib' is unspecified)
URL 'http://cran.nexr.com/bin/windows/contrib/3.1/multcomp_1.4-0.zip'을 시도합니다
Content type 'application/zip' length 630663 bytes (615 KB)
URL을 열었습니다
downloaded 615 KB

패키지 'multcomp'를 성공적으로 압축해제하였고 MD5 sums 이 확인되었습니다

다운로드된 바이너리 패키지들은 다음의 위치에 있습니다
        C:\Users\Administrator\AppData\Local\Temp\RtmpM51wul\downloaded_packages
> library(multcomp)
필요한 패키지를 로딩중입니다: mvtnorm
필요한 패키지를 로딩중입니다: survival
필요한 패키지를 로딩중입니다: TH.data
> sel=lm(Onespread~Channel,data=data_spss)
> sel

Call:
lm(formula = Onespread ~ Channel, data = data_spss)

Coefficients:
    (Intercept)    Channel[T.BLOG]    Channel[T.CAFE]    Channel[T.BOARD]    Channel[T.NEWS]
          246.6            -246.3             -236.1              -246.4             -241.6
>
```

> par(mfrow=c(2, 2)): 잔차 그림 그리기

- par( ) 함수는 그래픽 인수를 조회하거나 설정하는 데 사용한다.

- mflow=c(2, 2): 한 화면에 4개의(2*2) 플롯을 그리는 그래픽 환경을 설정한다.

> plot(sel): 회귀분석 후 정규성 검정을 실시한다(Normal Q-Q를 이용한 잔차의 정규성 검정).

```
> par(mfrow=c(2,2))
> plot(sel)
>
```

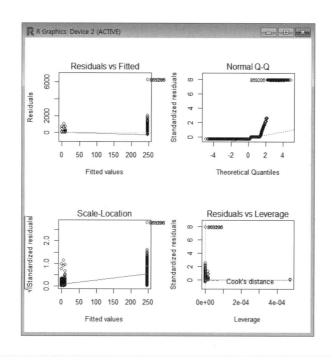

표준화된 잔차의 Normal Q-Q plot이 일직선상에 놓여 있지 않고, 다른 그림들도 양쪽 끝점에 집중되는 추세를 보여 정규성에 문제가 있다고 판단한다.

> anova(sel): 일원분산분석 분석표를 출력한다.

> sel=aov(Onespread~Channel, data=data_spss): 분산분석 결과를 sel 변수에 할당한다.

> dunnett=glht(sel, linfct=mcp(Channel='Dunnett')): Dunnett 다중비교 검정을 실시한다.

> summary(dunnett): Dunnett 다중비교 분석결과를 화면에 인쇄한다.

> plot(dunnett): Dunnett plot을 작성한다.

```
R R Console                                                    [_][□][✕]
> anova(sel)
Analysis of Variance Table

Response: Onespread
              Df    Sum Sq     Mean Sq F value     Pr(>F)
Channel        4 1.4726e+10  3681516440  5879.1 < 2.2e-16 ***
Residuals 1207556 7.5618e+11     626203
---
Signif. codes:  0 '***' 0.001 '**' 0.01 '*' 0.05 '.' 0.1 ' ' 1
> sel=aov(Onespread~Channel,data=data_spss)
> dunnett=glht(sel,linfct=mcp(Channel='Dunnett'))
> summary(dunnett)

         Simultaneous Tests for General Linear Hypotheses

Multiple Comparisons of Means: Dunnett Contrasts


Fit: aov(formula = Onespread ~ Channel, data = data_spss)

Linear Hypotheses:
                Estimate Std. Error t value Pr(>|t|)
BLOG - SNS == 0 -246.280      1.891 -130.21   <2e-16 ***
CAFE - SNS == 0 -236.123      3.454  -68.37   <2e-16 ***
BOARD - SNS == 0 -246.367     17.261  -14.27   <2e-16 ***
NEWS - SNS == 0 -241.614      3.100  -77.93   <2e-16 ***
---
Signif. codes:  0 '***' 0.001 '**' 0.01 '*' 0.05 '.' 0.1 ' ' 1
(Adjusted p values reported -- single-step method)

> plot(dunnett)
> |
```

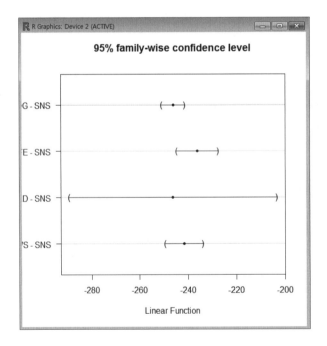

해석 Dunnett의 다중비교 분석결과 SNS와 다른 모든 채널 간 평균에 유의한 차이가 있는 것으로 나타났다 ($p<.01$). 따라서 SNS를 제외한 다른 채널의 1주 확산수의 평균은 동일하여 SNS 그룹과 다른 그룹(BLOG, CAFE, BOARD, NEWS)의 두 그룹으로 구분할 수 있다.

> tukey=glht(sel, linfct = mcp(Channel='Tukey')): Tukey 다중비교 검정을 실시한다.

> summary(tukey): Tukey 다중비교 검정 분석결과를 화면에 인쇄한다.

> plot(tukey): Tukey plot을 작성한다.

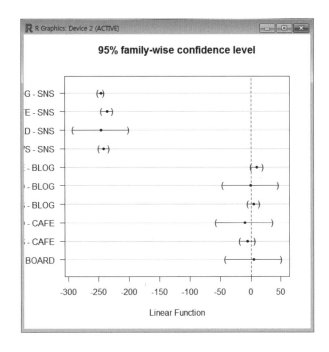

Tukey의 다중비교 분석결과 SNS와 다른 모든 채널 간 평균에 유의한 차이가 있는 것으로 나타났다($p<.01$). SNS를 제외한 다른 채널 간 1주 확산수의 평균에는 유의한 차이가 없어($p>.01$) (BLOG, CAFE, BOARD, NEWS)는 동일한 채널로 나타났다.

■ SPSS 프로그램 활용

1단계: 데이터파일을 불러온다(분석파일: 비만_기초통계분석.sav).

2단계: [분석]→[평균비교]→[일원배치 분산분석]→[종속변수: Onespread, 요인: Channel]을
지정한다.

3단계: [옵션]→[기술통계, 분산 동질성 검정, 평균 도표]를 선택한다.

4단계: [사후분석]을 선택한다.

– 분산분석에서 $H_0(\sigma_1{}^2 - \sigma_2{}^2 - \cdots \sigma_k{}^2 = 0)$가 기각될 경우, 요인수준들이 평균 차이를 보이는
지 사후검정(multiple comparisons)을 해야 한다. 사후검정(다중비교)에는 통상 Tukey(작은
평균 차이에 대한 유의성 발견 시 용이함), Scheffe(큰 평균 차이에 대한 유의성 발견 시 용이함)를
선택한다. 등분산이 가정되지 않을 경우는 Dunnett의 T3를 선택한다.

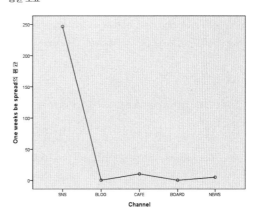

일원배치 분산분석: 사후분석 - 다중비교

등분산을 가정함

- ☐ LSD
- ☐ Bonferroni
- ☐ Sidak
- ☑ Scheffe
- ☐ R-E-G-W의 F
- ☐ R-E-G-W의 Q

- ☐ S-N-K
- ☐ Tukey 방법
- ☑ Tukey의 b
- ☐ Duncan
- ☐ Hochberg의 GT2
- ☐ Gabriel

- ☐ Waller-Duncan

  제1종/제2종 오류 비율: 100

- ☐ Dunnett

  대조 범주(Y): 마지막

  검정
  - ◉ 양측검정(2) ◯ <대조(O) ◯ >대조(N)

등분산을 가정하지 않음

- ☐ Tamhane의 T2 ☑ Dunnett의 T3 ☐ Games-Howell ☐ Dunnett의 C

유의수준(F): 0.05

[계속] [취소] [도움말]

5단계: 결과를 확인한다.

기술통계

Onespread One weeks be spread

	N	평균	표준편차	표준오차	평균에 대한 95% 신뢰구간 하한	상한	최소값	최대값
1 SNS	859209	246.57	937.890	1.012	244.59	248.55	0	6528
2 BLOG	219837	.29	3.807	.008	.27	.31	0	741
3 CAFE	55921	10.45	81.273	.344	9.77	11.12	0	726
4 BOARD	2107	.20	1.792	.039	.13	.28	0	59
5 NEWS	70487	4.96	12.530	.047	4.86	5.05	0	1024
전체	1207561	176.27	798.997	.727	174.84	177.69	0	6528

분산의 등질성 검정

Onespread One weeks be spread

Levene 통계량	자유도1	자유도2	유의확률
19266.616	4	1207556	.000

ANOVA

Onespread One weeks be spread

	제곱합	자유도	평균제곱	F	유의확률
집단-간	1.473E+10	4	3681516440	5879.107	.000
집단-내	7.562E+11	1207556	626203.386		
전체	7.709E+11	1207560			

다중비교

종속변수: Onespread One weeks be spread

	(I) Channel Channel	(J) Channel Channel	평균차이(I-J)	표준오차	유의확률	95% 신뢰구간 하한	상한
Scheffe	1 SNS	2 BLOG	246.280*	1.891	.000	240.45	252.11
		3 CAFE	236.123*	3.454	.000	225.49	246.76
		4 BOARD	246.367*	17.261	.000	193.20	299.53
		5 NEWS	241.614*	3.100	.000	232.06	251.16
	2 BLOG	1 SNS	-246.280*	1.891	.000	-252.11	-240.45
		3 CAFE	-10.156	3.748	.119	-21.70	1.39
		4 BOARD	.087	17.322	1.000	-53.27	53.44
		5 NEWS	-4.666	3.425	.762	-15.22	5.88
	3 CAFE	1 SNS	-236.123*	3.454	.000	-246.76	-225.49
		2 BLOG	10.156	3.748	.119	-1.39	21.70
		4 BOARD	10.244	17.561	.987	-43.85	64.34
		5 NEWS	5.490	4.481	.826	-8.31	19.29
	4 BOARD	1 SNS	-246.367*	17.261	.000	-299.53	-193.20
		2 BLOG	-.087	17.322	1.000	-53.44	53.27
		3 CAFE	-10.244	17.561	.987	-64.34	43.85
		5 NEWS	-4.754	17.495	.999	-58.64	49.14
	5 NEWS	1 SNS	-241.614*	3.100	.000	-251.16	-232.06
		2 BLOG	4.666	3.425	.762	-5.88	15.22
		3 CAFE	-5.490	4.481	.826	-19.29	8.31
		4 BOARD	4.754	17.495	.999	-49.14	58.64

동질적 부분집합

Onespread One weeks be spread				
			유의수준 = 0.05에 대한 부분집합	
	Channel Channel	N	1	2
Tukey B[a,b]	4 BOARD	2107	.20	
	2 BLOG	219837	.29	
	5 NEWS	70487	4.96	
	3 CAFE	55921	10.45	
	1 SNS	859209		246.57
Scheffe[a,b]	4 BOARD	2107	.20	
	2 BLOG	219837	.29	
	5 NEWS	70487	4.96	
	3 CAFE	55921	10.45	
	1 SNS	859209		246.57
	유의확률		.936	1.000

평균 도표

채널 1(SNS)의 평균 버즈 1주 확산수는 246.57로 가장 높게 나타났으며, 채널 4(Board)의 평균 버즈 확산수는 .20으로 가장 낮게 나타났다.

분산의 동질성 검정 결과 귀무가설이 기각되어 채널 간 분산이 다르게 나타났다(p=.00<.001). 분산분석에서 F=5879.107(p=.00<.001)로 채널별 확산수의 평균에 차이가 있는 것으로 나타났다.

5개의 채널 간 평균의 차이를 검정하는 사후검정에서 Tukey의 검정 결과(본 연구에서 등분산이 기각되어 Dunnett의 T3를 확인해야 하나 SNS와 다른 채널 간 평균에 차이가 크게 나타나 Tukey의 사후검정을 확인함), SNS와 다른 채널 간에 유의한 차이를 보였다.

등분산 가정이 성립되지 않기 때문에 동일 집단군에 대한 확인은 평균도표를 분석하여 확인할 수 있다. SNS의 평균이 가장 크며 다른 채널은 동일한 채널로 평균이 낮게 나타났다. 즉 BLOG, CAFE, BOARD, NEWS는 채널 간 평균에 차이가 없는 것으로 나타났다.

⑨ 평균의 검정(이원배치 분산분석)

이원배치 분산분석은 독립변수(요인)가 2개인 경우 집단 간 평균비교를 하기 위한 분석방법이다. 두 요인에 대한 상호작용이 존재하는지를 우선적으로 점검하고, 상호작용이 존재하지 않으면 각각의 요인의 효과를 따로 분리하여 분석할 수 있다. 상호작용효과는 종속변수에 대한 독립변수들의 결합효과로서, 종속변수에 대한 독립변수의 효과가 다른 독립변수의 각 수준에서 동일하지 않다는 것을 의미한다(성태제, 2008: p. 162).

　이원배치 분산분석은 종속변수에 대한 모집단의 분포가 정규분포여야 하고, 집단 간 모집단의 분산이 같은지 검정하여야 한다(등분산 검정).

가 R 프로그램 활용

연구문제: Account(First, Spread)와 Channel(SNS, BLOG, CAFE, BOAR, NEWS)에 따라 Onespread(종속변수)에 차이가 있는가? 그리고 Account와 Channel의 상호작용 효과는 있는가?

1단계: install.packages('foreign'), library(foreign), install.packages('Rcmdr'), install.packages('MASS'), install.packages('e1071'), library(Rcmdr), install.packages('catspec'), library(catspec) 패키지를 차례로 사전에 설치한다.

2단계: 이원배치 분산분석을 실시한다.
> rm(list=ls()): 모든 변수를 초기화한다.

> setwd("f:/R_기초통계분석"): 작업용 디렉터리를 지정한다.

> data_spss=read.spss(file='비만_이원배치분산분석1.sav', use.value.labels=T, use.missings=T, to.data.frame=T): SPSS 데이터파일을 data_spss에 할당한다.

> sel=lm(Onespread~Channel+Account+Channel*Account, data=data_spss): 회귀분석을 실시한다.

> numSummary(data_spss$Onespread, groups=data_spss$Channel, statistics=c("mean", "sd")): Channel별 1주 확산수의 평균과 표준편차를 산출한다.

> numSummary(data_spss$Onespread, groups=data_spss$Account, statistics=c("mean", "sd")): Account별 1주 확산수의 평균과 표준편차를 산출한다.

> data_spss=read.spss(file='비만_이원배치분산분석_최초.sav', use.value.labels=T, use.missings=T, to.data.frame=T): 최초문서 데이터를 할당한다.

- numSummary 함수는 2개 이상의 집단 간 기술통계 분석을 할 수 없어 Account 집단에 대해 최초문서와 확산문서로 파일을 분리하여 1개의 집단(Channel)에 대한 기술통계 분석을 실시하였다.

> numSummary(data_spss$Onespread, groups=data_spss$Channel, statistics=c("mean", "sd")): 최초문서에 대한 채널별 평균과 분산을 산출한다.

> data_spss=read.spss(file='비만_이원배치분산분석_확산.sav', use.value.labels=T, use.missings=T, to.data.frame=T): 확산문서 데이터를 할당한다.

> numSummary(data_spss$Onespread, groups=data_spss$Channel, statistics=c("mean", "sd")): 확산문서에 대한 채널별 평균과 분산을 산출한다.

> anova(sel): 개체 간 효과 검정을 실시한다.

```
R R Console
> rm(list=ls())
> setwd("f:/R_기초통계분석")
> data_spss=read.spss(file='비만_이원배치분산분석1.sav', use.value.labels=T,use.missings=T,to.data.frame=T)
read.spss(file = "비만 이원배치분산분석1.sav", use.value.labels = T, 에서 다음과 같은 경고가 발생했습니다 :
  비만_이원배치분산분석1.sav: Unrecognized record type 7, subtype 18 encountered in system file
read.spss(file = "비만 이원배치분산분석1.sav", use.value.labels = T, 에서 다음과 같은 경고가 발생했습니다 :
  비만_이원배치분산분석1.sav: Unrecognized record type 7, subtype 24 encountered in system file
> sel=lm(Onespread~Channel+Account+Channel*Account,data=data_spss)
> numSummary(data_spss$Onespread, groups=data_spss$Channel,statistics=c("mean", "sd"))
         mean          sd data:n
1 246.5702710 937.890197 859209
2   0.2905425   3.807227 219837
3  10.4468625  81.273252  55921
4   0.2031324   1.792283   2107
5   4.9566870  12.529875  70487
> numSummary(data_spss$Onespread, groups=data_spss$Account,statistics=c("mean", "sd"))
         mean          sd data:n
1   0.5299092   13.21672 767356
2 482.6084392 1266.19588 440205
> data_spss=read.spss(file='비만 이원배치분산분석_최초.sav', use.value.labels=T,use.missings=T,to.data.frame=T)
read.spss(file = "비만 이원배치분산분석_최초.sav", use.value.labels = T, 에서 다음과 같은 경고가 발생했습니다 :
  비만_이원배치분산분석_최초.sav: Unrecognized record type 7, subtype 18 encountered in system file
read.spss(file = "비만 이원배치분산분석_최초.sav", use.value.labels = T, 에서 다음과 같은 경고가 발생했습니다 :
  비만_이원배치분산분석_최초.sav: Unrecognized record type 7, subtype 24 encountered in system file
> numSummary(data_spss$Onespread, groups=data_spss$Channel,statistics=c("mean", "sd"))
         mean         sd data:n
1 0.76189921 16.881829 463497
2 0.04093900  1.145312 210606
3 0.13882658  4.073533  48593
4 0.09772617  1.492845   2067
5 0.89031061  4.258476  42593
> data_spss=read.spss(file='비만 이원배치분산분석_확산.sav', use.value.labels=T,use.missings=T,to.data.frame=T)
read.spss(file = "비만 이원배치분산분석_확산.sav", use.value.labels = T, 에서 다음과 같은 경고가 발생했습니다 :
  비만_이원배치분산분석_확산.sav: Unrecognized record type 7, subtype 18 encountered in system file
read.spss(file = "비만 이원배치분산분석_확산.sav", use.value.labels = T, 에서 다음과 같은 경고가 발생했습니다 :
  비만_이원배치분산분석_확산.sav: Unrecognized record type 7, subtype 24 encountered in system file
> numSummary(data_spss$Onespread, groups=data_spss$Channel,statistics=c("mean", "sd"))
        mean          sd data:n
1 534.485328 1325.125802 395712
2   5.985267   16.776454   9231
3  78.800901  211.954280   7328
4   5.650000    4.938338     40
5  11.165878   17.471095  27894
> anova(sel)
Analysis of Variance Table

Response: Onespread
                Df     Sum Sq    Mean Sq  F value    Pr(>F)
Channel          1  8.9412e+09 8.9412e+09  15491.8 < 2.2e-16 ***
Account          1  5.9268e+10 5.9268e+10 102690.1 < 2.2e-16 ***
Channel:Account  1  5.7441e+09 5.7441e+09   9952.4 < 2.2e-16 ***
Residuals  1207557  6.9695e+11 5.7716e+05
---
Signif. codes:  0 '***' 0.001 '**' 0.01 '*' 0.05 '.' 0.1 ' ' 1
> |
```

해석 1주 확산수(Onespread)에 대한 순계정(Account)과 채널(Channel)의 효과는 Channel(F=15491.8, $p<.001$)과 Account(F=102690.1, $p<.001$)에서 유의한 차이가 있는 것으로 나타났으며, Channel과 Account의 상호작용 효과가 있는 것으로 나타나(F=9952.4, $p<.001$), 모든 채널에 대해 최초문서(First)보다 확산문서(Spread)의 1주 확산수가 많았다.

> data_spss=read.spss(file='비만_이원배치분산분석1.sav', use.value.labels=T, use.missings=T, to.data.frame=T): SPSS 데이터파일을 data_spss에 할당한다.

> interaction.plot(data_spss$Account, data_spss$Channel, data_spss$Onespread, bty='l', main='interaction plot'): Channel과 Account의 프로파일 도표를 작성한다.

- bty(box plot type)는 플롯 영역을 둘러싼 상자의 모양을 나타내는 것으로 (c, n, o, 7, u, l)을 사용한다.

```
R R Console
> data_spss=read.spss(file='비만 이원배치분산분석1.sav', use.value.labels=T,use.missings=T,to.data.frame=T)
read.spss(file = "비만 이원배치분산분석1.sav", use.value.labels = T, 에서 다음과 같은 경고가 발생했습니다 :
  비만_이원배치분산분석1.sav: Unrecognized record type 7, subtype 18 encountered in system file
read.spss(file = "비만 이원배치분산분석1.sav", use.value.labels = T, 에서 다음과 같은 경고가 발생했습니다 :
  비만_이원배치분산분석1.sav: Unrecognized record type 7, subtype 24 encountered in system file
> interaction.plot(data_spss$Account,data_spss$Channel,data_spss$Onespread, bty='l', main='interaction plot')
> |
```

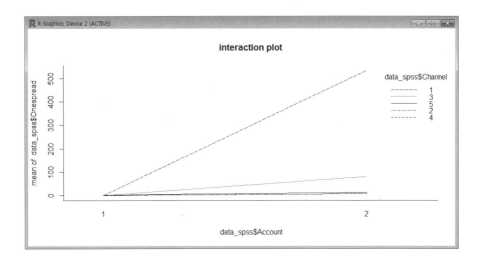

해석 Interaction plot에서 SNS와 그 외의 채널은 교차되고 (BOARD, BLOG, NEWS, CAFE) 집단의 채널은 거의 교차되지 않는 것으로 나타나 동일한 집단인 것을 확인할 수 있다.

나 SPSS 프로그램 활용

1단계: 데이터파일을 불러온다(분석파일: 비만_이원배치분산분석1.sav).

2단계: [분석]→[일반선형모형]→[일변량 분석]→[종속변수: 1주 확산수(Onespread), 고정요인: 순계정(Account), 채널(Channel)]을 선택한다.

3단계: [옵션]→[기술통계량, 동질성 검정]을 선택한다.

4단계: [도표]]→[수평축 변수: Account, 선구분 변수: Channel]을 선택한 후 [추가]를 누른다.

- Channel별로 구분하여 Account에 따른 Onespread를 구분하여 도표로 제시한다.

5단계: 사후분석을 실시한다. 사후분석은 이원분산분석을 실행한 결과 집단 간에 차이가
있는 것으로 나타날 경우, 어떤 집단 간에 차이가 있는지 알아보고자 하는 것이다
(Channel은 5개 수준이므로 사후비교분석을 실시할 수 있다).

6단계: 결과를 확인한다.

기술통계량

종속변수: Onespread One weeks be spread

Account Account	Channel Channel	평균	표준편차	N
1	1	.76	16.882	463497
	2	.04	1.145	210606
	3	.14	4.074	48593
	4	.10	1.493	2067
	5	.89	4.258	42593
	전체	.53	13.217	767356
2	1	534.49	1325.126	395712
	2	5.99	16.776	9231
	3	78.80	211.954	7328
	4	5.65	4.938	40
	5	11.17	17.471	27894
	전체	482.61	1266.196	440205
전체	1	246.57	937.890	859209
	2	.29	3.807	219837
	3	10.45	81.273	55921
	4	.20	1.792	2107
	5	4.96	12.530	70487
	전체	176.27	798.997	1207561

오차 분산의 등일성에 대한 Levene의 검정[a]

종속변수: Onespread One weeks be spread

F	자유도1	자유도2	유의확률
41064.519	9	1207551	.000

여러 집단에서 종속변수의 오차 분산이 등일한
영가설을 검정합니다.

a. Design: 절편 + Account + Channel + Account
* Channel

개체-간 효과 검정

종속변수: Onespread One weeks be spread

소스	제 III 유형 제곱합	자유도	평균제곱	F	유의확률
수정된 모형	7.558E+10[a]	9	8397271245	14583.273	.000
절편	15766788.62	1	15766788.62	27.382	.000
Account	15576617.06	1	15576617.06	27.051	.000
Channel	7328894736	4	1832223684	3181.965	.000
Account * Channel	7314854313	4	1828713578	3175.869	.000
오차	6.953E+11	1207551	575815.250		
전체	8.084E+11	1207561			
수정된 합계	7.709E+11	1207560			

a. R 제곱 = .098 (수정된 R 제곱 = .098)

Channel

동질적 부분집합

Onespread One weeks be spread

Tukey B[a,b,c]

Channel	N	부분집합	
		1	2
4	2107	.20	
2	219837	.29	
5	70487	4.96	
3	55921	10.45	
1	859209		246.57

프로파일 도표

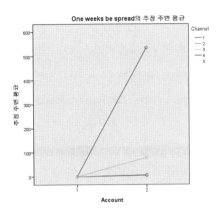

해석 1주 확산수(Onespread)에 대한 순계정(Account)과 채널(Channel)의 효과는 Account(F=27.051, $p<.001$)와 Channel(F=3181.965, $p<.001$)에서 유의한 차이가 있으며, Account와 Channel의 상호작용효과가 있는 것으로 나타나(F=3175.869, $p<.001$) 최초문서보다 확산문서의 1주 확산수가 많다.
Tukey의 사후분석 결과 2개의 집단[(BOARD, BLOG, NEWS, CAFE), SNS]으로 구분되며, 프로파일 도표에서도 SNS와 그 외의 채널은 교차되고 (BOARD, BLOG, NEWS, CAFE) 집단의 채널은 거의 교차되지 않는 것으로 나타나 동일한 집단인 것을 확인할 수 있다.

⑩ 산점도

두 연속형 변수 간의 선형적 관계를 알아보고자 할 때 가장 먼저 실시한다. 두 변수에 대한 데이터 산점도(scatter diagram)를 그리고, 직선관계식을 나타내는 단순회귀분석을 실시한다.

가 R 프로그램 활용

1단계: install.packages('foreign'), library(foreign)을 설치한다.
2단계: 산점도를 그린다.
> rm(list=ls()): 모든 변수를 초기화한다.
> setwd("f:/R_기초통계분석"): 작업용 디렉터리를 지정한다.
> data_spss=read.spss(file='다중회귀_최종모형.sav', use.value.labels=T, use.missings=T, to.data.frame=T): SPSS 데이터파일을 data_spss에 할당한다.
> windows(height=5.5, width=5): 출력 화면의 크기를 지정한다.
> plot(data_spss$Success, data_spss$Walking, xlim=c(0, 40), ylim=c(0, 40), col='blue', xlab=

'Walking', ylab='Diet Success', main='Scatter diagram of walking and diet success')

- plot(): R에 사용되는 그래픽함수를 가리킨다(plot() 함수에 관해서는 본서의 선그래프 시각화 부분(p. 237)을 참조한다).

> plot(data_spss$Success, data_spss$Aerobic, xlim=c(0, 40), ylim=c(0, 40), col='blue', xlab= 'Aerobic', ylab='Diet Success', main='Scatter diagram of aerobic and diet success')

```
R Console
> setwd("f:/R_기초통계분석")
> data_spss=read.spss(file='다중회귀_최종모형.sav', use.value.labels=T,use.missings=T,to.data.frame=T)
read.spss(file = "다중회귀_최종모형.sav", use.value.labels = T, 에서 다음과 같은 경고가 발생했습니다 :
  다중회귀_최종모형.sav: Unrecognized record type 7, subtype 18 encountered in system file
read.spss(file = "다중회귀_최종모형.sav", use.value.labels = T, 에서 다음과 같은 경고가 발생했습니다 :
  다중회귀_최종모형.sav: Unrecognized record type 7, subtype 24 encountered in system file
> windows(height=5.5, width=5)
> plot(data_spss$Success,data_spss$Walking,xlim=c(0,40), ylim=c(0,40), col='blue',xlab='Walking', ylab='Diet Success',
+ main='Scatter diagram of walking and diet success')
> plot(data_spss$Success,data_spss$Aerobic,xlim=c(0,40),ylim=c(0,40), col='blue',xlab='Aerobic',ylab='Diet Success',
+ main='Scatter diagram of aerobic and diet success')
> |
```

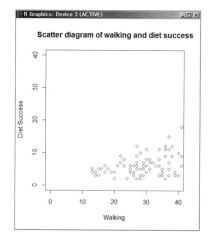

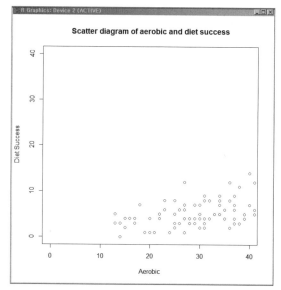

해석 [걷기(Walking), 유산소(Aerobic)]와 다이어트 성공(Diet Success)의 산점도는 두 변수가 양(+)의 선형관계 (positive linear relationship)를 보인다. 이로써 Walking과 Aerobic이 많을수록 Diet Success가 높다는 것을 알 수 있다.

나 SPSS 프로그램 활용

1단계: 데이터파일을 불러온다(다중회귀_최종모형.sav).

2단계: [그래프]→[레거시 대화상자]→[산점도]→[단순 산점도]→[정의]를 선택한다.

3단계: [Y축: 성공(Success), X축: 걷기(Walking), 유산소(Aerobic)]을 지정한다.

4단계: [제목: Scatter diagram of walking and diet success]를 입력한다.

5단계: 결과를 확인한다.

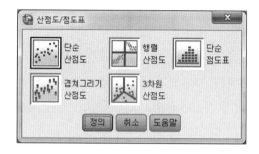
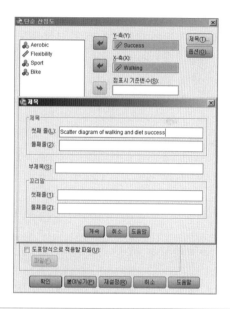

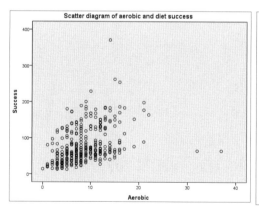

해석 [걷기(Walking), 유산소(Aerobic)]와 다이어트 성공(Diet Success)의 산점도는 두 변수가 양(+)의 선형관계를 보인다. 이로써 Walking과 Aerobic이 많을수록 Diet Success가 높다는 것을 알 수 있다.

⑪ 상관분석

상관분석(correlation analysis)은 정량적인 두 변수 간에 선형관계가 존재하는지를 파악하고 상관관계의 정도를 측정하는 분석방법으로, 이를 통해 두 변수 간의 관계가 어느 정도 밀접한지를 측정할 수 있다.

상관계수의 범위는 –1에서 1의 값을 가지며, 상관계수의 크기는 관련성 정도를 나타낸다. 상관계수의 절대값이 크면 두 변수는 밀접한 관계이며, '+'는 양의 상관관계, '–'는 음의 상관관계를 나타내고, '0'은 두 변수 간에 상관관계가 없음을 나타낸다. 따라서 상관관계는 인과관계를 의미하는 것은 아니고 관련성 정도를 검정하는 것이다.

상관분석은 조사된 자료의 수에 따라 모수적 방법과 비모수적 방법이 있다. 일반적으로 표본수가 30이 넘는 경우는 모수적 방법을 사용한다. 모수적 방법에는 상관계수로 피어슨(Pearson)을 선택하고, 비모수적 방법에는 상관계수로 스피어만(Spearman)이나 켄달(Kendall)의 타우를 선택한다.

가 R 프로그램 활용

연구문제: Walking, Aerobic, Flexibility, Sport, Bike, Success는 상호 관련성이 있는가?

1단계: install.packages('foreign'), library(foreign)을 설치한다.

2단계: 상관분석을 실시한다.

> rm(list=ls()): 모든 변수를 초기화한다.

> setwd("f:/R_기초통계분석"): 작업용 디렉터리를 지정한다.

> data_spss=read.spss(file='다중회귀_최종모형.sav', use.value.labels=T, use.missings=T, to.data.frame=T): SPSS 데이터파일을 data_spss에 할당한다.

> cor(data_spss, use='pairwise.complete.obs'): 모든 변수의 상관계수를 산출한다.

> with(data_spss, cor.test(Walking, Aerobic)): 상관계수와 유의확률을 산출한다.

> with(data_spss, cor.test(Walking, Flexibility))

> with(data_spss, cor.test(Walking, Sport))

> with(data_spss, cor.test(Walking, Bike))

> with(data_spss, cor.test(Walking, Success))

```
> with(data_spss, cor.test(Aerobic, Flexibility))

> with(data_spss, cor.test(Aerobic, Sport))

> with(data_spss, cor.test(Aerobic, Bike))

> with(data_spss, cor.test(Aerobic, Success))

> with(data_spss, cor.test(Flexibility, Sport))

> with(data_spss, cor.test(Flexibility, Bike))

> with(data_spss, cor.test(Walking, Success))

> with(data_spss, cor.test(Aerobic, Success))

> with(data_spss, cor.test(Flexibility, Success))

> with(data_spss, cor.test(Sport, Success))

> with(data_spss, cor.test(Bike, Success))
```

```
R Console                                                                    _|□|×
> rm(list=ls())
> setwd("f:/R_기초통계분석")
> data_spss=read.spss(file='다중회귀_최종모형.sav', use.value.labels=T,use.missings=T,to.data.frame=T)
read.spss(file = "다중회귀_최종모형.sav", use.value.labels = T, 에서 다음과 같은 경고가 발생했습니다 :
  다중회귀_최종모형.sav: Unrecognized record type 7, subtype 18 encountered in system file
read.spss(file = "다중회귀_최종모형.sav", use.value.labels = T, 에서 다음과 같은 경고가 발생했습니다 :
  다중회귀_최종모형.sav: Unrecognized record type 7, subtype 24 encountered in system file
> cor(data_spss,use='pairwise.complete.obs')
              Walking   Aerobic Flexibility     Sport      Bike   Success
Walking     1.0000000 0.4441606   0.5585739 0.2365437 0.4649998 0.5666855
Aerobic     0.4441606 1.0000000   0.6023791 0.2148080 0.3629799 0.4039490
Flexibility 0.5585739 0.6023791   1.0000000 0.2142570 0.4342515 0.5564349
Sport       0.2365437 0.2148080   0.2142570 1.0000000 0.2017204 0.3370588
Bike        0.4649998 0.3629799   0.4342515 0.2017204 1.0000000 0.4056107
Success     0.5666855 0.4039490   0.5564349 0.3370588 0.4056107 1.0000000
```

```
> with(data_spss, cor.test(Walking,Success))

        Pearson's product-moment correlation

data:  Walking and Success
t = 13.104, df = 363, p-value < 2.2e-16
alternative hypothesis: true correlation is not equal to 0
95 percent confidence interval:
 0.4926953 0.6325408
sample estimates:
      cor
0.5666855

> with(data_spss, cor.test(Aerobic,Success))

        Pearson's product-moment correlation

data:  Aerobic and Success
t = 8.4132, df = 363, p-value = 8.882e-16
alternative hypothesis: true correlation is not equal to 0
95 percent confidence interval:
 0.3143324 0.4864295
sample estimates:
      cor
0.403949

> with(data_spss, cor.test(Flexibility,Success))

        Pearson's product-moment correlation

data:  Flexibility and Success
t = 12.7592, df = 363, p-value < 2.2e-16
alternative hypothesis: true correlation is not equal to 0
95 percent confidence interval:
 0.4812739 0.6234736
sample estimates:
      cor
0.5564349
```

```
> with(data_spss, cor.test(Sport,Success))

        Pearson's product-moment correlation

data:  Sport and Success
t = 6.821, df = 363, p-value = 3.795e-11
alternative hypothesis: true correlation is not equal to 0
95 percent confidence interval:
 0.2428092 0.4250045
sample estimates:
      cor
0.3370588

> with(data_spss, cor.test(Bike,Success))

        Pearson's product-moment correlation

data:  Bike and Success
t = 8.4546, df = 363, p-value = 6.661e-16
alternative hypothesis: true correlation is not equal to 0
95 percent confidence interval:
 0.3161222 0.4879451
sample estimates:
      cor
0.4056107

>
```

해석 Walking, Aerobic, Flexibility, Sport, Bike, Success는 상호 간에 강한 양(+)의 상관관계를 보이는 것으로 나타났다. 다이어트 성공(Success)에 Walking(.567, $p<.01$), Flexibility(.556, $p<.01$), Bike(.406, $p<.01$), Aerobic(.404, $p<.01$), Sport(.337, $p<.01$) 순으로 유의한 상관관계가 있는 것으로 나타났다.

나 SPSS 프로그램 활용

1단계: 데이터파일을 불러온다(분석파일: 다중회귀_최종모형.sav).

2단계: [분석]→[상관분석]→[이변량 상관계수]→[변수(Walking, Aerobic, Flexibility, Sport, Bike, Success)]를 지정한다.

3단계: 결과를 확인한다.

상관계수

		Walking	Aerobic	Flexibility	Sport	Bike	Success
Walking	Pearson 상관계수	1	.444**	.559**	.237**	.465**	.567**
	유의확률 (양쪽)		.000	.000	.000	.000	.000
	N	365	365	365	365	365	365
Aerobic	Pearson 상관계수	.444**	1	.602**	.215**	.363**	.404**
	유의확률 (양쪽)	.000		.000	.000	.000	.000
	N	365	365	365	365	365	365
Flexibility	Pearson 상관계수	.559**	.602**	1	.214**	.434**	.556**
	유의확률 (양쪽)	.000	.000		.000	.000	.000
	N	365	365	365	365	365	365
Sport	Pearson 상관계수	.237**	.215**	.214**	1	.202**	.337**
	유의확률 (양쪽)	.000	.000	.000		.000	.000
	N	365	365	365	365	365	365
Bike	Pearson 상관계수	.465**	.363**	.434**	.202**	1	.406**
	유의확률 (양쪽)	.000	.000	.000	.000		.000
	N	365	365	365	365	365	365
Success	Pearson 상관계수	.567**	.404**	.556**	.337**	.406**	1
	유의확률 (양쪽)	.000	.000	.000	.000	.000	
	N	365	365	365	365	365	365

**. 상관계수는 0.01 수준(양쪽)에서 유의합니다.

Walking, Aerobic, Flexibility, Sport, Bike, Success는 상호 간에 강한 양(+)의 상관관계를 보이는 것으로 나타났다. 다이어트 성공(Success)에 Walking(.567, $p<.01$), Flexibility(.556, $p<.01$), Bike(.406, $p<.01$), Aerobic(.404, $p<.01$), Sport(.337, $p<.01$) 순으로 유의한 상관관계가 있는 것으로 나타났다.

⑫ 단순회귀분석

- 회귀분석(regression)은 상관분석과 분산분석의 확장된 개념으로, 연속변수로 측정된 두 변수 간의 관계를 수학적 공식으로 함수화하는 통계적 분석기법($Y=aX+b$)이다.
- 회귀분석은 종속변수와 독립변수 간의 관계를 함수식으로 분석하는 것이다.
- 회귀분석은 독립변수의 수와 종속변수의 척도에 따라 다음과 같이 구분한다.
    - 단순회귀분석(simple regression analysis): 연속형 독립변수 1개, 연속형 종속변수 1개
    - 다중회귀분석(multiple regression analysis): 연속형 독립변수 2개 이상, 연속형 종속변수 1개
    - 이분형(binary) 로지스틱 회귀분석: 연속형 독립변수 1개 이상, 이분형 종속변수 1개
    - 다항(multinomial) 로지스틱 회귀분석: 연속형 독립변수 1개 이상, 다항 종속변수 1개

가 R 프로그램 활용

연구문제: 걷기(Walking)는 다이어트 성공(Success)에 영향을 미치는가?

1단계: install.packages('foreign'), library(foreign)을 설치한다.

2단계: 단순회귀분석을 실시한다.
- > rm(list=ls()): 모든 변수를 초기화한다.
- > setwd("f:/R_기초통계분석"): 작업용 디렉터리를 지정한다.
- > data_spss=read.spss(file='다중회귀_최종모형.sav', use.value.labels=T, use.missings=T, to.data.frame=T): SPSS 데이터파일을 data_spss에 할당한다.
- > summary(lm(Success~Walking, data=data_spss)): 단순회귀분석을 실시한다.
- – lm(): 회귀분석에 사용되는 함수

```
R R Console                                                                    _ □ ×
> rm(list=ls())
> setwd("f:/R_기초통계분석")
> data_spss=read.spss(file='다중회귀_최종모형.sav', use.value.labels=T,use.missings=T,to.data.frame=T)
read.spss(file = "다중회귀_최종모형.sav", use.value.labels = T, 에서 다음과 같은 경고가 발생했습니다 :
  다중회귀_최종모형.sav: Unrecognized record type 7, subtype 18 encountered in system file
read.spss(file = "다중회귀_최종모형.sav", use.value.labels = T, 에서 다음과 같은 경고가 발생했습니다 :
  다중회귀_최종모형.sav: Unrecognized record type 7, subtype 24 encountered in system file
> summary(lm(Success~Walking,data=data_spss))

Call:
lm(formula = Success ~ Walking, data = data_spss)

Residuals:
   Min    1Q Median    3Q    Max
-91.66 -26.50 -10.75  18.86 244.35

Coefficients:
            Estimate Std. Error t value Pr(>|t|)
(Intercept)   25.995      4.517   5.755 1.84e-08 ***
Walking        4.376      0.334  13.104  < 2e-16 ***
---
Signif. codes:  0 '***' 0.001 '**' 0.01 '*' 0.05 '.' 0.1 ' ' 1

Residual standard error: 40.96 on 363 degrees of freedom
Multiple R-squared: 0.3211,    Adjusted R-squared: 0.3193
F-statistic: 171.7 on 1 and 363 DF,  p-value: < 2.2e-16

> |
```

해석 결정계수 R^2은 총변동 중에서 회귀선에 의해 설명되는 비율을 의미하며, 다이어트 성공(Success)의 변동 중에서 32.1%가 걷기(Walking)에 의해 설명된다는 것을 의미한다. 따라서 $0 \leq R^2 \leq 1$의 범위를 가지고 1에 가까울수록 회귀선이 표본을 설명하는 데 유의하다.

수정된 R^2(0.3193)은 자유도를 고려하여 조정된 R^2으로, 일반적으로 모집단의 R^2을 추정할 때 사용된다. F 통계량은 회귀식이 유의한가를 검정하는 것으로 F 통계량 171.7에 대한 유의확률이 p=.000<.001로 회귀식은 매우 유의하다고 할 수 있다. 따라서 회귀식은 Success=25.995+4.376Walking으로 회귀식의 상수값과 회귀계수는 통계적으로 매우 유의하다(p<.001).

> anova(lm(Success~Walking, data=data_spss)): 분산분석표를 산출한다.

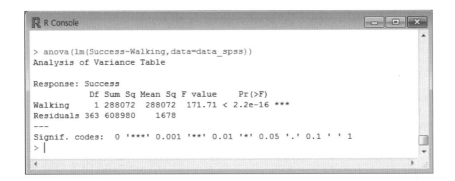

```
R R Console                                                          □ ▢ ✕

> anova(lm(Success~Walking,data=data_spss))
Analysis of Variance Table

Response: Success
           Df Sum Sq Mean Sq F value     Pr(>F)
Walking     1 288072  288072  171.71 < 2.2e-16 ***
Residuals 363 608980    1678
---
Signif. codes:  0 '***' 0.001 '**' 0.01 '*' 0.05 '.' 0.1 ' ' 1
> |
```

해석 분산분석표는 회귀식에 포함된 개별 변수가 통계적으로 유의한가를 검정하는 것으로, 단순회귀분석에서는 F 통계량(171.71)과 같다.

> data_spss=read.spss(file='다중회귀_최종모형_Z.sav', use.value.labels=T, use.missings=T, to.data.frame=T): 표준화점수 데이터를 할당한다.

> summary(lm(ZSuccess~ZWalking, data=data_spss)): 표준화 회귀계수(베타: Beta)를 산출한다.

```
R Console                                                                   _ □ ×
> data_spss=read.spss(file='다중회귀_최종모형_Z.sav', use.value.labels=T,use.missings=T,to.data.frame=T)
경고메시지:
1: In read.spss(file = "다중회귀_최종모형_Z.sav", use.value.labels = T,  :
   다중회귀_최종모형_Z.sav: Unrecognized record type 7, subtype 18 encountered in system file
2: In read.spss(file = "다중회귀_최종모형_Z.sav", use.value.labels = T,  :
   다중회귀_최종모형_Z.sav: Unrecognized record type 7, subtype 24 encountered in system file
> summary(lm(ZSuccess~ZWalking,data=data_spss))

Call:
lm(formula = ZSuccess ~ ZWalking, data = data_spss)

Residuals:
    Min      1Q  Median      3Q     Max
-1.8464 -0.5338 -0.2165  0.3798  4.9222

Coefficients:
             Estimate Std. Error t value Pr(>|t|)
(Intercept) 3.088e-16  4.319e-02     0.0        1
ZWalking    5.667e-01  4.325e-02    13.1   <2e-16 ***
---
Signif. codes:  0 '***' 0.001 '**' 0.01 '*' 0.05 '.' 0.1 ' ' 1

Residual standard error: 0.8251 on 363 degrees of freedom
Multiple R-squared:  0.3211,    Adjusted R-squared:  0.3193
F-statistic: 171.7 on 1 and 363 DF,  p-value: < 2.2e-16

> |
```

해석 표준화 회귀계수(standardized regression coefficient)는 회귀계수의 크기를 비교하기 위하여 회귀분석에 사용한 모든 변수를 표준화한 회귀계수를 뜻한다. 표준화 회귀계수가 크다는 것은 종속변수에 미치는 영향이 크다는 것이다.
본 연구의 표준화 회귀선은 ZSuccess=0.567ZWalking이 된다. 즉 Walking이 한 단위 증가하면 Success가 0.567씩 증가하는 것을 의미한다.
※ 표준화 회귀계수는 표준(화)점수(관측값이 평균으로부터 떨어진 정도)로 산출되기 때문에 회귀식에 포함되는 모든 변수의 표준점수를 계산하여 새로운 파일로 저장한 후 회귀분석을 실행해야 한다. 동 회귀모형의 분석결과는 SPSS 분석결과(본서의 p. 139)에서 산출된 표준화 계수(베타)와 동일한 결과임을 알 수 있다.

> summary(lm(Success~0+Walking, data=data_spss)): 절편이 0인 단순회귀 직선을 산출한다('0+Walking'으로 회귀모형에서 절편을 제거할 수 있다).

```
R Console                                                          _ □ x

> summary(lm(Success~0+Walking,data=data_spss))

Call:
lm(formula = Success ~ 0 + Walking, data = data_spss)

Residuals:
     Min      1Q   Median      3Q     Max
-118.108  -17.884   0.388   22.592  231.436

Coefficients:
        Estimate Std. Error t value Pr(>|t|)
Walking   6.0680     0.1654    36.7   <2e-16 ***
---
Signif. codes:  0 '***' 0.001 '**' 0.01 '*' 0.05 '.' 0.1 ' ' 1

Residual standard error: 42.73 on 364 degrees of freedom
Multiple R-squared:  0.7872,    Adjusted R-squared:  0.7866
F-statistic:  1347 on 1 and 364 DF,  p-value: < 2.2e-16

> |
```

상수(절편)를 0으로 한 회귀계수를 산출할 수 있다. 본 연구의 절편을 제거한 회귀식은 Success = 6.068Walking 이 되며 R^2은 0.787로 회귀선의 설명력은 매우 높게 나타났다.

> sel=lm(Success~Walking, data=data_spss)

> plot(data_spss$Success, data_spss$Walking): 산점도를 그린다.

> par(mfrow=c(2, 2)): 잔차 그림 그리기

- par() 함수는 그래픽 인수를 조회하거나 설정하는 데 사용한다.

- mflow=c(2, 2): 한 화면에 4개의(2*2) 플롯을 그리는 그래픽 환경을 설정한다.

> plot(sel)

```
R Console                                                          _ □ x

> sel=lm(Success~Walking,data=data_spss)
> plot(data_spss$Success,data_spss$Walking)
> par(mfrow=c(2,2))
> plot(sel)
> |
```

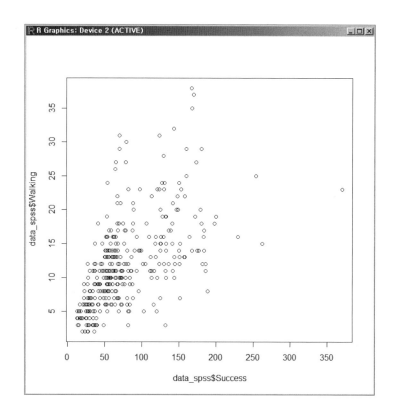

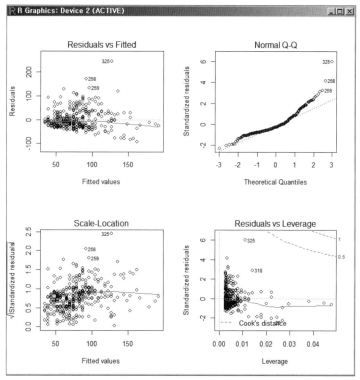

■ Walking에 대한 추정값 얻기

> wp_data=seq(50, 100, 10): 50부터 100까지 10씩 증가한 값을 wp_data 객체에 할당한다.

> sp_data=predict(sel, newdata=data.frame(Walking=wp_data)): 새로운 Walking 값에 대한 Success의 추정값을 산출하여 sp_data 객체에 할당한다.

> sp_data: Success의 추정값을 화면에 인쇄한다.

- Walking이 50일 때 Success의 추정값은 244.8080을 나타낸다.

- Walking이 100일 때 Success의 추정값은 463.6211을 나타낸다.

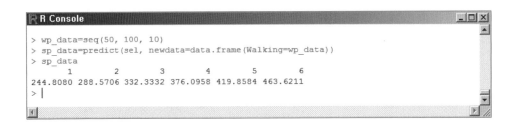

```
R Console                                                              _ □ ×
> wp_data=seq(50, 100, 10)
> sp_data=predict(sel, newdata=data.frame(Walking=wp_data))
> sp_data
          1        2        3        4        5        6
244.8080 288.5706 332.3332 376.0958 419.8584 463.6211
> |
```

나 SPSS 프로그램 활용

1단계: 데이터파일을 불러온다(분석파일: 다중회귀_최종모형.sav).

2단계: [분석]→[회귀분석]→[선형]→[종속변수(Success), 독립변수(Walking)]를 지정한다.

3단계: [통계량]→[추정값, 모형 적합]을 선택한다.

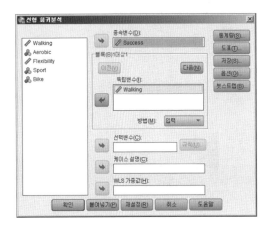
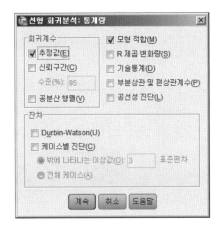

4단계: 결과를 확인한다.

모형 요약

모형	R	R 제곱	수정된 R 제곱	추정값의 표준오차
1	.567[a]	.321	.319	40.959

a. 예측값: (상수), Walking

분산분석[a]

모형		제곱합	자유도	평균 제곱	F	유의확률
1	회귀 모형	288072.498	1	288072.498	171.714	.000[b]
	잔차	608979.518	363	1677.630		
	합계	897052.016	364			

a. 종속변수: Success

b. 예측값: (상수), Walking

계수[a]

모형		비표준화 계수		표준화 계수	t	유의확률
		B	표준오차	베타		
1	(상수)	25.995	4.517		5.755	.000
	Walking	4.376	.334	.567	13.104	.000

a. 종속변수: Success

해석 결정계수 R^2은 총변동 중에서 회귀선에 의해 설명되는 비율을 의미하며, 다이어트 성공(Success)의 변동 중에서 32.1%가 걷기(Walking)에 의해 설명된다는 것을 의미한다. 따라서 $0 < R^2 \leq 1$의 범위를 가지고 1에 가까울수록 회귀선이 표본을 설명하는 데 유의하다. 수정된 R^2은 자유도를 고려하여 조정된 R^2으로, 일반적으로 모집단의 R^2을 추정할 때 사용된다.

분산분석표는 회귀식이 통계적으로 유의한가를 검정하는 것으로, F통계량(171.714)에 대한 유의확률이 $p=.000 < .001$로 회귀식은 매우 유의하다고 할 수 있다. 회귀식은 Success=25.995+4.376Walking으로 회귀식의 상수값과 회귀계수는 통계적으로 매우 유의하다($p < .001$). 표준화 회귀선은 ZSuccess=.567ZWalking이 된다. 즉 Walking이 한 단위 증가하면 Success가 .567씩 증가하는 것을 의미한다.

■ 표준화 점수 파일 작성

R에서 SPSS 회귀분석 결과와 같은 표준화 계수(베타)를 산출하기 위해서는 회귀식에 포함되는 모든 변수들을 표준점수로 환산해야 한다. R에서 표준점수의 산출은 사용자 함수[본서의 표준점수 구하기 부분(p. 52)을 참조]로 가능하지만 SPSS의 기술통계분석에서 간단히 산출하여 저장할 수 있다.

1단계: 데이터파일을 불러온다(분석파일: 다중회귀_최종모형.sav).

2단계: [분석]→[기술통계]→[변수 선정: Walking~Success]→[표준화 값을 변수로 저장]→[확인]을 선택한다.

3단계: 결과를 확인하고 표준점수로 환산된 변수만 남기고 삭제한 후, 파일을 저장한다(다중
회귀_최종모형_Z.sav).

⑬ 다중회귀분석

다중회귀분석(multiple regression analysis)은 두 개 이상의 독립변수가 종속변수에 미치는 영향
을 분석하는 방법이다. 다중회귀분석에서 고려해야 할 사항은 다음과 같다.

- 독립변수 간의 상관관계, 즉 다중공선성(multicollinearity) 진단에서 다중공선성이 높은 변
  수(공차한계가 낮은 변수)는 제외되어야 한다.
  - 다중공선성: 회귀분석에서 독립변수 중 서로 상관이 높은 변수가 포함되어 있을 때는 분
    산·공분산 행렬의 행렬식이 0에 가까운 값이 되어 회귀계수의 추정정밀도가 매우 나빠
    지는 현상을 말한다. VIF(Variance Inflation Factor, 분산팽창지수)는 OLS 회귀분석에서 다
    중공선성의 정도를 검정하기 위해 사용되며, 일반적으로 독립변수가 다른 변수로부터
    독립적이기 위해서는 VIF가 5나 10보다 작아야 한다(Montgomery & Runger, 2003: p. 461).
- 잔차항 간의 자기상관(autocorrelation)이 없어야 한다. 즉 상호 독립적이어야 한다[더빈-왓슨
  (Durbin-Watson)의 통계량이 0에 가까우면 양의 상관, 4에 가까우면 음의 상관, 2에 가까우면(더빈-왓슨
  통계량의 기준값은 2로 정상분포곡선을 나타낸다) 상호 독립적이라고 할 수 있다(성태제, 2008: p. 266)].
- 편회귀잔차도표를 이용하여 종속변수와 독립변수의 등분산성을 확인해야 한다.
- 다중회귀분석에서 독립변수를 투입하는 방식은 크게 두 가지가 있다.
  - 입력방법: 독립변수를 동시에 투입하는 방법으로 다중회귀모형을 한 번에 구성할 수 있
    다.

– 단계선택법: 독립변수의 통계적 유의성을 검정하여 회귀모형을 구성하는 방법으로, 유의도가 낮은 독립변수는 단계적으로 제외하고 적합한 변수만으로 다중회귀모형을 구성한다.

가 R 프로그램 활용

연구문제: 다이어트성공(Success)에 영향을 미치는 독립변수(Walking, Aerobic, Flexibility, Sport, Bike)는 무엇인가?

① 입력(동시 투입) 방법에 의한 다중회귀분석

1단계: install.packages('foreign'), library(foreign)을 설치한다.

2단계: 다중회귀분석을 실시한다.

> rm(list=ls()):모든 변수를 초기화한다.

> setwd("f:/R_기초통계분석"): 작업용 디렉터리를 지정한다.

> data_spss=read.spss(file='다중회귀_최종모형.sav', use.value.labels=T, use.missings=T, to.data.frame=T): SPSS 데이터파일을 data_spss에 할당한다.

> summary(lm(Success~., data=data_spss, use='pairwise.complete.obs')): 모든 독립변수에 대해 다중회귀분석을 실시한다.

```
R Console
> setwd("f:/R_기초통계분석")
> data_spss=read.spss(file='다중회귀_최종모형.sav', use.value.labels=T,use.missings=T,to.data.frame=T)
경고메시지:
1: In read.spss(file = "다중회귀_최종모형.sav", use.value.labels = T,  :
   다중회귀_최종모형.sav: Unrecognized record type 7, subtype 18 encountered in system file
2: In read.spss(file = "다중회귀_최종모형.sav", use.value.labels = T,  :
   다중회귀_최종모형.sav: Unrecognized record type 7, subtype 24 encountered in system file
> summary(lm(Success~.,data=data_spss,use='pairwise.complete.obs'))

Call:
lm(formula = Success ~ ., data = data_spss, use = "pairwise.complete.obs")

Residuals:
    Min      1Q  Median      3Q     Max
-105.155 -23.110  -6.985  11.705 239.846

Coefficients:
            Estimate Std. Error t value Pr(>|t|)
(Intercept)   9.9476     4.7936   2.075   0.0387 *
Walking       2.3896     0.3891   6.141 2.17e-09 ***
Aerobic       0.1866     0.5502   0.339   0.7347
Flexibility   2.1769     0.4036   5.393 1.26e-07 ***
Sport         2.8002     0.6433   4.353 1.75e-05 ***
Bike          1.1898     0.6017   1.977   0.0488 *
---
Signif. codes:  0 '***' 0.001 '**' 0.01 '*' 0.05 '.' 0.1 ' ' 1

Residual standard error: 37.28 on 359 degrees of freedom
Multiple R-squared:  0.4438,    Adjusted R-squared:  0.4361
F-statistic: 57.29 on 5 and 359 DF,  p-value: < 2.2e-16

경고메시지:
In lm.fit(x, y, offset = offset, singular.ok = singular.ok, ...) :
  extra argument 'use' is disregarded.
> |
```

Intercept(B=9.95, $p<.001$), Walking(B=2.39, $p<.001$), Flexibility(B=2.177, $p<.001$), Sport(B=2.800, $p<.001$)는 Success에 양(+)의 영향을 미치고, Bike(B=1.19, $p<.05$)도 Success에 양의 영향을 미치는 것으로 나타났다. 그러나 Aerobic(B=0.187, $p=.735>.05$)은 Success에 영향을 미치지 않는 것으로 나타났다. 회귀식의 통계적 유의성을 나타내는 F값이 57.29($p<.001$)로 매우 유의한 것으로 나타났다.

> summary(lm(Success~Walking+Flexibility+Sport+Bike, data=data_spss)): 유의한 변수만 다 중회귀분석을 실시한다.

```
R Console

> summary(lm(Success~Walking+Flexibility+Sport+Bike,data=data_spss))

Call:
lm(formula = Success ~ Walking + Flexibility + Sport + Bike,
    data = data_spss)

Residuals:
     Min      1Q   Median      3Q     Max
-105.464  -22.903   -7.162  11.925 240.060

Coefficients:
            Estimate Std. Error t value Pr(>|t|)
(Intercept)  10.5003     4.5026   2.332   0.0202 *
Walking       2.4052     0.3859   6.233 1.28e-09 ***
Flexibility   2.2381     0.3607   6.206 1.50e-09 ***
Sport         2.8179     0.6404   4.400 1.43e-05 ***
Bike          1.2084     0.5984   2.019   0.0442 *
---
Signif. codes:  0 '***' 0.001 '**' 0.01 '*' 0.05 '.' 0.1 ' ' 1

Residual standard error: 37.23 on 360 degrees of freedom
Multiple R-squared:  0.4436,   Adjusted R-squared:  0.4375
F-statistic: 71.76 on 4 and 360 DF,  p-value: < 2.2e-16

> |
```

회귀식의 절편($p=.02$)과 Bike($p=.045$)의 회귀계수는 $p<.05$에서 통계적으로 유의하며 Walking, Flexibility, Sport는 $p<.001$에서 통계적으로 매우 유의한 것으로 나타났다.
회귀식은 10.5+2.41Walking+2.34Flexibility+2.82Sport+1.21Bike로 회귀식의 설명력은 44.4%(R^2)로 나타났다.
F 통계량(71.76)에 대한 유의확률이 $p=.000<.001$로 회귀식은 매우 유의하다고 할 수 있다.

> data_spss=read.spss(file='다중회귀_최종모형_Z.sav', use.value.labels=T, use.missings=T, to.data.frame=T): 표준화점수 데이터를 할당한다.

> summary(lm(ZSuccess~ZWalking+ZFlexibility+ZSport+ZBike, data=data_spss)): 표준화 회 귀계수(베타: Beta)를 산출한다.

```
R Console                                                                    _ □ X
> data_spss=read.spss(file='다중회귀_최종모형_Z.sav', use.value.labels=T,use.missings=T,to.data.frame=T)
경고메시지:
1: In read.spss(file = "다중회귀_최종모형_Z.sav", use.value.labels = T,  :
    다중회귀_최종모형_Z.sav: Unrecognized record type 7, subtype 18 encountered in system file
2: In read.spss(file = "다중회귀_최종모형_Z.sav", use.value.labels = T,  :
    다중회귀_최종모형_Z.sav: Unrecognized record type 7, subtype 24 encountered in system file
> summary(lm(ZSuccess~ZWalking+ZFlexibility+ZSport+ZBike,data=data_spss))

Call:
lm(formula = ZSuccess ~ ZWalking + ZFlexibility + ZSport + ZBike,
    data = data_spss)

Residuals:
    Min      1Q  Median      3Q     Max
-2.1244 -0.4614 -0.1443  0.2402  4.8357

Coefficients:
               Estimate Std. Error t value Pr(>|t|)
(Intercept)   5.513e-16  3.926e-02   0.000   1.0000
ZWalking      3.114e-01  4.997e-02   6.233 1.28e-09 ***
ZFlexibility  3.037e-01  4.895e-02   6.206 1.50e-09 ***
ZSport        1.796e-01  4.082e-02   4.400 1.43e-05 ***
ZBike         9.265e-02  4.588e-02   2.019   0.0442 *
---
Signif. codes:  0 '***' 0.001 '**' 0.01 '*' 0.05 '.' 0.1 ' ' 1

Residual standard error: 0.75 on 360 degrees of freedom
Multiple R-squared:  0.4436,    Adjusted R-squared:  0.4375
F-statistic: 71.76 on 4 and 360 DF,  p-value: < 2.2e-16

> |
```

해석 회귀계수의 크기를 비교하기 위한 표준화 회귀계수는 모든 독립변수가 회귀식에 유의한 것으로 나타났다. 따라서 표준화 회귀식은 .311Walking+.304Flexibility+.180Sport+.0927Bike로 나타났으며, 회귀식에 대한 독립 변수의 영향력은 Walking, Flexibility, Sport, Bike 순으로 나타났다.
※ SPSS 분석결과(본서의 p. 152)의 표준화 회귀계수(베타)와 동일한 것을 알 수 있다.

> summary(lm(Success~0+Walking+0+Flexibility+0+Sport+0+Bike, data=data_spss)): 절편을 0으로 한 회귀계수를 산출한다.

```
R Console                                                                    _ □ X
> summary(lm(Success-0+Walking+0+Flexibility+0+Sport+0+Bike,data=data_spss))

Call:
lm(formula = Success ~ 0 + Walking + 0 + Flexibility + 0 + Sport +
    0 + Bike, data = data_spss)

Residuals:
    Min      1Q  Median      3Q     Max
-115.920  -20.442   -3.365   15.059  235.048

Coefficients:
            Estimate Std. Error t value Pr(>|t|)
Walking       2.7494     0.3587   7.664 1.68e-13 ***
Flexibility   2.5201     0.3419   7.372 1.16e-12 ***
Sport         2.9243     0.6427   4.550 7.34e-06 ***
Bike          1.3776     0.5977   2.305   0.0217 *
---
Signif. codes:  0 '***' 0.001 '**' 0.01 '*' 0.05 '.' 0.1 ' ' 1

Residual standard error: 37.46 on 361 degrees of freedom
Multiple R-squared:  0.8378,    Adjusted R-squared:  0.836
F-statistic:   466 on 4 and 361 DF,  p-value: < 2.2e-16

> |
```

해석 절편을 0으로 한 회귀계수를 산출한 결과 회귀식은 Success=2.75Walking+2.52Flexibility+2.92Sport+1. 38Bike이며 절편을 제거한 회귀식의 설명력은 83.78(R^2=0.8378)로 매우 높게 나타났다. F 통계량(466)에 대한 유 의확률이 p=.000<.001로 회귀식은 매우 유의하다고 볼 수 있다.

> sel=lm(Success~Walking+Flexibility+Sport+Bike, data=data_spss): 회귀모형을 sel 객체에
저장한다.

> anova(sel): 회귀계수 검정(요인에 대한 분산분석 결과)

```
R R Console                                                    □ □ ☒
> sel=lm(Success~Walking+Flexibility+Sport+Bike,data=data_spss)
> anova(sel)
Analysis of Variance Table

Response: Success
            Df Sum Sq Mean Sq  F value    Pr(>F)
Walking      1 288072  288072 207.7900 < 2.2e-16 ***
Flexibility  1  75039   75039  54.1268 1.283e-12 ***
Sport        1  29196   29196  21.0595 6.159e-06 ***
Bike         1   5653    5653   4.0777   0.04419 *
Residuals  360 499091    1386
---
Signif. codes:  0 '***' 0.001 '**' 0.01 '*' 0.05 '.' 0.1 ' ' 1
> |
```

해석 회귀식에 포함된 모든 독립변수의 F 통계량은 통계적으로 매우 유의한 것으로 나타났다[단, Bike($p<.05$)].

> vif(sel): 독립변수의 다중공선성 검정(VIF)을 실시한다.

```
R R Console                                                    _ □ ☒
> vif(sel)
   Walking Flexibility      Sport       Bike
  1.615645    1.550248   1.078230   1.362159
> |
```

해석 일반적으로 독립변수가 다른 변수로부터 독립적이기 위해서는 VIF가 5나 10보다 작아야 한다(Montgomery
& Runger, 2003: p. 461). 따라서 모든 독립변수의 VIF가 10보다 작기 때문에 다중공선성의 문제는 없다.

> shapiro.test(residuals(sel)): 잔차의 정규성 검정을 실시한다.

```
R R Console                                                    _ □ ☒
> shapiro.test(residuals(sel))

        Shapiro-Wilk normality test

data:  residuals(sel)
W = 0.8966, p-value = 4.935e-15

> |
```

shapiro-Wilks 검정 통계량(귀무가설: 잔차는 정규성이다)으로 '$p>\alpha$'이면 정규성 가정을 만족한다. 따라서 유의수준 .01에서 본 회귀모형(sel)은 귀무가설을 기각하여($p<.01$) 정규성을 만족하지 못한다.

> library(lmtest): dwtest() 함수를 사용하기 위한 lmtest 패키지를 로딩한다.
> dwtest(sel): 더빈-왓슨 검정을 실시한다.

```
R Console                                                    _ □ ×
> library(lmtest)
> dwtest(sel)

        Durbin-Watson test

data:  sel
DW = 1.0335, p-value < 2.2e-16
alternative hypothesis: true autocorrelation is greater than 0

>
```

귀무가설(회귀모형의 잔차는 상호독립이다)이 기각되어(D=1.034, $p<.01$) 잔차 간 자기상관이 있는 것으로 나타났다.

> confint(sel): 회귀계수에 대한 95% CI(신뢰영역)를 분석한다.
> coef(sel): 모형의 회귀계수를 화면에 인쇄한다.

```
R Console                                                    _ □ ×
> confint(sel)
                  2.5 %      97.5 %
(Intercept) 1.64562676 19.354925
Walking     1.64629988  3.164065
Flexibility 1.52883435  2.947345
Sport       1.55845868  4.077289
Bike        0.03156487  2.385311
> coef(sel)
(Intercept)    Walking Flexibility      Sport       Bike
  10.500276   2.405182    2.238090   2.817874   1.208438
>
```

모든 요인의 신뢰구간이 0을 포함하지 않으므로 대립가설(회귀계수는 유의하다)을 지지하는 것으로 나타났다.

> sel=lm(Success~Walking+Flexibility+Sport+Bike, data=data_spss)

> par(mflow=c(2, 2)): 잔차 그림 그리기

- par() 함수는 그래픽 인수를 조회하거나 설정하는 데 사용한다.

- mflow=c(2, 2): 한 화면에 4개의(2*2) 플롯을 그리는 그래픽 환경을 설정한다.

> plot(sel)

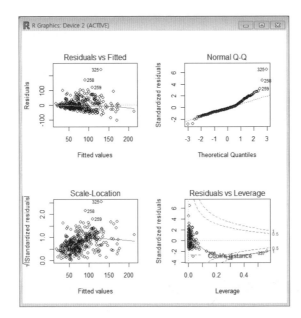

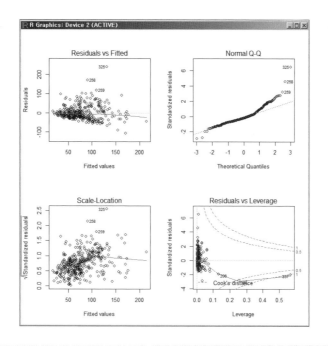

잔차가 0을 중심으로 일정하지 않게(random) 분포하고 있으므로 등분산 가정을 채택할 수 있다.

■ 모형의 비교

설명변수 간 다중공선성이 존재하는 경우 설명변수를 제거하여 모형을 개선하고 다중공선성을 줄일 수 있다(김재희, 2012: p. 146). 모형의 비교는 귀무가설(H_0: $Y=X_1\beta_1+\varepsilon$), 대립가설(H_1: $Y=X_1\beta_1+X_2\beta_2+\varepsilon$)을 설정하여 F검정을 통해 분석할 수 있다.

> data_spss=read.spss(file='다중회귀_최종모형.sav', use.value.labels=T, use.missings=T, to.data.frame=T): SPSS 데이터파일을 data_spss에 할당한다.

> fit_s=lm(Success~Walking, data=data_spss)

– 독립변수 1개(Walking)인 단순회귀분석을 실시하여 fit_s(H_0) 객체에 할당한다.

> fit_t=lm(Success~Walking+Flexibility+Sport+Bike, data=data_spss)

– Aerobic을 제외하고 다중회귀분석을 실시하여 fit_t(H_1) 객체에 할당한다.

> anova(fit_s, fit_t): 모형을 비교한다.

본 모형 비교에서 귀무가설이 기각(F=26.421, *p*<.01)되어 fit_t를 최종 회귀모형으로 결정할 수 있다.

② 단계적 투입 방법에 의한 다중회귀분석

> library(MASS): MASS 패키지를 로딩한다.

> sel=lm(Success~Walking+Aerobic+Flexibility+Sport+Bike, data=data_spss): 독립변수 전체
에 대한 다중회귀분석을 실시하여 sel 객체에 할당한다.

> setp_sel=stepAIC(sel, direction='both'): sel 객체에 대해 단계적 회귀분석을 실시하여
setp_sel 객체에 할당한다.

> setp_sel$anova: 모형 평가를 실시한다.

```
R Console
> setp_sel$anova
Stepwise Model Path
Analysis of Deviance Table

Initial Model:
Success ~ Walking + Aerobic + Flexibility + Sport + Bike

Final Model:
Success ~ Walking + Flexibility + Sport + Bike


          Step Df Deviance Resid. Df Resid. Dev      AIC
1                                359   498930.9 2647.419
2 - Aerobic  1 159.8934         360   499090.8 2645.536
> |
```

해석 회귀모형의 간명성을 나타내는 AIC(Akaike Information Criteria) 지수가 Aerobic 변수를 제거했을 경우 2647.419에서 2645.536으로 낮아져 Aerobic 변수를 제거한 모형 2가 회귀모형에 적합한 것으로 나타났다.

> summary(setp_sel): 최종 모형을 화면에 인쇄한다.

```
R Console
> summary(setp_sel)

Call:
lm(formula = Success ~ Walking + Flexibility + Sport + Bike,
    data = data_spss)

Residuals:
     Min      1Q   Median      3Q      Max
-105.464  -22.903   -7.162   11.925  240.060

Coefficients:
            Estimate Std. Error t value Pr(>|t|)
(Intercept) 10.5003     4.5026    2.332   0.0202 *
Walking      2.4052     0.3859    6.233 1.28e-09 ***
Flexibility  2.2381     0.3607    6.206 1.50e-09 ***
Sport        2.8179     0.6404    4.400 1.43e-05 ***
Bike         1.2084     0.5984    2.019   0.0442 *
---
Signif. codes:  0 '***' 0.001 '**' 0.01 '*' 0.05 '.' 0.1 ' ' 1

Residual standard error: 37.23 on 360 degrees of freedom
Multiple R-squared:  0.4436,    Adjusted R-squared:  0.4375
F-statistic: 71.76 on 4 and 360 DF,  p-value: < 2.2e-16

> |
```

나 SPSS 프로그램 활용

① 입력(동시 투입) 방법에 의한 다중회귀분석

1단계: 데이터파일을 불러온다(분석파일: 다중회귀_최종모형.sav).

2단계: [분석]→[회귀분석]→[선형 회귀분석]→[종속변수(Success), 독립변수(Walking, Aerobic, Flexibility, Sport, Bike)] 지정→[방법: 입력]을 선택한다.

3단계: [통계량]→[추정값, 모형 적합, R제곱 변화량, 공선성 진단, Durbin-Watson]을 선택한
　　다.

－ 다중회귀분석에서는 회귀모형이 지닌 가정을 검토해야 한다. 회귀모형의 가정은 변수와
　　잔차에 관한 것으로 다중공선성, 잔차의 독립성에 관한 것이다.

4단계: [도표]를 선택한다(잔차의 정규분포성과 분산의 동질성을 검정한다).

－ Y축[ZPRED(종속변수의 표준화 예측값)], X축[ZRESID(독립변수의 표준화 예측값)]을 지정한
　　다.

5단계: [옵션]을 선택한다.

6단계: 결과를 확인한다.

모형 요약[b]

| 모형 | R | R 제곱 | 수정된 R 제곱 | 추정값의 표준오차 | 통계량 변화량 | | | | | Durbin-Watson |
					R 제곱 변화량	F 변화량	df1	df2	유의확률 F 변화량	
1	.666[a]	.444	.436	37.280	.444	57.293	5	359	.000	1.023

a. 예측값: (상수), Bike, Sport, Aerobic, Walking, Flexibility

b. 종속변수: Success

분산분석[a]

모형		제곱합	자유도	평균 제곱	F	유의확률
1	회귀 모형	398121.078	5	79624.216	57.293	.000[b]
	잔차	498930.939	359	1389.780		
	합계	897052.016	364			

a. 종속변수: Success

b. 예측값: (상수), Bike, Sport, Aerobic, Walking, Flexibility

해석 독립변수들과 종속변수의 상관관계는 .666이며 독립변수들은 종속변수를 44%(R^2=.44) 설명한다. 수정된 R^2(.436)은 다중회귀분석에서 독립변수가 추가되면 결정계수(R^2)가 커지는 것(다중공선성의 문제 발생)을 수정하기 위해 무선오차의 영향을 고려한 것이다[즉 사례 수가 많지 않을 경우 수정된 R^2으로 해석하는 것이 더 정확하다(성태제, 2008: p. 272)].

더빈-왓슨 검정을 실시한 결과 (독립변수 수: 5개, 관찰치 수: n>30)에서 임계치는 '1.07≤DW≤1.83'으로 'DW<1.07'이면 자기상관이 있고, 'DW>1.83'이면 자기상관이 없다. 따라서 본 분석결과에서의 'DW=1.023<1.07'로 '회귀모형의 잔차는 상호독립이다'라는 귀무가설이 유의수준 .05에서 기각되어 잔차 간에 자기상관이 있는 것으로 나타났다([표 2-5] 참조).

회귀식의 통계적 유의성을 나타내는 분산분석표는 F값이 57.293(p<.001)으로 유의하게 나타나, 유의수준 .001에서 회귀모형이 통계적으로 유의한 것으로 나타났다.

[표 2-5] 더빈-왓슨 검정의 상한과 하한

5% 유의수준

n	k = 1		k = 2		k = 3		k = 4		k = 5	
	d_L	d_U	d_L	d_U	d_L	d_U	d_L	d_U	d_L	d_U
15	1.08	1.36	0.95	1.54	0.82	1.75	0.69	1.97	0.56	2.21
16	1.10	1.37	0.98	1.54	0.86	1.73	0.74	1.93	0.62	2.15
17	1.13	1.38	1.02	1.54	0..90	1.71	0.78	1.90	0.67	2.10
18	1.16	1.39	1.05	1.53	0.93	1.69	0.82	1.87	0.71	2.06
19	1.18	1.40	1.08	1.53	0.97	1.68	0.86	1.85	0.75	2.02
20	1.20	1.41	1.10	1.54	1.00	1.68	0.90	1.83	0.79	1.99
21	1.22	1.42	1.13	1.54	1.03	1.67	0.93	1.81	0.83	1.96
22	1.24	1.43	1.15	1.54	1.05	1.66	0.96	1.80	0.86	1.94
23	1.26	1.44	1.17	1.54	1.08	1.66	0.99	1.79	0.90	1.92
24	1.27	1.45	1.19	1.55	1.10	1.66	0.01	1.78	0.93	1.90
25	1.29	1.45	1.21	1.55	1.12	1.66	1.04	1.77	0.95	1.89
26	1.30	1.46	1.22	1.55	1.14	1.65	1.06	1.76	0.98	1.88
27	1.32	1.47	1.24	1.56	1.16	1.65	1.08	1.76	1.01	1.86
28	1.33	1.48	1.26	1.56	1.18	1.65	1.10	1.75	1.03	1.85
29	1.34	1.48	1.27	1.56	1.20	1.65	1.12	1.74	1.05	1.84
30	1.35	1.49	1.28	1.57	1.21	1.65	1.14	1.74	1.07	1.83

k = 독립변수의 수
d_L = 하한, d_U = 상한
n = 관측치 수

계수ª

모형		비표준화 계수		표준화 계수	t	유의확률	공선성 통계량	
		B	표준오차	베타			공차	VIF
1	(상수)	9.948	4.794		2.075	.039		
	Walking	2.390	.389	.309	6.141	.000	.610	1.639
	Aerobic	.187	.550	.017	.339	.735	.610	1.639
	Flexibility	2.177	.404	.295	5.393	.000	.516	1.937
	Sport	2.800	.643	.178	4.353	.000	.921	1.085
	Bike	1.190	.602	.091	1.977	.049	.728	1.374

a. 종속변수: Success

해석 Walking(B= 2.390, $p<.001$), Flexibility(B= 2.177, $p<.001$), Sport(B=2.800, $p<.001$)는 Success에 양(+)의 영향을 미치고, Bike(B=1.190, $p<.05$)도 Success에 양의 영향을 미치는 것으로 나타났다. 그러나 Aerobic(B=.187, $p=.735>.05$)은 Success에 영향을 미치지 않는 것으로 나타났다.
공차한계는 모두 0.1보다 크고 분산팽창지수(VIF)가 10보다 작기 때문에 다중공선성의 문제는 없는 것으로 나타났다.

계수ª

모형		비표준화 계수		표준화 계수	t	유의확률	공선성 통계량	
		B	표준오차	베타			공차	VIF
1	(상수)	10.500	4.503		2.332	.020		
	Walking	2.405	.386	.311	6.233	.000	.619	1.616
	Flexibility	2.238	.361	.304	6.206	.000	.645	1.550
	Sport	2.818	.640	.180	4.400	.000	.927	1.078
	Bike	1.208	.598	.093	2.019	.044	.734	1.362

a. 종속변수: Success

해석 상기 회귀모형에서 Aerobic은 Success에 유의한 영향을 미치지 않기 때문에 Success를 추정하는 회귀모형을 구성하기 위해서는 Aerobic 변수를 제거하고 다중회귀분석을 실시하여 회귀식을 추정해야 한다.
따라서 Success를 예측하는 회귀모형은 Success=10.500+2.405 Walking+2.238 Flexibility+2.818 Sport+1.208 Bike로 나타났다.

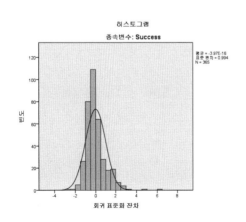

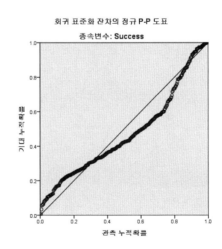

잔차의 정규분포 가정을 검정하기 위해 분석한 결과 정규분포 히스토그램이 0을 기준으로 몰려 있으며 첨도가 매우 높게 나타났다. 그리고 정규 P-P 도표에서 잔차가 기울기가 1인 대각선에 놓여 있지 않고 약간 S자 형태를 띠고 있어 정규분포를 보이지 않는 것으로 나타났다.

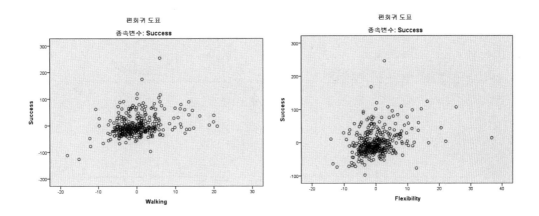

종속변수의 표준화된 잔차와 독립변수 간 산포도의 모양이 원점 0을 중심으로 특정한 형태를 보이지 않을 때 종속변수(Success)의 분산이 독립변수(Walking, Flexibility)의 분산에 대해 등분산성을 지닌다는 가정을 충족시킬 수 있다. 본 등분산 검정에서는 0을 중심으로 일정하지 않게(random) 분포하고 있으므로 등분산 가정을 채택할 수 있다.

② 단계적 투입 방법에 의한 다중회귀분석

1단계: 데이터파일을 불러온다(분석파일: 다중회귀_최종모형.sav).

2단계: [분석]→[회귀분석]→[선형 회귀분석]→[종속변수(Success), 독립변수(Walking, Aerobic, Flexibility, Sport, Bike)] 지정→ [방법: 단계 선택]을 선택한다.

3단계: [통계량]→[추정값, 모형 적합, R제곱 변화량, 공선성 진단, Durbin-Watson]을 선택한다.

4단계: [도표]를 선택한다(잔차의 정규분포성과 분산의 동질성을 검정한다).

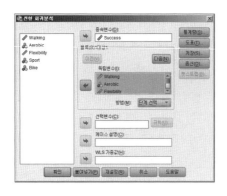

5단계: 결과를 확인한다.

모형 요약[e]

모형	R	R 제곱	수정된 R 제곱	추정값의 표준오차	통계량 변화량					Durbin-Watson
					R 제곱 변화량	F 변화량	df1	df2	유의확률 F 변화량	
1	.567[a]	.321	.319	40.959	.321	171.714	1	363	.000	
2	.636[b]	.405	.401	38.405	.084	50.875	1	362	.000	
3	.661[c]	.437	.433	37.392	.033	20.881	1	361	.000	
4	.666[d]	.444	.437	37.234	.006	4.078	1	360	.044	1.034

a. 예측값: (상수), Walking
b. 예측값: (상수), Walking, Flexibility
c. 예측값: (상수), Walking, Flexibility, Sport
d. 예측값: (상수), Walking, Flexibility, Sport, Bike
e. 종속변수: Success

분산분석[a]

모형		제곱합	자유도	평균 제곱	F	유의확률
1	회귀 모형	288072.498	1	288072.498	171.714	.000[b]
	잔차	608979.518	363	1677.630		
	합계	897052.016	364			
2	회귀 모형	363111.940	2	181555.970	123.091	.000[c]
	잔차	533940.077	362	1474.973		
	합계	897052.016	364			
3	회귀 모형	392308.070	3	130769.357	93.528	.000[d]
	잔차	504743.947	361	1398.183		
	합계	897052.016	364			
4	회귀 모형	397961.184	4	99490.296	71.764	.000[e]
	잔차	499090.832	360	1386.363		
	합계	897052.016	364			

a. 종속변수: Success
b. 예측값: (상수), Walking
c. 예측값: (상수), Walking, Flexibility
d. 예측값: (상수), Walking, Flexibility, Sport
e. 예측값: (상수), Walking, Flexibility, Sport, Bike

해석 모형 1은 Walking이 투입된 경우로 Walking이 Success를 32.1%(R^2=.321) 설명하는 것으로 나타났다. 모형 2는 Walking과 Flexibility가 동시에 투입된 경우로 Walking과 Flexibility가 Success를 40.5%(R^2=.405) 설명하고 있다. 모형 3은 Walking, Flexibility, Sport가 동시에 투입된 경우로 Walking, Flexibility, Sport가 Success를 43.7%(R^2=.437) 설명하고 있다. 모형 4는 Walking, Flexibility, Sport, Bike가 동시에 투입된 경우로 Walking, Flexibility, Sport, Bike가 Success를 44.4%(R^2=.444) 설명하고 있다.

더빈-왓슨 통계량은 1.034로 잔차항 간에 자기상관이 있는(DW=1.034<1.14) 것으로 나타났다[(독립변수 수: 4개, 관찰치 수: n>30)에서 더빈-왓슨 임계치는 '1.14<DW≤1.74'(본서의 p. 151 [표 2-5] 참조]. 모형 1의 F값은 171.714(p<.001), 모형 2의 F값은 123.091(p<.00), 모형 3의 F값은 93.528(p<.001), 모형 4의 F값은 71.764(p<.001)로 유의수준 .001에서 모든 모형이 통계적으로 유의한 것으로 나타났다.

계수^a

모형		비표준화 계수 B	비표준화 계수 표준오차	표준화 계수 베타	t	유의확률	공선성 통계량 공차	공선성 통계량 VIF
1	(상수)	25.995	4.517		5.755	.000		
	Walking	4.376	.334	.567	13.104	.000	1.000	1.000
2	(상수)	13.295	4.594		2.894	.004		
	Walking	2.872	.378	.372	7.608	.000	.688	1.453
	Flexibility	2.569	.360	.349	7.133	.000	.688	1.453
3	(상수)	11.603	4.488		2.585	.010		
	Walking	2.627	.371	.340	7.073	.000	.674	1.484
	Flexibility	2.405	.353	.326	6.822	.000	.681	1.469
	Sport	2.928	.641	.187	4.570	.000	.934	1.070
4	(상수)	10.500	4.503		2.332	.020		
	Walking	2.405	.386	.311	6.233	.000	.619	1.616
	Flexibility	2.238	.361	.304	6.206	.000	.645	1.550
	Sport	2.818	.640	.180	4.400	.000	.927	1.078
	Bike	1.208	.598	.093	2.019	.044	.734	1.362

a. 종속변수: Success

제외된 변수^a

모형		베타 입력	t	유의확률	편상관계수	공선성 통계량 공차	공선성 통계량 VIF	공선성 통계량 최소공차한계
1	Aerobic	.190^b	4.010	.000	.206	.803	1.246	.803
	Flexibility	.349^b	7.133	.000	.351	.688	1.453	.688
	Sport	.215^b	4.988	.000	.254	.944	1.059	.944
	Bike	.181^b	3.779	.000	.195	.784	1.276	.784
2	Aerobic	.046^c	.899	.369	.047	.620	1.612	.532
	Sport	.187^c	4.570	.000	.234	.934	1.070	.674
	Bike	.110^c	2.344	.020	.122	.740	1.352	.627
3	Aerobic	.026^d	.520	.603	.027	.615	1.625	.530
	Bike	.093^d	2.019	.044	.106	.734	1.362	.619
4	Aerobic	.017^e	.339	.735	.018	.610	1.639	.516

a. 종속변수: Success
b. 모형내의 예측값: (상수), Walking
c. 모형내의 예측값: (상수), Walking, Flexibility
d. 모형내의 예측값: (상수), Walking, Flexibility, Sport
e. 모형내의 예측값: (상수), Walking, Flexibility, Sport, Bike

해석 모형 1은 Success=25.995+4.376 Walking으로 회귀모형이 통계적으로 유의한 것으로 나타났다. 모형 4도 Success=10.500+2.405 Walking+2.238 Flexibility+2.818 Sport+1.208 Bike로 회귀모형이 통계적으로 유의한 것으로 나타났다.

다중회귀분석에서 단계적 분석방법은 독립변수를 하나씩 추가하여 이미 모형에 포함된 변수에 대한 유의성을 검정한 후 유의하지 않은 변수는 제외하는 방법을 사용한다. 본 분석의 모형 1에서 Walking이 가장 유의하여 모형에 포함되었으며 Aerobic, Flexibility, Sport, Bike는 제외되었다. 모형 4에서는 유의성이 있는 Walking, Flexibility, Sport, Bike가 포함되었으며 유의성이 없는 Aerobic은 제외되었다.

⑭ 요인분석

요인분석(factor analysis)은 여러 변수들 간의 상관관계를 분석하여 상관이 높은 문항이나 변인들을 묶어서 몇 개의 요인으로 규명하고 그 요인의 의미를 부여하는 통계분석방법으로, 측정도구의 타당성을 파악하기 위해 사용한다. 또한 소셜 빅데이터 분석에서 수많은 키워드(변수)를 축약할 때도 요인분석을 사용한다.

타당성(validity)은 측정도구(설문지)를 통하여 측정한 것이 실제에 얼마나 가깝게 측정되었는가를 나타낸다. 즉 타당성은 측정하고자 하는 개념이나 속성이 정확하게 측정되었는가를 나타내는 개념으로, 탐색적 요인분석이나 확인적 요인분석을 통해 검정된다.

- 요인분석 절차
  - 요인 수 결정: 고유값(eigen value: 요인을 설명할 수 있는 변수들의 분산 크기)이 1보다 크면 변수 1개 이상을 설명할 수 있다는 것을 의미한다. 일반적으로 고유값이 1 이상인 경우를 기준으로 요인 수를 결정한다.
  - 공통분산(communality)은 총분산 중 요인이 설명하는 분산비율로, 일반적으로 사회과학 분야에서는 총분산의 60% 정도 설명하는 요인을 선정한다.
  - 요인부하량(factor loading)은 각 변수와 요인 간에 상관관계의 정도를 나타내는 것으로, 해당 변수를 설명하는 비율을 나타낸다. 일반적으로 요인부하량이 절대값 0.4 이상이면 유의한 변수로 간주하며, 표본의 수와 변수가 증가할수록 요인부하량의 고려 수준도 낮출 수 있다(김계수, 2013: p. 401).
  - 요인회전: 요인에 포함되는 변수의 분류를 명확히 하기 위해 요인축을 회전시키는 것으로, 직각회전(varimax)과 사각회전(oblique)을 많이 사용한다.

가 R 프로그램 활용

> 연구문제: 소셜 빅데이터에서 다이어트 관련 운동요법을 측정하기 위해 수집된 8개 키워드(Walking, Aerobic, Flexibility, Sport, Dance, Strength, Bike, Exercise)는 타당한가?

1단계: install.packages('foreign'), library(foreign), install.packages('MASS'), install.packages('e1071'), install.packages('Rcmdr'), library(Rcmdr), install.packages('catspec'), library(catspec) 패키지를 차례로 사전에 설치한다.

2단계: 요인분석을 실시한다.
> rm(list=ls()): 모든 변수를 초기화한다.
> setwd("f:/R_기초통계분석"): 작업용 디렉터리를 지정한다.
> data_spss=read.spss(file='비만_신뢰성요인분석.sav', use.value.labels=T, use.missings=T, to.data.frame=T): SPSS 데이터파일을 data_spss에 할당한다.
> fact1=cbind(data_spss$Walking, data_spss$Aerobic, data_spss$Flexibility, data_spss$Sport,

data_spss$Dance, data_spss$Strength, data_spss$Bike, data_spss$Exercise): 요인분석 8개의
대상 키워드를 fact1벡터로 할당한다.

> cor(fact1): fact1벡터의 상관분석을 실시한다.

> eigen(cor(fact1))$val: fact1벡터의 고유값을 산출한다(요인 수 결정).

해석 요인분석의 목적이 변수의 수를 줄이는 것이기 때문에 상기 결과에서 고유값이 1 이상인 요인1(고유값:
2.31)과 요인2(고유값: 1.03)의 2개의 요인으로 나타났다.

> bartlett.test(Walking ~Exercise, data_spss): 바틀렛(Bartlett) 검정을 실시한다.

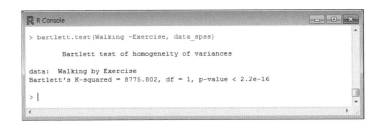

해석 바틀렛 검정(변수들 간의 상관이 0인지를 검정) 결과 유의하여($p<.01$) 상관행렬이 요인분석을 하기에 적합
하다고 할 수 있다.

> library(graphics): graphics 패키지를 로딩한다.

> scr=princomp(fact1): 스크리 도표를 작성한다.

> screeplot(scr, npcs=8, type='lines', main='Scree Plot'): 스크리 도표를 작성한다.

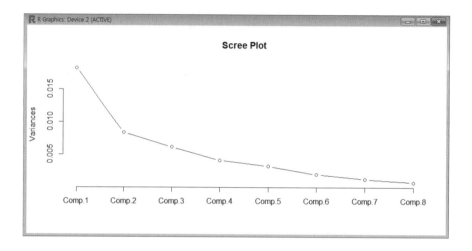

해석 고유값을 보여주는 스크리 도표로 가로축은 요인 수, 세로축은 고유값의 분산을 나타낸다. 고유값이 요인2 부터 크게 작아지고 또 크게 꺾이는 형태를 보여 요인분석에 적합한 자료인 것으로 나타났다.

> FA1=factanal(fact1, factors=2, rotation='none'): 요인분석을 실시한다.

- factors=2(상기 eigen 함수의 결과에서 고유값 1 이상인 요인 수 결정)

- rotation: none(회전하지 않음), varimax(직각회전), promax(사각회전)

> FA1: 요인분석 결과를 화면에 인쇄한다.

```
R Console                                                    [ - □ X ]

> FA1=factanal(fact1, factors=2, rotation='none')
> FA1

Call:
factanal(x = fact1, factors = 2, rotation = "none")

Uniquenesses:
[1] 0.641 0.535 0.795 0.923 0.854 0.504 0.789 0.990

Loadings:
      Factor1 Factor2
[1,]  0.538    0.264
[2,]  0.680
[3,]  0.448
[4,]  0.185    0.208
[5,]  0.322    0.206
[6,]  0.612   -0.349
[7,]  0.414    0.200
[8,]

               Factor1 Factor2
SS loadings      1.647   0.323
Proportion Var   0.206   0.040
Cumulative Var   0.206   0.246

Test of the hypothesis that 2 factors are sufficient.
The chi square statistic is 13504.23 on 13 degrees of freedom.
The p-value is 0
> |
```

해석 회전하지 않은 요인분석의 결과를 보면 요인1과 요인2의 구분이 어렵다. 따라서 다음과 같이 요인회전을 통하여 요인 구분을 명확히 할 수 있다. 요인1의 설명력은 20.6%(Proportion Var: 0.206)이며, 요인2의 설명력은 4%(Proportion Var: 0.040)로 나타났다.

> VA1=factanal(fact1, factors=2, rotation='varimax'): 직각회전으로 요인분석을 실시한다.

> VA1: 요인분석 결과를 화면에 인쇄한다.

> VA2=factanal(fact1, factors=2, rotation='varimax', scores='regression')$scores

− scores='regression': 요인 점수(factor loading)를 산출하여 VA2 객체에 저장한다.

− VA2 객체에 Factor1과 Factor2로 요인점수를 저장한다.

```
R R Console                                                           [ - ] [ □ ] [ X ]

> VA1=factanal(fact1, factors=2, rotation='varimax')
> VA1

Call:
factanal(x = fact1, factors = 2, rotation = "varimax")

Uniquenesses:
[1] 0.641 0.535 0.795 0.923 0.854 0.504 0.789 0.990

Loadings:
     Factor1 Factor2
[1,] 0.288   0.526
[2,] 0.582   0.354
[3,] 0.329   0.312
[4,]         0.276
[5,] 0.145   0.354
[6,] 0.701
[7,] 0.223   0.402
[8,]

                Factor1 Factor2
SS loadings      1.100   0.870
Proportion Var   0.138   0.109
Cumulative Var   0.138   0.246

Test of the hypothesis that 2 factors are sufficient.
The chi square statistic is 13504.23 on 13 degrees of freedom.
The p-value is 0
> VA2=factanal(fact1, factors=2, rotation='varimax',scores='regression')
> |
```

해석 요인을 회전하는 이유는 변수의 축인 요인을 회전시켜 요인의 분류를 명확히 하기 위한 것으로 직각회전 (varimax, quartimax 등)과 사각회전(oblique, promax 등)이 있다. 본 연구의 요인분석에는 직각회전을 사용하였다.
본 요인분석에서는 요인1을 '유연성운동', 요인2를 '걷기운동'으로 명명하고 요인1에는 Aerobic, Strength, Flexibility 3개 항목을 포함시켰다. 요인2에는 Walking, Bike, Sport, Dance 4개 항목을 포함시켰다. 그리고 모든 변수에 대해 상관관계가 낮은 Exercise는 요인에서 제외하였다.

> fact1=cbind(data_spss$Walking, data_spss$Aerobic, data_spss$Flexibility, data_spss$Sport, data_spss$Dance, data_spss$Strength, data_spss$Bike): Exercise 변수는 제거하고 요인분석을 실시한다.

> VA1=factanal(fact1, factors=2, rotation='varimax')

> VA1: 결과를 확인한다.

```
> fact1=cbind(data_spss$Walking, data_spss$Aerobic, data_spss$Flexibility, data_spss$Sport, data_spss$Dance, data_spss$Strength, data_spss$Bike)
> VA1=factanal(fact1, factors=2, rotation='varimax')
> VA1

Call:
factanal(x = fact1, factors = 2, rotation = "varimax")

Uniquenesses:
[1] 0.643 0.526 0.796 0.920 0.853 0.529 0.788

Loadings:
     Factor1 Factor2
[1,] 0.285   0.526
[2,] 0.590   0.355
[3,] 0.327   0.312
[4,]         0.281
[5,] 0.138   0.357
[6,] 0.681
[7,] 0.219   0.406

               Factor1 Factor2
SS loadings      1.068   0.878
Proportion Var   0.153   0.125
Cumulative Var   0.153   0.278

Test of the hypothesis that 2 factors are sufficient.
The chi square statistic is 10616.09 on 8 degrees of freedom.
The p-value is 0
> |
```

※ 하기 요인분석의 결과로 VA2 벡터에 저장된 factor score를 활용하여 상관분석이나 회귀분석을 실시할 경우
다음과 같은 절차로 수행할 수 있다.

> VA2=factanal(fact1, factors=2, rotation='varimax', scores='regression')$scores

> library(MASS): write.matrix()함수가 포함된 MASS 패키지를 로딩한다.

> write.matrix(VA2, "f:/R_기초통계분석/factor_score.txt")

 – VA2 객체에 저장된 factor score를 factor_score.txt 파일에 출력한다.

> VA4=read.table('f:/R_기초통계분석/factor_score.txt', header=T)

 – VA4 객체를 불러온다.

> cor(VA4, use='pairwise.complete.obs'): Factor1과 Factor2의 상관계수를 산출한다.

```
> VA2=factanal(fact1, factors=2, rotation='varimax',scores='regression')$scores
> library(MASS)
> write.matrix(VA2, "e:/R_기초통계분석/factor_score.txt")
> VA4= read.table('e:/R_기초통계분석/factor_score.txt',header=T)
> cor(VA4,use='pairwise.complete.obs')
          Factor1    Factor2
Factor1 1.0000000 0.3505647
Factor2 0.3505647 1.0000000
> |
```

나 SPSS 프로그램 활용

1단계: 데이터파일을 불러온다(분석파일: 비만_신뢰성요인분석.sav).

2단계: [분석]→[차원감소]→[요인분석]→[변수(Walking, Aerobic, Flexibility, Sport, Dance, Strength, Bike, Exercise)]를 선택한다.

3단계: [기술통계: 계수, KMO 검정]→[요인추출: 스크리 도표]→[요인회전: 베리멕스]를 선택한다.

4단계: [옵션]→[계수출력형식: 크기순 정렬]을 선택한다.

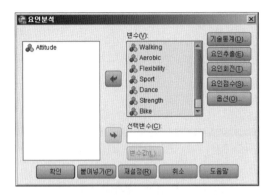

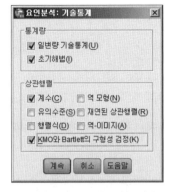

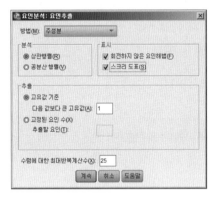

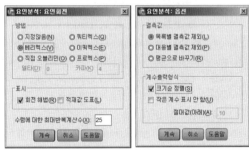

5단계: 결과를 확인한다.

공통성

	초기	추출
Walking	1.000	.436
Aerobic	1.000	.593
Flexibility	1.000	.355
Sport	1.000	.638
Dance	1.000	.389
Strength	1.000	.566
Bike	1.000	.328
Exercise	1.000	.044

추출 방법: 주성분 분석.

KMO와 Bartlett의 검정

표준형성 적절성의 Kaiser-Meyer-Olkin 측도.		.761
Bartlett의 구형성 검정	근사 카이제곱	911812.847
	자유도	21
	유의확률	.000

KMO와 Bartlett의 검정

표준형성 적절성의 Kaiser-Meyer-Olkin 측도.		.761
Bartlett의 구형성 검정	근사 카이제곱	911812.847
	자유도	21
	유의확률	.000

해석 Exercise의 공통분산이 0.044로 낮게 나타나 Exercise를 제거하고 요인분석을 실시한다(소셜 빅데이터에서 요인분석을 통한 키워드 축약 시 공통분산이 낮은 키워드는 반드시 제거한 후 요인분석을 반복해서 실시해야 한다).
표본이 적절한가를 측정하는 KMO값이 1에 가깝고(0.761), 바틀렛(Bartlett) 검정 결과 유의하여($p<.001$) 상관행렬이 요인분석을 하기에 적합하다고 할 수 있다.

설명된 총분산

성분	초기 고유값			추출 제곱합 적재값			회전 제곱합 적재값		
	합계	% 분산	% 누적	합계	% 분산	% 누적	합계	% 분산	% 누적
1	2.301	32.870	32.870	2.301	32.870	32.870	2.036	29.091	29.091
2	1.032	14.746	47.616	1.032	14.746	47.616	1.297	18.525	47.616
3	.853	12.179	59.795						
4	.829	11.840	71.635						
5	.772	11.026	82.660						
6	.681	9.724	92.384						
7	.533	7.616	100.000						

추출 방법: 주성분 분석.

해석 요인분석의 목적은 변수의 수를 줄이는 것이기 때문에 상기 결과에서 요인1의 고유값 합계는 2.301이며 설명력은 약 32.87%이다. 요인2의 고유값 합계는 1.032이고 설명력은 약 14.75%이다.

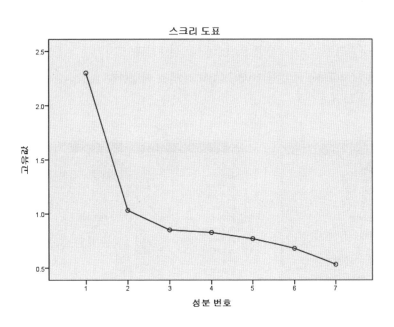

해석 위의 그림은 고유값을 보여주는 스크리 도표로 가로축은 요인수, 세로축은 고유값을 나타낸다. 고유값이 요인2부터 크게 작아지고 또 크게 꺾이는 형태를 보여 이 자료를 이용해 요인분석을 실시할 수 있는 것으로 나타났다.

성분행렬[a]

	성분	
	1	2
Aerobic	.734	-.251
Walking	.660	.045
Strength	.611	-.442
Flexibility	.581	-.123
Bike	.554	.134
Dance	.467	.425
Sport	.300	.747

회전된 성분행렬[a]

	성분	
	1	2
Aerobic	.768	.112
Strength	.746	-.114
Flexibility	.573	.155
Walking	.567	.342
Bike	.432	.372
Sport	-.075	.802
Dance	.221	.591

해석 회전하기 전의 요인특성을 보면 요인1과 요인2의 구분이 어렵지만 회전 후의 성분행렬은 요인 구분이 명확하다. 본 요인분석에서는 요인1을 '유산소운동', 요인2를 '유연성운동'으로 명명하고, 요인1에는 (Aerobic, Strength, Flexibility, Walking, Bike)의 5개 항목을 포함시키고, 요인 2에는 (Sport, Dance)의 2개 항목을 포함시킨다.

■ 요인분석을 이용한 회귀분석

– 요인으로 묶어 회귀분석을 실시할 수 있다.

1단계: [분석]→[요인분석]→[요인점수]→[변수로 저장]을 선택한다.

2단계: 요인분석이 끝나면 편집기창에 두 개의 새로운 요인변수(FAC1_1, FAC2_1)가 추가된다.

3단계: [분석]→[회귀분석]→[이분형 로지스틱]을 선택한다.

4단계: [종속변수(Attitude), 공변량(FAC1_1, FAC2_1)]을 지정한다.

5단계: 결과를 확인한다.

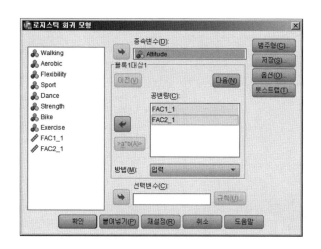

방정식에 포함된 변수

		B	S.E.	Wals	자유도	유의확률	Exp(B)
1 단계[a]	FAC1_1	.179	.002	6317.903	1	.000	1.196
	FAC2_1	.064	.002	766.790	1	.000	1.066
	상수항	-1.147	.003	114368.447	1	.000	.318

a. 변수가 1: 단계에 진입했습니다 FAC1_1, FAC2_1. FAC1_1, FAC2_1.

해석 유산소 요인(FAC1_1)과 유연성 요인(FAC2_1)은 다이어트 성공에 모두 양(+)의 유의한 영향을 미치는 것으로 나타났으며, 유연성 요인보다 유산소 요인이 다이어트 성공에 영향력이 더 큰 것으로 나타났다.

⑮ 다변량 분산분석

- 분산분석(ANOVA, Analysis of Variance)의 이원배치 분산분석은 1개의 종속변수(1주 확산수: Onespread)와 2개의 독립변수[순계정(Account), 채널(Channel)]의 집단(그룹) 간 종속변수의 평균의 차이를 검정한다.
- 다변량 분산분석(MANOVA, Multivariate Analysis of Variance)은 2개 이상의 종속변수와 2개 이상의 독립변수의 집단 간 종속변수들의 평균의 차이를 검정한다.

가 R 프로그램 활용

연구문제: 독립변수[Account, Channel] 간에 종속변수(Onespread, Twospread)의 평균의 차이가 있는가?

1단계: install.packages('foreign'), library(foreign), install.packages('MASS'), install.packages('e1071') install.packages('Rcmdr'), library(Rcmdr), install.packages('catspec'), library(catspec) 패키지를 차례로 사전에 설치한다.

2단계: 다변량 분산분석을 실시한다.
- > rm(list=ls()): 모든 변수를 초기화한다.
- > setwd("f:/R_기초통계분석"): 작업용 디렉터리를 지정한다.
- > data_spss=read.spss(file='비만_다변량분산분석.sav', use.value.labels=T, use.missings=T, to.data.frame=T): SPSS 데이터파일을 data_spss에 할당한다.

> numSummary(data_spss$Onespread, groups=data_spss$Channel, statistics=c("mean", "sd")): 채널별 1주 확산수의 평균과 분산을 산출한다.

> numSummary(data_spss$Twospread, groups=data_spss$Channel, statistics=c("mean", "sd")): 채널별 2주 확산수의 평균과 분산을 산출한다.

> numSummary(data_spss$Onespread, groups=data_spss$Account, statistics=c("mean", "sd")): 계정별 1주 확산수의 평균과 분산을 산출한다.

> numSummary(data_spss$Twospread, groups=data_spss$Account, statistics=c("mean", "sd")): 계정별 2주 확산수의 평균과 분산을 산출한다.

> data_spss=read.spss(file='비만_다변량분산분석_최초.sav', use.value.labels=T, use.missings=T, to.data.frame=T): 최초계정 데이터를 할당한다.

> numSummary(data_spss$Onespread, groups=data_spss$Channel, statistics=c("mean", "sd")): 최초계정의 채널별 1주 확산수의 평균과 분산을 산출한다.

> numSummary(data_spss$Twospread, groups=data_spss$Channel, statistics=c("mean", "sd")): 최초계정의 채널별 2주 확산수의 평균과 분산을 산출한다.

> data_spss=read.spss(file='비만_다변량분산분석_확산.sav', use.value.labels=T, use.missings=T, to.data.frame=T): 확산계정 데이터를 할당한다.

> numSummary(data_spss$Onespread, groups=data_spss$Channel, statistics=c("mean", "sd")): 확산계정의 채널별 1주 확산수의 평균과 분산을 산출한다.

> numSummary(data_spss$Twospread, groups=data_spss$Channel, statistics=c("mean", "sd")): 확산계정의 채널별 2주 확산수의 평균과 분산을 산출한다.

```
R Console                                                                    _ □ ×
> rm(list=ls())
> setwd("f:/R_기초통계분석")
> data_spss=read.spss(file='비만_다변량분산분석.sav', use.value.labels=T,use.missings=T,to.data.frame=T)
read.spss(file = "비만_다변량분산분석.sav", use.value.labels = T, 에서 다음과 같은 경고가 발생했습니다 :
   비만_다변량분산분석.sav: Unrecognized record type 7, subtype 18 encountered in system file
read.spss(file = "비만_다변량분산분석.sav", use.value.labels = T, 에서 다음과 같은 경고가 발생했습니다 :
   비만_다변량분산분석.sav: Unrecognized record type 7, subtype 24 encountered in system file
> numSummary(data_spss$Onespread, groups=data_spss$Channel,statistics=c("mean", "sd"))
        mean         sd data:n
1 246.5702710 937.890197 859209
2   0.2905425   3.807227 219837
3  10.4468625  81.273252  55921
4   0.2031324   1.792283   2107
5   4.9566870  12.529875  70487
> numSummary(data_spss$Twospread, groups=data_spss$Channel,statistics=c("mean", "sd"))
        mean         sd data:n
1 39.03074339 204.9579130 859209
2  0.16130133   3.5052540 219837
3  0.12061658   1.3019013  55921
4  0.00616991   0.0841690   2107
5  0.08600167   0.7392378  70487
> numSummary(data_spss$Onespread, groups=data_spss$Account,statistics=c("mean", "sd"))
        mean         sd data:n
1   0.5299092  13.21672 767356
2 482.6084392 1266.19588 440205
> numSummary(data_spss$Twospread, groups=data_spss$Account,statistics=c("mean", "sd"))
        mean         sd data:n
1  0.02126523   2.500077 767356
2 76.25430879 281.330200 440205
> data_spss=read.spss(file='비만_다변량분산분석_최초.sav', use.value.labels=T,use.missings=T,to.data.frame=T)
read.spss(file = "비만_다변량분산분석_최초.sav", use.value.labels = T, 에서 다음과 같은 경고가 발생했습니다 :
   비만_다변량분산분석_최초.sav: Unrecognized record type 7, subtype 18 encountered in system file
read.spss(file = "비만_다변량분산분석_최초.sav", use.value.labels = T, 에서 다음과 같은 경고가 발생했습니다 :
   비만_다변량분산분석_최초.sav: Unrecognized record type 7, subtype 24 encountered in system file
> numSummary(data_spss$Onespread, groups=data_spss$Channel,statistics=c("mean", "sd"))
        mean         sd data:n
1 0.76189921 16.881829 463497
2 0.04093900  1.145312 210606
3 0.13882658  4.073533  48593
4 0.09772617  1.492845   2067
5 0.89031061  4.258476  42593
> numSummary(data_spss$Twospread, groups=data_spss$Channel,statistics=c("mean", "sd"))
        mean         sd data:n
1 0.031130730 3.21232090 463497
2 0.003551656 0.21231235 210606
3 0.008766695 0.14461761  48593
4 0.003386551 0.06591487   2067
5 0.016622450 0.25668336  42593
```

```
R Console                                                                    _ □ ×
> data_spss=read.spss(file='비만_다변량분산분석_확산.sav', use.value.labels=T,use.missings=T,to.data.frame=T)
read.spss(file = "비만_다변량분산분석_확산.sav", use.value.labels = T, 에서 다음과 같은 경고가 발생했습니다 :
   비만_다변량분산분석_확산.sav: Unrecognized record type 7, subtype 18 encountered in system file
read.spss(file = "비만_다변량분산분석_확산.sav", use.value.labels = T, 에서 다음과 같은 경고가 발생했습니다 :
   비만_다변량분산분석_확산.sav: Unrecognized record type 7, subtype 24 encountered in system file
> numSummary(data_spss$Onespread, groups=data_spss$Channel,statistics=c("mean", "sd"))
        mean         sd data:n
1 534.485328 1325.125802 395712
2   5.985267   16.776454   9231
3  78.800901  211.954280   7328
4   5.650000    4.938338     40
5  11.165878   17.471095  27894
> numSummary(data_spss$Twospread, groups=data_spss$Channel,statistics=c("mean", "sd"))
        mean         sd data:n
1 84.7109438 295.5185388 395712
2  3.7603727  16.6760477   9231
3  0.8623090   3.4877013   7328
4  0.1500000   0.3616203     40
5  0.1919409   1.1232821  27894
>
> |
```

해석 상기 기술통계량에서 순계정(First, Spread)과 채널(SNS, BLOG, CAFE, BOARD, NEWS)에 따른 1주 확산수(Onespread)와 2주 확산수(Twospread)의 평균 비교에서 최초문서보다 확산문서가 SNS의 1주 확산수와 2주 확산수의 평균이 높은 것으로 나타났다.

> y=cbind(data_spss$Onespread, data_spss$Twospread): 종속변수를 y벡터로 할당한다.

> Mfit=manova(y~data_spss$Account+data_spss$Channel+data_spss$Account:data_ spss$Channel): 이원다변량 분산분석(Two-Way MANOVA)을 실시한다.

- y: 종속변수

- data_spss$Account: 독립변수(Account)의 효과 분석

- data_spss$Channel: 독립변수(Channel)의 효과 분석

- data_spss$Account:data_spss$Channel: Account와 Channel의 상호작용효과 분석

> Mfit: 이원다변량 분산분석(Two-Way MANOVA) 결과를 화면에 인쇄한다.

> summary(Mfit, test='Wilks'): 윌크스(Wilks)의 다변량 검정을 화면에 인쇄한다.

> summary(Mfit, test='Pillai'): 필라이(Pillai)의 다변량 검정을 화면에 인쇄한다.

> summary(Mfit, test='Roy'): 로이(Roys)의 다변량 검정을 화면에 인쇄한다.

> summary(Mfit, test='Hotelling'): 호텔링(Hotelling)의 다변량 검정을 화면에 인쇄한다.

```
R Console
> summary(Mfit,test='Wilks')
                                Df    Wilks  approx F num Df  den Df    Pr(>F)
data_spss$Account                1  0.90502    63365      2 1207556 < 2.2e-16 ***
data_spss$Channel                1  0.99500     3036      2 1207556 < 2.2e-16 ***
data_spss$Account:data_spss$Channel  1  0.99106     5444      2 1207556 < 2.2e-16 ***
Residuals                  1207557
---
Signif. codes:  0 '***' 0.001 '**' 0.01 '*' 0.05 '.' 0.1 ' ' 1
> summary(Mfit,test='Pillai')
                                Df   Pillai  approx F num Df  den Df    Pr(>F)
data_spss$Account                1 0.094980    63365      2 1207556 < 2.2e-16 ***
data_spss$Channel                1 0.005002     3036      2 1207556 < 2.2e-16 ***
data_spss$Account:data_spss$Channel  1 0.008936     5444      2 1207556 < 2.2e-16 ***
Residuals                  1207557
---
Signif. codes:  0 '***' 0.001 '**' 0.01 '*' 0.05 '.' 0.1 ' ' 1
> summary(Mfit,test='Roy')
                                Df      Roy  approx F num Df  den Df    Pr(>F)
data_spss$Account                1 0.104948    63365      2 1207556 < 2.2e-16 ***
data_spss$Channel                1 0.005028     3036      2 1207556 < 2.2e-16 ***
data_spss$Account:data_spss$Channel  1 0.009017     5444      2 1207556 < 2.2e-16 ***
Residuals                  1207557
---
Signif. codes:  0 '***' 0.001 '**' 0.01 '*' 0.05 '.' 0.1 ' ' 1
> summary(Mfit,test='Hotelling')
                                Df Hotelling-Lawley approx F num Df  den Df    Pr(>F)
data_spss$Account                1         0.104948    63365      2 1207556 < 2.2e-16 ***
data_spss$Channel                1         0.005028     3036      2 1207556 < 2.2e-16 ***
data_spss$Account:data_spss$Channel  1         0.009017     5444      2 1207556 < 2.2e-16 ***
Residuals                  1207557
---
Signif. codes:  0 '***' 0.001 '**' 0.01 '*' 0.05 '.' 0.1 ' ' 1
> |
```

해석 상기 다변량 검정에서 Account(Wilks의 람다: .905, $p<.001$)와 Channel(Wilks의 람다: .995, $p<.001$)로 Account와 Channel 집단 간 1주 확산수와 2주 확산수는 유의한 차이가 있는 것으로 나타났다.

상호작용효과 검정에서 Account*Channel의 Wilks의 람다는 .991이며 F=5444로 유의한 차이($p<.001$)가 있는 것으로 나타나, '상호작용이 없다'는 귀무가설이 기각되어 Channel 중 SNS에서의 확산문서(spread)의 1주 확산수와 2주 확산수의 평균이 가장 큰 것으로 나타났다(만약 귀무가설이 채택되어 Account와 Channel은 '상호작용이 없다'는 결론이 난다면 '채널 중 SNS에서 1주 확산수와 2주 확산수의 평균이 가장 크며, 순계정 중 확산문서의 1주 확산수와 2주 확산수의 평균이 큰 것으로 나타났다' 로 해석하여야 한다.

※ 독립변수를 인수(factor)로 지정하여 다변량 분산분석을 실시할 수 있다.

> data_spss=read.spss(file='비만_다변량분산분석.sav', use.value.labels=T, use.missings=T, to.data.frame=T): SPSS 데이터파일을 data_spss에 할당한다.

> y=cbind(data_spss$Onespread, data_spss$Twospread): 종속변수를 y벡터로 할당한다.

> FA=factor(data_spss$Account): 독립변수(Account)의 인수를 지정한다.

> FC=factor(data_spss$Channel): 독립변수(Channel)의 인수를 지정한다.

> Mfit=manova(y~FA+FC+FA:FC): 이원다변량 분산분석을 실시한다.

> summary(Mfit, test='Wilks'): 윌크스의 다변량 검정을 화면에 인쇄한다.

```
R Console

> data_spss=read.spss(file='비만_다변량분산분석.sav', use.value.labels=T,use.missings=T,to.data.frame=T)
read.spss(file = "비만_다변량분산분석.sav", use.value.labels = T, 에서 다음과 같은 경고가 발생했습니다 :
  비만_다변량분산분석.sav: Unrecognized record type 7, subtype 18 encountered in system file
read.spss(file = "비만_다변량분산분석.sav", use.value.labels = T, 에서 다음과 같은 경고가 발생했습니다 :
  비만_다변량분산분석.sav: Unrecognized record type 7, subtype 24 encountered in system file
> y=cbind(data_spss$Onespread, data_spss$Twospread)
> FA=factor(data_spss$Account)
> FC=factor(data_spss$Channel)
> Mfit=manova(y~FA+FC+FA:FC)
> summary(Mfit,test='Wilks')
            Df  Wilks approx F num Df  den Df   Pr(>F)
FA           1 0.90480   63531      2 1207550 < 2.2e-16 ***
FC           4 0.99488     776      8 2415100 < 2.2e-16 ***
FA:FC        4 0.98848    1754      8 2415100 < 2.2e-16 ***
Residuals 1207551
---
Signif. codes:  0 '***' 0.001 '**' 0.01 '*' 0.05 '.' 0.1 ' ' 1
> |
```

나 SPSS 프로그램 활용

1단계: 데이터파일을 불러온다(분석파일: 비만_다변량분산분석.sav).

2단계: [분석]→[일반선형모형]→[다변량]→[종속변수(Onespread, Twospread))]→[고정요인
(Account, Channel)]을 선택한다.

3단계: [옵션]→[기술통계량]을 선택한다.

4단계: 결과를 확인한다.

	Account	Channel	평균	표준 편차	N
One weeks be spread	1	1	.76	16.882	463497
		2	.04	1.145	210606
		3	.14	4.074	48593
		4	.10	1.493	2067
		5	.89	4.258	42593
		총계	.53	13.217	767356
	2	1	534.49	1325.126	395712
		2	5.99	16.776	9231
		3	78.80	211.954	7328
		4	5.65	4.938	40
		5	11.17	17.471	27894
		총계	482.61	1266.196	440205
	총계	1	246.57	937.890	859209
		2	.29	3.807	219837
		3	10.45	81.273	55921
		4	.20	1.792	2107
		5	4.96	12.530	70487
		총계	176.27	798.997	1207561
Two weeks be spread	1	1	.03	3.212	463497
		2	.00	.212	210606
		3	.01	.145	48593
		4	.00	.066	2067
		5	.02	.257	42593
		총계	.02	2.500	767356
	2	1	84.71	295.519	395712
		2	3.76	16.676	9231
		3	.86	3.488	7328
		4	.15	.362	40
		5	.19	1.123	27894
		총계	76.25	281.330	440205
	총계	1	39.03	204.958	859209
		2	.16	3.505	219837
		3	.12	1.302	55921
		4	.01	.084	2107
		5	.09	.739	70487
		총계	27.81	173.788	1207561

해석 상기 기술통계량에서 순계정(First, Spread)과 채널(SNS, BLOG, CAFE, BOARD, NEWS)에 따른 1주 확산수(Onespread)와 2주 확산수(Twospread)의 평균을 비교한 결과, 최초문서보다 확산문서가 SNS의 1주 확산수와 2주 확산수의 평균이 높은 것으로 나타났다.

다변량 검정[a]

효과		값	F	가설 자유도	오차 자유도	유의확률
절편	Pillai의 트레이스	.000	17.368[b]	2.000	1207550.000	.000
	Wilks의 람다	1.000	17.368[b]	2.000	1207550.000	.000
	Hotelling의 트레이스	.000	17.368[b]	2.000	1207550.000	.000
	Roy의 최대근	.000	17.368[b]	2.000	1207550.000	.000
Account	Pillai의 트레이스	.000	17.073[b]	2.000	1207550.000	.000
	Wilks의 람다	1.000	17.073[b]	2.000	1207550.000	.000
	Hotelling의 트레이스	.000	17.073[b]	2.000	1207550.000	.000
	Roy의 최대근	.000	17.073[b]	2.000	1207550.000	.000
Channel	Pillai의 트레이스	.012	1753.195	8.000	2415102.000	.000
	Wilks의 람다	.988	1758.146[b]	8.000	2415100.000	.000
	Hotelling의 트레이스	.012	1763.097	8.000	2415098.000	.000
	Roy의 최대근	.012	3497.370[c]	4.000	1207551.000	.000
Account * Channel	Pillai의 트레이스	.012	1749.275	8.000	2415102.000	.000
	Wilks의 람다	.988	1754.202[b]	8.000	2415100.000	.000
	Hotelling의 트레이스	.012	1759.129	8.000	2415098.000	.000
	Roy의 최대근	.012	3489.242[c]	4.000	1207551.000	.000

오브젝트 간 효과 검정

소스	종속변수	유형 III 제곱합	df	평균 제곱	F	유의수준
수정한 모형	One weeks be spread	7.558E+10[a]	9	8397271245	14583.273	.000
	Two weeks be spread	1905734079[b]	9	211748231.0	7397.477	.000
절편	One weeks be spread	15766788.62	1	15766788.62	27.382	.000
	Two weeks be spread	311918.641	1	311918.641	10.897	.001
Account	One weeks be spread	15576617.06	1	15576617.06	27.051	.000
	Two weeks be spread	311036.984	1	311036.984	10.866	.001
Channel	One weeks be spread	7328894736	4	1832223684	3181.965	.000
	Two weeks be spread	194299328.9	4	48574832.22	1696.974	.000
Account * Channel	One weeks be spread	7314854313	4	1828713578	3175.869	.000
	Two weeks be spread	194117113.1	4	48529278.28	1695.382	.000
오류	One weeks be spread	6.953E+11	1207551	575815.250		
	Two weeks be spread	3.457E+10	1207551	28624.386		
총계	One weeks be spread	8.084E+11	1207561			
	Two weeks be spread	3.741E+10	1207561			
수정 합계	One weeks be spread	7.709E+11	1207560			
	Two weeks be spread	3.647E+10	1207560			

⑯ 이분형 로지스틱 회귀분석

- 로지스틱 회귀분석(logistic regression)은 독립변수는 양적 변수를 가지며, 종속변수는 다변량을 가지는 비선형 회귀분석을 말한다.
- 일반적으로 회귀분석의 적합도 검정은 잔차의 제곱합을 최소화하는 최소자승법을 사용하지만 로지스틱 회귀분석은 사건 발생 가능성을 크게 하는 확률, 즉 우도비(likelihood)를 최대화하는 최대우도추정법을 사용한다.
- 로지스틱 회귀분석은 독립변수(공변량)가 종속변수에 미치는 영향을 승산의 확률인 오즈비

(odds ratio)로 검정한다. 예를 들어, 걷기운동에 따라 다이어트 성공 여부(0: 실패, 1: 성공)를 예측하기 위한 확률비율의 승산율(odds ratio)에 대한 로짓 모형은 $\ln\dfrac{P(Y=1|X)}{P(Y=0|X)} = \beta_0 + \beta_1 X$ 로 나타내며, 여기서 회귀계수는 승산율의 변화를 추정하는 것으로 결과값에 엔티로그를 취하여 해석한다.

- 이분형(binary, dichotomous) 로지스틱 회귀분석은 독립변수들이 양적 변수를 가지고 종속 변수가 2개의 범주(0, 1)를 가지는 회귀모형의 분석을 말한다.

가 R 프로그램 활용

연구문제: 종속변수[Attitude(Failure, Success)]에 영향을 미치는 운동요인은 무엇인가?

1단계: 'foreign'을 설치하고 로딩한다.

```
> install.packages('foreign')
> library(foreign)
```

2단계: 이분형 로지스틱 회귀분석을 실시한다.

```
> rm(list=ls()): 모든 변수를 초기화한다.
> setwd("f:/R_기초통계분석"): 작업용 디렉터리를 지정한다.
> data_spss=read.spss(file='데이터마이닝_운동치료_01만.sav', use.value.labels=T, use.
  missings=T, to.data.frame=T): SPSS 데이터파일을 data_spss에 할당한다.
> summary(glm(Attitude~., family=binomial, data=data_spss)): 이분형 로지스틱 회귀분석을
  실시한다.
> exp(coef(glm(Attitude~., family=binomial, data=data_spss))): 오즈비를 산출한다.
> exp(confint(glm(Attitude~., family=binomial, data=data_spss))): 신뢰구간을 산출한다.
```

– 신뢰구간 분석 시 시스템의 성능에 따라 몇 분씩 시간이 소요될 수 있다.

```
R Console                                                                    _□×

> rm(list=ls())
> setwd("f:/R_기초통계분석")
> data_spss=read.spss(file='데이터마이닝_운동치료_01만.sav', use.value.labels=T,use.missings=T,to.data.frame=T)
경고메시지:
1: In read.spss(file = "데이터마이닝_운동치료_01만.sav", use.value.labels = T,  :
    데이터마이닝_운동치료_01만.sav: Unrecognized record type 7, subtype 18 encountered in system file
2: In read.spss(file = "데이터마이닝_운동치료_01만.sav", use.value.labels = T,  :
    데이터마이닝_운동치료_01만.sav: Unrecognized record type 7, subtype 24 encountered in system file
> summary(glm(Attitude~., family=binomial,data=data_spss))

Call:
glm(formula = Attitude ~ ., family = binomial, data = data_spss)

Deviance Residuals:
    Min      1Q   Median      3Q      Max
-2.3003  -0.7322  -0.7322  -0.7322   1.7014

Coefficients:
             Estimate Std. Error  z value Pr(>|z|)
(Intercept) -1.179376   0.003458 -341.077  < 2e-16 ***
Walking      0.667999   0.023763   28.111  < 2e-16 ***
Aerobic      0.665037   0.027548   24.141  < 2e-16 ***
Flexibility  0.879362   0.021361   41.167  < 2e-16 ***
Sport        0.353332   0.053837    6.563 5.28e-11 ***
Dance        0.080818   0.060417    1.338    0.181
Strength     0.554987   0.035133   15.797  < 2e-16 ***
Bike         0.294914   0.037787    7.805 5.97e-15 ***
Exercise     0.335969   0.080070    4.196 2.72e-05 ***
---
Signif. codes:  0 '***' 0.001 '**' 0.01 '*' 0.05 '.' 0.1 ' ' 1

(Dispersion parameter for binomial family taken to be 1)

    Null deviance: 541097  on 483113  degrees of freedom
Residual deviance: 532087  on 483105  degrees of freedom
AIC: 532105

Number of Fisher Scoring iterations: 4

> exp(coef(glm(Attitude~., family=binomial,data=data_spss)))
(Intercept)    Walking     Aerobic Flexibility       Sport       Dance    Strength        Bike    Exercise
  0.3074706  1.9503312   1.9445626   2.4093620   1.4238035   1.0841730   1.7419186   1.3430114   1.3992954
> exp(confint(glm(Attitude~., family=binomial,data=data_spss)))
Waiting for profiling to be done...
                2.5 %    97.5 %
(Intercept) 0.3053926 0.3095602
Walking     1.8615116 2.0432483
Aerobic     1.8423051 2.0523981
Flexibility 2.3105391 2.5123433
Sport       1.2810333 1.5820685
Dance       0.9631435 1.2205599
Strength    1.6260077 1.8661058
Bike        1.2470433 1.4461532
Exercise    1.1954800 1.6364403
> |
```

해석 Dance(p=.181>.05)를 제외한 모든 독립변수가 종속변수(다이어트 성공 여부)에 유의한 영향을 미치는 것으로 나타났다. 특히 Flexibility가 있을 경우 다이어트 성공률이 2.41배로 70.66%[1/{1+exp(−0.879)}]가 높아지는 것으로 나타났다. 모든 독립변수의 95% 신뢰구간은 0을 포함하지 않으므로 대립가설(종속변수에 유의한 차이가 있다)을 지지하는 것으로 나타났다.

나 SPSS 프로그램 활용

1단계: 데이터파일을 불러온다(분석파일: 데이터마이닝_운동치료_01만.sav).

2단계: [분석]→[회귀분석]→[이분형 로지스틱]→[종속변수: 다이어트 성공 여부(Attitude), 공변량: Walking, Aerobic, Flexibility, Sport, Dance, Strength, Bike, Exercise]를 지정한다.

3단계: [옵션]→[exp(B)에 대한 신뢰구간, 모형에 상수 포함]을 선택한다.

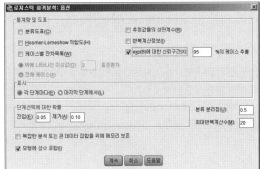

4단계: 결과를 확인한다.

분류표[a]

			예측		
			Attitude		
감시됨			.00 Failure	1.00 Success	분류정확 %
1 단계	Attitude	.00 Failure	359959	3394	99.1
		1.00 Success	114327	5434	4.5
	전체 퍼센트				75.6

a. 절단값은 .500입니다.

> **해석** 분류 정확도[(359959+5434)/483114]는 75.6%로 나타났다.

방정식의 변수

		B	S.E.	Wald	df	유의수준	Exp(B)	EXP(B)의 95% C.I.	
								하한	상한
1 단계[a]	Walking	.668	.024	790.222	1	.000	1.950	1.862	2.043
	Aerobic	.665	.028	582.775	1	.000	1.945	1.842	2.052
	Flexibility	.879	.021	1694.730	1	.000	2.409	2.311	2.512
	Sport	.353	.054	43.072	1	.000	1.424	1.281	1.582
	Dance	.081	.060	1.789	1	.181	1.084	.963	1.220
	Strength	.555	.035	249.538	1	.000	1.742	1.626	1.866
	Bike	.295	.038	60.912	1	.000	1.343	1.247	1.446
	Exercise	.336	.080	17.606	1	.000	1.399	1.196	1.637
	상수	-1.179	.003	116333.235	1	.000	.307		

a. 1단계에서 입력된 변수입니다.: Walking, Aerobic, Flexibility, Sport, Dance, Strength, Bike, Exercise.

> **해석** Dance(p=.181>.05)를 제외한 모든 독립변수가 종속변수(다이어트 성공 여부)에 유의한 영향을 미치는 것으로 나타났다. 특히 Walking이 있을 경우 다이어트 성공률이 1.95배로 66.1%[1/{1+exp(-0.668)}]가 높아지는 것으로 나타났다.

다 로지스틱 회귀모형의 예측

R에서 이분형 로지스틱 회귀모형의 예측은 predict.glm() 함수를 사용한다.

연구문제: 2007년 1년간 보건소 금연클리닉 서비스 대상자 25만 3,136명의 연령(age)에 따른 6개월 성공률(v83)에 대한 예측 모형을 분석하라.
연구자료: 로지스틱예측모형실습.sav
종속변수[v83(0: Failure, 1: Success)], 독립변수(age)

• R 프로그램 활용

> install.packages('foreign')

> library(foreign)

> rm(list=ls())

> setwd("f:/R_기초통계분석")

> data_spss=read.spss(file='로지스틱예측모형실습.sav', use.value.labels=T, use.missings=T, to.data.frame=T)

> summary(glm(v83_1~age, family=binomial, data=data_spss))

> exp(coef(glm(v83_1~age, family=binomial, data=data_spss)))

> exp(confint(glm(v83_1~age, family=binomial, data=data_spss)))

```
R Console                                                                    _ □ ×
> rm(list=ls())
> setwd("f:/R_기초통계분석")
> data_spss=read.spss(file='로지스틱예측모형실습.sav', use.value.labels=T,use.missings=T,to.data.frame=T)
경고메시지:
In read.spss(file = "로지스틱예측모형실습.sav", use.value.labels = T,  :
  로지스틱예측모형실습.sav: Unrecognized record type 7, subtype 18 encountered in system file
> summary(glm(v83_1~age, family=binomial,data=data_spss))

Call:
glm(formula = v83_1 ~ age, family = binomial, data = data_spss)

Deviance Residuals:
    Min       1Q   Median       3Q      Max
-1.5559  -1.1194  -0.9501   1.1969   1.4893

Coefficients:
             Estimate Std. Error z value Pr(>|z|)
(Intercept) -0.9113943  0.0127165  -71.67   <2e-16 ***
age          0.0184161  0.0002731   67.44   <2e-16 ***
---
Signif. codes:  0 '***' 0.001 '**' 0.01 '*' 0.05 '.' 0.1 ' ' 1

(Dispersion parameter for binomial family taken to be 1)

    Null deviance: 350304  on 253135  degrees of freedom
Residual deviance: 345658  on 253134  degrees of freedom
AIC: 345662

Number of Fisher Scoring iterations: 4

> exp(coef(glm(v83_1~age, family=binomial,data=data_spss)))
(Intercept)        age
  0.4019634  1.0185868
> exp(confint(glm(v83_1~age, family=binomial,data=data_spss)))
Waiting for profiling to be done...
                2.5 %     97.5 %
(Intercept) 0.3920645 0.4121034
age         1.0180419 1.0191323
> |
```

해석 연령(age)은 종속변수(v83)에 정적인 유의한 영향을 미쳐(B=0.018, $p<.001$) 연령이 많을수록 6개월 금연성공률이 높은 것으로 나타났다.

> pred=glm(v83_1~age, family=binomial, data=data_spss): 이분형 로지스틱 회귀모형의 결과를 pred 객체에 저장한다.

> N7=seq(20, 70, 10): 20세부터 70세까지 10세 간격으로 성공확률 예측을 위한 데이터셋을 정의한다.

> predict.glm(pred, newdata=list(age=N7), type='response'): predict.glm 함수를 사용하여 N7 데이터셋을 예측한다.

```
R Console                                                        _ □ ×
> pred=glm(v83_1~age, family=binomial,data=data_spss)
> N7=seq(20,70, 10)
> predict.glm(pred,newdata=list(age=N7), type='response')
        1         2         3         4         5         6
0.3674733 0.4112234 0.4564236 0.5023530 0.5482428 0.5933267
> |
```

해석 predict.glm 함수를 사용하여 20세부터 70세까지 10세 간격으로 6개월 금연성공률을 예측한 결과 20세(36.7%), 30세(41.1%), 40세(45.6%), 50세(50.2%), 60세(54.8%), 70세(59.3%)로 연령이 많아질수록 6개월 금연성공확률이 높아지는 것으로 나타났다.

⑰ 다항 로지스틱 회귀분석

다항(multinomial, polychotomous) 로지스틱 회귀분석은 독립변수들이 양적 변수를 가지며, 종속변수가 3개 이상의 범주를 가지는 회귀모형을 말한다.

가 R 프로그램 활용

연구문제: 종속변수[(비만감정: Attitude(Positive, Usually, Negative)]에 미치는 운동요인(Walking, Aerobic, Flexibility, Sport, Dance, Strength, Bike, Exercise)은 무엇인가?

1단계: 'foreign'을 설치하고 로딩한다.

> install.packages('foreign')

> library(foreign)

2단계: 다항 로지스틱 회귀분석을 실시한다.

다항 로지스틱 회귀분석은 종속변수의 '다항(N)-1'개의 파일로 분리하여 이분형 로지스틱 회귀분석을 실시한다. 즉 위의 '비만_다항로지스틱_20150714.sav' 파일은 종속변수(Attitude)가 3항(Positive, Usually, Negative)으로 종속변수가 2항(Positive/Negative, Usually/Negative)인 파일로 분리하여 분석한다.

> rm(list=ls()): 모든 변수를 초기화한다.

> setwd("f:/R_기초통계분석"): 작업용 디렉터리를 지정한다.

> data_spss=read.spss(file='비만_다항로지스틱_20150714_긍정부정.sav', use.value.labels=T, use.missings=T, to.data.frame=T)

– SPSS 데이터파일(긍정부정 파일)을 data_spss에 할당한다.

> summary(glm(Attitude~., family=binomial, data=data_spss)): 이분형 로지스틱 회귀분석을 실시한다.

```
R Console                                                                    - □ ×

> rm(list=ls())
> setwd("f:/R_기초통계분석")
> data_spss=read.spss(file='비만_다항로지스틱_20150714_긍경부정.sav', use.value.labels=T,use.missings=T,to.data.frame=T)
경고메시지:
1: In read.spss(file = "비만_다항로지스틱_20150714_긍경부정.sav", use.value.labels = T,  :
   비만_다항로지스틱_20150714_긍경부정.sav: Unrecognized record type 7, subtype 18 encountered in system file
2: In read.spss(file = "비만_다항로지스틱_20150714_긍경부정.sav", use.value.labels = T,  :
   비만_다항로지스틱_20150714_긍경부정.sav: Unrecognized record type 7, subtype 24 encountered in system file
> summary(glm(Attitude~., family=binomial,data=data_spss))

Call:
glm(formula = Attitude ~ ., family = binomial, data = data_spss)

Deviance Residuals:
    Min      1Q  Median      3Q     Max
-1.8613 -1.4140  0.9579  0.9579  0.9977

Coefficients:
              Estimate Std. Error z value Pr(>|z|)
(Intercept)  0.540887   0.004984 108.533  < 2e-16 ***
Walking      0.094690   0.029089   3.255  0.00113 **
Aerobic     -0.051806   0.031994  -1.619  0.10539
Flexibility  0.405270   0.027501  14.736  < 2e-16 ***
Sport        0.067969   0.063974   1.062  0.28803
Dance        0.006878   0.067002   0.103  0.91824
Strength     0.289578   0.041570   6.966 3.26e-12 ***
Bike         0.190966   0.045411   4.205 2.61e-05 ***
Exercise    -0.050460   0.096490  -0.523  0.60100
---
Signif. codes:  0 '***' 0.001 '**' 0.01 '*' 0.05 '.' 0.1 ' ' 1

(Dispersion parameter for binomial family taken to be 1)

    Null deviance: 245356  on 187524  degrees of freedom
Residual deviance: 244791  on 187516  degrees of freedom
AIC: 244809

Number of Fisher Scoring iterations: 4

> |
```

> exp(coef(glm(Attitude~., family=binomial, data=data_spss))): 오즈비를 산출한다.

> exp(confint(glm(Attitude~., family=binomial, data=data_spss))): 신뢰구간을 산출한다.

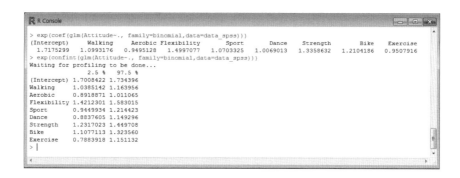

```
R Console                                                                    - □ ×

> exp(coef(glm(Attitude~., family=binomial,data=data_spss)))
(Intercept)      Walking      Aerobic Flexibility        Sport        Dance     Strength         Bike     Exercise
  1.7175299    1.0993176    0.9495128   1.4997077    1.0703325    1.0069013    1.3358632    1.2104186    0.9507916
> exp(confint(glm(Attitude~., family=binomial,data=data_spss)))
Waiting for profiling to be done...
                 2.5 %    97.5 %
(Intercept) 1.7008422 1.734396
Walking     1.0385142 1.163956
Aerobic     0.8918871 1.011065
Flexibility 1.4212301 1.583015
Sport       0.9449934 1.214423
Dance       0.8837605 1.149296
Strength    1.2317023 1.449708
Bike        1.1077113 1.323560
Exercise    0.7883918 1.151132
> |
```

해석 비만과 관련한 운동요인의 영향에서 Walking, Flexibility, Strength, Bike는 부정적 효과보다 긍정적 효과를 준 것으로 나타났다. 그러나 Aerobic, Sport, Dance, Exercise는 긍정적 효과가 없는 것으로 나타났다. 특히 Flexibility가 긍정적 효과가 가장 컸는데, Flexibility가 있을 경우 긍정적 효과가 1.49배로 59.9%[1/{1+exp(-0.405)}]가 높아지는 것으로 나타났다.

> data_spss=read.spss(file='비만_다중로지스틱_20150712_보통부정.sav', use.value.labels=T, use.missings=T, to.data.frame=T)

- SPSS 데이터파일(보통부정 파일)을 data_spss에 할당한다.

> summary(glm(Attitude~., family=binomial, data=data_spss)): 이분형 로지스틱 회귀분석을 실시한다.

> exp(coef(glm(Attitude~., family=binomial, data=data_spss))): 오즈비를 산출한다.

```
R Console
> data_spss=read.spss(file='비만_다항로지스틱_20150714_보통부정.sav', use.value.labels=T,use.missings=T,to.data.frame=T)
경고메시지:
1: In read.spss(file = "비만_다항로지스틱_20150714_보통부정.sav", use.value.labels = T,  :
    비만_다항로지스틱_20150714_보통부정.sav: Unrecognized record type 7, subtype 18 encountered in system file
2: In read.spss(file = "비만_다항로지스틱_20150714_보통부정.sav", use.value.labels = T,  :
    비만_다항로지스틱_20150714_보통부정.sav: Unrecognized record type 7, subtype 24 encountered in system file
> summary(glm(Attitude~., family=binomial,data=data_spss))

Call:
glm(formula = Attitude ~ ., family = binomial, data = data_spss)

Deviance Residuals:
   Min      1Q   Median      3Q      Max
-1.8564  0.6271  0.6271  0.6271   2.2255

Coefficients:
              Estimate Std. Error z value Pr(>|z|)
(Intercept)   1.526509   0.004384 348.171  < 2e-16 ***
Walking      -0.868028   0.034509 -25.154  < 2e-16 ***
Aerobic      -1.291557   0.040689 -31.742  < 2e-16 ***
Flexibility  -0.678711   0.032514 -20.875  < 2e-16 ***
Sport        -0.366575   0.080488  -4.554 5.25e-06 ***
Dance        -0.216411   0.096084  -2.252   0.0243 *
Strength     -0.493938   0.055453  -8.907  < 2e-16 ***
Bike         -0.362636   0.056378  -6.432 1.26e-10 ***
Exercise     -0.553454   0.111450  -4.966 6.84e-07 ***
---
Signif. codes:  0 '***' 0.001 '**' 0.01 '*' 0.05 '.' 0.1 ' ' 1
```

> exp(confint(glm(Attitude~., family=binomial, data=data_spss))): 신뢰구간을 산출한다.

```
(Dispersion parameter for binomial family taken to be 1)

    Null deviance: 349620  on 363352  degrees of freedom
Residual deviance: 344521  on 363344  degrees of freedom
AIC: 344539

Number of Fisher Scoring iterations: 4

> exp(coef(glm(Attitude~., family=binomial,data=data_spss)))
(Intercept)     Walking    Aerobic Flexibility      Sport      Dance   Strength       Bike   Exercise
  4.6020838   0.4197787  0.2748426   0.5072703  0.6931039  0.8054044  0.6102183  0.6958397  0.5749607
> exp(confint(glm(Attitude~., family=binomial,data=data_spss)))
Waiting for profiling to be done...
                  2.5 %     97.5 %
(Intercept) 4.5627425 4.6418374
Walking     0.3923686 0.4492069
Aerobic     0.2537608 0.2976463
Flexibility 0.4760261 0.5407362
Sport       0.5924342 0.8122666
Dance       0.6672307 0.9725074
Strength    0.5474649 0.6804104
Bike        0.6232734 0.7774420
Exercise    0.4628090 0.7165775
> |
```

해석 비만과 관련한 운동요인의 영향에서 모든 운동요인(Walking, Aerobic, Flexibility, Sport, Dance, Strength, Bike, Exercise)은 보통의 효과보다 부정적 효과가 있는 것으로 나타났다. 따라서 보통과 부정을 부정이라는 동일 그룹으로 볼 수 있으며 비만에 대한 감정을 실패(부정, 보통), 성공(긍정)의 두 그룹으로 분류하는 것이 타당할 것으로 본다[본서의 연구데이터 설명 부분(p. 86) 참조].

나 SPSS 프로그램 활용

1단계: 데이터파일을 불러온다(분석파일: 비만_다항로지스틱_20150714.sav).

– 다항 로지스틱 회귀분석의 분석파일은 연구데이터의 종속변수인 감정(Attitude)을 긍정
(Positive), 보통(Usually), 부정(Negative)으로 변환하여 사용하였다.

2단계: [분석]→[회귀분석]→[다항 로지스틱]→[종속변수(Attitude), 공변량(Walking, Aerobic,
Flexibility, Sport, Dance, Strength, Bike, Exercise)]를 선택한다.

3단계: 결과를 확인한다.

모수 추정값

Attitude[a]		B	표준오차	Wald	자유도	유의확률	Exp(B)	Exp(B)에 대한 95% 신뢰구간 하한	Exp(B)에 대한 95% 신뢰구간 상한
1.00 Positive	절편	.542	.005	11835.478	1	.000			
	Walking	.087	.030	8.722	1	.003	1.091	1.030	1.156
	Aerobic	-.063	.033	3.750	1	.053	.939	.881	1.001
	Flexibility	.407	.028	214.228	1	.000	1.503	1.423	1.587
	Sport	.064	.064	1.003	1	.317	1.066	.940	1.209
	Dance	-.016	.067	.055	1	.815	.984	.863	1.123
	Strength	.288	.042	46.922	1	.000	1.333	1.228	1.448
	Bike	.197	.046	18.654	1	.000	1.217	1.113	1.331
	Exercise	-.055	.096	.321	1	.571	.947	.784	1.144
2.00 Usually	절편	1.530	.004	121843.861	1	.000			
	Walking	-.939	.033	817.138	1	.000	.391	.367	.417
	Aerobic	-1.333	.040	1137.791	1	.000	.264	.244	.285
	Flexibility	-.722	.031	540.944	1	.000	.486	.457	.516
	Sport	-.526	.074	50.887	1	.000	.591	.511	.683
	Dance	-.440	.088	24.798	1	.000	.644	.542	.766
	Strength	-.553	.052	112.344	1	.000	.575	.519	.637
	Bike	-.300	.053	31.435	1	.000	.741	.667	.823
	Exercise	-.601	.106	31.829	1	.000	.548	.445	.676

a. 참조 범주는\ 3.00 Negative입니다.

비만과 관련한 운동요인의 영향에서 Walking, Flexibility, Strength, Bike는 부정적 효과보다 긍정적 효과를 준 것으로 나타났다. 그러나 Aerobic, Sport, Dance, Exercise는 긍정적 효과가 없는 것으로 나타났다. 모든 운동요인(Walking, Aerobic, Flexibility, Sport, Dance, Strength, Bike, Exercise)은 보통의 효과보다 부정적 효과가 있는 것으로 나타났다.

⑱ 군집분석

군집분석(cluster analysis)은 동일집단에 속해 있는 개체들의 유사성에 기초하여 집단을 몇 개의 동질적인 군집으로 분류하는 분석기법이다. 군집분석에는 군집의 수를 연구자가 지정하는 비계층적 군집분석(K-평균 군집분석)과 가까운 대상끼리 순차적으로 군집을 묶어가는 계층적 군집분석이 있다.

가 R 프로그램 활용

연구문제: 운동요인들의 특성을 세분화하기 위해 군집분석을 실시한다.
R에서의 K-means 군집분석 모형은 graphics 패키지를 설치하여 분석한다. K-means 군집분석은 사전에 군집의 개수인 K를 지정해야 한다.

> install.packages('graphics'): graphics 패키지를 설치한다.

> library(graphics): graphics를 로딩한다.

> install.packages('foreign'): SPSS의 '.sav' 파일과 같은 외부 데이터를 읽어들이는 패키지를 설치한다.

> library(foreign): foreign 패키지를 로딩한다.

> kmean_data = read.spss(file='f:/R_기초통계분석/데이터마이닝_운동치료_01만_분류분석.sav', use.value.labels=T, use.missings=T, to.data.frame=T): SPSS 데이터파일을 불러와서 kmean_data에 할당한다.

> **attach(kmean_data):** 실행 데이터를 kmean_data 데이터셋으로 고정한다.

> **kcl=kmeans(kmean_data, 5):** kmean_data 객체를 5개의 군집으로 만들어 kcl에 할당한다.

> **kcl:** 5개의 군집(kcl)을 화면에 출력한다.

분석결과

K-means clustering with 5 clusters of sizes 1325, 3052, 4382, 462407, 11948

Cluster	Walking	Aerobic	Flexibility	Sport	Dance	Strength	Bike	Exercise
1	0.00000000	0.677735849	0.9411321	0.122264151	0.2037735849	0.01509434	0.160000000	0.111698113
2	0.05733945	0.441677588	0.3089777	0.016382700	0.0088466579	1.00000000	0.042267366	0.031454784
3	0.97261524	0.947284345	0.4892743	0.121862163	0.1793701506	0.38247376	0.489046098	0.016659060
4	0.00000000	0.004859356	0.0000000	0.001656549	0.0006639173	0.00000000	0.002627555	0.000746096
5	0.52787077	0.000000000	0.6080516	0.022095748	0.0144794108	0.01431202	0.045530633	0.006528289

Cluster means이 0.3 이상인 요인을 군집에 포함한다.
- 군집1은 1,325buzz로 (Aerobic, Flexibility)로 분류할 수 있다. 군집2는 3,052buzz로 (Aerobic, Flexibility, Strength)로 분류할 수 있다. 군집3은 4,382buzz로 (Walking, Aerobic, Flexibility, Strength, Bike)로 분류할 수 있다. 군집5는 11,948buzz로 (Walking, Flexibility)로 분류할 수 있다. 군집4는 462,407buzz로 포함되는 요인이 없는 것으로 나타났다.
- SPSS 분석결과(본서의 p. 187)와 비교하면 분류에 대한 차이는 있으나 SPSS 분석결과의 군집3[12,736buzz로 (Walking, Flexibility)]과 R 분석결과의 군집5[11,948buzz로 (Walking, Flexibility)]와 비슷한 것을 알 수 있다.

> plot(kmean_data, col=kcl$cluster): 5개의 군집을 그래프로 출력한다.
- 군집분석 결과를 그래프로 출력 시 시스템의 성능에 따라 몇 분씩 시간이 소요될 수 있다.

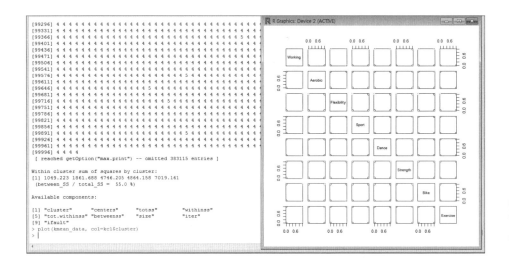

나 SPSS 프로그램 활용

1단계: 데이터파일을 불러온다(분석파일: 데이터마이닝_운동치료_01만_분류분석.sav).

2단계: [분석]→[분류분석]→[K평균 군집분석]을 실행한다.
- 본 예제는 연구자가 군집수를 선택하는 K평균 군집분석을 적용하였다.

3단계: 필요한 변수(Walking~Exercise)를 선택하여 우측 변수목록 상자로 이동시킨다.

- [반복계산]을 클릭하여 반복횟수를 선택한다(기본설정: 10).

4단계: 군집수를 결정한다(기본값은 2로 설정).

- 군집수를 여러 번 반복하여 결과를 확인한 후 최종 군집수를 결정한다. 군집수를 결정할 때는 최종 군집중심에 포함될 수 있는 요인이 2개 이상 되어야 한다. 본서에서는 군집수를 5로 결정하였다.

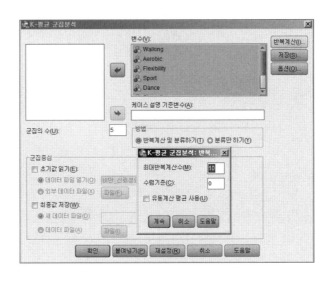

5단계: [저장]→[소속군집]을 선택하여 소속군집을 나타내는 새로운 변수(군집변수)를 생성한
다(새로운 변수명: QCL_1).

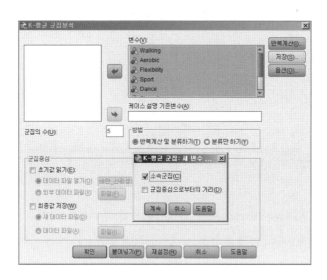

6단계: [옵션]→[군집중심초기값, 분산분석표]를 선택한다.

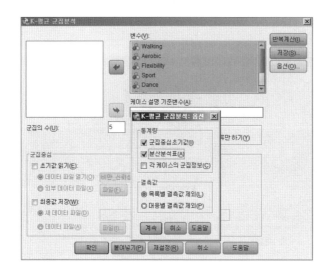

7단계: 군집결과를 해석한다.

– 초기 군집별 군집중심값과 최대반복수(7)를 확인한다.

초기 군집중심

	군집				
	1	2	3	4	5
Walking	.00	1.00	1.00	.00	1.00
Aerobic	.00	1.00	1.00	1.00	.00
Flexibility	.00	.00	1.00	1.00	.00
Sport	1.00	.00	.00	1.00	.00
Dance	.00	1.00	.00	1.00	1.00
Strength	1.00	.00	.00	1.00	.00
Bike	.00	1.00	.00	1.00	.00
Exercise	.00	.00	.00	.00	1.00

반복계산정보[a]

반복계산	군집중심의 변화량				
	1	2	3	4	5
1	1.409	.975	.970	.551	1.077
2	.005	.169	.136	.440	.106
3	6.092E-005	.339	.126	.275	.026
4	6.092E-005	.166	.082	.238	.021
5	.000	.028	.000	.088	.033
6	.000	.005	.002	.010	.000
7	.000	.000	.000	.000	.000

최종 군집중심

	군집				
	1	2	3	4	5
Walking	.00	.73	.44	.86	.13
Aerobic	.00	.90	.05	.53	.07
Flexibility	.00	.42	.68	.58	.07
Sport	.00	.01	.00	.91	.02
Dance	.00	.10	.02	.37	.51
Strength	.00	.54	.05	.14	.04
Bike	.00	.38	.02	.52	.02
Exercise	.00	.02	.01	.02	.54

분산분석

	군집		오차			
	평균제곱	자유도	평균제곱	자유도	F	유의확률
Walking	1507.472	4	.009	483109	162736.330	.000
Aerobic	1198.810	4	.008	483109	156778.573	.000
Flexibility	1724.660	4	.009	483109	188426.399	.000
Sport	209.715	4	.002	483109	108869.629	.000
Dance	102.043	4	.002	483109	42876.353	.000
Strength	415.250	4	.007	483109	62536.286	.000
Bike	271.003	4	.006	483109	41939.647	.000
Exercise	62.145	4	.001	483109	61235.773	.000

각 군집의 케이스 수

군집	1	462802.000
	2	5717.000
	3	12736.000
	4	1019.000
	5	840.000
유효		483114.000
결측		.000

해석 최종 군집중심 해석에서 군집1은 462,802buzz로 포함되는 요인이 없는 것으로 나타났다. 군집2는 5,717buzz로 (Walking, Aerobic, Flexibility, Strength, Bike), 군집3은 12,736buzz로 (Walking, Flexibility), 군집 4는 1,019buzz로 (Walking, Aerobic, Flexibility, Sport, Dance, Bike), 군집 5는 840buzz로 (Dance, Exercise)로 나타났다. 분산분석 결과 모든 요인은 군집 간 유의한 차이가 있는 것으로 나타났다.

※ 본 연구에서는 군집별로 2개 이상의 중심값이 높은 요인을 결정하기 위해 0.3 이상의 중심값을 군집으로 선정하였다.

참고문헌

1. 김계수(2013). 조사연구방법론. 한나래아카데미.
2. 김은정(2007). 사회조사분석사: 조사방법론. 삼성북스.
3. 김재희(2011). R 다변량 통계분석. 교우사.
4. 김재희(2012). R을 이용한 회귀분석. 자유아카데미.
5. 문건웅(2015). 의학논문 작성을 위한 R 통계와 그래프. 한나래아카데미.
6. 박용치·오승석·송재석(2009). 조사방법론. 대영문화사.
7. 박정선(2003). 다수준 접근의 범죄학적 활용에 대한 연구. 형사정책연구, 14(4), 281-314.
8. 박진표(2014). R을 이용한 자료분석. 경남대학교출판부.
9. 배현웅·문호석(2011). R과 함께하는 분산분석. 교우사.
10. 성태제(2008). 알기 쉬운 통계분석. 학지사.
11. 송태민·송주영(2013). 빅데이터 분석방법론. 한나래아카데미.
12. 안재형(2015). R을 이용한 누구나 하는 통계분석. 한나래아카데미.
13. 양경숙·김미경(2011). 기초 자료 분석을 위한 R입문. 한나래아카데미.
14. 이주열·이정환·신승배(2013). 조사방법론. 군자출판사.
15. 이태림 외(2015). 통계학개론. 한국방송통신대학교출판문화원.
16. 전국대학보건관리학교육협의회(2009). 보건교육사를 위한 조사방법론. 한미의학.
17. 정강모·김명근(2007). R 기반 다변량 분석. 교우사.
18. 프라반잔 나라야나차르 타따르 지음·허석진 옮김(2013). R 통계 프로그래밍 입문. 에이콘.
19. Baron, R. M. & Kenny, D. A. (1986). The moderator-mediator variable in social psychological research: conceptual, strategic, and statistics considerations. *Journal of Personality and Social Psychology*, 51(6), 1173-1182.
20. Kline, R. B. (2010). *Principles and Practice of Structural Equation Modeling*(3rd ed.). NY: Guilford Press.
21. Montgomery, Douglas C. & Runger, George C. (2003). *Applied Statistics and Probability for Engineers*. John Wiley & Sons, Inc.

3장

데이터마이닝

1 의사결정나무분석

데이터마이닝은 기존의 회귀분석이나 구조방정식과 달리 특별한 통계적 가정이 필요하지 않다는 장점이 있다(이주리, 2009: p. 235). 데이터마이닝의 의사결정나무분석(decision tree analysis)은 결정규칙에 따라 나무구조로 도표화하여 분류(classification)와 예측(prediction)을 수행하는 방법으로, 판별분석과 회귀분석을 조합한 마이닝 기법이다. 따라서 의사결정나무분석은 측정자료를 몇 개의 유형으로 나누는 세분화(segmentation), 결과 변인을 몇 개의 등급으로 구분하는 분류, 여러 개의 예측변인 중 결과변인에 영향력이 높은 변인을 선별하는 차원축소 및 변수 선택(variable screening) 등의 목적으로 사용하는 데 적합하다(임희진·유재민, 2007: pp. 619-620).

본 연구는 의사결정나무분석을 통하여 비만 관련 소셜 빅데이터의 다양한 변인들 간에 상호작용 관계를 분석함으로써 다이어트의 성공요인을 예측·파악하고자 한다.

가 R 프로그램 활용

R에서의 의사결정나무 모형은 tree, caret, party 패키지를 사용할 수 있다. 특히, party 패키지는 ctree()함수를 사용하여 조건부 추론 트리(conditional inference trees) 모델을 생성한다(유충현·홍성학, 2015: p. 695).

> 연구문제: 의사결정나무 모형을 통하여 다이어트 성공요인에 영향을 미치는 운동요인들 간에 상호작용 관계를 예측한다.

> install.packages('party'): party 패키지를 설치한다.
> library(party): party 패키지를 로딩한다.
> install.packages('caret'): caret 패키지를 설치한다.
> library(caret): caret 패키지를 로딩한다.
> install.packages('foreign'): SPSS 데이터파일을 읽어들이는 패키지를 설치한다.
> library(foreign): foreign 패키지를 로딩한다.
> setwd("f:/R_기초통계분석"): 작업용 디렉터리를 설정한다.

> tdata=read.spss(file='데이터마이닝_운동치료_01만.sav', use.value.labels=T, use.missings=T, to.data.frame=T): SPSS 데이터파일을 tdata에 할당한다.

> attach(tdata): 실행 데이터를 tdata 데이터셋으로 고정한다.

> ind=sample(2, nrow(tdata), replace=T, prob=c(0.5, 0.5)): tdata를 5:5의 비율로 샘플링한다.

> tr_data=tdata[ind==1,]: 첫 번째 sample(50%)을 training data(tr_data)에 할당한다.

> te_data=tdata[ind==2,]: 두 번째 sample(50%)을 test data(te_data)에 할당한다.

> i_ctree=ctree(Attitude~., data=tr_data)

‐ Attitude를 종속변수, 그 외 변수(Walking, Aerobic, Flexibility, Sport, Dance, Strength, Bike, Exercise)를 독립변수로 지정하여 training data(tr_data)에 대한 의사결정나무분석을 실행한다.

```
R Console                                                                      _□×
> library(caret)
필요한 패키지를 로딩중입니다: lattice
필요한 패키지를 로딩중입니다: ggplot2
> install.packages('foreign')
경고: package 'foreign' is in use and will not be installed
> library(foreign)
> setwd("f:/R_기초통계분석")
> tdata=read.spss(file='데이터마이닝_운동치료_01만.sav', use.value.labels=T,use.missings=T,to.data.frame=T)
경고메시지:
1: In read.spss(file = "데이터마이닝_운동치료_01만.sav", use.value.labels = T,  :
    데이터마이닝_운동치료_01만.sav: Unrecognized record type 7, subtype 18 encountered in system file
2: In read.spss(file = "데이터마이닝_운동치료_01만.sav", use.value.labels = T,  :
    데이터마이닝_운동치료_01만.sav: Unrecognized record type 7, subtype 24 encountered in system file
> attach(tdata)
The following objects are masked from kmean_data:

    Aerobic, Bike, Dance, Exercise, Flexibility, Sport, Strength, Walking

> ind=sample(2, nrow(tdata), replace=T,prob=c(0.5,0.5))
> tr_data=tdata[ind==1,]
> te_data=tdata[ind==2,]
> i_ctree=ctree(Attitude~.,data=tr_data)
> |
```

> print(i_ctree): 의사결정나무분석 결과를 화면에 인쇄한다.

```
R Console                                                                    _ □ ×
> print(i_ctree)

              Conditional inference tree with 20 terminal nodes

Response:  Attitude
Inputs:  Walking, Aerobic, Flexibility, Sport, Dance, Strength, Bike, Exercise
Number of observations:  241275

1) Flexibility <= 0; criterion = 1, statistic = 3136.71
   2) Aerobic <= 0; criterion = 1, statistic = 1299.884
      3) Walking <= 0; criterion = 1, statistic = 829.241
         4)*  weights = 230281
      3) Walking > 0
         5) Bike <= 0; criterion = 0.966, statistic = 8.172
            6) Dance <= 0; criterion = 0.982, statistic = 9.313
               7)*  weights = 2245
            6) Dance > 0
               8)*  weights = 48
         5) Bike > 0
            9) Sport <= 0; criterion = 0.954, statistic = 7.598
               10)*  weights = 203
            9) Sport > 0
               11)*  weights = 65
   2) Aerobic > 0
      12) Strength <= 0; criterion = 1, statistic = 22.899
         13) Dance <= 0; criterion = 0.969, statistic = 8.3
            14)*  weights = 1836
         13) Dance > 0
            15)*  weights = 96
      12) Strength > 0
         16)*  weights = 666
1) Flexibility > 0
   17) Bike <= 0; criterion = 1, statistic = 138.843
      18) Strength <= 0; criterion = 1, statistic = 47.302
         19) Walking <= 0; criterion = 1, statistic = 43.968
            20)*  weights = 3323
         19) Walking > 0
            21) Dance <= 0; criterion = 1, statistic = 16.137
               22)*  weights = 899
            21) Dance > 0
               23)*  weights = 91
      18) Strength > 0
         24) Dance <= 0; criterion = 0.998, statistic = 13.568
            25) Sport <= 0; criterion = 1, statistic = 17.111
               26)*  weights = 663
            25) Sport > 0
               27) Walking <= 0; criterion = 0.991, statistic = 10.667
                  28)*  weights = 9
               27) Walking > 0
                  29)*  weights = 24
         24) Dance > 0
            30)*  weights = 68
   17) Bike > 0
      31) Strength <= 0; criterion = 1, statistic = 17.378
         32) Sport <= 0; criterion = 0.998, statistic = 13.326
            33)*  weights = 287
         32) Sport > 0
            34)*  weights = 100
      31) Strength > 0
         35) Walking <= 0; criterion = 1, statistic = 31.535
            36)*  weights = 18
         35) Walking > 0
            37) Aerobic <= 0; criterion = 0.97, statistic = 8.357
               38)*  weights = 22
            37) Aerobic > 0
               39)*  weights = 331
> plot(i_ctree)
> |
```

해석 의사결정나무에 투입된 training data는 총 24만 1,275건이며, 다이어트 성공 유무에 Flexibility의 영향력이 가장 큰 것으로 나타났다. Flexibility가 있고 Bike가 있고, Strength가 있고, Walking이 있고, Aerobic이 있을 경우 다이어트 성공에 영향이 가장 큰 것으로 나타났다(Weights=331).

※ R의 의사결정나무분석을 위한 패키지들이 많이 있지만 대부분 분류 결과의 확인을 위한 통계량을 제공하고 있어 정확히 예측하기 어렵다. 그러나 R에서 모든 통계기법의 급속한 발전을 볼 때, 빠른 시기에 상용 통계프로그램에서 제시하는 다양한 통계량을 확인할 수 있을 것으로 본다.

> plot(i_ctree): 결과를 그래프로 화면에 인쇄한다.

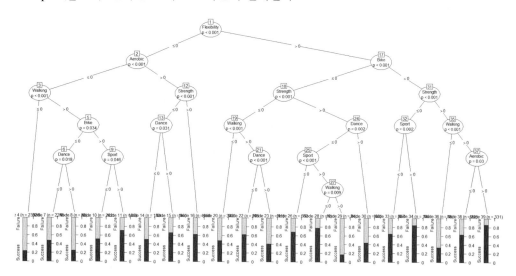

해석 나무 구조의 최상위에 있는 뿌리마디는 독립변수가 투입되지 않은 종속변수의 빈도를 나타낸다. 뿌리마디 하단의 가장 상위에 위치하는 변수가 종속변수에 영향력이 가장 높은(관련성이 깊은) 변수로, 다이어트 성공에 Flexibility의 영향력이 가장 큰 것으로 나타났다. 두 번째로 영향력이 높은 변수는 Bike로 나타났다. Flexibility가 있고 Bike가 있고, Strength가 있고, Walking이 있고, Aerobic이 있을 경우에 문서수(Weights)는 331건이며, 성공(Success) 확률은 약 85%로 나타났다(하기 SPSS 분석결과와 비교해보자).

– SPSS 의사결정나무 QUEST 알고리즘 분석 결과(최대 나무 깊이: 4)

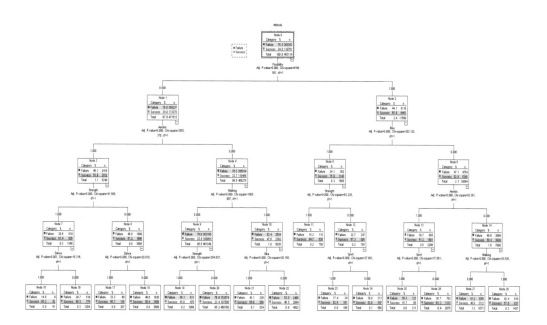

■ 의사결정나무 모형의 성능평가[1]

> ipredict=predict(i_ctree, te_data): test data의 분류평가를 실시한다.

> table(te_data$Attitude, ipredict): 분류평가 교차표를 화면에 출력한다.

> ipredict=predict(i_ctree, tr_data): training data의 분류평가를 실시한다.

> table(tr_data$Attitude, ipredict): 분류평가 교차표를 화면에 출력한다.

```
R Console                                                    □ ■ ✕

> ipredict=predict(i_ctree,te_data)
> table(te_data$Attitude,ipredict)
         ipredict
          Failure Success
  Failure  180224    2057
  Success   57223    3007
> ipredict=predict(i_ctree,tr_data)
> table(tr_data$Attitude,ipredict)
         ipredict
          Failure Success
  Failure  179099    1973
  Success   56467    3064
> |
```

해석 test data의 성능평가 결과 정확도[(180224+3007)/242511]는 75.6%로 나타났으며, training data의 정확도 [(179099+3064)/240603]는 75.7%로 나타났다. 분류모형의 성능평가는 분석 때마다 결과가 조금씩 다르게 나타나기 때문에 성능평가 결과 3회 정도의 평균으로 정확도를 산출할 수 있다.

연구자료(데이터마이닝_운동치료_01만.sav)는 patry 패키지의 분류 정확도가 높으나, 본서에서는 본 자료에 대한 분류 정확도는 낮지만 향후 다른 데이터의 적용을 위해 rpart 패키지를 통한 의사결정나무 모형 분석방법을 소개하고자 한다.

rpart 패키지는 회귀트리 모델을 수행하는 데 사용할 수 있으며, CART의 R 구현을 문서화, 평가, 그리고 시각화하는 데 유용하다(브레드란츠·전철욱, 2014: p. 251)

---

1. 의사결정나무 모형의 성능평가는 본서의 '분류모형 평가' 부분(p. 206)을 참조하기 바란다.

- rpart(순환 분할) 패키지 활용[2]

> install.packages('foreign'): foreign 패키지를 설치한다.

> library(foreign): foreign 패키지를 로딩한다.

> install.packages('rpart'): rpart 패키지를 설치한다.

> library(rpart): rpart 패키지를 로딩한다.

> install.packages('rpart.plot'): 결정 트리 시각화 패키지를 설치한다.

> library(rpart.plot): 결정 트리 시각화 패키지를 로딩한다.

- 다른 패키지와의 충돌로 rpart.plot 패키지가 로딩되지 않을 때는 R 프로그램을 종료한 후 다시 설치한다.

> setwd("f:/R_기초통계분석"): 작업용 디렉터리를 설정한다.

> tdata=read.spss(file='데이터마이닝_운동치료_01만.sav', use.value.labels=T, use.missings=T, to.data.frame=T): SPSS 데이터파일을 tdata에 할당한다.

> attach(tdata): 실행 데이터를 tdata 데이터셋으로 고정한다.

> r_tree=rpart(Attitude~., data=tdata): Attitude를 종속변수, 그 외 변수(Walking, Aerobic, Flexibility, Sport, Dance, Strength, Bike, Exercise)를 독립변수로 지정하여 의사결정나무분석을 실행한다.

> rpart.plot(r_tree, digits=3): 세자리 숫자로 결정트리를 시각화한다.

> rpart.plot(r_tree, digits=4, fallen.leaves=T, type=3, extra=101)

- digits=4: 네자리 숫자로 결정트리를 시각화한다.

- fallen.leaves: 잎노드가 도식의 하단에 있도록 한다.

- type=3: type은 반환할 예측의 종류[1: vector(예측값), 2: class(예측범주), 3: prob(예측범주 확률)]를 나타낸다.

- extra=101: 100 이상의 노드만 시각화한다.

---

2. rpart 패키지는 R version 3.1.3에서는 실행되지 않기 때문에 R version 3.2.1을 설치한 후, rpart 패키지를 활용하여야 한다.

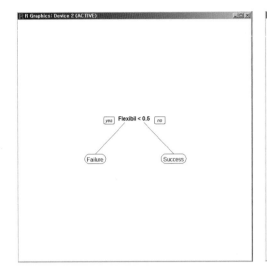

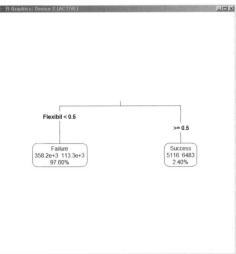

```
R Console                                                                    _ □ ×
> install.packages('foreign')
--- 현재 세션에서 사용할 CRAN 미러를 선택해 주세요 ---
URL 'http://cran.nexr.com/bin/windows/contrib/3.1/foreign_0.8-65.zip'을 시도합니다
Content type 'application/zip' length 288472 bytes (281 KB)
URL을 열었습니다
downloaded 281 KB

패키지 'foreign'를 성공적으로 압축해제하였고 MD5 sums 이 확인되었습니다

다운로드된 바이너리 패키지들은 다음의 위치에 있습니다
         C:\Users\kihasa\AppData\Local\Temp\RtmpclDMZr\downloaded_packages
> library(foreign)
> install.packages('rpart')
URL 'http://cran.nexr.com/bin/windows/contrib/3.1/rpart_4.1-10.zip'을 시도합니다
Content type 'application/zip' length 921656 bytes (900 KB)
URL을 열었습니다
downloaded 900 KB

패키지 'rpart'를 성공적으로 압축해제하였고 MD5 sums 이 확인되었습니다

다운로드된 바이너리 패키지들은 다음의 위치에 있습니다
         C:\Users\kihasa\AppData\Local\Temp\RtmpclDMZr\downloaded_packages
> library(rpart)
> install.packages('rpart.plot')
URL 'http://cran.nexr.com/bin/windows/contrib/3.1/rpart.plot_1.5.2.zip'을 시도합니다
Content type 'application/zip' length 518218 bytes (506 KB)
URL을 열었습니다
downloaded 506 KB

패키지 'rpart.plot'를 성공적으로 압축해제하였고 MD5 sums 이 확인되었습니다

다운로드된 바이너리 패키지들은 다음의 위치에 있습니다
         C:\Users\kihasa\AppData\Local\Temp\RtmpclDMZr\downloaded_packages
> library(rpart.plot)
> setwd("f:/R_기초통계분석")
> tdata=read.spss(file='데이터마이닝_운동치료_01만.sav', use.value.labels=T,use.missings=T,to.data.frame=T)
경고메시지:
1: In read.spss(file = "데이터마이닝_운동치료_01만.sav", use.value.labels = T,  :
    데이터마이닝_운동치료_01만.sav: Unrecognized record type 7, subtype 18 encountered in system file
2: In read.spss(file = "데이터마이닝_운동치료_01만.sav", use.value.labels = T,  :
    데이터마이닝_운동치료_01만.sav: Unrecognized record type 7, subtype 24 encountered in system file
> attach(tdata)
> r_tree=rpart(Attitude~.,data=tdata)
> rpart.plot(r_tree, digits=3)
> rpart.plot(r_tree, digits=4, fallen.leaves=T,type=3, extra=101)
> |
```

> p_part=predict(r_tree, tdata): 전체 데이터의 성능평가를 실시한다.

> summary(p_part): 성능평가 결과를 인쇄한다.

> tr_part=tdata[1:241557,]: 데이터의 50%를 tr_part 객체에 할당한다.

> te_part=tdata[241558:483114,]: 데이터의 50%를 te_part 객체에 할당한다.

> pr_part=predict(r_tree, tr_part): tr_part(training data)의 성능평가를 실시한다.

> summary(pr_part): 성능평가 결과를 인쇄한다.

> pt_part=predict(r_tree, te_part): te_part(test data)의 성능평가를 실시한다.

> summary(pt_part): 성능평가 결과를 인쇄한다.

> cor.test(pr_part, pt_part): training data와 test data의 상관관계를 분석한다.

```
R Console                                                             _ □ ×
> p_part=predict(r_tree, tdata)
> summary(p_part)
     Failure             Success
 Min.    :0.4411    Min.    :0.2402
 1st Qu.:0.7598    1st Qu.:0.2402
 Median :0.7598    Median :0.2402
 Mean    :0.7521    Mean    :0.2479
 3rd Qu.:0.7598    3rd Qu.:0.2402
 Max.    :0.7598    Max.    :0.5589
>
> tr_part=tdata[1:241557,]
> te_part=tdata[241558:483114,]
>
> pr_part=predict(r_tree, tr_part)
> summary(pr_part)
     Failure             Success
 Min.    :0.4411    Min.    :0.2402
 1st Qu.:0.7598    1st Qu.:0.2402
 Median :0.7598    Median :0.2402
 Mean    :0.7495    Mean    :0.2505
 3rd Qu.:0.7598    3rd Qu.:0.2402
 Max.    :0.7598    Max.    :0.5589
>
> pt_part=predict(r_tree, te_part)
> summary(pt_part)
     Failure             Success
 Min.    :0.4411    Min.    :0.2402
 1st Qu.:0.7598    1st Qu.:0.2402
 Median :0.7598    Median :0.2402
 Mean    :0.7547    Mean    :0.2453
 3rd Qu.:0.7598    3rd Qu.:0.7402
 Max.    :0.7598    Max.    :0.5589
>
> cor.test(pr_part, pt_part)

        Pearson's product-moment correlation

data:  pr_part and pt_part
t = 2495.041, df = 483112, p-value < 2.2e-16
alternative hypothesis: true correlation is not equal to 0
95 percent confidence interval:
 0.9631153 0.9635215
sample estimates:
      cor
0.9633189

> |
```

해석 두 예측 변수의 상관관계는 0.963($p<.01$)으로 상관관계가 매우 높게 나타나 training data와 test data의 예측값이 비슷한 것으로 나타났다.

나 SPSS 프로그램 활용

1단계: 데이터파일을 불러온다(분석파일: 데이터마이닝_운동치료_01만.sav).

2단계: 의사결정나무를 실행시킨다.

- [SPSS 메뉴]→[분류분석]→[트리]

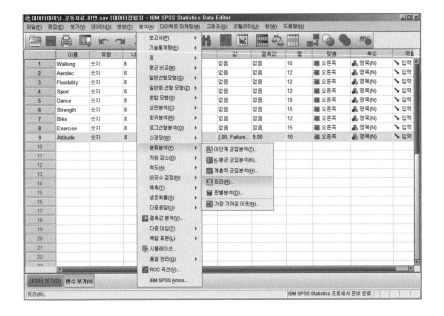

3단계: 종속변수(목표변수)로 다이어트 성공 유무(Attitude)를 선택하고 이익도표(gain chart)를
산출하기 위하여 목표(target) 범주를 선택한다(본 연구에서는 'Failure'와 'Success' 범주 모
두를 목표로 하였다).

 - [범주]를 활성화시키기 위해서는 반드시 범주에 **value label**을 부여해야 한다[예(syntax):
   VALUE LABELS Attitude (0)Failure (1)Success].

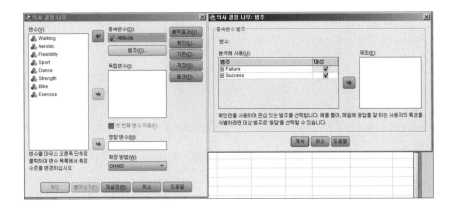

4단계: 독립변수(예측변수)를 선택한다.

 - 본 연구의 독립변수는 8개의 운동요인(Walking~Exercise)을 선택한다.

5단계: 확장방법(growing method)을 결정한다.

- 의사결정나무분석은 다양한 분리기준, 정지규칙, 가지치기 방법의 결합으로 정확하고
  빠르게 의사결정나무를 형성하기 위해 다양한 알고리즘이 제안되고 있다. 대표적인 알
  고리즘으로는 CHAID, CRT, QUEST가 있다.

구분	CHAID	CRT	QUEST
목표변수	명목형, 순서형, 연속형	명목형, 순서형, 연속형	명목형
예측변수	명목형, 순서형, 연속형	명목형, 순서형, 연속형	명목형, 순서형, 연속형
분리기준	χ^2-검정, F-검정	지니지수, 분산의 감소	χ^2-검정, F-검정
분리개수	다지분리(multiway)	이지분리(binary)	이지분리(binary)

자료: 최종후·한상태·강현철·김은석·김미경·이성건(2006). 데이터마이닝 예측 및 활용. 한나래아카데미.

- 확장방법의 선정은 노드분류 기준을 이용하여 나무형 분류모형에 따른 모형의 예측
  률(정분류율)을 검증하여 예측력이 가장 높은 모형을 선정해야 한다. 따라서 훈련표본
  (training data)과 검정표본(test data)의 정분류율이 가장 높게 나타난 알고리즘을 선정해
  야 한다.
- 본 연구에서는 목표변수와 예측변수 모두 명목형으로 CHAID를 사용하였다.

6단계: 타당도(validation)를 선택한다.

- 타당도는 생성된 나무가 표본에 그치지 않고 분석표본의 출처인 모집단에 확대 적용될 수 있는가를 검토하는 작업을 의미한다(허명회, 2007: pp. 116-117).

- 즉 관측표본을 훈련표본(training data)과 검정표본(test data)으로 분할하여 훈련표본으로 나무를 만들고, 그 나무의 평가는 검정표본으로 한다(본 연구에서는 훈련표본과 검정표본의 비율을 50:50으로 검증하였다).

- [확인(L)]을 선택하여 [분할 표본 검증(S)]을 선택한다. 그런 다음 [결과 표시]를 지정한 후 [계속] 버튼을 누른다.

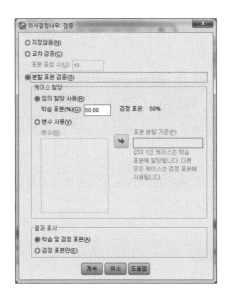

7단계: 기준(criteria)을 선택한다.

- 기준은 나무의 깊이, 분리기준 등을 선택한다.

- [기준(C)]을 선택한 후 [확장 한계] 탭을 선택한다. 본 연구의 확장 한계는 나무의 최대 깊이는 기본값인 3으로 선택하였고, 최소 케이스 수는 [기본값]인 상위 노드(부모 노드)의 최소 케이스 수 100, 하위 노드의 최소 케이스 수 50으로 지정하였다.

- [CHAID]를 선택한 후 분리기준(유의수준, 카이제곱 통계량)을 선택한다. 유의수준이 작을 수록 단순한 나무가 생성되며, 범주 합치기에서는 유의수준이 클수록 병합이 억제된다. 카이제곱 통계량은 피어슨 또는 우도비 중 선택할 수 있다.

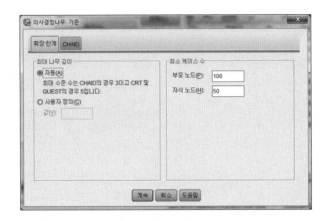

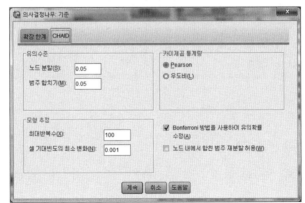

8단계: [출력결과(U)]를 선택한 후 [계속] 버튼을 누른다.

- 출력결과에서는 나무표시, 통계량, 노드 성능, 분류 규칙을 선택할 수 있다.

- 이익도표를 산출하기 위해서는 통계량에서 [비용, 사전확률, 점수 및 이익 값]을 선택한 후 [누적 통계량 표시]를 선택해야 한다.

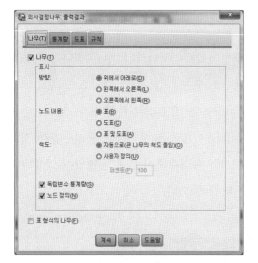
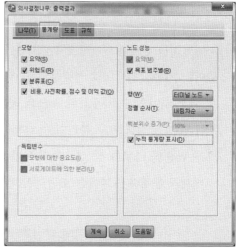

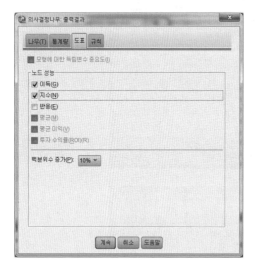
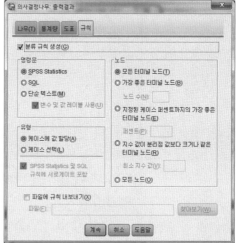

9단계: [저장(S)]을 선택한 후 [계속] 버튼을 누른다.

- 터미널 노드 번호, 예측값 등을 저장한다(본 연구에서는 저장하지 않음).

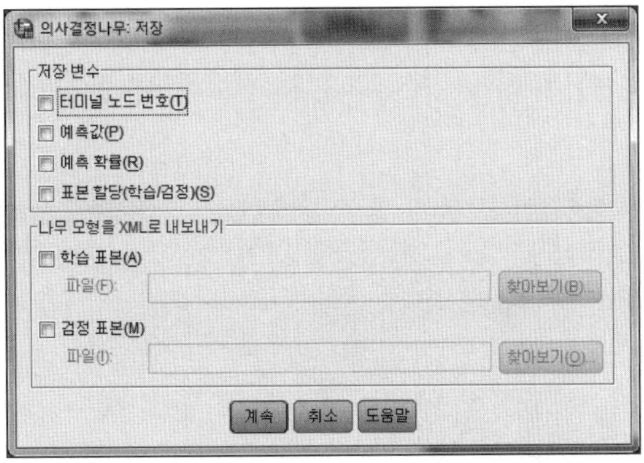

10단계: 의사결정나무 메인메뉴에서 [확인] 버튼을 눌러 분류결과를 확인한다.

분류

표본	관측	예측		
		.00 Failure	1.00 Success	정확도 퍼센트
학습	.00 Failure	177865	3768	97.9%
	1.00 Success	55174	4666	7.8%
	전체 퍼센트	96.5%	3.5%	75.6%
검정	.00 Failure	177954	3766	97.9%
	1.00 Success	55282	4639	7.7%
	전체 퍼센트	96.5%	3.5%	75.6%

성장방법: CHAID
종속변수: attitude

해석 확장방법을 선정하기 위하여 훈련(학습)표본(75.6%)과 검정표본(75.6%)의 정분류율을 각각의 알고리즘 (CHAID , CRT, QUEST)별로 확인한 후 최종 확장방법을 선정해야 한다.

11단계: 위험도를 확인한다.

위험도

표본	추정값	표준오차
학습	.244	.001
검정	.244	.001

성장방법: CHAID
종속변수: attitude

위험도 해석 본 연구에서 데이터 분할에 의한 타당성 평가를 위해 훈련표본과 검정표본을 비교한 결과 훈련표본 의 위험추정값은 .244(표준오차 .001), 검정표본의 위험추정값은 .244(표준오차 .001)로 나타났다. 이로써 본 비만 위험요인의 예측모형은 일반화에 무리가 없는 것으로 나타났다. 따라서 다음과 같이 일반화 자료(훈련표본과 검 정표본을 구분하지 않은 전체 자료)로 의사결정나무분석을 실시하였다.

12단계: 선정된 확장방법에 따라 일반화 분석결과를 확인한다.

(아래 의사결정나무는 분할표본 검증을 지정하지 않고 분석한 결과이다.)

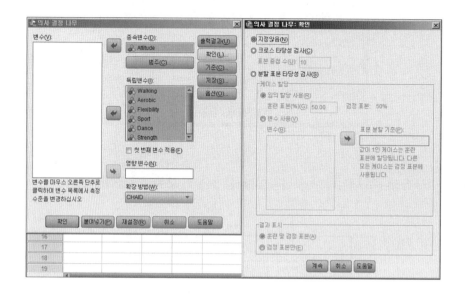

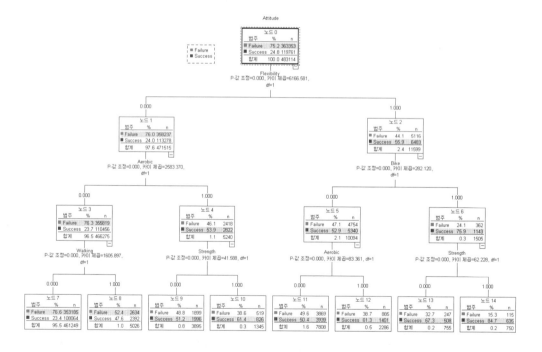

분석방법: 본 연구는 SPSS 22.0의 분류분석에서 트리를 사용하여 데이터마이닝의 의사결정나무분석을 실시하였다. 본 연구의 의사결정나무분석은 훈련표본(training data)과 검정표본(testing data)을 지정하지 않고 설정하여 최종 확장 모형을 선정하였다.

본 연구에서는 가능한 모든 상호작용효과를 자동적으로 탐색하는 CHAID 알고리즘이 선정되었다. CHAID 알고리즘은 종속변수가 이산형이므로 분리기준은 카이제곱(χ^2) 검정을 사용하였다. 상위 노드(부모마디)의 최소 케이스 수는 100이며, 하위 노드(자식마디)의 최소 케이스 수는 50으로 설정하고, 최대 나무 깊이는 3수준으로 결정하였다.

의사결정나무 해석 나무구조의 최상위에 있는 뿌리마디는 독립변수가 투입되지 않은 종속변수의 빈도를 나타낸다. 뿌리마디의 다이어트 성공 확률은 24.8%로 나타났다. 뿌리마디 하단의 가장 상위에 위치하는 변수가 종속변수에 가장 영향력이 높은(관련성이 깊은) 변수로, 본 분석에서는 Flexibility 요인의 영향력이 가장 큰 것으로 나타났다.

즉 Flexibility 요인이 있는 경우 다이어트 성공 확률은 55.9%로 증가한 반면, Flexibility 요인이 없는 경우 다이어트 성공 확률은 24.0%로 감소하였다. Flexibility 요인이 있고 Bike 요인이 있는 경우 다이어트 성공 확률은 75.9%로 증가하였으며, Flexibility 요인이 있고 Bike 요인이 있으며, Strength 요인이 있으면 다이어트 성공 확률은 84.7%로 증가하였다.

13단계: 비만 위험 예측모형에 대한 이익도표(gain chart)를 확인한다.

목표 범주: 1.00 Success

노드에 대한 이득

노드	노드별		이득				누적		이득			
	N	퍼센트	N	퍼센트	반응	지수	N	퍼센트	N	퍼센트	반응	지수
14	750	0.2%	635	0.5%	84.7%	341.5%	750	0.2%	635	0.5%	84.7%	341.5%
13	755	0.2%	508	0.4%	67.3%	271.4%	1505	0.3%	1143	1.0%	75.9%	306.4%
10	1345	0.3%	826	0.7%	61.4%	247.7%	2850	0.6%	1969	1.6%	69.1%	278.7%
12	2286	0.5%	1401	1.2%	61.3%	247.2%	5136	1.1%	3370	2.8%	65.6%	264.7%
9	3895	0.8%	1996	1.7%	51.2%	206.7%	9031	1.9%	5366	4.5%	59.4%	239.7%
11	7808	1.6%	3939	3.3%	50.4%	203.5%	16839	3.5%	9305	7.8%	55.3%	222.9%
8	5026	1.0%	2392	2.0%	47.6%	192.0%	21865	4.5%	11697	9.8%	53.5%	215.8%
7	461249	95.5%	108064	90.2%	23.4%	94.5%	483114	100.0%	119761	100.0%	24.8%	100.0%

성장방법: CHAID
종속변수: attitude

이익도표 해석 상기 표와 같이 이익도표의 가장 상위 노드가 다이어트 성공 확률이 가장 높은 집단이다. Flexibility 요인이 있고 Bike 요인이 있으며, Strength 요인이 있는 14번째 노드의 지수(index)가 341.5%로 뿌리마디와 비교했을 때 14번 노드의 조건을 가진 집단의 다이어트 성공확률은 약 3.42배로 나타났다.

데이터마이닝의 분류모형 평가는 일반적으로 훈련용 데이터(training data)에 의해 만들어진 모형함수를 시험용 데이터(test data)에 적용하였을 때 나타나는 분류의 정확도를 이용한다(이정진, 2011: p. 210). 모형평가는 실제집단과 분류집단의 오분류표[표 3-1]로 검정할 수 있다.

[표 3-1]의 분류모형의 평가지표 중 '정확도(accuracy)=$(N_{00}+ N_{11})/N$'는 전체 데이터 중 올바르게 분류된 비율이며, '오류율(error rate)=$(N_{01}+N_{10})/N$'은 오분류된 비율이다. '민감도(sensitivity)=$N_{00}/(N_{00}+N_{01})$'는 실패문서 중 정분류된 자료의 비율이며, '특이도(specificity)=$N_{11}/(N_{10}+N_{11})$'는 성공문서 중 정분류된 자료의 비율이고, '정밀도(precision)=$N_{00}/(N_{00}+N_{10})$'는 실패로 분류된 문서 중에서 실제 실패한 문서의 비율을 말한다(박창이 외, 2011: p. 90; 이정진, 2011: p. 211).

[표 3-1] 오분류표(다이어트 성공/실패 사례)

실제집단 \ 분류집단	0(Failure)	1(Success)
0(Failure)	N_{00}	N_{01}
1(Success)	N_{10}	N_{11}

* N: 전체 데이터 수

■ R script 예: 비만 운동요인의 위험 예측 분류 평가

본 절의 비만 운동요인의 위험 예측 분류 평가는 통계적 이론에 근거한 베이즈분류(Bayes classification)[3] 모형을 사용하였다.

> install.packages(MASS): 베이즈분류모형(MASS) 패키지를 설치한다.

---

3. 베이즈 정리(사전확률에서 특정한 사건이 일어날 경우 그 확률이 바뀔 수 있다는 뜻으로, 즉 사후확률은 사전확률을 통해 예측할 수 있다)에 근거하여 분류모형을 예측한다.

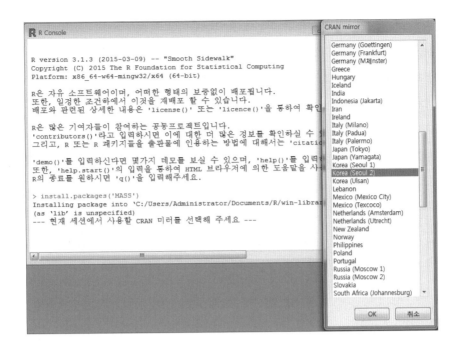

> library(MASS): MASS 패키지를 로딩한다.

> bayes_data = read.table('f:/R_기초통계분석/비만운동예측.txt', header=T): 비만운동 데이터 파일을 bayes_data 변수에 할당한다.

- '비만운동예측.txt'파일은 '데이터마이닝_운동치료_01만.sav' 파일에서 복사한다.

> attach(bayes_data): bayes_data를 기준 데이터 셋으로 고정 설정한다.

> train_data=bayes_data[1:241557,]: 모형 훈련을 위한 데이터셋(50%)을 생성한다.

> test_data=bayes_data[241558:483114,]: 모형 검증을 위한 데이터셋(50%)을 생성한다.

> group_data=Attitude[1:241557]: 종속변수를 열(column)로 가지는 데이터셋을 생성한다.

> train_data.lda=lda(Attitude~Walking+Aerobic+Flexibility+Sport+Dance+

+Strength+Bike+Exercise, data=train_data)

- train_data 데이터셋으로 베이즈분류모형을 실행한다.

- Attitude: 종속변수(성공, 실패)

- Walking~Exercise: 독립변수

> train_data.lda: 모형을 확인한다.

> ldapred=predict(train_data.lda, test_data)$class: 데이터셋으로 모형예측을 실시한다.

> classification=table(group_data, ldapred): 모형평가를 실시한다.

> classification: 모형평가 결과를 화면에 출력한다.

– 분류결과를 'Failure, Success' 순으로 분석하기 위해서는 '비만운동예측.txt' 파일 첫 번째 라인의 Attitude에 Failure가 우선 출현되어야 한다.

– 첫 번째 라인: 1.00 .00 1.00 .00 .00 .00 .00 .00 Failure

```
> library(MASS)
경고메시지(들):
패키지 'MASS'는 R 버전 3.2.5에서 작성되었습니다
> bayes_data = read.table('c:/R소셜_1부3장/비만운동예측.txt',header=T)
> attach(bayes_data)
> train_data=bayes_data[1:241557,]
> test_data=bayes_data[241558:483114,]
> group_data=Attitude[1:241557]
> train_data.lda=lda(Attitude~Working+Aerobic+Flexibility+Sport+Dance+Strength+Bike+Exercise,data=train_data)
> train_data.lda
Call:
lda(Attitude ~ Working + Aerobic + Flexibility + Sport + Dance +
    Strength + Bike + Exercise, data = train_data)

Prior probabilities of groups:
  Failure   Success
0.7484693 0.2515307

Group means:
          Working   Aerobic Flexibility      Sport      Dance
Failure 0.01732873 0.01305324  0.01828560 0.002981228 0.002284317
Success 0.06896098 0.05962903  0.07378331 0.010566336 0.010467585
          Strength        Bike    Exercise
Failure 0.006747862 0.006471311 0.001554221
Success 0.036258003 0.028884610 0.003801906

Coefficients of linear discriminants:
                  LD1
Working     2.0622147
Aerobic     1.8709585
Flexibility 2.5585858
Sport       0.9490126
Dance       0.2226096
Strength    1.7102946
Bike        0.8547541
Exercise    0.5313118
> ldapred=predict(train_data.lda, test_data)$class
> classification=table(group_data, ldapred)
> classification
          ldapred
group_data Failure Success
   Failure  178554    2244
   Success   60365     394
> |
```

해석 데이터마이닝 분류모형의 평가지표 산출 함수 참고

– 정확도: (178554+394)/241557=74.1%

– 오류율: (60365+2244)/241557=25.9%

– 민감도: 178554/(178554+2244)=98.8%

– 특이도: 394/(60365+394)=0.64%

– 정밀도: 178554/(178554+60365)=74.7%

■ 데이터마이닝 분류모형의 평가지표 산출 함수

데이터마이닝 분류모형의 평가지표를 산출하기 위한 R함수는 다음과 같다.

> perm_a=function(p1, p2, p3, p4) {pr_a=(p1+p4)/sum(p1, p2, p3, p4)
  return(pr_a)}: 정확도 산출 함수(perm_a)를 작성한다.
> perm_a(178554, 2244, 60365, 394): 정확도를 산출한다.
> perm_e=function(p1, p2, p3, p4) {pr_e=(p2+p3)/sum(p1, p2, p3, p4)
  return(pr_e)}: 오류율 산출 함수(perm_e)를 작성한다.
> perm_e(178554, 2244, 60365, 394): 오류율을 산출한다.
> perm_s=function(p1, p2, p3, p4) {pr_s=p1/(p1+p2)
  return(pr_s)}: 민감도 산출 함수(perm_s)를 작성한다.
> perm_s(178554, 2244, 60365, 394): 민감도를 산출한다.
> perm_sp=function(p1, p2, p3, p4) {pr_sp=p4/(p3+p4)
  return(pr_sp)}: 특이도 산출 함수(perm_sp)를 작성한다.
> perm_sp(178554, 2244, 60365, 394): 특이도를 산출한다.
> perm_p=function(p1, p2, p3, p4) {pr_p=p1/(p1+p3)
  return(pr_p)}: 정밀도 산출 함수(perm_p)를 작성한다.
> perm_p(178554, 2244, 60365, 394): 정밀도를 산출한다.

```
R Console
> perm_a=function(p1, p2, p3, p4) {pr_a=(p1+p4)/sum(p1, p2, p3, p4)
+         return(pr_a)}
> perm_a(178554, 2244, 60365, 394)
[1] 0.7408107
> perm_e=function(p1, p2, p3, p4) {pr_e=(p2+p3)/sum(p1, p2, p3, p4)
+         return(pr_e)}
> perm_e(178554, 2244, 60365, 394)
[1] 0.2591893
> perm_s=function(p1, p2, p3, p4) {pr_s=p1/(p1+p2)
+         return(pr_s)}
> perm_s(178554, 2244, 60365, 394)
[1] 0.9875884
> perm_sp=function(p1, p2, p3, p4) {pr_sp=p4/(p3+p4)
+         return(pr_sp)}
> perm_sp(178554, 2244, 60365, 394)
[1] 0.006484636
> perm_p=function(p1, p2, p3, p4) {pr_p=p1/(p1+p3)
+         return(pr_p)}
> perm_p(178554, 2244, 60365, 394)
[1] 0.7473411
> |
```

연관분석(association analysis)은 대용량 데이터베이스에서 변수들 간의 의미 있는 관계를 탐색하기 위한 방법으로 주로 기업의 데이터베이스에서 상품의 구매, 서비스 등 일련의 거래 또는 사건(event)들 간의 연관성에 대한 규칙을 발견하기 위해 적용된다(박창이 외, 2011: p. 227).

연관분석은 특별한 통계적 과정이 필요하지 않으며 빅데이터에 숨어 있는 연관규칙(association rule)을 찾는 것이다. 연관규칙 분석은 흔히 알고 있는 '기저귀를 구매하는 남성이 맥주를 함께 구매한다'는 장바구니 분석 사례에서 활용되는 분석기법으로, 트윗 데이터도 장바구니 분석을 확장하여 적용할 수 있다(유충현·홍성학, 2015: p. 676). 개별 트윗은 장바구니이고, 트윗에 사용된 단어들은 구매를 목적으로 장바구니에 담아놓은 상품에 해당된다고 생각하면 된다.

소셜 빅데이터 분석에서 연관분석은 하나의 온라인 문서(transaction)에 포함된 둘 이상의 단어들에 대한 상호관련성을 발견하는 것으로, 동시에 발생한 어떤 단어들의 집합에 대해 조건과 연관규칙을 찾는 분석방법이다. 전체 문서에서 연관규칙의 평가 측도는 지지도(support), 신뢰도(confidence), 향상도(lift)로 나타낼 수 있다.

지지도는 전체 문서에서 해당 연관규칙(X→Y)에 해당하는 데이터의 비율(s=$\frac{n(X \cup Y)}{N}$)이며, 신뢰도는 단어 X를 포함하는 문서 중에서 단어 Y도 포함하는 문서의 비율(c=$\frac{n(X \cup Y)}{n(X)}$)을 의미한다. 향상도는 단어 X가 주어지지 않았을 때 단어 Y의 확률 대비 단어 X가 주어졌을 때 단어 Y의 확률의 증가비율(l=$\frac{c(X \rightarrow Y)}{s(Y)}$)로, 향상도가 클수록 단어 X의 발생 여부가 단어 Y의 발생 여부에 큰 영향을 미치게 된다. 따라서 지지도는 자주 발생하지 않는 규칙을 제거하는 데 이용되며 신뢰도는 단어들의 연관성 정도를 파악하는 데 쓰일 수 있다. 향상도는 연관규칙(X→Y)에서 단어 X가 없을 때보다 있을 때 단어 Y가 발생할 비율을 나타낸다. 연관분석 과정은 연구자가 지정한 최소 지지도를 만족시키는 빈발항목집합(frequent item set)을 생성한 후, 이들에 대해 최저 신뢰도 기준을 마련하고 향상도가 1 이상인 것을 규칙으로 채택한다(박희창, 2010).

소셜 빅데이터의 연관분석은 문서에서 나타나는 단어(이항 데이터: 문서에서 나타나는 단어의 유무로 측정된 데이터)의 연관규칙을 찾는 것으로 선험적 규칙(apriori principle)[4] 알고리즘

---

4. 아프리오리 알고리즘(Apriori Algorithm)은 1994년 R. Agrawal과 R. Srikant가 제안하여 연관 규칙학습과 어느 정도 동의어가 되었다(브래트 란츠 지음·전철욱 옮김, 2014: p. 310).

(algorithm)을 사용한다. 선험적 규칙은 모든 항목집합에 대한 지지도를 계산하지 않고 원하는 빈발항목집합(최소 지지도 이상을 가지는 항목집합)을 찾아내는 방법으로, 한 항목집합이 빈발하다면 이 항목집합의 모든 부분집합은 빈발항목집합이며, 한 항목집합이 비빈발하다면 이 항목집합을 포함하는 모든 집합은 비빈발항목집합이다(이정진, 2011: p. 123).

소셜 빅데이터에서 선험적 알고리즘의 적용은 R의 arules 패키지의 **apriori** 함수로 연관규칙을 찾을 수 있다. 소셜 빅데이터의 연관분석은 키워드(예: 운동치료 관련 키워드) 간의 규칙을 찾는 방법과 운동치료 키워드와 종속변수[예: 다이어트 성공 여부(Failure, Success)] 간의 규칙을 찾는 방법이 있다.

3-1 키워드 간 연관분석

비만 관련 소셜 빅데이터에서 운동치료 키워드 간에 연관분석 절차는 다음과 같다.[5]

> install.packages('foreign'): SPSS 데이터파일을 읽어들이는 패키지를 설치한다.

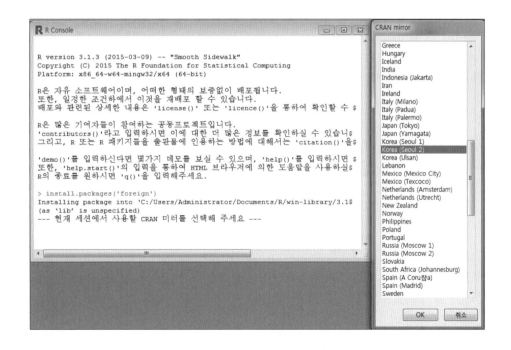

---

5. 연관분석에 사용되는 arulesViz 패키지는 R version 3.1.3에서는 실행되지 않기 때문에 R version 3.2.1을 설치한 후, 연관분석을 실시해야 한다.

> library(foreign): foreign 패키지를 로딩한다.

> setwd("f:/R_기초통계분석"): 작업용 디렉터리를 지정한다.

> asso=read.spss(file='비만_연관규칙_운동_E_20150704.sav', use.value.labels=T, use. missings=T, to.data.frame=T): 운동요인 데이터파일을 asso 변수에 할당한다.

> install.packages("arules"): 'arules' 패키지를 설치한다.

> library(arules): 'arules' 패키지를 로딩한다.

– 다른 패키지와의 충돌로 arules 패키지가 로딩되지 않을 경우 R 프로그램을 종료한 후 다시 설치하면 로딩할 수 있다.

> trans=as.matrix(asso, "Transaction"): asso 변수를 matrix로 변환하여 trans 변수에 할당한다.

> rules1=apriori(trans, parameter=list(supp=0.001, conf=0.4, target="rules")): 지지도 0.001, 신뢰도 0.4 이상인 규칙을 찾아 rule1 변수에 할당한다.

```
R R Console

> library(foreign)
> setwd("f:/R_기초통계분석")
> asso=read.spss(file='비만_연관규칙_운동_E_20150704.sav', use.value.labels=T,use.missings=T,to.data.frame=T)
경고메시지:
1: In read.spss(file = "비만_연관규칙_운동_E_20150704.sav", use.value.labels = T,  :
  비만_연관규칙_운동_E_20150704.sav: Unrecognized record type 7, subtype 18 encountered in system file
2: In read.spss(file = "비만_연관규칙_운동_E_20150704.sav", use.value.labels = T,  :
  비만_연관규칙_운동_E_20150704.sav: Unrecognized record type 7, subtype 24 encountered in system file
> install.packages("arules")
Installing package into 'C:/Users/Administrator/Documents/R/win-library/3.1'
(as 'lib' is unspecified)
URL 'http://healthstat.snu.ac.kr/CRAN/bin/windows/contrib/3.1/arules_1.1-7.zip'을 시도합니다
Content type 'application/zip' length 1809301 bytes (1.7 MB)
URL을 열었습니다
downloaded 1.7 MB

패키지 'arules'를 성공적으로 압축해제하였고 MD5 sums 이 확인되었습니다

다운로드된 바이너리 패키지들은 다음의 위치에 있습니다
        C:\Users\Administrator\AppData\Local\Temp\Rtmp0m6H0p\downloaded_packages
> library(arules)
필요한 패키지를 로딩중입니다: Matrix

다음의 패키지를 부착합니다: 'arules'

The following objects are masked from 'package:base':

    %in%, write

> trans=as.matrix(asso,"Transaction")
> rules1=apriori(trans,parameter=list(supp=0.001,conf=0.4,target="rules"))

Parameter specification:
 confidence minval smax arem  aval originalSupport support minlen maxlen
        0.4    0.1    1 none FALSE            TRUE   0.001      1     10
 target   ext
  rules FALSE

Algorithmic control:
 filter tree heap memopt load sort verbose
    0.1 TRUE TRUE  FALSE TRUE    2    TRUE

apriori - find association rules with the apriori algorithm
version 4.21 (2004.05.09)        (c) 1996-2004   Christian Borgelt
set item appearances ...[0 item(s)] done [0.00s].
set transactions ...[25 item(s), 1207561 transaction(s)] done [0.14s].
sorting and recoding items ... [11 item(s)] done [0.00s].
creating transaction tree ... done [0.08s].
checking subsets of size 1 2 3 4 done [0.00s].
writing ... [25 rule(s)] done [0.00s].
creating S4 object  ... done [0.05s].
> |
```

> inspect(sort(rules1)): 지지도가 큰 순서로 정렬(sort)하여 화면에 출력한다.

- inspect()함수는 lhs, rhs, support, confidence, lift 값을 출력한다.

- lhs(left-hand-side)는 선행(antecedent)을 의미하며, rhs(right-hand-side)는 후항(consequent)을 의미한다.

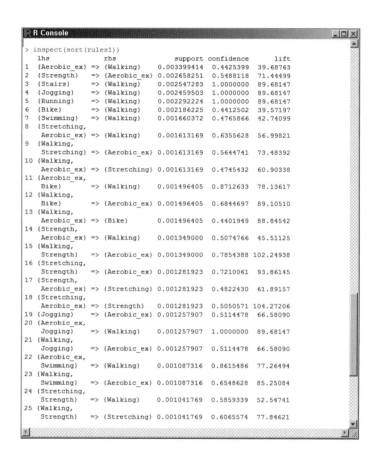

```
R Console                                                              _ □ x
> inspect(sort(rules1))
    lhs                rhs            support confidence      lift
1   {Aerobic_ex} => {Walking}     0.003399414 0.4425399  39.68763
2   {Strength}   => {Aerobic_ex}  0.002658251 0.5488118  71.44499
3   {Stairs}     => {Walking}     0.002547283 1.0000000  89.68147
4   {Jogging}    => {Walking}     0.002459503 1.0000000  89.68147
5   {Running}    => {Walking}     0.002292224 1.0000000  89.68147
6   {Bike}       => {Walking}     0.002186225 0.4412502  39.57197
7   {Swimming}   => {Walking}     0.001660372 0.4765866  42.74099
8   {Stretching,
     Aerobic_ex} => {Walking}     0.001613169 0.6355628  56.99821
9   {Walking,
     Stretching} => {Aerobic_ex}  0.001613169 0.5644741  73.48392
10  {Walking,
     Aerobic_ex} => {Stretching}  0.001613169 0.4745432  60.90338
11  {Aerobic_ex,
     Bike}       => {Walking}     0.001496405 0.8712633  78.13617
12  {Walking,
     Bike}       => {Aerobic_ex}  0.001496405 0.6844697  89.10510
13  {Walking,
     Aerobic_ex} => {Bike}        0.001496405 0.4401949  88.84542
14  {Strength,
     Aerobic_ex} => {Walking}     0.001349000 0.5074766  45.51125
15  {Walking,
     Strength}   => {Aerobic_ex}  0.001349000 0.7854388 102.24938
16  {Stretching,
     Strength}   => {Aerobic_ex}  0.001281923 0.7210061  93.86145
17  {Strength,
     Aerobic_ex} => {Stretching}  0.001281923 0.4822430  61.89157
18  {Stretching,
     Aerobic_ex} => {Strength}    0.001281923 0.5050571 104.27206
19  {Jogging}    => {Aerobic_ex}  0.001257907 0.5114478  66.58090
20  {Aerobic_ex,
     Jogging}    => {Walking}     0.001257907 1.0000000  89.68147
21  {Walking,
     Jogging}    => {Aerobic_ex}  0.001257907 0.5114478  66.58090
22  {Aerobic_ex,
     Swimming}   => {Walking}     0.001087316 0.8615486  77.26494
23  {Walking,
     Swimming}   => {Aerobic_ex}  0.001087316 0.6548628  85.25084
24  {Stretching,
     Strength}   => {Walking}     0.001041769 0.5859339  52.54741
25  {Walking,
     Strength}   => {Stretching}  0.001041769 0.6065574  77.84621
```

> summary(rules1): 연관규칙에 대해 summary하여 화면에 출력한다.

```
R Console                                                          _ □ ×

> summary(rules1)
set of 25 rules

rule length distribution (lhs + rhs):sizes
 2  3
 8 17

   Min. 1st Qu.  Median   Mean 3rd Qu.   Max.
   2.00    2.00    3.00   2.68    3.00   3.00

summary of quality measures:
    support            confidence            lift
 Min.   :0.001042   Min.   :0.4402   Min.   : 39.57
 1st Qu.:0.001258   1st Qu.:0.5051   1st Qu.: 60.90
 Median :0.001496   Median :0.5859   Median : 77.26
 Mean   :0.001644   Mean   :0.6525   Mean   : 73.34
 3rd Qu.:0.001660   3rd Qu.:0.7854   3rd Qu.: 89.68
 Max.   :0.003399   Max.   :1.0000   Max.   :104.27

mining info:
  data ntransactions support confidence
  trans      1207561   0.001        0.4
> |
```

> rules.sorted=sort(rules1, by="confidence"): 신뢰도를 기준으로 정렬한다.

> inspect(rules. sorted): 신뢰도가 큰 순서로 정렬하여 화면에 출력한다.

```
R Console                                                          _ □ ×

> rules.sorted=sort(rules1, by="confidence")
> inspect(rules.sorted)
    lhs              rhs              support    confidence     lift
1   {Stairs}      => {Walking}       0.002547283 1.0000000  89.68147
2   {Running}     => {Walking}       0.002292224 1.0000000  89.68147
3   {Jogging}     => {Walking}       0.002459503 1.0000000  89.68147
4   {Aerobic_ex,
     Jogging}     => {Walking}       0.001257907 1.0000000  89.68147
5   {Aerobic_ex,
     Bike}        => {Walking}       0.001496405 0.8712633  78.13617
6   {Aerobic_ex,
     Swimming}    => {Walking}       0.001087316 0.8615486  77.26494
7   {Walking,
     Strength}    => {Aerobic_ex}    0.001349000 0.7854388 102.24938
8   {Stretching,
     Strength}    => {Aerobic_ex}    0.001281923 0.7210061  93.86145
9   {Walking,
     Bike}        => {Aerobic_ex}    0.001496405 0.6844697  89.10510
10  {Walking,
     Swimming}    => {Aerobic_ex}    0.001087316 0.6548628  85.25084
11  {Stretching,
     Aerobic_ex}  => {Walking}       0.001613169 0.6355628  56.99821
12  {Walking,
     Strength}    => {Stretching}    0.001041769 0.6065574  77.84621
13  {Stretching,
     Strength}    => {Walking}       0.001041769 0.5859339  52.54741
14  {Walking,
     Stretching}  => {Aerobic_ex}    0.001613169 0.5644741  73.48392
15  {Strength}    => {Aerobic_ex}    0.002658251 0.5488118  71.44499
16  {Jogging}     => {Aerobic_ex}    0.001257907 0.5114478  66.58090
17  {Walking,
     Jogging}     => {Aerobic_ex}    0.001257907 0.5114478  66.58090
18  {Strength,
     Aerobic_ex}  => {Walking}       0.001349000 0.5074766  45.51125
19  {Stretching,
     Aerobic_ex}  => {Strength}      0.001281923 0.5050571 104.27206
20  {Strength,
     Aerobic_ex}  => {Stretching}    0.001281923 0.4822430  61.89157
21  {Swimming}    => {Walking}       0.001660372 0.4765866  42.74099
22  {Walking,
     Aerobic_ex}  => {Stretching}    0.001613169 0.4745432  60.90338
23  {Aerobic_ex}  => {Walking}       0.003399414 0.4425399  39.68763
24  {Bike}        => {Walking}       0.002186225 0.4412502  39.57197
25  {Walking,
     Aerobic_ex}  => {Bike}          0.001496405 0.4401949  88.84542
> |
```

> rules.sorted=sort(rules1, by="lift"): 향상도를 기준으로 정렬한다.

> inspect(rules. sorted): 향상도가 큰 순서로 정렬하여 화면에 출력한다.

```
R Console                                                      _□X
> rules.sorted=sort(rules1, by="lift")
> inspect(rules.sorted)
   lhs              rhs              support    confidence lift
1  {Stretching,
   Aerobic_ex} => {Strength}   0.001281923 0.5050571 104.27206
2  {Walking,
   Strength}   => {Aerobic_ex} 0.001349000 0.7854388 102.24938
3  {Stretching,
   Strength}   => {Aerobic_ex} 0.001281923 0.7210061  93.86145
4  {Stairs}     => {Walking}    0.002547283 1.0000000  89.68147
5  {Running}    => {Walking}    0.002292224 1.0000000  89.68147
6  {Jogging}    => {Walking}    0.002459503 1.0000000  89.68147
7  {Aerobic_ex,
   Jogging}    => {Walking}    0.001257907 1.0000000  89.68147
8  {Walking,
   Bike}       => {Aerobic_ex} 0.001496405 0.6844697  89.10510
9  {Walking,
   Aerobic_ex} => {Bike}       0.001496405 0.4401949  88.84542
10 {Walking,
   Swimming}   => {Aerobic_ex} 0.001087316 0.6548628  85.25084
11 {Aerobic_ex,
   Bike}       => {Walking}    0.001496405 0.8712633  78.13617
12 {Walking,
   Strength}   => {Stretching} 0.001041769 0.6065574  77.84621
13 {Aerobic_ex,
   Swimming}   => {Walking}    0.001087316 0.8615486  77.26494
14 {Walking,
   Stretching} => {Aerobic_ex} 0.001613169 0.5644741  73.48392
15 {Strength}   => {Aerobic_ex} 0.002658251 0.5488118  71.44499
16 {Jogging}    => {Aerobic_ex} 0.001257907 0.5114478  66.58090
17 {Walking,
   Jogging}    => {Aerobic_ex} 0.001257907 0.5114478  66.58090
18 {Strength,
   Aerobic_ex} => {Stretching} 0.001281923 0.4822430  61.89157
19 {Walking,
   Aerobic_ex} => {Stretching} 0.001613169 0.4745432  60.90338
20 {Stretching,
   Aerobic_ex} => {Walking}    0.001613169 0.6355628  56.99821
21 {Stretching,
   Strength}   => {Walking}    0.001041769 0.5859339  52.54741
22 {Strength,
   Aerobic_ex} => {Walking}    0.001349000 0.5074766  45.51125
23 {Swimming}   => {Walking}    0.001660372 0.4765866  42.74099
24 {Aerobic_ex} => {Walking}    0.003399414 0.4425399  39.68763
25 {Bike}       => {Walking}    0.002186225 0.4412502  39.57197
> |
```

해석 상기 결과와 같이 비만에 대한 운동 키워드의 연관성 예측에서 {Stretching, Aerobic_ex} => {Strength} 세 변인의 연관성은 지지도 0.001, 신뢰도는 0.5051, 향상도는 104.27로 나타났다. 이는 온라인 문서에서 Stretching, Aerobic_ex가 언급되면 Strength가 나타날 확률이 50.5%이며, Stretching, Aerobic_ex가 언급되지 않은 문서보다 Strength가 나타날 확률이 약 104.3배 높아지는 것을 의미한다.

제한 규칙만 추출 1

> rule_sub=subset(rules1, subset=lift>=70.0): lift가 70 이상인 연관규칙만 추출한다.

> inspect(sort(rule_sub, by="lift")): 향상도가 큰 순서로 정렬하여 화면에 출력한다.

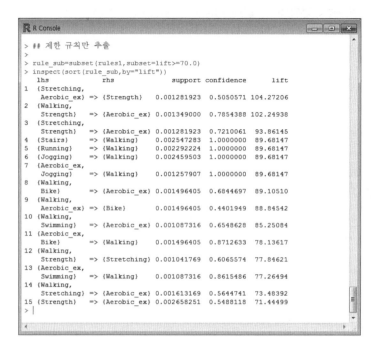

제한 규칙만 추출 2

> rule_sub=subset(rules1, subset=rhs%pin% 'Aerobic_ex' & lift>=70.0)

- rhs가 'Aerobic_ex'이면서 'lift>=70.0'인 연관규칙을 추출한다.

> inspect(sort(rule_sub, by="lift"))

■ 연관분석 결과의 시각화

> rules1=apriori(trans, parameter=list(supp=0.001, conf=0.4, target="rules")): 지지도 0.001, 신뢰도 0.4 이상인 규칙을 찾아 rule1 변수에 할당한다.

> install.packages("arulesViz"): 연관규칙의 시각화(visualization) 패키지 'arulesViz'를 설치한다.

> library(arulesViz): 'arulesViz' 패키지를 로딩한다.

> plot(rules1, method='graph', control=list(type='items'))

– 그래프 기반 시각화(graphed-based visualization)

– 원의 크기가 클수록 지지도가 크고, 색상이 짙을수록 향상도가 크다.

> plot(rules1, method='paracoord', control=list(reorder=T))

– 병렬좌표 플롯(parallel coordinates plots) 시각화

– 선의 굵기는 지지도의 크기에 비례하고 색상의 농담은 향상도의 크기에 비례한다.

> plot(rules1, method='grouped')

– 그룹화 행렬 기반 시각화(grouped matrix-based visualizations)

– 원의 크기가 클수록 지지도가 크고 색상이 짙을수록 향상도가 크다.

```
R Console                                                          _ □ ×

> install.packages("arulesViz")
also installing the dependencies 'xtable', 'pkgmaker', 'registry', 'rn$

URL 'http://healthstat.snu.ac.kr/CRAN/bin/windows/contrib/3.1/xtable_1.7-4.zi$
Content type 'application/zip' length 382552 bytes (373 KB)
URL을 열었습니다
downloaded 373 KB

URL 'http://healthstat.snu.ac.kr/CRAN/bin/windows/contrib/3.1/pkgmaker_0.22.z$
Content type 'application/zip' length 556805 bytes (543 KB)
URL을 열었습니다
downloaded 543 KB

URL 'http://healthstat.snu.ac.kr/CRAN/bin/windows/contrib/3.1/registry_0.2.zi$
Content type 'application/zip' length 207510 bytes (202 KB)
URL을 열었습니다
downloaded 202 KB

URL 'http://healthstat.snu.ac.kr/CRAN/bin/windows/contrib/3.1/rngtools_1.2.4.$
Content type 'application/zip' length 154813 bytes (151 KB)
URL을 열었습니다
downloaded 151 KB
> library(arulesViz)
필요한 패키지를 로딩중입니다: grid

다음의 패키지를 부착합니다: 'arulesViz'

The following object is masked from 'package:base':

    abbreviate

> plot(rules1, method='graph',control=list(type='items'))
> plot(rules1, method='paracoord',control=list(reorder=T))
> plot(rules1, method='grouped')
> |
```

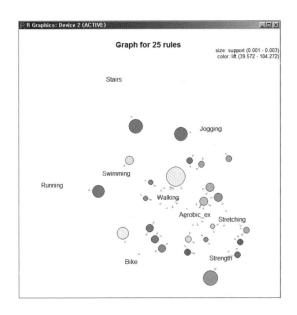

해석 비만과 관련된 운동 키워드는 Aerobic_ex, Walking, Stretching, Bike에 강하게 연결되어 있는 것으로 나타났다. 그리고 Swimming과 Jogging은 일부 운동 키워드와 연관되어 있으며, Stairs와 Running은 연관되지 않은 것으로 나타났다.

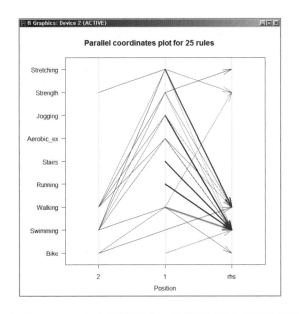

해석 비만과 관련된 운동 키워드는 첫 번째 연결 단계인 lhs에는 Walking, Aerobic_ex, Strength, Stretching, Bike에 연결되어 있고, 최종 연결 단계인 rhs에는 Walking, Swimming, Bike, Strength, Stretching에 연결되어 있는 것으로 나타났다.

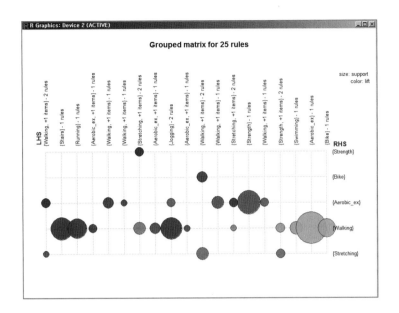

Strength, Bike, Aerobic_ex, Walking, Stretching에 연결되어 있는 운동 키워드의 행렬을 보여주고 있다. {Stairs, Running}과 {Aerobic_ex, Jogging}은 Walking의 향상도를 높이며 {Stretching, Strength, Walking}은 Aerobic_ex의 향상도를 높이는 것으로 나타났다.

3-2 키워드와 종속변수 간 연관분석

비만관련 소셜 빅데이터의 운동요인 키워드와 종속변수(다이어트 성공 여부: Failure, Success) 간에 연관분석 절차는 다음과 같다.

> install.packages('foreign'): SPSS 데이터파일을 읽어들이는 패키지를 설치한다.
> library(foreign): foreign 패키지를 로딩한다.
> rm(list=ls()): 모든 변수를 초기화한다.
> setwd("f:/R_기초통계분석"): 작업용 디렉터리를 지정한다.
> asso=read.spss(file='비만_연관규칙_감정_E_20150704.sav', use.value.labels=T, use.missings=T, to.data.frame=T): 운동요인과 종속변수 데이터파일을 asso 변수에 할당한다.
> install.packages("arules"): 'arules' 패키지를 설치한다.
> library(arules): 'arules' 패키지를 로딩한다.
> trans=as.matrix(asso, "Transaction"): asso 변수를 matrix로 변환하여 trans 변수에 할당

한다.

> rules1=apriori(trans, parameter=list(supp=0.001, conf=0.01), appearance=list(rhs=c("Failure", "Success"), default="lhs"), control=list(verbose=F)): 지지도 0.001, 신뢰도 0.01 이상인 규칙을 찾아 rule1 변수에 할당한다.

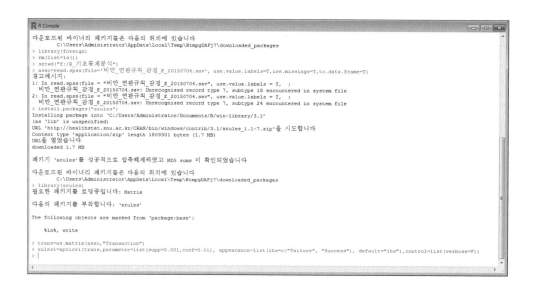

> summary(rules1): 연관규칙에 대해 summary하여 화면에 출력한다.

> rules.sorted=sort(rules1, by="confidence"): 신뢰도를 기준으로 정렬한다.

> inspect(rules. sorted): 신뢰도가 큰 순서로 정렬하여 화면에 출력한다.

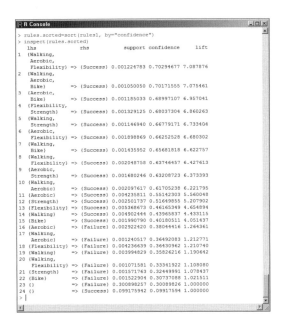

> rules. sorted=sort(rules1, by="lift"): 향상도를 기준으로 정렬한다.

> inspect(rules. sorted): 향상도가 큰 순서로 정렬하여 화면에 출력한다.

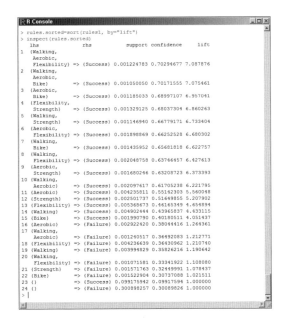

해석 상기 결과와 같이 비만과 관련된 운동요인의 연관성 예측에서 신뢰도가 가장 높은 연관규칙은 {Walking, Aerobic, Flexibility} => {Success}이며 네 변인의 연관성은 지지도 0.001, 신뢰도는 0.7029, 향상도는 7.087로 나타났다. 이는 온라인 문서에서 Walking, Aerobic, Flexibility가 언급되면 다이어트에 성공(Success)할 확률이 70.3%이며, Walking, Aerobic, Flexibility가 언급되지 않은 문서보다 다이어트에 성공할 확률이 7.09배 높아지는 것을 나타낸다.

특히 {Walking, Aerobic} => {Failure}의 향상도는 1.2127로 나타났으나 {Walking, Aerobic} => {Success}의 향상도가 6.2217로 나타나 온라인 문서에서 Walking, Aerobic이 언급되면 다이어트 성공확률이 실패확률보다 높은 것으로 나타났다.

제한 규칙만 추출 1

> rule_sub=subset(rules1, subset=confidence>=0.6): 신뢰도가 0.6 이상인 연관규칙만 추출한다.

> inspect(sort(rule_sub, by="lift")): 향상도가 큰 순서로 정렬하여 화면에 출력한다.

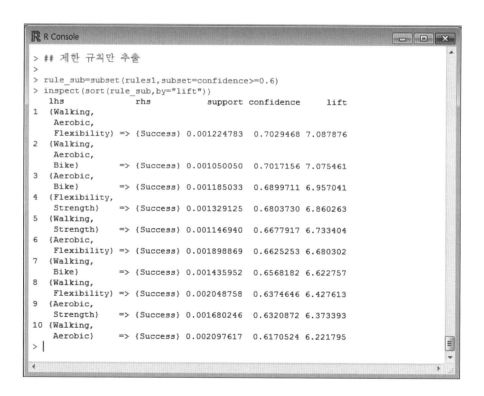

```
> ## 제한 규칙만 추출
>
> rule_sub=subset(rules1,subset=confidence>=0.6)
> inspect(sort(rule_sub,by="lift"))
   lhs              rhs         support   confidence  lift
1  {Walking,
    Aerobic,
    Flexibility} => {Success} 0.001224783 0.7029468 7.087876
2  {Walking,
    Aerobic,
    Bike}        => {Success} 0.001050050 0.7017156 7.075461
3  {Aerobic,
    Bike}        => {Success} 0.001185033 0.6899711 6.957041
4  {Flexibility,
    Strength}    => {Success} 0.001329125 0.6803730 6.860263
5  {Walking,
    Strength}    => {Success} 0.001146940 0.6677917 6.733404
6  {Aerobic,
    Flexibility} => {Success} 0.001898869 0.6625253 6.680302
7  {Walking,
    Bike}        => {Success} 0.001435952 0.6568182 6.622757
8  {Walking,
    Flexibility} => {Success} 0.002048758 0.6374646 6.427613
9  {Aerobic,
    Strength}    => {Success} 0.001680246 0.6320872 6.373393
10 {Walking,
    Aerobic}     => {Success} 0.002097617 0.6170524 6.221795
> |
```

제한 규칙만 추출 2

> rule_sub=subset(rules1, subset=rhs%pin% 'Failure' & confidence>=0.31): rhs가 'Failure'이면서 'confidence>=0.31'인 연관규칙을 추출한다.

> inspect(sort(rule_sub, by="lift"))

```
R Console                                                              _  □  X

> ## 제한 규칙만 추출
>
> rule_sub=subset(rules1,subset=rhs%pin% 'Failure' & confidence>=0.31)
> inspect(sort(rule_sub,by="lift"))
  lhs              rhs         support    confidence  lift
1 {Aerobic}     => {Failure} 0.002922420  0.3804442 1.264361
2 {Walking,
   Aerobic}     => {Failure} 0.001240517  0.3649208 1.212771
3 {Flexibility} => {Failure} 0.004236639  0.3643096 1.210740
4 {Walking}     => {Failure} 0.003994829  0.3582622 1.190642
5 {Walking,
   Flexibility} => {Failure} 0.001071581  0.3334192 1.108080
6 {Strength}    => {Failure} 0.001571763  0.3244999 1.078437
> |
```

참고문헌

1. 박창이·김용대·김진석·송종우·최호식(2011). R을 이용한 데이터마이닝. 교우사.

2. 박희창(2010). 연관 규칙 마이닝에서의 평가기준 표준화 방안. 한국데이터정보과학회지, 제21권, 제5호, 891-899.

3. 브레트란츠 지음·전철욱 옮김(2014). R을 활용한 기계학습. 에이콘.

4. 이주리(2009). 중학생의 자살사고 예측모형: 데이터마이닝을 적용한 위험요인과 보호요인의 탐색. 아동과 권리, 13(2), 227-246.

5. 이정진(2011). R SAS MS-SQL을 활용한 데이터마이닝. 자유아카데미.

6. 임희진·유재민(2007). 청소년 진로상황의 불확실성에 대한 보호요인과 위험요인의 탐색. 제4회 한국청소년패널 학술대회 논문집, 613-638.

7. 유충현·홍성학(2015). R을 활용한 데이터 시각화. 인사이트.

8. 전희원(2014). R로 하는 데이터 시각화. 한빛미디어.

9. 최종후·한상태·강현철·김은석·김미경·이성건(2006). 데이터마이닝 예측 및 활용. 한나래아카데미.

10. 허명회(2007). SPSS Statistics 분류분석. ㈜데이타솔루션.

4장

시각화

데이터 시각화(data visualization)란 무엇인가? 위키피디아에는 "데이터 시각화란 데이터 분석 결과를 쉽게 이해할 수 있도록 시각적으로 표현하고 전달하는 과정을 말하며, 데이터 시각화의 목적은 도표(graph)라는 수단을 통해 정보를 명확하고 효과적으로 전달하는 것이다"라고 정의되어 있다(2015. 7. 5). 따라서 소셜 빅데이터 시각화(social big data visualization)란, 소셜 빅데이터 분석 결과를 쉽게 이해할 수 있도록 도표와 이미지를 가지고 시각적으로 표현하고 전달하는 과정이라고 말할 수 있다.

1 텍스트 데이터의 시각화

온라인 뉴스사이트, 블로그, 카페, SNS, 게시판 등 인터넷을 통해 수집된 소셜 빅데이터는 비정형 텍스트 형태의 온라인 문서(buzz)이다. 소셜 빅데이터 분석은 사용자가 남긴 온라인 문서의 의미를 분석하는 것으로, 자연어 처리 기술인 주제분석(text mining)과 감성분석 기술인 오피니언마이닝(opinion mining)을 실시한 후 네트워크 분석(network analysis)과 통계분석(statistics analysis)을 실시해야 한다.

특히, 소셜 빅데이터의 주제분석 방법으로는 워드클라우드(word cloud)가 많이 사용된다. 워드클라우드는 소셜 빅데이터의 텍스트 데이터베이스에 포함된 단어의 출현 빈도를 쉽게 이해할 수 있도록 2차원 공간에 구름 모양으로 표현하는 시각적 기법이다. 일반적으로 글자의 크기는 빈도에 비례하고 빈도가 높은 단어일수록 중앙에 위치한다.

■ script 예: 보건의료분야 주요 이슈에 대한 워드클라우드 작성

> setwd("f:/R_기초통계분석"): 작업용 디렉터리를 지정한다.

> install.packages("KoNLP"): 한국어를 처리하는 패키지를 설치한다.

– 분석에 필요한 패키지 이름을 확인한 후 install.packages("패키지명")을 실행하면 해당 패키지가 설치된다. 다운로드 전에 CRAN 미러 사이트를 지정하는 화면이 생성되면 'Korea(Seoul 1)'을 선택한 후 'OK'를 선택한다.

> install.packages("wordcloud"): 워드클라우드를 처리하는 패키지를 설치한다.

> library(KoNLP): 한국어 처리 패키지를 로딩한다.

> library(wordcloud): 워드클라우드 처리 패키지를 로딩한다.

> health=read.table("2013보건의료.txt"): health 변수에 데이터를 할당한다.

– '2013_sna_보건복지.sav' 파일에서 키워드의 빈도수를 분석하여 '2013보건의료.txt' 파일을 생성해야 한다[본서의 '빈도수 테이블 생성하기' 부분(p. 229)을 참조한다].

> WC=table(health): health 변수를 table 형태로 변환하여 WC 변수에 할당한다.

> library(RColorBrewer): 컬러를 출력하는 패키지를 로딩한다.

> palete=brewer.pal(9, "Set1"): RColorBrewer의 9가지 글자 색상을 palete 변수에 할당한다.

> wordcloud(names(WC), freq=WC, scale=c(3, 0.5), rot.per=.12, min.freq=1, random.order=F, random.color=T, colors=palete): 워드클라우드를 출력한다.

– names(WC): WC 변수에 할당된 단어(글자)를 나타낸다.

– freq=WC: WC 변수에 할당된 단어의 빈도수를 나타낸다.

– scale(3, 0.5): 단어 크기(최대 3, 최소 0.5)를 나타내며 기본값은 c(4, 0.5)이다.

– rot.per=.12: WC에 할당된 단어의 12%를 90도로 출력·배치한다.

– min.freq=1: 최소 언급 횟수 지정(1 이상 언급된 단어만 출력), 기본값은 3이다.

– max.words: 출력하고자 하는 단어 수 지정, 기본은 모든 단어 출력, 지정하면 내림차순으로 단어의 수만큼 지정한다.

– random.order=F: 그리는 순서에 따라 화면의 중심에서 가장자리로 배치된다. 인수가 T이면 단어가 임의의 순으로 그려지고, 인수가 F이면 단어가 빈도의 내림차순으로 배치된다. 따라서 F이면 출현빈도가 높은 단어일수록 중앙에 위치된다. 기본값은 T이다.

– random.color=T: 인수가 F이면 빈도의 내림차순으로 colors 인수에서 지정한 색상의 순서대로 단어의 색상이 지정된다. 인수가 T이면 무작위로 지정된다. 기본값은 F이다.

– colors=palete: 빈도별로 표현할 단어의 색상을 지정한다. palete 변수에 할당된 색상으로 출력단어의 색상을 지정한다.

> savePlot("2013보건의료.png", type="png"): 결과를 그림 파일로 저장한다.

– type="png": PNG 형식 저장("jpeg": JPEG 형식 저장)

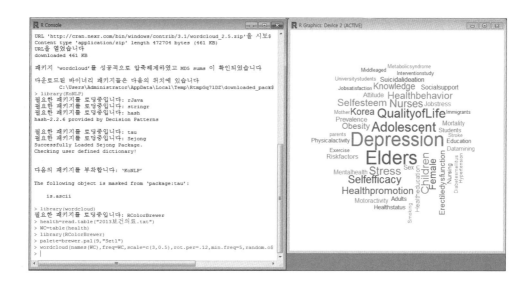

해석 보건의료 이슈는 Elders, Depression, Adolescent, QualityofLife, Nurses, Stress 등에 집중되어 있는 것으로 나타났다.

■ 빈도수 테이블(2013보건의료.txt) 생성하기

키워드의 빈도를 시각화하는 워드클라우드의 빈도수 테이블은 다음과 같이 해당 키워드의 빈도수 크기의 단어를 생성해야 한다.

– '2013보건의료.txt' 파일을 생성하기 위해서는 보건의료 SNA(Social Network Analysis)를 위해 생성된 '2013_sna_보건복지.sav' 파일에서 키워드의 빈도수를 분석한다.

가 R 프로그램을 활용한 빈도분석

1단계: SPSS 데이터파일을 읽어들이는 패키지를 설치하고 로딩한다.

```
> install.packages('foreign')
> library(foreign)
> setwd("f:/R_기초통계분석")
> data_spss=read.spss(file='2013_sna_보건복지.sav', use.value.labels=T, use.missings=T,
  to.data.frame=T)
```

2단계: 빈도분석을 실시한다.

– 정해진 키워드까지 빈도와 %를 분석하는 함수 F를 작성한다.

```
> x=c('Depression', 'Elders', 'Adolescent', 'QualityofLife', 'Stress', 'Children', 'Nurses',
  'Selfefficacy', 'Healthpromotion', 'Selfesteem', 'Healthbehavior', 'Korea', 'Female',
  'Knowledge', 'Obesity', 'Universitystudents', 'Erectiledysfunction', 'Riskfactors', 'Prevalence',
  'Attitude', 'Sex', 'Suicidalideation', 'Anxiety', 'Socialsupport', 'Motoractivity', 'Mortality',
  'Jobstress', 'Healtheducation', 'Mentalhealth', 'Nursing', 'Healthstatus', 'Datamining', 'Adults',
  'Students', 'Education', 'Physicalactivity', 'Suicide', 'Smoking', 'Metabolicsyndrome', 'Stroke',
  'Middleaged', 'Exercise', 'Mother', 'Diabetesmellitus', 'Hypertension', 'Oralhealthbehavior',
  'Immigrants', 'parents', 'Jobsatisfaction', 'Interventionstudy'): 50개의 키워드를 벡터 x에 할
  당한다.
> F=function(t) {
 for (i in 1:t) {
 t1=ftable(data_spss[c(x[i])])
 t2=ctab(t1, type='n')
 print(t2)
 t2=ctab(t1, type='r')
 print(t2)
  }
 return(t2)
  }
```

> F(3): 키워드(3: Adolescent)까지 빈도와 %를 분석하여 출력한다.

```
R Console
> x=c('Depression','Elders','Adolescent','QualityofLife', 'Stress', 'Children', 'Nurses', 'Selfefficacy', 'Healthpromotion','Selfesteem',
+     'Healthbehavior','Korea','Female','Knowledge','Obesity','Universitystudents','Erectiledysfunction','Riskfactors','Prevalence','Attitude',
+     'Sex','Suicidalideation','Anxiety','Socialsupport','Motoractivity','Mortality','Jobstress','Healtheducation','Mentalhealth','Nursing',
+     'Healthstatus','Datamining', 'Adults', 'Students', 'Education', 'Physicalactivity' , 'Suicide' , 'Smoking' , 'Metabolicsyndrome', 'Stroke',
+     'Middleaged','Exercise','Mother','Diabetesmellitus','Hypertension','Oralhealthbehavior','Immigrants','parents','Jobsatisfaction',
+     'Interventionstudy')
> F=function(t) {
+ for (i in 1:t) {
+ t1=ftable(data_spss[c(x[i])])
+ t2=ctab(t1,type='n')
+ print(t2)
+ t2=ctab(t1,type='r')
+ print(t2)
+ }
+ return(t2)
+ }
> F(3)
                x
0           352
Depression  41
                x
0           89.57
Depression 10.43
                x
0           352
Elders     41
                x
0           89.57
Elders 10.43
                x
0           366
Adolescent  27
    |                x
```

– 반복문을 사용하여 전체 키워드에 대한 빈도와 %를 분석할 수 있다.

```
for(i in 1:50) {

t1=ftable(data_spss[c(x[i])])

t2=ctab(t1, type='n')

t3=ctab(t1, type='r')

print(t2)

print(t3)

}
```

```
R Console
> for(i in 1:50) {
+ t1=ftable(data_spss[c(x[i])])
+ t2=ctab(t1,type='n')
+ t3=ctab(t1,type='r')
+ print(t2)
+ print(t3)
+ }
                x
0           352
Depression  41
                x
0           89.57
Depression 10.43
                x
0           352
Elders     41
                x
0           89.57
Elders 10.43
                x
0           366
Adolescent  27
                     x
0                387
Jobsatisfaction    6
                     x
0                98.47
Jobsatisfaction  1.53
                     x
0                387
Interventionstudy  6
                     x
0                98.47
Interventionstudy 1.53
> |
```

나 SPSS 프로그램을 활용한 빈도분석

SPSS에서 여러 개의 키워드에 대하여 빈도분석을 하는 방법에는 키워드를 하나씩 분석하는 빈도분석과 키워드 전체를 분석하는 다중반응분석이 있다.

■ 빈도분석으로 키빈도 생성하기

1단계: 데이터파일을 불러온다(분석파일: 2013_sna_보건복지.sav).

2단계: [분석]→[기술통계량]→[빈도분석]→[변수: Depression~Interventionstudy]를 지정한다.

3단계: 결과를 확인한다(유효 1인 빈도를 키워드와 함께 '키빈도생성(매크로적용).xls' 엑셀 파일에 기록한다).

Depression

		빈도	퍼센트	유효 퍼센트	누적 퍼센트
유효	.0	352	89.6	89.6	89.6
	1.0	41	10.4	10.4	100.0
	전체	393	100.0	100.0	

Elders

		빈도	퍼센트	유효 퍼센트	누적 퍼센트
유효	.0	352	89.6	89.6	89.6
	1.0	41	10.4	10.4	100.0
	전체	393	100.0	100.0	

Adolescent

		빈도	퍼센트	유효 퍼센트	누적 퍼센트
유효	.0	366	93.1	93.1	93.1
	1.0	27	6.9	6.9	100.0
	전체	393	100.0	100.0	

■ 다중반응분석으로 키빈도 생성하기

1단계: 데이터파일을 불러온다(분석파일:2013_sna_보건복지.sav).

2단계: [분석]→[다중반응]→[변수군 정의]를 선택한다.

3단계: [변수군에 포함된 변수: Depression~Interventionstudy]를 지정한다.

4단계: [변수들의 코딩형식: 이분형(1), 이름: 키워드]→[추가]를 선택한다.

5단계: [분석]→[다중반응]→[다중반응빈도분석]을 선택한다.

6단계: 결과를 확인한다.

$키워드 빈도

		반응		케이스 중 %
		N	퍼센트	
$키워드[a]	Depression	41	7.0%	12.2%
	Elders	41	7.0%	12.2%
	Adolescent	27	4.6%	8.0%
	QualityofLife	24	4.1%	7.1%
	Stress	22	3.8%	6.5%
	Children	21	3.6%	6.3%

다 '키빈도생성(매크로적용).xls'를 사용하여 워드클라우드 작성 파일 만들기

1단계: '키빈도생성(매크로적용).xls'를 실행한다.

⚠ **보안 경고** 매크로를 사용할 수 없도록 설정했습니다. [콘텐츠 사용] : 콘텐츠 사용을 선택한다.

2단계: '2013_sna_보건복지.sav' 빈도분석 실행 결과에서 산출된 빈도를 엑셀 테이블(Sheet1)
에 추가한다.

3단계: 키워드 생성을 위해 작성한 매크로를 [매크로→매크로보기]에서 실행한다.

4단계: 키워드 생성을 위한 매크로를 실행한다.

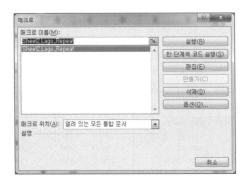

5단계: 키빈도_생성(매크로적용) 엑셀 파일의 Sheet2에서 모든 키워드를 복사하여 메모장에 붙
인다.

- 키빈도가 Sheet2를 초과(65535 이상)할 경우 Sheet3~Sheet n에서 모든 키워드를 복사하
여 메모장에 붙인다.

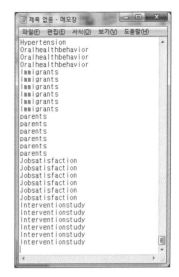

6단계: '2013보건의료.txt' 파일로 저장한다.

※ 워드클라우드 생성을 위한 키워드 빈도수 산출 과정은 본서에서 다소 복잡한 과정으로 작성하지만, 함수와 조건문 등을 사용하여 사용자 함수를 만들면 분석 단계가 줄어들 것으로 본다.

■ script 예: 비만 관련 운동요인 워드클라우드 작성 사례

> setwd("f:/R_기초통계분석"): 작업용 디렉터리를 지정한다.

> install.packages("KoNLP"): 한국어를 처리하는 패키지를 설치한다.

> install.packages("wordcloud"): 워드클라우드를 처리하는 패키지를 설치한다.

> library(KoNLP): 한국어 처리 패키지를 로딩한다.

> library(wordcloud): 워드클라우드 처리 패키지를 로딩한다.

> health=read.table("비만_운동_워드클라우드.txt"): health 변수에 데이터를 할당한다.

– 키워드 빈도 생성에 사용된 SPSS 파일: 비만_연관규칙_운동_20150704.sav

– 보건의료 키워드 생성과 동일한 방법으로 키워드 빈도 파일을 생성한다.

> WC=table(health): health 변수를 table 형태로 변환하여 WC 변수에 할당한다.

> library(RColorBrewer): 화면에 컬러를 출력하는 패키지를 로딩한다.

> palete=brewer.pal(9, "Set1"): RColorBrewer의 9가지 글자 색상을 palete 변수에 할당한다.

> wordcloud(names(WC), freq=WC, scale=c(3, 0.5), rot.per=.12, min.freq=5, random.order=F, random.color=T, colors=palete)

– 워드클라우드 분석 시 사용 인수의 오류가 발생하면 R 프로그램을 종료한 후 재실행한다.

> savePlot("비만_운동_워드클라우드.png", type="png"): 결과를 그림 파일로 저장한다.

시계열 데이터의 시각화

소셜 빅데이터는 연도, 일자, 시간, 요일 등의 시계열 형태로 수집될 수 있다. 시계열 형태의 소셜 빅데이터는 선그래프, 막대그래프, 상자그림 그래프로 시각화할 수 있다.

2-1 선그래프 시각화

선그래프는 plot() 함수를 사용한다. plot() 함수의 주요 인수는 [표 4-1]과 같다.

[표 4-1] plot() 함수의 주요 인수

인수	기능
type='p'	플롯의 형식 지정[점(p), 선(l), 점/선(b), 점 없는 플롯(c), 점선중첩(o)]
xlim=c(하한, 상한)	x축의 범위를 지정
ylim=c(하한, 상한)	y축의 범위를 지정
log='x'	로그플롯 지정(x, y, xy, yx)
main='문자열'	제목 문자열 지정
sub='문자열'	부제목 문자열 지정
xlab='문자열'	x축 라벨을 지정
ylab='문자열'	y축 라벨을 지정
ann	FALSE를 지정하면 제목이나 축의 라벨을 그리지 않음
axes	FALSE를 지정하면 테두리를 그리지 않음
col='색', col=수치	플롯의 색 지정(1부터 차례로 검정, 빨강, 초록, 파랑, 연파랑, 보라, 노랑, 회색 등)
lty=수치	선의 종류[투명선(0), 실선(1), 대시선(2), 도트선(3), 도트와 대시선(4), 긴대시선(5), 2개의 대시선(6)]
las=수치	축라벨을 그리는 형식 지정[축과 나란히(0), 축과 수평(1), 축과 수직(2), 축의 라벨 모두 수직(3)]
lwd=수치	선의 너비 지정
cex=수치	문자의 크기 지정
font='폰트명'	글꼴 지정
pch=수치	점플롯 종류 지정[□(0), ○(1), △(2), +(3), X(4) 등]

자료: 후나오노부오 지음, 김성재 옮김(2014). R로 배우는 데이터분석 기본기 데이터 시각화. 한빛미디어. p. 419.

- script 예: 비만 시간별 버즈 현황 시각화

> rm(list=ls()): 모든 변수를 초기화한다.

> setwd("f:/R_기초통계분석"): 작업용 디렉터리를 지정한다.

> sex=read.csv("비만시간_그래프.csv", sep=", ", stringsAsFactors=F): sex변수에 데이터를 할당한다('비만_감성분석_20150719_E.sav'로 교차분석)을 실시하여 '비만시간_그래프.csv'를 생성한다.

> a=sex$X2011년: 2011년 항목을 a변수에 할당한다(숫자 항목은 'X'를 추가한다).

> b=sex$X2012년: 2012년 항목을 b변수에 할당한다.

> c=sex$X2013년: 2013년 항목을 c변수에 할당한다.

> d=sex$total: total 항목을 d변수에 할당한다.

> plot(a, xlab="", ylab="", ylim=c(0, 12), type="o", axes=FALSE, ann=F, col=1)

: plot() 함수로 선그래프를 작성한다.

- a: 2011년 항목이 할당된 변수 a를 지정한다.

- xlab='문자', xlab='문자': x, y 축에 사용할 문자열을 지정한다.

- ylim=c(0, 12): y축의 범위(0~12)를 지정한다.

- type="o": 그래프 타입[점모양(p), 선모양(l), 점과선중첩모양(o) 등]

- axes=FALSE: x, y 축을 표시하지 않는다.

- ann=F: x, y 축의 제목을 지정하지 않는다.

- col=1: 그래프의 색을 지정한다[검정(1), 빨강(2), 초록(3), 파랑(4), 연파랑(5), 보라(6), 노랑(7), 회색(8) 등].

> title(main="시간별 버즈 현황", col.main=1, font.main=2): 그래프의 제목을 화면에 출력한다.

- main="메인 제목": 그래프의 제목을 설정한다.

- col.main=1: 제목에 사용되는 색상을 지정한다(1: 검정).

- font.main=2: 제목에 사용되는 font를 지정한다[보통(1), 진하게(2), 기울임(3)].

> title(xlab="시간", col.lab=1): x축 문자열을 검정색으로 지정한다.

> title(ylab="버즈", col.lab=1): y축 문자열을 검정색으로 지정한다.

> axis(1, at=1:24, lab=c(sex$시간), las=2): x축과 y축을 지정값으로 표시한다.

- 축 지정(1: x축, 2: y축)

- at=1:24: x축의 범위(1~24)를 지정한다.

- lab=c(sex$시간): sex변수의 시간 항목을 화면에 표시한다.

- las=2: x축의 라벨(항목)을 축에 대해 수직으로 작성한다(1: 수평, 2: 수직).

> axis(2, ylim=c(0, 12), las=2): x축과 y축을 지정값으로 표시한다.

- 축지정 (1: x축, 2: y축)

- ylim=c(0, 12): y축의 범위(1~12)를 지정한다.

- las=2: y축의 라벨(항목)을 축에 대해 수직으로 작성한다.

> lines(b, col=2, type="o"): 2012년은 붉은색의 점과선중첩모양으로 화면에 출력한다.

> lines(c, col=3, type="o"): 2013년은 초록색의 점과선중첩모양으로 화면에 출력한다.

> lines(d, col=4, type="o"): total은 파란색의 점과선중첩모양으로 화면에 출력한다.

> colors=c(1, 2, 3, 4): 범례에 사용될 색상을 지정한다.

> legend(18, 12, c("2011년", "2012년", "2013년", "Total"), cex=0.9, col=colors, lty=1, lwd=2): 범례 형식을 지정한다.

- legend(18, 12): 범례의 위치를 지정한다(x축 18번째와 y축 12번째).

- c("2011년"~"Total"): 범례의 항목을 화면에 출력한다.

- cex=0.9: 범례의 문자 크기를 지정한다.

- col=colors: 범례의 색상을 지정한다[c(1, 2, 3, 4)].

- lty=1: 선의 종류를 지정한다(1: 실선).

- lwd=2: 선의 너비를 지정한다.

> savePlot("비만시간_그래프.png", type="png"): 결과를 그림 파일로 저장한다.

```
R Console
> rm(list=ls())
> setwd("f:/R_기초통계분석")
> sex=read.csv("비만시간_그래프.csv",sep=",",stringsAsFactors=F)
> a=sex$X2011년
> b=sex$X2012년
> c=sex$X2013년
> d=sex$total
> plot(a,xlab="",ylab="",ylim=c(0,12),type="o",axes=FALSE,ann=F,col=1)
> title(main="시간별 버즈 현황",col.main=1,font.main=2)
> title(xlab="시간",col.lab=1)
> title(ylab="버즈",col.lab=1)
> axis(1,at=1:24,lab=c(sex$시간),las=2)
> axis(2,ylim=c(0,12),las=2)
> lines(b,col=2,type="o")
> lines(c,col=3,type="o")
> lines(d,col=4,type="o")
> colors=c(1,2,3,4)
> legend(18,12,c("2011년","2012년","2013년","Total"),cex=0.9,col=colors,lty=1,lwd=2)
> savePlot("비만시간_그래프.png",type="png")
> |
```

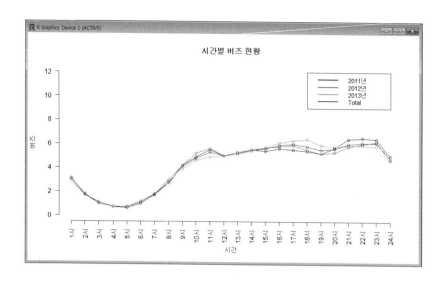

해석 비만과 관련된 버즈는 연도별로 비슷하게 7시부터 증가하여 11시 이후 감소하고, 다시 13시 이후 증가하여 18시 이후 감소하며, 20시 이후 증가하여 23시 이후 급감하는 패턴을 보이는 것으로 나타났다.

- 교차분석 테이블(비만시간_그래프.csv) 생성하기

'비만시간_그래프.csv' 파일은 다음과 같은 '시간×연도' 교차분석 테이블을 작성해야 한다.

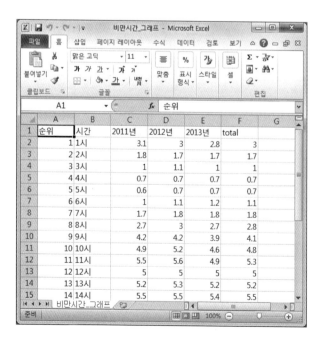

가 R 프로그램을 활용한 교차분석

1단계: 교차분석에 필요한 패키지를 설치하고 로딩한다.

> install.packages('foreign')

> library(foreign)

> install.packages('Rcmdr')

> library(Rcmdr)

> install.packages('catspec')

> library(catspec)

2단계: 교차분석을 실시한다.

> setwd("f:/R_기초통계분석"): 작업용 디렉터리를 지정한다.

> data_spss=read.spss(file='비만_감성분석_20150719_E.sav', use.value.labels=T, use.
  missings=T, to.data.frame=T): SPSS 데이터파일을 data_spss에 할당한다.

> t1=ftable(data_spss[c('Time','Year')]): 'Time×Year' 교차분석을 실시한다.

> ctab(t1, type='c'): 'column %' 화면을 출력한다.

> tot=ftable(data_spss[c('Time')]): Time 빈도를 분석한다.

– R 교차분석에서는 column의 'Total %'는 분석되나 row의 'Total %'는 분석되지 않는
  다. 따라서 Time에 대한 빈도분석을 실시하여 row의 'Total %'를 분석한다.

> ctab(tot, type='r'): Time의 빈도분석을 화면에 출력한다.

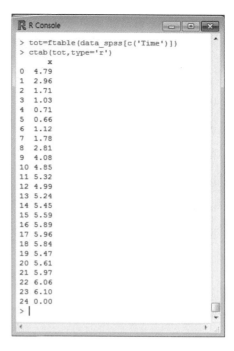

```
> t1=ftable(data_spss[c('Time','Year')])
> ctab(t1,type='c')
      Year 2011 2012 2013
Time
0          5.02 4.81 4.64
1          3.08 3.02 2.84
2          1.77 1.71 1.68
3          0.99 1.07 1.01
4          0.68 0.73 0.71
5          0.59 0.67 0.70
6          0.98 1.08 1.24
7          1.72 1.81 1.79
8          2.68 2.97 2.75
9          4.22 4.24 3.87
10         4.86 5.16 4.58
11         5.53 5.61 4.94
12         5.00 5.03 4.95
13         5.24 5.31 5.19
14         5.49 5.50 5.39
15         5.38 5.65 5.68
16         5.60 5.84 6.11
17         5.50 5.85 6.32
18         5.40 5.53 6.37
19         5.22 5.15 5.88
20         5.73 5.35 5.76
21         6.37 5.75 5.90
22         6.48 5.96 5.87
23         6.44 6.19 5.81
24         0.00 0.00 0.00
```

```
> tot=ftable(data_spss[c('Time')])
> ctab(tot,type='r')
         x
0     4.79
1     2.96
2     1.71
3     1.03
4     0.71
5     0.66
6     1.12
7     1.78
8     2.81
9     4.08
10    4.85
11    5.32
12    4.99
13    5.24
14    5.45
15    5.59
16    5.89
17    5.96
18    5.84
19    5.47
20    5.61
21    5.97
22    6.06
23    6.10
24    0.00
> |
```

나 SPSS 프로그램을 활용한 교차분석

1단계: 데이터파일을 불러온다(분석파일: 비만_감성분석_20150719_E.sav).

2단계: [분석]→[기술통계량]→[교차분석]→[행: Time, 열: Year]를 선택한다.

3단계: [셀 표시]→[열]을 선택한다.

4단계: 결과를 확인한다.

Time * Year 교차표

Year 중 %

		Year			전체
		2011	2012	2013	
Time	0	5.0%	4.8%	4.6%	4.8%
	1	3.1%	3.0%	2.8%	3.0%
	2	1.8%	1.7%	1.7%	1.7%
	3	1.0%	1.1%	1.0%	1.0%
	4	0.7%	0.7%	0.7%	0.7%
	5	0.6%	0.7%	0.7%	0.7%
	6	1.0%	1.1%	1.2%	1.1%
	7	1.7%	1.8%	1.8%	1.8%
	8	2.7%	3.0%	2.7%	2.8%
	9	4.2%	4.2%	3.9%	4.1%
	10	4.9%	5.2%	4.6%	4.8%
	11	5.5%	5.6%	4.9%	5.3%
	12	5.0%	5.0%	5.0%	5.0%
	13	5.2%	5.3%	5.2%	5.2%
	14	5.5%	5.5%	5.4%	5.5%
	15	5.4%	5.7%	5.7%	5.6%
	16	5.6%	5.8%	6.1%	5.9%
	17	5.5%	5.9%	6.3%	6.0%
	18	5.4%	5.5%	6.4%	5.8%
	19	5.2%	5.2%	5.9%	5.5%
	20	5.7%	5.3%	5.8%	5.6%
	21	6.4%	5.8%	5.9%	6.0%
	22	6.5%	6.0%	5.9%	6.1%
	23	6.4%	6.2%	5.8%	6.1%

■ script 예: 연도별 비만 관련 운동 버즈 현황 시각화

```
> rm(list=ls())

> setwd("f:/R_기초통계분석")

> f=read.csv("운동연도_그래프.csv", sep=", ", stringsAsFactors=F)

> a=f$X2011Year

> b=f$X2012Year

> c=f$X2013Year

> d=f$Total

> plot(a, xlab="", ylab="", ylim=c(0, 10000), type="o", axes=FALSE, ann=F, col="red")

> title(main="Annual Exercise buzz tracking", col.main=1, font.main=2)

> title(ylab="Buzz", col.lab=1)
```

> axis(1, at=1:25, lab=c(f$EXERCISE), las=2)

> axis(2, ylim=c(0, 10000), las=2)

> lines(b, col="black", type="o")

> lines(c, col="blue", type="o")

> lines(d, col="green", type="o")

> colors=c("red", "black", "blue", "green")

> legend(15, 9000, c("2011Year", "2012Year", "2013Year", "Total"), cex=0.9, col=colors, lty=1, lwd=2)

> savePlot("운동연도_그래프.png", type="png")

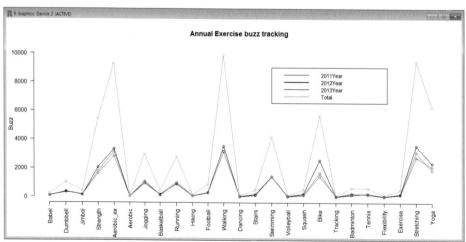

비만과 관련된 운동요인 버즈는 Walking, Aerobic_ex, Strength, Bike, Swimming, Jogging, Running 등의 순으로 높은 추이를 보이는 것으로 나타났다. 특히 Bike, Strength, Aerobic_ex는 2011년에 비해 2012년에 증가하였다가 2013년에 감소한 것으로 나타났다.

■ 교차분석 테이블(운동연도_그래프.csv) 생성하기

'운동연도_그래프.csv' 파일은 다음과 같은 '운동×연도' 교차분석 테이블을 작성해야 한다.

가 R 프로그램을 활용한 교차분석

1단계: 교차분석에 필요한 패키지를 설치하고 로딩한다.

> install.packages('foreign')

> library(foreign)

> install.packages('Rcmdr')

> library(Rcmdr)

> install.packages('catspec')

> library(catspec)

2단계: 교차분석을 실시한다.

> setwd("f:/R_기초통계분석"): 작업용 디렉터리를 지정한다.

> data_spss=read.spss(file='비만_감성분석_20150719_E.sav', use.value.labels=T, use.missings=T, to.data.frame=T): SPSS 데이터파일을 data_spss에 할당한다.

> x=c('ID', 'Year', 'Month', 'Day', 'Time', 'attitude', 'Channel', 'Babel', 'Dumbbell', 'Jimbol', 'Strength', 'Aerobic_ex', 'Aerobic', 'Jogging', 'Basketball', 'Running', 'Hiking', 'Football', 'Walking', 'Dancing', 'Stairs', 'Swimming', 'Volleyball', 'Squash', 'Bike', 'Tracking', 'Badminton', 'Tennis', 'Flexibility', 'Exercise', 'Stretching', 'Yoga'): 대상변수를 벡터 x에 할당한다.

> for(i in 8:32) {

t1=ftable(data_spss[c(x[2], x[i])]): 연도(Year)와 운동요인[x(8)~x(32)] 간에 교차분석을 실시한다.

t2=ctab(t1, type='n')

tot=ftable(data_spss[c(x[i])])

t3=ctab(tot, type='n')

print(t2)

print(t3)

}

– 반복문을 사용하여 전체 키워드에 대한 교차분석을 할 수 있다.

```
R Console

> setwd("f:/R_기초통계분석")
> data_spss=read.spss(file='비만_감성분석_20150719_E.sav', use.value.labels=T,use.missings=T,to.data.frame=T)
read.spss(file = "비만_감성분석_20150719_E.sav", use.value.labels = T, 에서 다음과 같은 경고가 발생했습니다 :
  비만_감성분석_20150719_E.sav: Unrecognized record type 7, subtype 18 encountered in system file
read.spss(file = "비만_감성분석_20150719_E.sav", use.value.labels = T, 에서 다음과 같은 경고가 발생했습니다 :
  비만_감성분석_20150719_E.sav: Unrecognized record type 7, subtype 24 encountered in system file
> x=c('ID','Year','Month','Day','Time','attitude','Channel',
+     'Babel','Dumbbell','Jimbol','Strength','Aerobic_ex','Aerobic','Jogging','Basketball','Running','Hiking',
+     'Football','Walking','Dancing','Stairs','Swimming','Volleyball','Squash','Bike','Tracking','Badminton',
+     'Tennis','Flexibility','Exercise','Stretching','Yoga')
>
> for(i in 8:32) {
+ t1=ftable(data_spss[c(x[2],x[i])])
+ t2=ctab(t1,type='n')
+ tot=ftable(data_spss[c(x[i])])
+ t3=ctab(tot,type='n')
+ print(t2)
+ print(t3)
+ }
```

```
R Console                                    ☐ ☐ ✕

        Babel         0        1
Year
2011         300798        70
2012         410916       102
2013         495617        58
           x
0 1207331
1     230
        Dumbbell        0        1
Year
2011         300511       357
2012         410675       343
2013         495366       309
           x
0 1206552
1    1009
        Jimbol          0        1
Year
2011         300726       142
2012         410894       124
2013         495544       131
           x
0 1207164
1     397
        Strength        0        1
Year
2011         298944      1924
2012         408840      2178
2013         493928      1747
           x
0 1201712
1    5849
        Aerobic_ex      0        1
Year
2011         297740      3128
2012         407686      3332
2013         492859      2816
```

```
R Console                                    ☐ ☐ ✕

        Tennis        0        1
Year
2011         300655       213
2012         410802       216
2013         495507       168
           x
0 1206964
1     597
        Flexibility     0        1
Year
2011         300830        38
2012         410990        28
2013         495653        22
           x
0 1207473
1      88
        Exercise        0        1
Year
2011         300710       158
2012         410835       183
2013         495547       128
           x
0 1207092
1     469
        Stretching      0        1
Year
2011         297762      3106
2012         407465      3553
2013         492925      2750
           x
0 1198152
1    9409
        Yoga            0        1
Year
2011         299015      1853
2012         408704      2314
2013         493603      2072
           x
0 1201322
1    6239
> |
```

나 SPSS 프로그램을 활용한 교차분석(다중반응 교차분석)

1단계: 데이터파일을 불러온다(분석파일: 비만_감성분석_20150719_E.sav).

2단계: [분석]→[다중응답] →[변수군 정의]를 선택한다.

3단계: [변수군에 포함된 변수: Babel~Yoga]를 지정한다.

4단계: [변수들의 코딩형식: 이분형(1), 이름: 키워드]→[추가]를 선택한다.

5단계: [분석]→[다중응답]→[교차분석]→[행: Exercise, 열: Year]→[범위 지정: 최소값(2011), 최대값(2013)]을 지정한다.

6단계: [옵션]→[퍼센트 계산 기준(반응)]을 선택한다.

7단계: 결과를 확인한다.

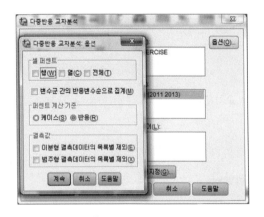

$EXERCISE*Year 교차표

			Year			전체
			2011	2012	2013	
$EXERCISE[a]	Babel	빈도	70	102	58	230
	Dumbbell	빈도	357	343	309	1009
	Jimbol	빈도	142	124	131	397
	Strength	빈도	1779	2035	1624	5438
	Aerobic_ex	빈도	3128	3332	2816	9276
	Aerobic	빈도	17	20	15	52
	Jogging	빈도	976	1067	927	2970
	Basketball	빈도	154	112	139	405
	Running	빈도	993	900	875	2768
	Hiking	빈도	58	37	32	127
	Football	빈도	296	296	256	848
	Walking	빈도	3152	3508	3166	9826
	Dancing	빈도	27	25	28	80
	Stairs	빈도	167	123	182	472
	Swimming	빈도	1421	1394	1392	4207
	Volleyball	빈도	39	34	21	94
	Squash	빈도	152	223	104	479
	Bike	빈도	1680	2555	1435	5670
	Tracking	빈도	12	22	28	62
	Badminton	빈도	210	150	244	604
	Tennis	빈도	213	216	168	597
	Flexibility	빈도	38	28	22	88
	Exercise	빈도	158	183	128	469
	Stretching	빈도	3106	3553	2750	9409
	Yoga	빈도	1853	2314	2072	6239

2-2 막대그래프 시각화

막대그래프는 barplot() 함수를 사용한다.

- **script 예: 운동 연도별 버즈 현황 시각화**
  - \> rm(list=ls()): 모든 변수를 초기화한다.
  - \> setwd("f:/R_기초통계분석"): 작업용 디렉터리를 지정한다.
  - \> EXERCISE=read.table("운동_연도별_문서.txt", header=T)
  - – EXERCISE 객체에 데이터를 할당한다.
  - \> barplot(t(EXERCISE), main='Yearly buzz tracking', ylab='Buzz', ylim=c(0, 100), col=rainbow(8), space=0.1, cex.axis=0.8, las=1, names.arg=c('2011Year', '2012Year', '2013Year', 'Total', 'Legend'), cex=0.7)
  - – t(EXERCISE): EXERCISE 객체의 Table을 읽어들인다.
  - – main='제목': 그래프의 제목을 화면에 출력한다.
  - – ylab='제목': y축의 제목을 화면에 출력한다.
  - – ylim=c(0, 100): y축의 범위를 지정한다(0~100).
  - – col=rainbow(8): 나무막대의 색상(무지개 8색)을 지정한다.
  - – space=0.1: 막대의 간격을 지정한다.
  - – cex.axis=0.8: Y축에 사용되는 문자의 크기를 지정한다.
  - – las=1: 축의 라벨을 수평으로 그린다.
  - – c('2011Year', ~, 'Total', 'Legend'): X축의 항목을 화면에 출력한다.
  - – cex=0.7: X축에 사용되는 문자의 크기를 지정한다.
  - \> legend(4.7, 100, names(EXERCISE), cex=0.65, fill=rainbow(8))
  - – legend(4.7, 100): 범례의 위치를 지정한다(x축 4.7번째와 y축 100번째).
  - – names(EXERCISE): 범례의 항목을 화면에 출력한다.
  - – cex=0.65: 범례에 사용되는 문자의 크기를 지정한다.
  - – fill=rainbow(8): 무지개 8색으로 범례 상자를 칠할 색을 지정한다.
  - \> savePlot("운동_연도별_문서.png", type="png"): 결과를 그림 파일로 저장한다.

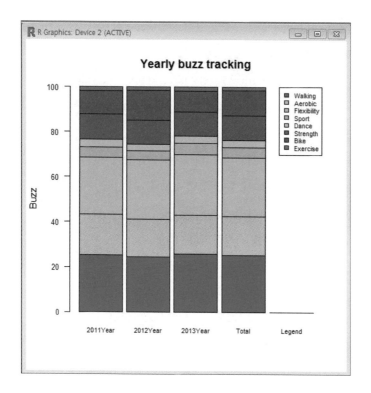

```
R R Console                                                    ▢ ▢ ✕

> rm(list=ls())
> setwd("f:/R_기초통계분석")
> EXERCISE=read.table("운동_연도별_문서.txt",header=T)
> barplot(t(EXERCISE),main='Yearly buzz tracking',ylab='Buzz',ylim=c(0,100),col=$
+   names.arg=c('2011Year','2012Year','2013Year','Total','Legend'),cex=0.7)
> legend(4.7,100,names(EXERCISE),cex=0.65,fill=rainbow(8))
> savePlot("운동_연도별_문서.png",type="png")
> |
                          ꠏꠏꠏ
```

- script 예: 운동 연도별 버즈 현황 시각화[수평(옆으로 누운 바) 그리기]

  > rm(list=ls()): 모든 변수를 초기화한다.

  > setwd("f:/R_기초통계분석"): 작업용 디렉터리를 지정한다.

  > f=read.csv("운동_막대_빈도출력_그래프.csv", sep=", ", stringsAsFactors=F)

  > bp=barplot(f$Freqency, names.arg=f$Exercise, main="Exercise buzz tracking", col=rainbow(25), xlim=c(0, 10000), cex.names=0.7, col.main=1, font.main=2, las=1, horiz=T)

  - f$Freqency: X축 변수(빈도)를 지정한다.

- names.arg=f$Exercise: Y축 변수(운동)를 지정한다.

- main="Exercise buzz tracking": 그래프 제목을 지정한다.

- col=rainbow(25): 무지개 25색을 지정한다.

- xlim=c(0, 10000): X축의 범위를 지정한다.

- cex.names=0.7: Y축 글자 크기를 지정한다.

- col.main=1: 그래프 제목을 검정색으로 지정한다.

- font.main=2: 그래프 제목의 폰트(1: 짙게, 2: 옅게, 3: 기울임)를 지정한다.

- las=1: 축의 라벨을 수평으로 그린다(las=2: 수직).

- horiz=T: 막대그래프를 수평으로 지정한다(F나 디폴트는 수직 지정).

> text(y=bp, x=f$Freqency*1, labels=paste(f$Freqency, 'case'), col='black', cex=0.5)

- Y축의 변수 빈도를 수평바 위에 출력(검정색, 0.5 크기)한다.

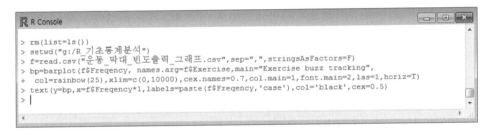

```
R R Console
> rm(list=ls())
> setwd("g:/R_기초통계분석")
> f=read.csv("운동_막대_빈도출력_그래프.csv",sep=",",stringsAsFactors=F)
> bp=barplot(f$Freqency, names.arg=f$Exercise,main="Exercise buzz tracking",
+   col=rainbow(25),xlim=c(0,10000),cex.names=0.7,col.main=1,font.main=2,las=1,horiz=T)
> text(y=bp,x=f$Freqency*1,labels=paste(f$Freqency,'case'),col='black',cex=0.5)
> |
```

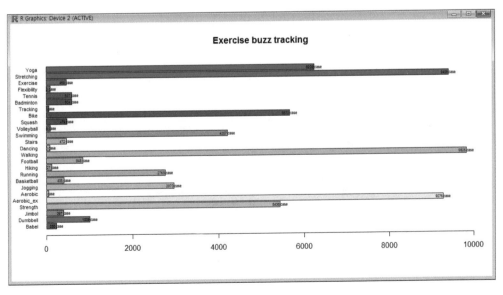

■ 교차분석 테이블(운동_연도별_문서.txt) 생성하기

'운동_연도별_문서.txt' 파일은 다음과 같은 '운동요인×연도' 교차분석 테이블을 작성해야
한다.

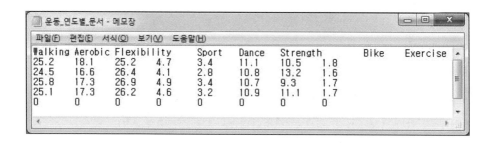

가 R 프로그램을 활용한 교차분석

R에서 SPSS의 다중응답 교차분석과 동일한 결과를 얻기 위해서는 하나의 문서 내에 발생할
수 있는 다중응답 대상 변수들의 빈도가 '1' 이상인 자료를 새롭게 생성해야 한다.

■ 빈도변수 파일 작성

1단계: 데이터파일을 불러온다(분석파일: 비만_감성분석_20150719_E.sav).

2단계: [SPSS 메뉴]→[변환]→[케이스 내의 값 빈도]를 선택한다.

3단계: [목표변수: F_CO]→[숫자변수: F_Walking~F_Exercise]를 지정한다.

4단계: [값 정의]→[값: 빈도값 1 지정]→[계속]을 선택한다.

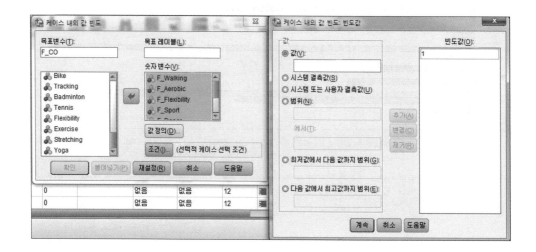

5단계: [데이터]→[케이스 선택]→[조건]→[케이스 선택 조건: F_CO >= 1]→[계속]을 선택한다.

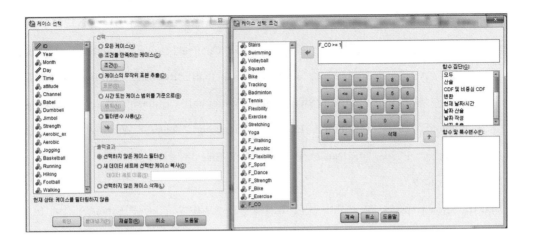

6단계: [선택하지 않은 케이스 삭제]→[확인]을 선택한다.

7단계: 파일을 저장한다(비만_감성분석_20150719_E_다중.sav).

- R의 교차분석 파일 생성

- R 프로그램을 활용한 교차분석 실시

> setwd("f:/R_기초통계분석")

> data_spss=read.spss(file='비만_감성분석_20150719_E_다중.sav', use.value.labels=T, use.missings=T, to.data.frame=T)

> x=c('ID', 'Year', 'Month', 'Day', 'Time', 'attitude', 'Channel', 'Babel', 'Dumbbell', 'Jimbol', 'Strength', 'Aerobic_ex', 'Aerobic', 'Jogging', 'Basketball', 'Running', 'Hiking', 'Football', 'Walking', 'Dancing', 'Stairs', 'Swimming', 'Volleyball', 'Squash', 'Bike', 'Tracking', 'Badminton', 'Tennis', 'Flexibility', 'Exercise', 'Stretching', 'Yoga', 'F_Walking', 'F_Aerobic', 'F_Flexibility', 'F_Sport', 'F_Dance', 'F_Strength', 'F_Bike', 'F_Exercise')

> for(i in 33:40) {

t1=ftable(data_spss[c(x[2], x[i])]): 연도(Year)와 운동요인(F_Walking~F_Exercise) 간에 교차분석을 실시한다.

t2=ctab(t1, type='r')

tot=ftable(data_spss[c(x[i])])

t3=ctab(tot, type='r')

print(t2)

print(t3)

}

```
R Console                                                                    [□][□][×]
> setwd("f:/R_기초통계분석")
> data_spss=read.spss(file='비만_감성분석_20150719_E_다중.sav', use.value.labels=T,use.missings=T,to.data.frame=T)
read.spss(file = "비만_감성분석_20150719_E_다중.sav", use.value.labels = T, 에서 다음과 같은 경고가 발생했습니다 :
  비만_감성분석_20150719_E_다중.sav: Unrecognized record type 7, subtype 18 encountered in system file
read.spss(file = "비만_감성분석_20150719_E_다중.sav", use.value.labels = T, 에서 다음과 같은 경고가 발생했습니다 :
  비만_감성분석_20150719_E_다중.sav: Unrecognized record type 7, subtype 24 encountered in system file
> x=c('ID','Year','Month','Day','Time','attitude','Channel',
+    'Babel','Dumbbell','Jimbol','Strength','Aerobic_ex','Aerobic','Jogging','Basketball','Running','Hiking',
+    'Football','Walking','Dancing','Stairs','Swimming','Volleyball','Squash','Bike','Tracking','Badminton',
+    'Tennis','Flexibility','Exercise','Stretching','Yoga','F_Walking','F_Aerobic','F_Flexibility','F_Sport','F_Dance',
+    'F_Strength','F_Bike','F_Exercise')
>
> for(i in 33:40) {
+    t1=ftable(data_spss[c(x[2],x[i])])
+    t2=ctab(t1,type='r')
+    tot=ftable(data_spss[c(x[i])])
+    t3=ctab(tot,type='r')
+    print(t2)
+    print(t3)
+    }
```

- R의 교차분석 결과는 SPSS의 다중응답 교차분석에서 '[옵션]→[셀 퍼센트(행, 총계)]→[백분율 계산 기준(케이스)] 선택'의 결과와 동일함을 알 수 있다. 따라서 변수군의 행의 합을 100%로 환산하는 '계산 기준(반응)'과 동일한 결과(본서의 p. 257)를 얻기 위해서는 다음과 같은 사용자 함수를 작성하여 R의 빈도분석 결과로 산출된 값을 환산하는 과정이 필요하다.

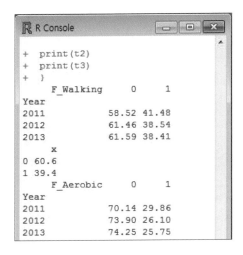

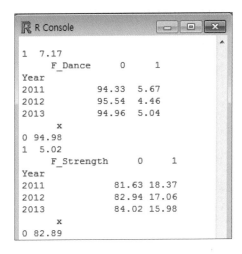

■ 행의 합을 100%로 환산하는 함수

> x1=c(41.5, 29.9, 41.5, 7.8, 5.7, 18.4, 17.3, 2.9): 2011년 행%를 x1 벡터에 저장한다.

> x2=c(38.5, 26.1, 41.6, 6.5, 4.5, 17.1, 20.8, 2.5): 2012년 행%를 x2 벡터에 저장한다.

> x3=c(38.4, 25.8, 40.1, 7.4, 5, 16, 13.9, 2.5): 2013년 행%를 x3 벡터에 저장한다.

> x4=c(39.4, 27.1, 41.1, 7.2, 5, 17.1, 17.5, 2.6): 전체 행%를 x4 벡터에 저장한다.

> sx1=sum(x1): x1 벡터의 합계를 산출한다.

> sx2=sum(x2): x2 벡터의 합계를 산출한다.

> sx3=sum(x3): x3 벡터의 합계를 산출한다.

> sx4=sum(x4): x4 벡터의 합계를 산출한다.

> mx1=x1*100/sx1: 2011년 행%가 100%일 경우 x1 벡터의 백분율

> mx2=x2*100/sx2: 2012년 행%가 100%일 경우 x2 벡터의 백분율

> mx3=x3*100/sx3: 2013년 행%가 100%일 경우 x3 벡터의 백분율

> mx4=x4*100/sx4: 전체 행%가 100%일 경우 x4 벡터의 백분율

> mx1: mx1 벡터의 화면을 인쇄한다.

> mx2: mx2 벡터의 화면을 인쇄한다.

> mx3: mx3 벡터의 화면을 인쇄한다.

> mx4: mx4 벡터의 화면을 인쇄한다.

```
R Console                                                                    _ □ ×

> x1=c(41.5,29.9,41.5,7.8,5.7,18.4,17.3,2.9)
> x2=c(38.5, 26.1,41.6,6.5,4.5,17.1,20.8,2.5)
> x3=c(38.4, 25.8,40.1,7.4,5,16,13.9,2.5)
> x4=c(39.4, 27.1,41.1,7.2,5,17.1,17.5,2.6)
> sx1=sum(x1)
> sx2=sum(x2)
> sx3=sum(x3)
> sx4=sum(x4)
> mx1=x1*100/sx1
> mx2=x2*100/sx2
> mx3=x3*100/sx3
> mx4=x4*100/sx4
> mx1
[1] 25.151515 18.121212 25.151515  4.727273  3.454545 11.151515 10.484848  1.757576
> mx2
[1] 24.428934 16.560914 26.395939  4.124365  2.855330 10.850254 13.197970  1.586294
> mx3
[1] 25.754527 17.303823 26.894702  4.963112  3.353454 10.731053  9.322602  1.676727
> mx4
[1] 25.095541 17.261146 26.178344  4.585987  3.184713 10.891720 11.146497  1.656051
> |
```

- 운동_연도별_문서.txt 파일을 작성한다.
  - 첫 행에 변수의 이름(Walking~Exercise)을 입력한다.
  - mx1~mx4 실행 결과를 차례로 복사하여 붙여넣기를 한다.
  - 마지막 행에 요인 수만큼 '0'으로 입력한다[X축의 범례(Legend)가 위치할 곳].

나 SPSS 프로그램을 활용한 교차분석(다중반응 교차분석)

1단계: 데이터파일을 불러온다(분석파일:비만_감성분석_20150719_E.sav).

2단계: [분석]→[다중응답]→[변수군 정의]를 선택한다.

3단계: [변수군에 포함된 변수: F_Walking ~ F_Exercise]를 지정한다.

4단계: [변수들의 코딩형식: 이분형(1), 이름: 키워드]→[추가]를 선택한다.

5단계: [분석]→[다중응답]→[교차분석]→[행: F_Exercise, 열: Year]→[범위 지정: 최소값
      (2011), 최대값(2013)]을 지정한다.

6단계: [옵션]→[셀 퍼센트(행, 총계)]→[백분율 계산기준(반응)]을 선택한다.
  - 계산기준(반응): 변수군 행의 합을 100%로 산출한다.

7단계: 결과를 확인한다.

Year*$F_EXERCISE 교차 분석표

			$F_EXERCISE[a]								총계
			F_Walking	F_Aerobic	F_Flexibility	F_Sport	F_Dance	F_Strength	F_Bike	F_Exercise	
Year	2011	개수	4345	3128	4348	818	594	1924	1807	308	17272
		Year 내 %	25.2%	18.1%	25.2%	4.7%	3.4%	11.1%	10.5%	1.8%	
		총계의 %	8.1%	5.8%	8.1%	1.5%	1.1%	3.6%	3.4%	0.6%	32.2%
	2012	개수	4920	3332	5311	825	569	2178	2661	317	20113
		Year 내 %	24.5%	16.6%	26.4%	4.1%	2.8%	10.8%	13.2%	1.6%	
		총계의 %	9.2%	6.2%	9.9%	1.5%	1.1%	4.1%	5.0%	0.6%	37.5%
	2013	개수	4200	2816	4384	806	551	1747	1515	271	16290
		Year 내 %	25.8%	17.3%	26.9%	4.9%	3.4%	10.7%	9.3%	1.7%	
		총계의 %	7.8%	5.2%	8.2%	1.5%	1.0%	3.3%	2.8%	0.5%	30.3%
총계		개수	13465	9276	14043	2449	1714	5849	5983	896	53675
		총계의 %	25.1%	17.3%	26.2%	4.6%	3.2%	10.9%	11.1%	1.7%	100.0%

• 운동_연도별_문서.txt 파일을 작성한다.

- 첫 행에 요인(F_Walking~ F_Exercise)을 복사하여 붙여넣기를 한다.
- 연도별(2011, 2012, 2013, 전체) 행 %를 차례로 복사하여 붙여넣기를 한다.
- 마지막 행에 요인 수만큼 '0'으로 입력한다[X축의 범례(Legend)가 위치할 곳].

2-3 상자그림 시각화

상자그림(box and whisker) plot은 연속형 데이터의 분포를 살펴보는 시각화 도구로 boxplot() 함수를 사용한다.

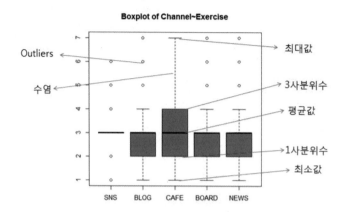

■ script 예: 비만 소셜 빅데이터에서 운동치료의 버즈 현황 시각화

> install.packages('foreign'): SPSS 데이터파일을 읽어들이는 패키지를 설치한다.

> library(foreign): foreign 패키지를 로딩한다.

> rm(list=ls()): 모든 변수를 초기화한다.

> setwd("f:/R_기초통계분석"): 작업용 디렉터리를 지정한다.

> data_spss=read.spss(file='비만_BOXPLOT_20150704.sav', use.value.labels=T, use. missings=T, to.data.frame=T): SPSS 데이터파일을 data_spss에 할당한다.

– file=' ': 데이터를 읽어들일 외부의 SPSS 파일을 정의한다.

– use.value.labels=T: SPSS 데이터 변수의 값에 설정된 레이블을 R의 데이터 프레임 형식 의 변수로 정의한다.

– to.data.frame=T: R 데이터 프레임의 생성 여부를 정의한다.

> boxplot(data_spss$Exercise2, col='red', main=NULL)

– data_spss$Exercise2: data_spss 데이터 프레임의 Exercise2 변수를 정의한다.

– col '인수': 박스 내부 색상을 지정한다.

> title('Boxplot of Exercise'): 상자그림의 제목을 지정한다.

> boxplot(data_spss$Exercise2, col='red', horizontal=T, main=NULL)

- horizontal=T: 상자그림을 수평으로 지정한다.

> title('Boxplot of Exercise')

> boxplot(Exercise2~Channel, col='red', data=data_spss)

- Exercise2~Channel: Channel별 Exercise2의 상자그림을 작성한다.

> title('Boxplot of Channel~Exercise')

> boxplot(Exercise2~attitude, col='red', data=data_spss)

- Exercise2~attitude: attitude별 Exercise2의 상자그림을 작성한다.

> title('Boxplot of Attitude~Exercise')

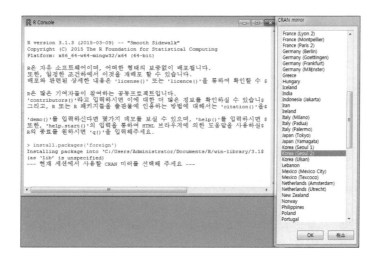

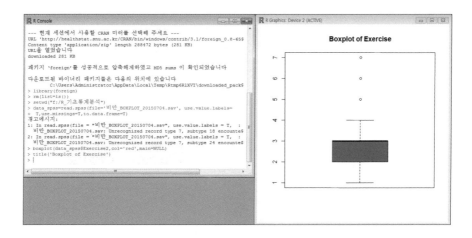

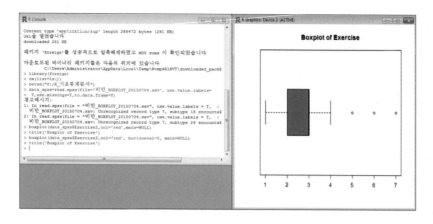

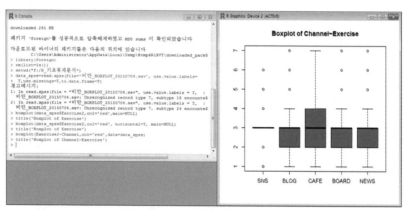

해석 채널 간 평균의 차이를 보이고 있으며 CAFE의 Exercise 분산이 다른 채널에 비해 작은 것으로 나타났다. SNS는 평균에 몰려 있는 것으로 나타났다.

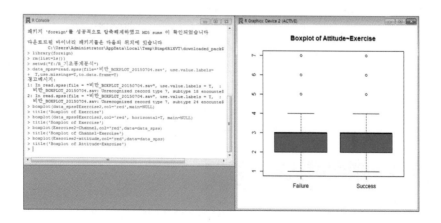

해석 Attitude 그룹 간 평균의 차이는 없으며 두 그룹의 Exercise 평균은 모두 3사분위수(3)에 몰려 있는 것으로 나타났다.

소셜 빅데이터에서 수집된 지리적 데이터(geographical data) 또는 공간 데이터(spatial data)는 지역 사이의 연관성이나 지역의 시간에 따른 변화를 보기 위해 시각화를 통하여 분석할 수 있다(이태림 외, 2015: p. 133). R을 활용한 지리적 데이터의 시각화는 '행정지도 폴리곤 데이터와 sp 패키지를 이용'하거나 '구글 등에서 제공하는 위치정보(위도·경도) 데이터와 ggmap 패키지를 이용'할 수 있다.

3-1 폴리곤 데이터와 sp 패키지 이용[1]

세계 각국의 행정지도는 GADM(Global Administrative Area)에서 위도와 경도의 좌표를 가지고 있는 RData 형태의 데이터를 다운로드 받아 사용할 수 있다.

우리나라 행정지도 폴리곤 데이터는 다음의 절차로 다운로드 받아 저장할 수 있다.

1단계: http://www.gadm.org/에 접속한다.

2단계: [Download] 버튼을 클릭한 후 'Country: South Korea', 'File format: R(SpatialpolygonsDataFrame)'을 선택한 후 [OK] 버튼을 클릭한다.

3단계: 'Level 0'를 선택하여 'KOR_adm0.RData'를 다운로드 받는다.

4단계: 'Level 1'과 'Level 2'를 차례로 선택하여 'KOR_adm1.RData'와 'KOR_adm2. RData'를 다운로드 받아 시각화 지정 폴더에 저장한다.

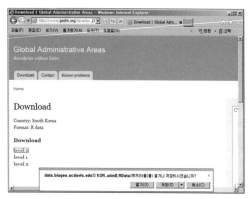

■ script 예: 지역별 음란물 유통 시각화

> setwd("f:/R_기초통계분석"): 작업용 디렉터리를 지정한다.

> install.packages('sp'): sp 패키지를 설치한다.

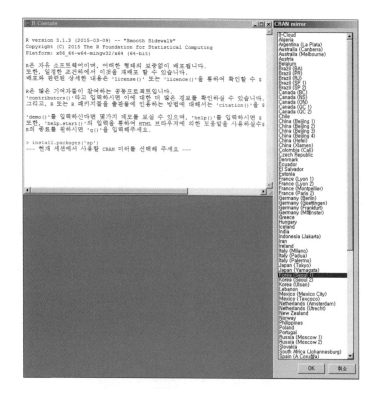

---

1. 폴리곤 데이터와 sp 패키지에 대한 자세한 설명은 '이태림 외(2015). 데이터 시각화. pp. 132~157'을 참조하기 바란다.

> library(sp): sp 패키지를 로딩한다.

> load('f:/R_기초통계분석/KOR_adm0.RDATA')

> plot(gadm): 우리나라 전체 지도를 화면에 출력한다.

> load('f:/R_기초통계분석/KOR_adm1.RDATA')

> plot(gadm): 우리나라 시도별 행정지도를 화면에 출력한다.

 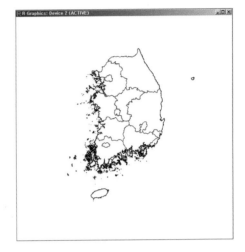

> pop = read.table('f:/R_기초통계분석/지역별음란물감정_지도.txt', header=T): pop 변수에 데이터를 할당한다.

> pop_s = pop[order(pop$Code),]: pop 변수의 Code를 정렬하고, pop_s 변수에 할당한다.

– Code: KOR_adm1.RDATA에서 이용하는 시도에 대한 숫자코드

> inter=c(0, 50, 100, 150, 200, 250, 300, 1200): 버즈량을 7개 구간으로 설정한다.

– (0, 50), (50, 100), (100, 150), (150, 200), (200, 250), (250, 300), (300, 1200)

> pop_c=cut(pop_s$위험, breaks=inter): pop_s 변수에서 위험 항목을 7단계로 구분하여 pop_c 변수에 할당한다.

> gadm$pop=as.factor(pop_c): pop_c 변수 요소를 읽어와서 gadm$pop에 할당한다.

> col=rainbow(length(levels(gadm$pop))): 각 구간의 색을 무지개 색상으로 할당한다.

> spplot(gadm, 'pop', col.regions=col, main='Regional Sexting distribution risk'): pop 변수에 할당된 구간의 색을 무지개 색상으로 채워서 지도를 그린다.

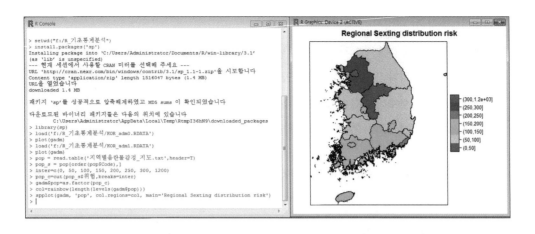

지역별 섹스팅에 대한 위험 감정은 서울, 경기, 부산, 대전, 전남 등의 순으로 높게 나타났다.

3-2 위치정보 데이터와 ggmap 패키지 이용[2]

- script 예: 지역별 음란물 유통 시각화

  > setwd("f:/R_기초통계분석"): 작업용 디렉터리를 지정한다.

  > install.packages('ggmap'): ggmap 패키지를 설치한다.

  > install.packages('grid'): grid 패키지를 설치한다.

  > library(ggmap): ggmap 패키지를 로딩한다.

  > library(grid): grid 패키지를 로딩한다.

  > pop = read.csv('음란물_지도.csv', header=T): pop 변수에 데이터를 할당한다.

  > pop: pop 변수를 화면에 출력한다.

  > lon = pop$LON: 시도의 경도를 lon 변수에 할당한다.

  > lat = pop$LAT: 시도의 위도를 lat 변수에 할당한다.

  > data = pop$Buzz: pop의 Buzz 항목을 data 변수에 할당한다.

  > df = data.frame(lon, lat, data): 지도 data frame을 df 변수에 할당한다.

  > df: df 변수의 화면을 출력한다.

  > map1 = get_map('Jeonju', zoom=7, maptype='roadmap'): 'Jeonju'를 zoom 7로 지정하여

---

2. 위치정보 데이터와 ggmap 패키지에 대한 자세한 설명은 '서진수(2014). R까기. pp. 163~169'를 참조하기 바란다.

map1 변수에 할당한다.

> map1 = ggmap(map1): map1에 지도를 할당한다.

> map1: map1의 지도를 화면에 출력한다.

> map1+geom_point(aes(x=lon, y=lat, colour=data, size=data), data=df): 점포인트를 데이터 크기에 따라 할당하여 지도에 표기한다.

> ggsave('pop.png', scale=1, width=7, height=4, dpi=1000): 결과를 저장한다.

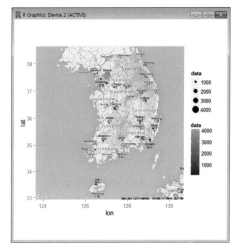

> map1+stat_bin2d(aes(x=lon, y=lat, fill=factor(data)), data=df): 버블 모양을 변경한다.

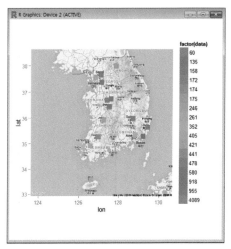

■ 지리적 데이터의 시각화를 위한 파일 작성

① 폴리곤 데이터와 sp 패키지 이용을 위한 파일 작성

    – 지역별 정해진 코드(code)를 부여하여 작성한다(지역별음란물감정_지도.txt).

② 위치정보(위도, 경도) 데이터와 ggmap 패키지 이용을 위한 파일 작성

    – 지역별 정해진 위도(latitude)와 경도(longitude)를 부여하여 작성한다(음란물_지도.csv).

3-3 새 지도의 폴리곤 데이터 이용

세계 각국의 행정구역은 지속적으로 변하고 있다. GADM(Global Administrative Area)에서는 세계 각국의 새로운 행정지도에 대한 좌표를 rds Format으로 제공하고 있다. 새로운 우리나라 행정지도 폴리곤 데이터는 다음의 절차로 다운로드 받아 저장할 수 있다.

1단계: http://www.gadm.org/에 접속한다.

2단계: [Download] 버튼을 클릭한 후 'Country: South Korea', 'File format: R(SpatialpolygonsDataFrame)'을 선택한 후 [OK] 버튼을 클릭한다.

3단계: 'Level 0'를 선택하여 'KOR_adm0.rds'를 다운로드 받는다.

4단계: 'Level 1'과 'Level 2'를 차례로 선택하여 'KOR_adm1.rds'와 'KOR_adm2.rds'를 다운로드 받아 시각화 지정 폴더에 저장한다.

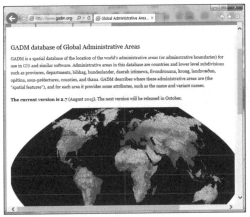

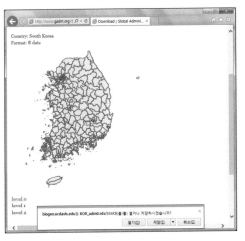

■ script 예: 지역별(세종시 포함) 음란물 유통 시각화

> setwd("f:/R_기초통계분석"): 작업용 디렉터리를 지정한다.

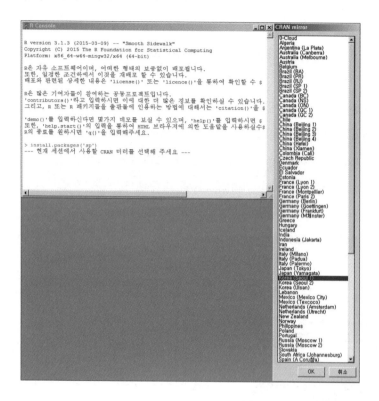

> install.packages('sp'): sp 패키지를 설치한다.

> library(sp): sp 패키지를 로딩한다.

> gadm=readRDS("KOR_adm0.rds")

- rds format은 기존의 load를 사용하지 않고, readRDS("file.rds")를 사용한다.

> plot(gadm): 우리나라 전체 지도를 화면에 출력한다.

> gadm=readRDS("KOR_adm1.rds")

> plot(gadm): 우리나라 시도별 행정지도를 화면에 출력한다.

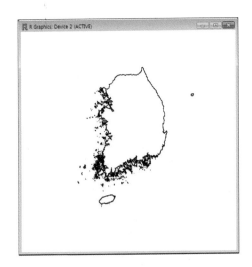
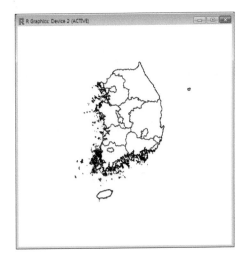

> pop = read.table('f:/R_기초통계분석/지역별음란물감정_지도1.txt', header=T): pop 변수에 데이터를 할당한다.

- R 화면에서 '> gadm'을 입력하면 다음과 같이 세종시의 행정구역이 15, 서울의 행정구역이 16, 울산의 행정구역이 17로 코드화된 것을 알 수 있다(데이터파일에도 세종시가 추가된 것을 알 수 있다).

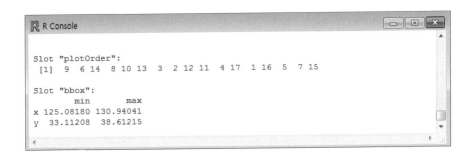

> pop_s = pop[order(pop$Code),]: pop 변수의 코드를 정렬, pop_s 변수에 할당한다.

- Code: KOR_adm1.rds에서 이용하는 시도에 대한 숫자코드

> inter=c(0, 50, 100, 150, 200, 250, 300, 1200): 버즈량을 7개 구간으로 설정한다.

- (0, 50), (50, 100), (100, 150), (150, 200), (200, 250), (250, 300), (300, 1200)

> pop_c=cut(pop_s$위험, breaks=inter): pop_s 변수에서 위험 항목을 7단계로 구분하여 pop_c 변수에 할당한다.

> gadm$pop=as.factor(pop_c): pop_c 변수 요소를 읽어와서 gadm$pop에 할당한다.

> col=rainbow(length(levels(gadm$pop))): 각 구간의 색을 무지개 색상으로 할당한다.

- col=rev(heat.colors(length(levels(gadm$pop)))): 빈도가 높은 구간에 짙은 붉은 색상순으로 할당한다.

> spplot(gadm, 'pop', col.regions=col, main='Regional Sexting distribution risk'): pop 변수에 할당된 구간의 색을 무지개 색상으로 채워서 지도를 그린다.

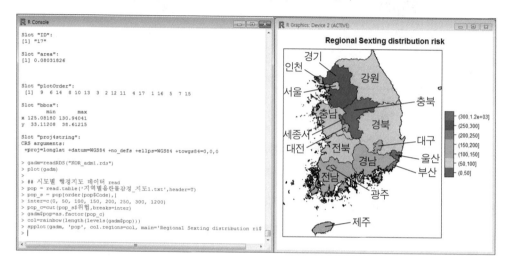

■ 시군구 지역의 시각화

> gadm=readRDS("KOR_adm2.rds")

> plot(gadm): 우리나라 시군구별 행정지도를 화면에 출력한다.

- R 화면에서 '> gadm'을 입력하면 다음과 같이 시군구의 행정구역 코드를 알 수 있다.

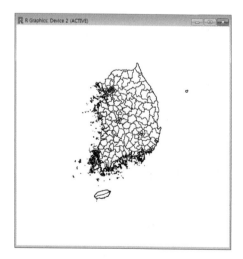

4 소셜 네트워크 분석 데이터의 시각화

소셜 네트워크 분석(Social Network Analysis, SNA)은 개인 및 집단 간의 관계나 학술분야에 축적된 지식체(body of knowledge)의 관계를 노드와 링크로써 모델링하여 그 위상구조, 확산·진화 과정을 데이터 분석과 시각화를 통해 수행할 수 있는 탐색적 분석방법이다. SNA를 할 수 있는 프로그램으로는 NetMiner, UCINET, Pajek, R 등이 있다.

본고에서는 한국연구재단 등재학술지에 게재된 보건의료분야 주요 논문의 키워드를 분석 자료로 설정하여 SNA를 실시하였다. 주요 논문에서 추출된 키워드는 유사 키워드를 분류한 후 SNA를 위해 테이블 형태의 1-mode network로 파일을 구성하여야 노드 간의 관계를 파악할 수 있다. 본고에서는 NetMiner와 R을 통한 SNA를 설명하고자 한다.

4-1 NetMiner를 이용한 SNA 데이터의 시각화

NetMiner는 SNA를 위해 데이터의 변환, 네트워크분석, 통계분석, 네트워크 시각화 등을 유연하게 통합·관리하는 것을 목적으로 한국의 사이람(Cyram)에서 개발한 소프트웨어이다.

NetMiner의 작업환경(화면구성)은 다음과 같다.

- 데이터 관리 영역은 현재 작업파일(current workfile)과 작업파일 목록(workfile tree)으로 구성되며, 현재 다루고 있는 자료 및 실행한 프로세스를 살펴볼 수 있다.
- 데이터 시각화 영역은 데이터 관리 영역의 연결망 데이터를 실행(더블클릭)할 경우 연결망 그래프가 표현되는 영역이다.
- 프로세스 관리 영역은 연결망 분석 및 시각화를 실행하기 위한 절차들을 지정 영역에서 연속적으로 설정할 수 있다.

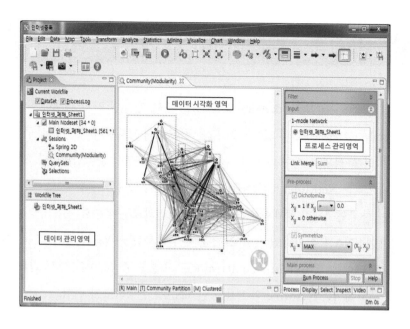

　　SNA를 위한 데이터파일은 matrix, edge list, linked list 형식으로 작성할 수 있다. 이 중 소셜 빅데이터나 논문 키워드를 표현하는 데는 edge list가 가장 적합하다. 네트워크 데이터는 한 개의 자료 파일 내의 결점들 간에 직접적인 관계를 나타내는 1-mode network와 공동 참여 연결망처럼 두 차원의 결점들 간에 관계를 나타내는 2-mode network로 구성되어 있다 (김용학, 2013).

　　1-mode network와 2-mode network의 구성은 다음과 같다.

• 1-mode network[1]

Matrix							Edge List			Linked List		
	A	B	C	D	E	F	Source	Target	Weight	Source	Target 1	Target 2
A	0	1	1	0	0	0	A	B	1	A	B	C
B	0	0	0	2	0	0	C	B	3	B	D	
C	0	3	0	0	0	0	A	C	1			
D	0	0	0	0	1	2	B	D	2	C	B	
E	0	0	0	0	0	0	D	E	1	D	E	F
F	0	0	0	0	0	0	D	F	2			

[1] 사이람(2014). NetMiner를 이용한 소셜 네트워크 분석 – 기본과정. p. 42.

- 2-mode network

Matrix				Edge List			Linked List		
	Sports	Movie	Cook	Source	Target	Weight	Source	Target 1	Target 2
A	1	1	0	A	Sports	1	A	Sports	Movie
				A	Movie	1			
B	0	1	0	B	Movie	1	B	Movie	
				C	Sports	1			
C	1	0	1	C	Cook	1	C	Sports	Cook
D	0	0	1	D	Cook	1	D	Cook	
E	0	1	1	E	Movie	1	E	Movie	Cook
				E	Cook	1			
F	1	0	1	F	Sports	1	F	Sports	Cook
				F	Cook	1			

NetMiner에서 SNA를 실시하기 위해서는 1-mode network(edge list) 데이터를 사전에 구성해야 한다. 1-mode network(edge list)로 구성된 Excel 파일이 작성되면 다음 절차에 따라 분석할 수 있다.[3]

1단계: NetMiner 프로그램을 불러온다.

2단계: [File]→[Import]→[Excel File]을 선택한다.

3단계: [Import Excel File]→데이터(2013_sna_보건의료.xls)를 선택하여 불러온 후 [1-mode Network-Edge List] 선택→데이터를 불러온 후 [OK]를 누른다.

---

3. NetMiner 데이터파일(1 mode network edge list)을 생성하는 과정은 '송태민, 송주영(2015). 빅데이터 연구 한 권으로 끝내기. 한나래아카데미. pp. 344-346'을 참조하기 바란다. 본 연구에 사용된 SNA 데이터 변환용 SPSS 파일(2013_sna_보건복지.sav)은 한나래출판사 홈페이지 자료실에서 내려받을 수 있다.

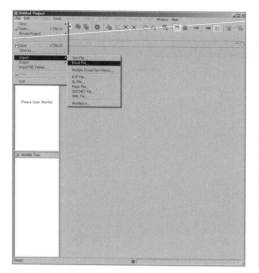
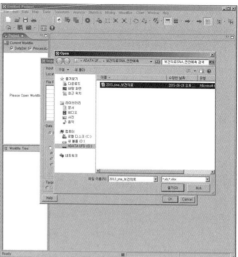

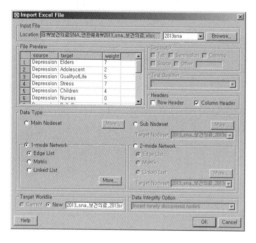
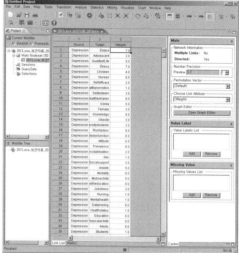

4단계: [Analyze]→[Centraity]→[Degree]를 선택한다.

5단계: 프로세스 관리영역창에서 [Process Tab]→[Main Process, Sum of Weight]를 선택한 후 [Run Process]를 누른다.

6단계: 데이터 시각화 영역창의 '[T] Degree Centrality Vector' 탭을 선택한 후 결과창에서 우측 마우스를 클릭→[Add To Workfile]→[Node Attribute]→ [Select All]→[OK]를 누른다.

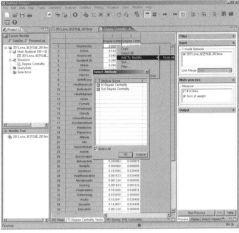

7단계: [Visualize]→[Clustered]→[2D]를 선택한다.

8단계: 프로세스 관리영역 창에서 [Select Vector - Node Attribute]→[In-Degree Centrality] 선택→[Label Group's name with att.]를 선택하여 해제(그룹명 G1~G16 순으로 view)→[Run Layout]을 선택한다.

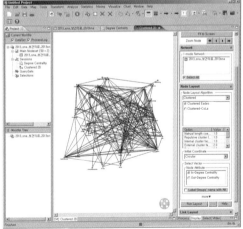

9단계: 프로세스 관리영역 창에서 [Link Attribute Styling]→[Use User-defined Color Scale]→[Apply]→[Close]를 선택한다.

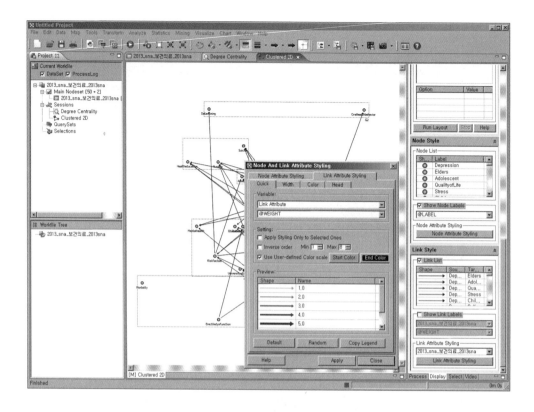

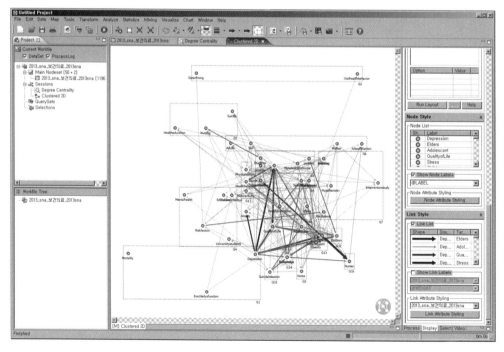

SNA는 개인 및 집단 간의 관계를 노드와 링크로 모델링하여 그 위상구조, 확산·진화 과정을 계량적·시각적으로 분석하는 방법이다.

본 연구에서 2013년 보건의료분야 주요 논문의 키워드 간 응집(cohesion) 구조를 분석한 결과 총 16개 그룹으로 키워드가 응집되어 있는 것으로 나타났다. 연결 정도(degree)는 한 노드가 연결되어 있는 이웃 노드 수(링크 수)를 의미하는데, 내부 연결 정도(in-degree)는 내부 노드에서 외부 노드의 연결 정도를, 외부 연결 정도(out-degree)는 외부 노드에서 내부 노드의 연결 정도를 나타낸다.

본 연구의 키워드 간 내부 연결 정도를 분석한 결과 'Nurses'를 매개로 'sex', 'job satisfaction', 'Knowledge', 'Self-efficacu', 'Job Stress' 등과 연관되어 연구가 진행되며 'Suicidal ideation'은 'Stress', 'Adolescent' 등과 밀접하게 연결되어 있는 것으로 나타났다. 그리고 'Risk factors', 'Elders', 'Female', 'Children' 등과 연관되어 연구가 활발히 진행되고 있는 것으로 나타났다.[4]

4-2 R을 이용한 SNA 데이터의 시각화

- R을 이용한 SNA 데이터의 시각화는 연관규칙의 시각화(visualization) 패키지 'arulesViz'를 사용할 수 있다.[5]

> setwd("f:/R_기초통계분석"): 작업용 디렉터리를 지정한다.

> asso=read.table("2013보건의료_1.txt", header=T): 데이터파일을 asso 변수에 할당한다.

> install.packages("arules"): 'arules' 패키지를 설치한다.

> library(arules): 'arules' 패키지를 로딩한다.

> trans=as.matrix(asso, "Transaction"): asso 변수를 matrix로 변환하여 trans 변수에 할당한다.

> rules1=apriori(trans, parameter=list(supp=0.001, conf=0.8, target="rules")): 지지도 0.001, 신뢰도 0.8 이상인 규칙을 찾아 rule1 변수에 할당한다.

> inspect(sort(rules1)): 지지도가 큰 순서로 정렬(sort)하여 화면에 출력한다.

> summary(rules1): 연관규칙에 대해 summary하여 화면에 출력한다.

> rules.sorted=sort(rules1, by="support"): 신뢰도를 기준으로 정렬한다.

---

4. 본 결과 해석의 일부 내용은 '송태민 외(2014). 보건복지 빅데이터 효율적 관리방안 연구'에 수록된 내용임을 밝힌다.

5. 연관분석에 사용되는 arulesViz패키지는 R version 3.1.3에서는 실행되지 않기 때문에 R version 3.2.1.을 설치한 후, 연관분석을 실시해야 한다.

> inspect(rules.sorted): 신뢰도가 큰 순서로 정렬하여 화면에 출력한다.

> rules.sorted=sort(rules1, by="lift"): 향상도를 기준으로 정렬한다.

> inspect(rules.sorted): 향상도가 큰 순서로 정렬하여 화면에 출력한다.

> install.packages("arulesViz"): 연관규칙의 시각화(visualization) 패키지 'arulesViz'를 설치한다.

> library(arulesViz): 'arulesViz' 패키지를 로딩한다.

> plot(rules1, method='graph', control=list(type='items')): SNA 결과 그래프를 화면에 출력한다.

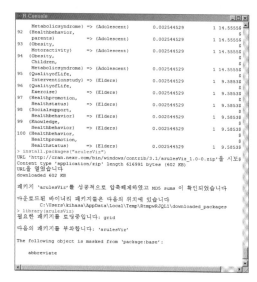
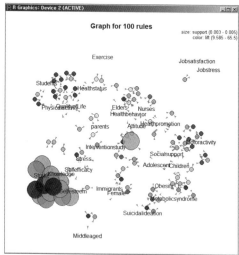

해석 2013년 보건의료분야에서는 'Stroke', 'Knowledge', 'Selfesteem'과 연관되어 연구가 활발히 진행되었으며, 'Elders', 'Nurse', 'Healthbehavior'와 연관되어 연구가 활발히 진행된 것으로 나타났다. 그리고 'Obesity'와 'Metabolicsyndrome'과 관련한 연구도 활발히 진행되었다.

> plot(rules1, method='grouped')

- 그룹화 행렬 기반시각화(grouped matrix-based visualizations)

- 원의 크기가 클수록 지지도가 크고 색상이 짙을수록 향상도가 크다.

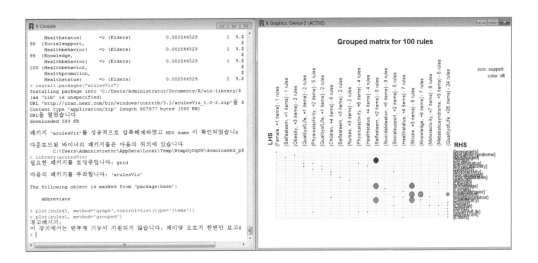

'Middleaged'와 'Strock'의 연구는 'Selfesteem'과 연관된 연구가 활발히 진행된 것으로 나타났다.

- R을 이용한 SNA 데이터의 시각화는 'igraph' 패키지를 사용할 수 있다.

> install.packages('igraph') ; library(igraph): 'igraph' 패키지를 설치한다.

> health_g=read.csv('g:/health_igraph.csv', head=T): 데이터를 health_g 변수에 할당한다.

> graph_f=data.frame(source=health_g$source, target=health_g$target)

- 관계변수(source, target)를 graph_f 변수에 할당한다.

> health_g=graph.data.frame(graph_f, direct=T)

- graph_f 변수를 health_g 데이터 프레임에 할당한다.

> plot(health_g, layout=layout.fruchterman.reingold, vertex.size=3,

+ edge.arrow.size=0.5, edge.width=0.5, vertex.color='green')

- 점의 크기(vertex.size), 화살의 크기(edge.arrow.size), 선의 폭(edge.width), 점의 색(vertex.color)을 지정한다.

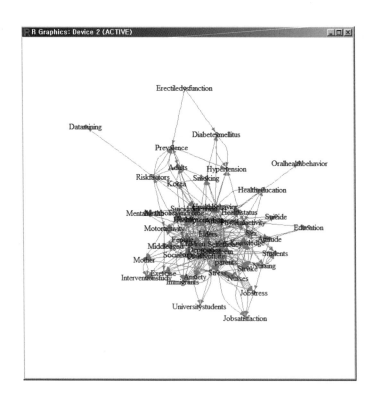

참고문헌

1. 김용학(2013). 사회 연결망 분석. 박영사.
2. 서진수(2014). R까기. 느린생각.
3. 서진수(2015). R라뷰. 더알음.
4. 송태민 외(2014). 보건복지 빅데이터 효율적 관리방안 연구. 한국보건사회연구원.
5. 송태민·송주영(2015). 빅데이터 연구 한 권으로 끝내기. 한나래아카데미.
6. 이태림·허명회·이정진·이긍희(2015). 데이터 시각화. 한국방송통신대학교출판문화원.
7. 후나오노부오 지음·김성재 옮김(2014). R로 배우는 기본기 데이터 시각화. 한빛미디어.
8. 허명회(2014). R을 활용한 사회네트워크분석 입문. 자유아카데미.

소셜 빅데이터
연구 실전

에서는 국내의 온라인 뉴스사이트, 블로그, 카페, SNS, 게시판 등에서 수집한 소셜 빅데이터를 바탕으로 분석한 실제 연구사례를 기술하였다. 5장에는 '소셜 빅데이터 분석 기반 메르스 정보 확산 위험요인 예측' 연구 사례를 기술하였다. 6장에는 '소셜 빅데이터를 활용한 통일인식 동향 분석 및 예측' 연구사례를 기술하였다. 7장에는 '소셜 빅데이터를 활용한 한국의 섹스팅 위험 예측' 연구사례를 기술하였다. 8장에는 '소셜 빅데이터를 활용한 담배 위험 예측' 연구사례를 기술하였다.

5장

메르스 정보 확산 위험요인 예측

보건복지부 '중앙메르스관리대책본부'는 7월 4일 이후(30일째) 신규 확진환자는 없으며, 8월 4일 현재 총 186명의 메르스 확진환자가 발생하여 이 중 36명은 사망하고 12명은 치료 중인 것으로 보도하였다(보건복지부·질병관리본부, 2015. 8. 4. 보도자료).

최초의 메르스 감염자는 농작물 재배 관련 일에 종사하던 68세 남성으로, 5월 4일 카타르를 경유하여 인천공항에 입국한 뒤 7일 후인 5월 11일 발열 및 기침 등의 증상이 발생하여 여러 병원을 방문하던 도중 5월 18일 서울 국립중앙의료원에 입원하였고, 5월 19일 검체 의뢰를 통해 5월 20일에 확진 판정을 받았다(보건복지부·질병관리본부, 2015. 5. 20. 보도자료). 이후 최초 메르스 감염자에게 2차적으로 감염된 확진환자 6명이 추가적으로 확인됨에 따라 5월 26일 메르스 확진환자는 7명으로 늘어났으며, 6월 2일 최초 메르스 감염자와 같은 병동에 있던 57세 여성과 71세 남성이 사망함에 따라 메르스 확산 방지를 위한 국가적 보건역량을 총동원하기로 하고, 5월 31일 '민관합동대책반'을 구성한 데 이어 6월 2일 메르스 확산 방지 강화대책을 발표하였다(보건복지부·질병관리본부, 2015. 6. 2. 보도자료).

한국 정부와 세계보건기구(WHO)는 금번 한국 메르스 코로나 바이러스(MERS-CoV) 전개 양상이 사우디아라비아 등을 통해 알려진 전개와 다소 차이를 보이고 있는 데 대한 국제사회의 우려를 고려하여 '국제보건규칙(International Health Regulation, IHR)'에 의거해 한-WHO 합동평가단을 구성하여 그 결과를 발표하였다.[2]

첫째, 메르스는 한국의 대다수 의료인들이 예상하지 못한 낯선 질병으로, 어떤 병원에서는 다인용 병실과 응급실에 환자들을 넘치게 수용한 점 때문에 문제가 발생되었다. 둘째, 환자들이 많은 의료시설을 이곳저곳 다녀보는 '의료 쇼핑'이라는 습관과 병원에 입원한 환자에게 친구와 가족 구성원들이 무분별하게 문병을 오는 사태가 질병을 퍼트리는 데 영향을 미쳤을 가능성이 있다. 셋째, WHO는 보건시설로 인한 감염을 막을 수 있도록 보건시설 위생 유지를 조언했다. 또한 메르스 초기 증세가 불분명해서 초기 진단이 어려운 특성이 있기 때문에 보건의료 인력은 환자의 메르스 감염 여부와 상관없이 모든 환자를 진찰 시에 항상 의료

---

1. 본 연구의 일부 내용은 해외 학술지에 게재하기 위하여 '송주영 교수(펜실베이니아주립대학교), 송태민 박사(한국보건사회연구원), 서동철 교수(이화여자대학교), 진달래 연구원(한국보건사회연구원), 김정선 박사(SK텔레콤 스마트인사이트)'가 공동 수행한 것임을 밝힌다.

2. WHO recommends continuation of strong disease control measures to bring MERS-CoV outbreak in Republic of Korea to an end , Media Centre, 2015-06-23.

적 표준주의 지침을 충분히 숙고할 것을 당부하였다. 넷째, 현재 지역감염의 증거는 없으며, 접촉자 추적 향상을 위한 광범위한 노력, (잠복기간 동안) 확진자 및 접촉자에 대한 적절한 격리, 검역·감시 및 여행 제한을 포함한 메르스 발병 억제를 위한 지속적인 공중 보건 조치로 확진자 발생이 감소 추세로 접어든 것으로 보인다는 결과를 발표하였다.

2015년 7월 4일 이후 3주 이상 신규 확진환자가 발생하지 않자 국무총리는 7월 28일 메르스와 관련하여 "7월 27일로 격리자가 모두 해제되는 등 여러 상황을 종합해볼 때 국민께서 이제는 안심해도 좋다는 것이 의료계와 정부의 판단"이라며 사실상 메르스 종식을 선언하였다.

모바일 인터넷과 소셜 미디어의 확산으로 데이터량이 증가하여 데이터의 생산·유통·소비 체계에 큰 변화가 일어나면서 데이터가 경제적 자산이 될 수 있는 빅데이터 시대를 맞이하게 되었다. 세계 각국의 정부와 기업들은 빅데이터가 공공과 민간에 미치는 파급효과를 전망함에 따라 SNS를 통해 생산되는 소셜 빅데이터의 활용과 분석을 통하여 사회적 문제를 해결하고 정부 정책을 효과적으로 추진할 수 있을 것으로 기대하고 있다. 또한 빅데이터가 미래 국가 경쟁력에도 큰 영향을 미칠 것으로 예측하고 있으며, 국가별로는 안전을 위협하는 글로벌 요인이나 테러, 재난재해, 질병, 위기 등에 선제적으로 대응하기 위해 우선적으로 도입하고 있다.

소셜 빅데이터 분석은 사용자가 남긴 문서의 의미를 분석하는 것으로 자연어 처리기술인 주제분석(text mining)과 감성분석 기술인 오피니언마이닝(opinion mining)을 실시한 후, 네트워크 분석(network analysis)과 통계분석(statistical analysis)을 실시해야 한다. 기존에 실시하던 횡단적 조사나 종단적 조사 등을 대상으로 한 연구는 정해진 변인들에 대한 개인과 집단의 관계를 보는 데에는 유용하나 사이버상에서 언급된 개인별 문서(버즈: buzz)에서 논의된 관련 정보 상호 간의 연관관계를 밝히고 원인을 파악하는 데는 한계가 있다(송주영·송태민, 2014). 이에 반해 소셜 빅데이터 분석은 훨씬 방대한 양의 데이터를 활용하여 다양한 참여자의 생각과 의견을 확인할 수 있기 때문에 사회적 문제를 예측하고 현상에 대한 복잡한 연관관계를 보다 정확하게 밝혀낼 수 있다.

본 연구는 국내 온라인 뉴스사이트, 블로그, 카페, SNS, 게시판 등에서 수집한 소셜 빅데이터를 바탕으로 우리나라에서 발생한 메르스 정보 확산 위험요인을 예측하고자 한다.

2-1 메르스 관련 이론적 배경

메르스(Middle East Respiratory Syndrome, MERS)는 2012년 중동 지역의 국가에 살거나 여행하는 사람들에게서 발견된 전염병으로(WHO, 2013), 신종 코로나바이러스가 전염병의 원인이라고 규정되었기 때문에 국제위원회(the International Committee on Taxonomy of Viruses)에서 '중동 지역 호흡기 증후군 - 코로나 바이러스(MERS-CoV)'라는 명칭으로 공식적으로 명명하였다(Groot et al., 2013). 메르스를 최초로 발견한 사람은 이집트의 질병학자 알리 모하메드 자키(Ali Mohamed zaki)로, 그는 HKU4와 HKU5와 같은 박쥐에 자생하는 코로나바이러스가 다른 동물에 퍼지면서 메르스를 일으키는 코로나 바이러스가 나타나게 된 것으로 파악하였다(Zaki et al., 2012). 이후 박쥐의 코로나바이러스는 중동지역의 단봉낙타에 옮겨졌고, 낙타가 사람에게 메르스 바이러스를 옮기는 주된 전파수단이 되었다(Alagaili et al., 2014).

메르스는 사람과 사람의 접촉으로 감염되기도 하는데, 이 경우에는 메르스 감염환자와의 가까운 접촉 또는 비말접촉으로 주로 감염되며 이러한 전염은 병원과 같은 보건시설에서 자주 일어난 것으로 보고되었다(Assiri et al., 2013). 메르스의 전파경로를 살펴보면, 2012년 4월부터 사우디아라비아에서 주로 발생하다가 2012년 9월에 중동 걸프지역에서 영국 런던으로 감염환자가 이동하면서 영국 내에도 메르스 감염이 일어났다(Bermingham et al., 2012). 2013년에는 사우디아라비아에서 레바논, 요르단, 아랍에미레이트연합 등에 전파되었고, 2014년에는 터키, 카타르, 오스트리아에서도 메르스 감염환자가 나타났다. 2012년 4월부터 2015년 7월 21일까지 국내외 메르스 감염 사례는 1,392명, 사망 사례는 538명으로 보고되었다(CDC, 2015a).

메르스 바이러스가 사우디아라비아를 비롯한 여러 국가에서 확산됨에 따라 WHO에서는 감염 예방을 위한 지침과 메르스의 전염경로, 증상판별법 및 치료법 등을 담은 매뉴얼을 2013년 7월에 발간하였다(WHO, 2013). 메르스 증상으로는 고열, 기침, 호흡곤란 등이 나타나며 어떤 이들은 설사, 메스꺼움, 구토와 같은 위장 관련 증상을 경험하기도 한다(CDC, 2015b). 폐렴이나 신부전증이 있는 사람은 메르스에 전염되었을 때 조금 더 심각한 합병증을 겪을 수 있으며, 공존증(comorbidities, 1차적 질환을 포함해서 하나 이상의 질환이 몸 안에 존재하는 의학적 상황)을 지닌 사람의 경우 메르스 감염에 더 취약하거나 증상이 심각해질 수 있다. 단봉낙타에게서만 사례 수의 90% 이상이 넘는 280마리에서 메르스 바이러스 양성반응이 나타나 낙타가 주요한 전염원인으로 밝혀지면서(Hemida et al., 2013) 최근에는 아라비아 사막지역을 다녀왔거나 해당 지역 여행자와 접촉한 사람, 그리고 낙타와 근거리에서 접촉하거나 멸균되지 않은 낙타유나 낙타고기를 섭취한 사람을 중심으로 메르스가 전염되고 있다고 보고되었다(CDC, 2015a).

메르스를 예방할 수 있는 예방백신은 아직까지 없으며 현재 미국 국립보건원에서 예방백신으로 기능할 만한 것을 개발 중에 있다. 예방백신 대신 메르스 감염을 예방하는 방법으로는 손을 씻을 때 20초 동안 비누로 깨끗하게 씻기, 재채기를 할 때 티슈로 코와 입을 가리기 등이 있다. 또한 다른 사람과 컵을 같이 쓰는 것을 피하고, 문의 손잡이나 살림도구를 깨끗하게 소독하는 방법 등이 권장된다(CDC, 2015c).

2-2 SNS상 전염병 확산 이론

최근 SNS 환경의 규모와 영향력이 점차 증대됨에 따라(Kong et al., 2014) SNS는 개인의 커뮤니케이션 수단으로서 긴급 상황과 위기 대응에 결정적 요소로 진화하고 있다(Ryu, 2013). 전 세계 SNS 사용자가 2013년 현재 17억 명으로 2017년에는 25억 명이 SNS를 이용할 것으로 전망하고 있다(eMarketer, 2013). SNS는 2008년 미국 대통령 대선이나 2010년 '아랍의 봄' 민주화 운동 때와 같이 긍정적 영향력(Guille, 2013)을 미치는 경우가 있다. 반면 광우병사태, 사스(SARS), 조류독감과 같이 대중들의 관심을 집중적으로 받는 사안에서는 미디어의 반복된 조명으로 사람들의 공포심을 자극하고 정부 혹은 관련 조직에 대한 불신을 키워 위험을 확산시킬 수 있다(Kim, 2014).

정보 확산(information diffusion)은 사회 구성원들 사이에서 시간의 흐름에 따라 특정 채널을 통해 커뮤니케이션이 이루어지는 과정으로(Rogers, 1983), SNS상의 정보 확산 능력이 점차 커지면서 이에 대한 역기능 또한 증가하고 있다(Kong et al., 2014). 신종플루, 조류독감, 중증급성호흡기증후군과 같이 감염성 강한 질환의 발생은 전 세계적으로 질병에 대한 두려움을 키우는데(Liang, 2014), 이때 이용자의 접근성이 높고 이동성이 강한 SNS는 질병에 대한 유언비어의 확산 채널 역할을 한다(Hong et al., 2014).

온라인 공간은 다양한 정보를 소비하는 곳일 뿐만 아니라 새로운 정보를 생산·확산시키고 더 나아가 현실 세계에서 직접적인 행동을 이끄는 원천이 되고 있으며(Park et al., 2011), 이렇게 형성된 특정 정보는 낙인의 물결 효과를 거쳐서 낙인화(stigmatization)의 충격을 양산하고 있다. 낙인화는 위험의 사회 확산에 따라 형성되며 위험과 관련된 특정 사람·상품·장소·기술 등에 붙여지는 부정적 이미지, 감정적 반응, 사회행동 차원의 효과를 의미한다. 위험의 확산에 따른 낙인화 과정은 특정 대상에서 위험 사안이 발생→정보 확산→공중 인식과 표식화 과정→특정 대상의 정체성 형성→낙인의 물결 효과→낙인화 영향과 충격의 6가지 단계로 이어진다(Kim, 2014). 확산되는 루머가 자극적일수록 이용자들이 활발하게 댓글을 올리면서 상호작용을 할 뿐 아니라 국민들의 불안감을 유발하고, 정부 정책에 대한 불신을 초래하는 등 개인적·사회적으로 큰 손실을 가져다준다(Hong et al., 2014).

SNS를 통한 정보의 확산 연구는 데이터 분석을 통하여 사회문제에 대한 궁극적인 예측 결과를 형성할 수 있을 뿐만 아니라 더 큰 이해관계를 얻을 수 있다(Agrawal et al., 2011). 질병의 확산과 같은 정보 확산 과정은 네트워크를 통하여 발생하며(Salehj et al., 2015), 사회 확산(social amplification)은 질병과 같은 위험 정보가 인터넷 등의 채널을 통해 집중되었다가 빠르게 증폭됨으로써 사회적인 충격을 일으키는 경로와 과정을 추적하는 것으로, 일반적인 전염병은 질병 전파, 질병에 관한 정보의 흐름, 질병에 대한 예방행동 수칙들을 확산한다(Liang, 2014).

[그림 5-1] 파란 점선 안의 감염상태에 따른 프로세스를 보면 '미보균자(Susceptible)'인 개인의 경우 감염인자가 있는 이웃과 접촉했을 때 감염성 질환에 감염될 수 있지만 감염인자가 신체 내부에서 방출되지 않은 '잠복(Latent)' 상태로 있다. 질병인자가 신체 내부에 있을 때에는 다른 사람에게 전파되지 않으며, 잠복기의 다음 단계는 '전염(Infectious)' 상태로 한 개인이 다른 사람에게 감염성 질환을 전파할 수 있고 확산경로는 늘어난다. 감염 기간 동안 '증상(Symptomatic)' 또는 '무증상(Asymptomatic)' 상태를 경험할 수 있고 감염 관련 정보들은 대중매체를 통한 전파, 주변을 통한 입소문 전파, 소셜 네트워크의 대인관계에 의한 전파 형태로 각각 퍼져 나간다. 감염기간이 지나면 '회복(Recovered)' 단계를 거치는데 이때는 감염에 면역성이 생긴 것으로 간주한다.

[그림 5-1] 검정색 점선 안의 정보 확산 프로세스를 보면, 질병이 처음 발병했을 때에는 개개인이 인식하지 못하지만(Unaware) 곧 입소문과 대중매체를 통하여 정보를 습득하게 된다. 전자(Uninformed)의 경우는 로컬 네트워크를 통하여 정보가 순환되지만, 후자(Informed)의 경우는 전 세계적으로 정보가 확산될 뿐만 아니라 예방 차원에서의 의사결정 행동을 불러일으킨다.

[그림 5-1] 회색 점선 안의 프로세스는 예방행동이 확산되는 과정으로, 자신의 개인적인 특성과 질병의 확산 과정에서 증상(Symptomatic)을 통하여 '감염위험'으로 인지된 정보는

SNS의 대인관계에 의한 영향력에 따라서 정보를 수용하는 데 영향을 미친다. 질병의 확산은 개인의 인지된 위험과 자극을 통하여 예방행동을 채택할 수 있도록 하며, 예방행동의 채택을 저해하는 질병 확산은 사람과 질병 시스템 간에 부정적인 연결고리를 형성할 수 있다(Liang, 2014).

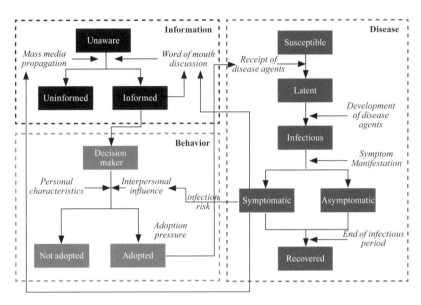

[그림 5-1] 세 과정 사이에서의 정보 확산(Liang, 2014)

3 연구방법

3-1 연구대상[3] 및 분석방법

본 연구는 105개의 온라인 뉴스사이트, 8개의 게시판, 1개의 SNS(트위터), 4개의 블로그 등 총 120개의 온라인 채널을 통해 수집 가능한 텍스트 기반의 웹문서(버즈)를 소셜 빅데이터로 정의하였다. 메르스 토픽(topic)은 모든 관련 문서를 수집하기 위해 '메르스'를 사용하였으며, 토픽과 같은 의미로 사용되는 토픽 유사어로는 '메르스 바이러스, 중동 호흡기 증후군, 메르

---

3. 본고의 연구대상은 1부 1장 '소셜 빅데이터 분석과 활용방안' 분석 사례의 대상과 달리, 5월 19일~6월 2일(15일간) 동안의 온라인 문서를 대상으로 하였다.

스 코로나 바이러스, 매르스' 용어를 사용하였고, 불용어는 '메르스벤츠, 메르스데스벤츠'로
하였다.

소셜 빅데이터는 우리나라에 메르스 발생이 처음으로 알려진 시점인 2015년 5월 19일부
터 6월 2일 동안 해당 채널에서 매 시간 단위로 수집하였으며,[4] 수집된 총 66만 6,510건[5]의 텍
스트 문서를 본 연구의 분석에 포함하였다.

메르스 위험을 설명하는 가장 효율적인 예측모형을 구축하기 위해 데이터마이닝의 연관
규칙과 의사결정나무분석, 그리고 시각화 분석을 사용하였다. 연관규칙의 분석 알고리즘은
선험적 규칙(apriori principle)을 사용하였고, 의사결정나무 형성을 위한 분석 알고리즘은 훈
련표본과 검정표본의 정분류율이 높게 나타난 Exhaustive CHAID(Chi-squared Automatic
Interaction Detection) 알고리즘을 사용하였다. 기술분석, 다중응답분석, 로지스틱 회귀분석,
의사결정나무분석은 SPSS 22.0을 사용하였고 연관분석과 시각화는 R version 3.1.3을 사용
하였다.

① 연구대상 소셜 빅데이터의 수집과 분류

• 소셜 빅데이터의 수집 및 분류 방식에는 두 가지가 있다. 첫째는 해당 토픽에 대한 이론적
  배경 등을 분석하여 온톨로지(ontology)를 개발한 후, 온톨로지의 키워드를 수집하여 분류
  하는 톱다운(top-down) 방식이다. 둘째는 해당 토픽을 웹크롤러로 수집한 후 범용 사전이나
  사용자 사전으로 분류(유목화 또는 범주화)하는 보텀업(bottom-up) 방식이다. 본 연구의 메르
  스 관련 수집 및 분류에는 보텀업 방식을 사용하였다.

• 메르스 수집 조건

분석기간	2015. 05. 19- 06. 02	
수집 사이트	수집사이트 Sheet 참조	
토픽	토픽 관련어	불용어
메르스	메르스 바이러스,중동 호흡기 증후군,메르스 코로나 바이러스,매르스	메르스벤츠,메르스데스벤츠

---

4. 본 연구를 위한 소셜 빅데이터의 수집 및 토픽 분류는 '(주)SK텔레콤 스마트인사이트'에서 수행하였다.

5. 블로그 5,056건(0.8%), 카페 7,133건(1.1%), SNS 61만 8,471건(92.8%), 게시판 1만 2,693건(1.9%), 뉴스 2만 3,157건
   (3.5%).

• 메르스 분류 키워드

3-2 연구도구

메르스 관련하여 수집·분류된 문서는 주제분석(text mining) 과정을 거쳐 다음과 같이 정형화 데이터로 코드화하여 사용하였다.

1) 메르스 관련 감정

메르스 감정 키워드는 온라인 문서 수집 이후 주제분석을 통하여 총 163개의 긍정감정 키워드(다행·해결·행복·든든·완벽·안정·안전·깨끗·기대·감동·격려·극복·긍정·기대감·기쁨·도움·미소·믿음·따뜻·선호·성공·소망·소중·희망 등)와 229개의 부정감정 키워드(답답·거짓말·비상·판단·불안·스트레스·괴담·냉소·공포·혼란·엄벌·공포증·위험·우려·문제·긴급·부담·악화·난리·비판·무책임·갈등·감소·갑갑·강제 등)로 분류하고, 문서상의 긍정과 부정 키워드를 각각 합산한 후 감성분석(opinion mining)을 실시하였다. 긍정은 메르스에 대해 안심하는 감정이고, 부정은 불안해하는 감정이며, 보통은 긍정과 부정이 동일한 감정을 나타낸다.

2) 메르스 감염대상

메르스 감염대상은 주제분석 과정을 거쳐 일반인(국민·국민들·사람·사람들·성인·시민 등), 남성(남편·신랑·아빠·오빠·아버지·기러기아빠·계부 등), 여성(부인·아내·어머니·언니·엄마 등), 노인(노약자·노인·할머니·할아버지·노인들·조부모·조부 등), 아이학생(대딩·대학·아기·아들·아이·아이들·애들·어린이 등), 가족(가족들·가족·부모·패밀리·부부 등), 싱글(개인·본인·나), 외국인(외국인·미군병사·중국인·미국인·중동인 등), 여행객(여행객들·여행객·관광객 등), 증상자(보균자·증상자·첫감염자·감염환자·메르스환자 등), 의료계(의료진들·의료진·교수·간호사·의사 등), 군인(파병·장병·파병자·사병·병사), 직장인(직원·업주·해외건설근로자·건설근로자 등)의 13개 요인으로 분류하고 대상요인이 있는 경우는 '1', 없는 경우는 '0'으로 코드화하였다.

3) 메르스 관련 국가

메르스 관련 국가는 주제분석 과정을 거쳐 아시아(중국·홍콩·대만·대한민국·한국·아시아 등), 중동(바레인·이라크·이란·사우디아라비아·중동국·레바논 등), 아프리카(수단·Sudan·지부티·Djibouti·서아프리카·기니 등), 유럽(스페인·Spain·영국·UnitedKingdom·프랑스·독일 등), 미국(미국·뉴욕·하와이 등)의 5개 요인으로 분류하고 국가요인이 있는 경우는 '1', 없는 경우는 '0'으로 코드화하였다.

4) 메르스 관련 기관

메르스 관련 기관은 주제분석 과정을 거쳐 정부(감염병리과장·복지장관·보건장관·보건복지위원장·국무총리·장관 등), 민간기관(영양사협회·역사학연구회·국경없는의사회 등), 정당(새정치민주연합·새누리당 등), 국제기구(세계보건기구·WHO·CDC·미국보건당국·유럽질병통제청 등), 중국국가기관(중국보건당국 등), 병원(전남대병원·국가격리병원·국가지정격리치료병원·고대구로병원·서울대학교병원·서울대병원 등), 항공사(이스타항·도하공항·김해공항·제주공항·홍콩공항·인천국제공항·인천공항 등), 학교(대학교·고등학교·초등학교·제주대학교)의 8개 요인으로 분류하고 기관요인이 있는 경우는 '1', 없는 경우는 '0'으로 코드화하였다.

5) 메르스 감염경로

메르스 감염경로는 주제분석 과정을 거쳐 감염(1차감염·2차감염·3차감염·감염경로·감염원), 낙타(낙타·낙타시장·낙타접촉·낙타체험·낙타체험프로그램·낙타타기·낙타고기·낙타요리·생낙타유), 공기(공기·공기감염·공기전염·공기호흡·호흡기감염), 기타동물(당나귀·염소·동물·동물들·가금류

·박쥐), 접촉(밀접·접촉·밀접접촉·재채기·인체감염·비말감염)의 5개 요인으로 분류하고 감염경로 요인이 있는 경우는 '1', 없는 경우는 '0'으로 코드화하였다.

6) 메르스 관련 바이러스

메르스 관련 바이러스는 주제분석 과정을 거쳐 코로나바이러스(베타코로나바이러스·베타코로나·메르스코로나·메르스코로나바이러스·코로나바이러스·코로나바이러스과·Coronavirus), 사스(사스·SARS·SARScoronavirus·중증급성호흡기증후군·중증급성호흡기질환·중동호흡기곤란·급성호흡곤란증후군·다기관부전증), 신종플루(H1N1·신종인플루엔자·신종플루), 조류인플루엔자(조류독감·조류인플루엔자·avianinfluenza), 에볼라(ebola·ebolahemorrhagicfever·에볼라·에볼라바이러스·에볼라출혈열), 기타바이러스(바이러스·신종감염병·신종바이러스·전염병·감염병·병균·중증열성혈소판감소증후군·인수공동전염병·생탄저균·Lassafever·라사열)의 6개 요인으로 분류하고 바이러스요인이 있는 경우는 '1', 없는 경우는 '0'으로 코드화하였다.

7) 메르스 관련 증상

메르스 관련 증상은 주제분석 과정을 거쳐 전파(전염·전염력·전염성·전파력·발병·발생·감염·감염력·감염률·확산), 의심증상(양성·메르스감염·음성·의심증상·의심증세·잠복기간·잠복기·최대잠복기), 열(오한·38도·발열·고열·고열증세·미열·미열증세), 호흡기(숨가뿜·숨가쁨·호흡곤란·호흡곤란증세·호흡기·호흡기이상·호흡기증상·감기·목감기·인후통·가래), 소화기증상(구토·설사·식욕부진·위장장애·복통), 신장질환(급성신부·신부전증세·급성신부전증·신장기능·심낭액저류·콩팥내종양·콩팥종양·심부전), 사망(사망·취사율·치사율·목숨·생명), 기타증상(혼수상태·사구체신염·폐렴·폐렴증세·폐감염·합볍증·혈소판감소·복막염·패혈증·췌장염·두통·섬망·홍통·혈액·혈전증·죽상경화증·간질·감각이상·결석·경련·과다출혈·근육통·수지진전·중증질환)의 8개 요인으로 분류하고 증상요인이 있는 경우는 '1', 없는 경우는 '0'으로 코드화하였다.

8) 메르스 관련 대처

메르스 관련 대처는 주제분석 과정을 거쳐 초기대응(신고·초기·초기대응·초기발견·진단·초기증상·병원진찰·진료·검사결과·발견), 치료(1차치료·2차치료·약물·엑스레이·항체검사·치료·집중치료·인공호흡기·치료백신·치료약·치료제·해결방법·해열제·백신·ZMapp·브린시도피어·지맵·TKM에볼라·파비피라비르·입원·산소공급), 격리(확진·가택격리·격리·격리대상·격리조치·격리종료·자가격리·자택격리), 감염가능검사(검사·격리검사·발열감시·발열감지·발열검사·양성반응·양성판정·유전자검사·음성반응·음성판정·채혈·판정·감염가능성·감염여부·감염증세·전파가능성), 정부대응 (위급상황·위기대응·특별검역·폐쇄·지원·검역절차·검역체계·교육비·국가지정입원치료·긴급복지지원제도·긴급비상회의·긴급현안·대응단계·대응책·대응현황·대처상황·발표·방역·방역체계·역학조사·종합대응방안·종합대책·초강경대책)의 5개 요인으로 대처요인이 있는 경우는 '1', 없는 경우는 '0'으로 코드화하였다.

9) 메르스 관련 예방

메르스 관련 예방은 주제분석 과정을 거쳐 예방수칙(감염예방·감염예방수칙·예방·예방법·예방수칙), 외출(쇼핑·야외활동·소풍·나들이), 위생(개인위생·비누·소독·손세정제·손소독젤·손씻기·위생·청결), 면역강화(면역력·항바이러스·항체·건강관리·유산균), 마스크(마스크·손수건·입막음·티슈)의 5개 요인으로 분류하고 예방요인이 있는 경우는 '1', 없는 경우는 '0'으로 코드화하였다.

② 연구도구 만들기

- 메르스 관련 감정(attitude)은 결정된 주제어의 감정(긍정, 부정)을 파악하여 '긍정, 보통, 부정' 으로 감성분석을 실시해야 한다. 일반적으로 감성분석은 감성어 사전으로 분석해야 하지만, 본 연구에서는 분류된 감정 키워드로 감성분석을 실시하였다.
  - 본 연구에서 긍정은 메르스에 대해 안심하는 감정이고, 부정은 불안해하는 감정이며, 보통은 긍정과 부정이 동일한 감정을 나타낸다.
  - SPSS 명령문을 참조한다.

4 연구결과

[그림 5-2]와 같이 메르스와 관련된 버즈는 2015년 5월 28일 '내국인 메르스 의심자 1명 중 국으로 출국' 보도(보건복지부·질병관리본부, 2015.5.28. 보도자료) 후 급속히 증가하여 5월 30일 '유언비어 관련 당부사항'과 5월 31일 '보건복지부 장관, 메르스 확산 방지 위해 민관 합동 총력 대응 선언' 보도 이후 감소하였다가, 6월 1일 이후 메르스 추가 환자 발생과 사망자 발생 보도 후 급속히 증가하였다.

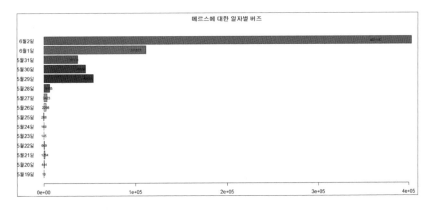

[그림 5-2] 메르스 관련 문서(버즈)량의 일별 추이

③ 메르스 관련 문서량의 일별 추이

- '메르스_감성분석_20150811.sav'로 '메르스일자_그래프.csv'를 다음과 같이 작성한다.

- barplot() 함수를 이용하여 막대그래프를 작성한다.

```
> rm(list=ls())
> setwd("h:/메르스 시각화등")
> f=read.csv("메르스일자_그래프.csv",sep=",",stringsAsFactors=F)
> bp=barplot(f$전체, names.arg=f$일자,main="메르스에 대한 일자별 버즈",col=rainbow(15),col.main=1,font.main=2,las=1,horiz=T)
> text(y=bp,x=f$전체*0.9,label=f$전체,col='black',cex=0.7)
> savePlot("메르스 일자_그래프.png",type="png")
> |
```

　　[그림 5-3]과 같이 메르스에 대한 단계별[6] 긍정적인 감정(안심) 표현 단어는 경계단계(3단계)까지 '가능성·안전·해결' 키워드에 집중되었으며, 심각1단계(4단계) 이후 '다행·가능성·기대·해결' 키워드에 집중된 것으로 나타났다. 메르스에 대한 부정적 감정(불안) 표현 단어는 경계단계까지 '의심·우려·문제' 키워드에 집중되었으며, 심각1단계(4단계) 이후 '괴담·의심·불안·실패' 키워드에 집중된 것으로 나타났다.

---

6. 메르스가 국내에 알려진 5월 19일~25일을 관심단계, 내국인 메르스 환자 중국 출국이 알려진 5월 26일~28일을 주의단계, 메르스 확진환자가 추가 발생하고 메르스 괴담이 급속히 전파된 5월 29일~30일을 경계단계, 메르스 확산 방지를 위한 민관 합동 총력 대응을 선언한 5월 31일을 심각1단계, 메르스 추가환자와 사망자가 발생한 6월 1일~2일을 심각2단계의 5단계로 구분하였다.

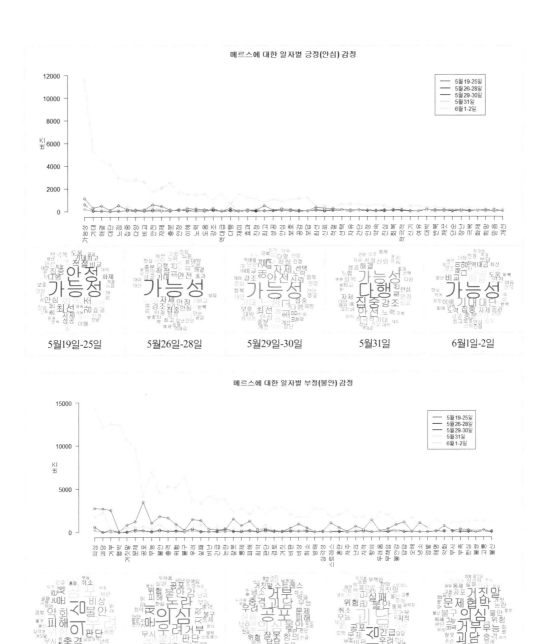

[그림 5-3] 메르스에 대한 일자별 감정(상위 50개) 변화

④ 메르스에 대한 일자별 감정(상위 50개) 변화 선그래프 작성

- '메르스_감성분석_20150811.sav'로 '메르스긍정감정_그래프.csv'를 다음과 같이 작성한다.

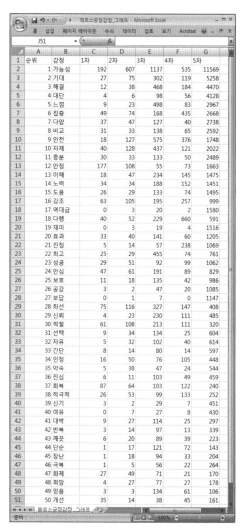

- plot() 함수를 이용하여 선그래프를 작성한다.

```
R Console                                                                    _□×
> rm(list=ls())
> setwd("h:/메르스 시각화등")
> f=read.csv("메르스긍정감정_그래프.csv",sep=",",stringsAsFactors=F)
> a=f$X1차
> b=f$X2차
> c=f$X3차
> d=f$X4차
> e=f$X5차
> plot(a,xlab="",ylab="",ylim=c(0,12000),type="o",axes=FALSE,ann=F,col="red")
> title(main="메르스에 대한 일자별 긍정(안심) 감정 ",col.main=1,font.main=2)
> title(ylab="버즈",col.lab=1)
> axis(1,at=1:50,lab=c(f$감정),las=2)
> axis(2,ylim=c(0,12000),las=2)
> lines(b,col="black",type="o")
> lines(c,col="blue",type="o")
> lines(d,col="green",type="o")
> lines(e,col="cyan",type="o")
> colors=c("red","black","blue","green","cyan")
> legend(42,12000,c("5월19-25일","5월26-28일","5월29-30일","5월31일","6월1-2일"),cex=0.9,col=colors,lty=1,lwd=2)
> savePlot("메르스긍정감정_그래프.png",type="png")
```

⑤ 메르스에 대한 일자별 감정(상위 50개) 변화 워드클라우드 작성

- '메르스긍정감정_그래프.csv'로 '1차_긍정.txt~5차_긍정.txt'를 작성하고,
  '메르스부정감정_그래프.csv'로 '1차_부정.txt~5차_부정.txt'를 다음과 같이 작성한다(1부
  4장 '텍스트 데이터의 시각화' 부분(p. 233)을 참조).

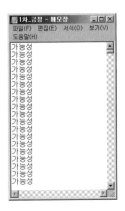

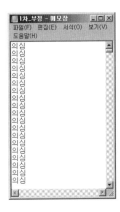

- wordcloud() 함수를 이용하여 워드클라우드를 작성한다.

```
R Console                                                                    _□×
> setwd("h:/메르스_시각화등")
> install.packages("KoNLP")
경고: package 'KoNLP' is in use and will not be installed
> install.packages("wordcloud")
경고: package 'wordcloud' is in use and will not be installed
> library(KoNLP)
> library(wordcloud)
> obrev=read.table("1차_긍정.txt")
> wordcount=table(obrev)
> library(RColorBrewer)
> palete=brewer.pal(9,"Set1")
> wordcloud(names(wordcount),freq=wordcount,scale=c(5,1),rot.per=.12,min.freq=1,random.order=F,random.color=T,colors=palete)
> savePlot("1차_긍정.png",type="png")
> |
```

```
R Console                                                                    _□×
> setwd("h:/메르스_시각화등")
> install.packages("KoNLP")
경고: package 'KoNLP' is in use and will not be installed
> install.packages("wordcloud")
경고: package 'wordcloud' is in use and will not be installed
> library(KoNLP)
> library(wordcloud)
> obrev=read.table("1차_부정.txt")
> wordcount=table(obrev)
> library(RColorBrewer)
> palete=brewer.pal(9,"Set1")
> wordcloud(names(wordcount),freq=wordcount,scale=c(5,1),rot.per=.12,min.freq=1,random.order=F,random.color=T,colors=palete)
> savePlot("1차_부정.png",type="png")
```

[표 5-1]과 같이 메르스 부정 감정의 연관성 예측에서 신뢰도가 가장 높은 연관규칙은
'{거부, 판단, 무시} => {한심}'이며 네 변인의 연관성은 지지도 0.003, 신뢰도 0.985, 향상도
122.31로 나타났다. 그리고 온라인 문서(버즈)에서 '거부, 판단, 무시'가 언급되면 정부의 대처
방안에 대해 한심하다는 부정적 감정으로 생각할 확률이 98.5%이며 '거부, 판단, 무시'가 언
급되지 않은 버즈보다 메르스에 대해 한심하다는 부정적 감정일 확률이 약 122.3배 높아지
는 것으로 나타났다.

[그림 5-4]와 같이 메르스에 대한 부정적 표현 단어는 '무시, 한심, 판단', '거부, 비난, 무
능, 불구', '답답, 공포, 스트레스', '무책임, 비판, 실패', '괴담, 협박' 키워드와 강하게 연결되어
있는 것으로 나타났다.

[표 5-1] 메르스 부정(불안) 감정 예측

순위	규칙	지지도	신뢰도	향상도
1	{거부, 판단, 무시} => {한심}	0.002811300	0.9852632	122.31002
2	{거부, 판단, 한심} => {무시}	0.002811300	0.9936306	112.83129
3	{거부, 한심} => {무시}	0.002811300	0.9811321	111.41203
4	{공포, 답답} => {스트레스}	0.006109172	0.9835590	92.40071
5	{공포, 스트레스} => {답답}	0.006109172	0.9960823	88.95859
6	{거부, 무시, 한심} => {판단}	0.002811300	1.0000000	60.31558
7	{무시, 한심} => {판단}	0.002811300	0.9957447	60.05892
8	{거부, 한심} => {판단}	0.002829322	0.9874214	59.55689
9	{무시, 실패, 무책임} => {비판}	0.001129326	0.9947090	57.08039
10	{냉소} => {잘못}	0.009479128	0.9825654	44.08858
11	{거부, 무능, 불구} => {비난}	0.017228226	1.0000000	38.12022
12	{무능, 불구} => {비난}	0.017228226	0.9989551	38.08039
13	{거부, 무능} => {비난}	0.017246247	0.9954924	37.94839
14	{거부, 불구} => {비난}	0.017288296	0.9941278	37.89637
15	{무능, 비판, 무책임} => {실패}	0.001129326	0.9842932	30.41698
16	{거부, 무능, 비난} => {불구}	0.017228226	0.9989551	24.97328
17	{거부, 무능} => {불구}	0.017228226	0.9944521	24.86071
18	{무능, 비난} => {불구}	0.017228226	0.9927310	24.81768
19	{거부, 비난} => {불구}	0.017288296	0.9862920	24.65671
20	{거부, 불구, 비난} => {무능}	0.017228226	0.9965254	20.43012

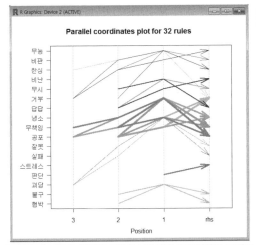 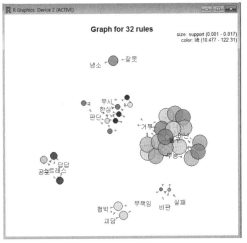

[그림 5-4] 메르스 감정의 연관규칙에 대한 병렬좌표와 그래프 시각화

⑥ 메르스 부정 감정의 연관성 예측(키워드 간 연관분석)

- '메르스_감성분석_20150811.sav'에서 '메르스감정위험_연관결과.txt'를 다음과 같이 작성
  한다.

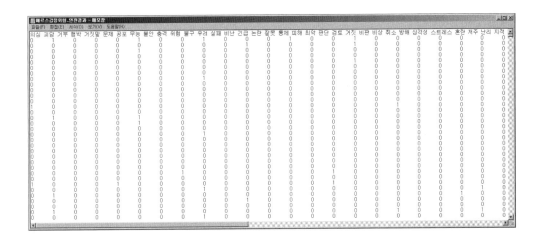

- arules 패키지와 apriori() 함수를 이용하여 연관분석을 실시한다.

  > rm(list=ls())

  > setwd("h:/메르스_시각화등")

  > asso=read.table("메르스감정위험_연관결과.txt", header=T)

```
> install.packages("arules")

> library(arules)

> trans=as.matrix(asso, "Transaction")

> rules1=apriori(trans, parameter=list(supp=0.001, conf=0.98, target="rules"))

> inspect(sort(rules1))

> summary(rules1)

> rules.sorted=sort(rules1, by="confidence")

> inspect(rules.sorted)

> rules.sorted=sort(rules1, by="lift")

> inspect(rules.sorted)
```

- arulesViz 패키지와 plot() 함수를 이용하여 시각화를 실시한다.

```
> install.packages("arulesViz")

> library(arulesViz)

> plot(rules1, method='paracoord', control=list(reorder=T))

> plot(rules1, method='graph', control=list(type='items'))
```

[그림 5-5]와 같이 지역별 메르스에 대한 부정적(불안) 감정[7]은 심각1단계(4단계)까지 서울, 경기, 충남, 부산 순으로 높게 나타났고, 심각2단계(5단계)부터는 경기, 대전, 서울, 강원 순으로 높게 나타났다.

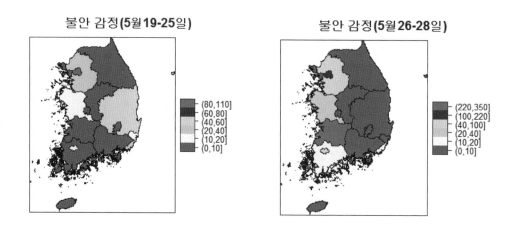

---

7. 총 버즈 66만 6,510건 중 지역을 식별할 수 있는 버즈 7만 6,316건(11.45%)에 대한 지역별 메르스에 대한 부정적(불안) 감정의 빈도를 나타낸다.

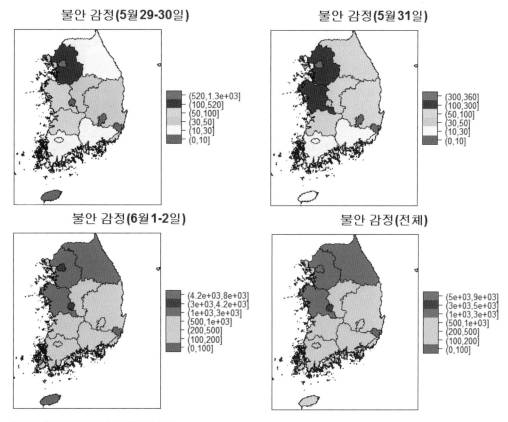

불안 감정(5월 29-30일)

- (520,1.3e+03]
- (100,520]
- (50,100]
- (30,50]
- (10,30]
- (0,10]

불안 감정(5월 31일)

- (300,360]
- (100,300]
- (50,100]
- (30,50]
- (10,30]
- (0,10]

불안 감정(6월 1-2일)

- (4.2e+03,8e+03]
- (3e+03,4.2e+03]
- (1e+03,3e+03]
- (500,1e+03]
- (200,500]
- (100,200]
- (0,100]

불안 감정(전체)

- (5e+03,3.9e+03]
- (3e+03,5e+03]
- (1e+03,3e+03]
- (500,1e+03]
- (200,500]
- (100,200]
- (0,100]

[그림 5-5] 지역별 메르스 위험(불안) 감정

[표 5-2]와 같이 메르스와 관련하여 긍정적 감정(안심)을 나타내는 온라인 문서(버즈)는 22.3%, 보통의 감정을 나타내는 버즈는 6.5%, 부정적 감정(불안)을 나타내는 버즈는 71.2%로 나타났다. 메르스 관련 국가는 아시아(71.1%), 아메리카(16.5%), 중동(10.1%) 등의 순으로 나타났다. 메르스 관련 기관은 정부(68.9%), 병원(23.9%), 학교(1.8%), 정당(1.8%) 등의 순으로 나타났다. 메르스 관련 감염은 접촉(35.3%), 낙타(34.6%), 감염경로(14.4%) 등의 순으로 나타났다.

메르스 관련 증상으로는 전파(49.7%), 사망(21.0%), 의심증상(13.6%) 등의 순으로 나타났다. 메르스 관련 대처·치료로는 정부대응(31.6%), 격리(28.9%), 감염가능검사(18.5%) 등의 순으로 나타났다. 메르스 관련 예방으로는 예방수칙(37.4%), 마스크(35.4%), 위생(20.3%) 등의 순으로 나타났다. 메르스 관련 대상으로는 증상자(52.1%), 일반인(21.4%), 의료인(8.6%) 등의 순으로 나타났다. 메르스 관련 바이러스로는 기타바이러스(37.6%), 사스(31.3%), 신종플루(12.6%) 등의 순으로 나타났다.

[표 5-2] 메르스 관련 버즈 현황

구분	항목	N(%)	구분	항목	N(%)
감정	긍정(안심)	51,998(22.3)	대처/치료	초기대응	37,147(13.6)
	보통	15,176(6.5)		치료	20,295(7.4)
	부정(불안)	166,471(71.2)		격리	78,985(28.9)
	계	233,645		감염가능검사	50,472(18.5)
국가	아시아	83,970(71.1)		정부대응	86,289(31.6)
	중동	11,945(10.1)		계	273,188
	아프리카	840(0.7)	예방	예방수칙	28.8(37.4)
	유럽	1,967(1.7)		외출자제	501(0.7)
	아메리카	19,450(16.5)		위생	15,606(20.3)
	계	118,172		면역강화	11,306(14.7)
기관	정부	172,872(68.9)		마스크	27,164(35.4)
	민간기관	479(0.2)		계	76,691
	정당	4,531(1.8)	대상	일반인	88,928(21.4)
	국제기구	3,934(1.6)		남성	6,902(1.7)
	중국국가기관	1,073(0.4)		여성	4,638(1.1)
	병원	59,897(23.9)		노인	1,440(0.3)
	공항	3,625(1.4)		아이학생	12,305(3.0)
	학교	4,622(1.8)		가족	15,894(3.8)
	계	251,033		싱글	13,669(3.3)
감염	감염경로	13,137(14.4)		외국인	1,962(0.5)
	낙타	31,436(34.6)		여행객	3,425(0.8)
	공기	10,863(11.9)		증상자	216,660(52.1)
	기타동물	3,394(3.7)		의료인	35,666(8.6)
	접촉	32,119(35.3)		군인	844(0.2)
	계	90,949		직장인	13,895(3.3)
증상	전파	119,859(49.7)		계	416,228
	의심증상	32,753(13.6)	바이러스	코로나바이러스	2,126(3.0)
	열	12,133(5.0)		사스	21,955(31.3)
	호흡기증상	18,795(7.8)		신종플루	8,849(12.6)
	소화기증상	1,848(0.8)		조류인플루엔자	2,526(3.6)
	신장질환	1,429(0.6)		에볼라	8,307(11.8)
	사망	50,716(21.0)		기타바이러스	26,347(37.6)
	기타증상	3,576(1.5)		계	70,110
	계	241,109			

⑦ 지역별 메르스 위험(불안) 감정 시각화

- '메르스_지역_불안감정만.sav'로 '지역별메르스감정_지도.txt'를 다음과 같이 작성한다.

- sp 패키지 spplot() 함수를 이용하여 지리적 데이터의 시각화를 실시한다.

  > install.packages('sp')

  > library(sp)

  > load('h:/메르스_시각화등/KOR_adm0.RDATA')

  > plot(gadm)

  > load('h:/메르스_시각화등/KOR_adm1.RDATA')

  > plot(gadm)

  > install.packages('sp')

  > library(sp)

  > setwd("e:/메르스_시각화등")

  > pop=read.table('h:/메르스_시각화등/지역별메르스감정_지도.txt', header=T)

  > pop_s=pop[order(pop$Code),]

  > inter=c(0, 100, 200, 500, 1000, 3000, 5000, 9000)

  > pop_c=cut(pop_s$전체, breaks=inter)

  > gadm$pop=as.factor(pop_c)

  > col=rainbow(length(levels(gadm$pop)))

  > spplot(gadm, 'pop', col.regions=col, main='불안 감정(전체)')

- 여러 객체의 지리적 데이터를 시각화한다.

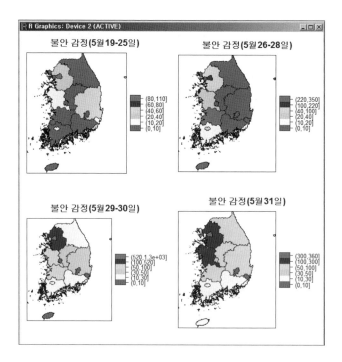

- spplot() 함수와 print() 함수를 이용하여 여러 객체의 지리적 데이터를 시각화한다.

5월19-25일 생성

> pop=read.table('h:/메르스_시각화등/지역별메르스감정_지도.txt', header=T)

> pop_s=pop[order(pop$Code),]

> inter=c(0, 10, 20, 40, 60, 80, 110)

> pop_c=cut(pop_s$일차, breaks=inter)

> gadm$pop=as.factor(pop_c)

> col=rainbow(length(levels(gadm$pop)))

> p1=spplot(gadm, 'pop', col.regions=col, main='불안 감정(5월19-25일)')

5월26-28일 생성

> inter=c(0, 10, 20, 40, 100, 220, 350)

> pop_c=cut(pop_s$이차, breaks=inter)

> gadm$pop=as.factor(pop_c)

> col=rainbow(length(levels(gadm$pop)))

```
        > p2=spplot(gadm, 'pop', col.regions=col, main='불안 감정(5월26-28일)')
```

5월29-30일 생성

```
    > pop=read.table('h:/메르스_시각화등/지역별메르스감정_지도.txt', header=T)

    > pop_s=pop[order(pop$Code),]

    > inter=c(0, 10, 30, 50, 100, 520, 1300)

    > pop_c=cut(pop_s$삼차, breaks=inter)

    > gadm$pop=as.factor(pop_c)

    > col=rainbow(length(levels(gadm$pop)))

    > p3=spplot(gadm, 'pop', col.regions=col, main='불안 감정(5월29-30일)')
```

5월31일 생성

```
    > inter=c(0, 10, 30, 50, 100, 300, 360)

    > pop_c=cut(pop_s$사차, breaks=inter)

    > gadm$pop=as.factor(pop_c)

    > col=rainbow(length(levels(gadm$pop)))

    > p4=spplot(gadm, 'pop', col.regions=col, main='불안 감정(5월31일)')
```

여러 객체 인쇄

```
    > print(p1, pos=c(0, 0.5, 0.5, 1), more=T)

    > print(p2, pos=c(0.5, 0.5, 1, 1), more=T)

    > print(p3, pos=c(0, 0, 0.5, 0.5), more=T)

    > print(p4, pos=c(0.5, 0, 1, 0.5), more=T)
```

• 여러 객체의 지리적 데이터를 시각화한다.

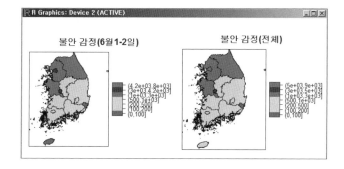

- spplot() 함수와 print() 함수를 이용하여 여러 객체의 지리적 데이터를 시각화한다.

메르스 "전체", "6월 1-2일"

```
> pop_s=pop[order(pop$Code),]
> inter=c(0, 100, 200, 500, 1000, 3000, 5000, 9000)
> pop_c=cut(pop_s$전체, breaks=inter)
> gadm$pop=as.factor(pop_c)
> col=rainbow(length(levels(gadm$pop)))
> p5=spplot(gadm, 'pop', col.regions=col, main='불안 감정(전체)')
> pop_s=pop[order(pop$Code),]
> inter=c(0, 100, 200, 500, 1000, 3000, 4200, 8000)
> pop_c=cut(pop_s$오차, breaks=inter)
> gadm$pop=as.factor(pop_c)
> col=rainbow(length(levels(gadm$pop)))
> p6=spplot(gadm, 'pop', col.regions=col, main='불안 감정(6월 1-2일)')
```

여러 객체 인쇄

```
> print(p6, pos=c(0, 0.5, 0.5, 1), more=T)
> print(p5, pos=c(0.5, 0.5, 1, 1), more=T)
```

■ 교차분석 테이블(지역별메르스감정_지도.txt) 생성하기

'지역별메르스감정_지도.txt' 파일은 다음과 같은 '지역×단계(day_group)' 교차분석 테이블을 작성해야 한다.

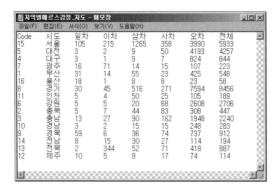

가 R 프로그램을 활용한 교차분석

> install.packages('foreign')

> library(foreign)

> install.packages('Rcmdr')

> library(Rcmdr)

> install.packages('catspec')

> library(catspec)

> setwd("h:/메르스_시각화등")

> data_spss=read.spss(file='메르스_지역_불안감정만.sav', use.value.labels=T, use.missings=T, to.data.frame=T)

> x=c('Seoul', 'Daejeon', 'Daegu', 'Gwangju', 'Busan', 'Ulsan', 'Gyeonggi', 'Incheon', 'Gangwon', 'Chungbuk', 'Chungnam', 'Gyeongnam', 'Gyeongbuk', 'Jeonnam', 'Jeonbuk', 'Jeju', 'day_group')

> for(i in 1:16) {

t1=ftable(data_spss[c(x[17], x[i])])

t2=ctab(t1, type='n')

print(t2)

}

나 SPSS 프로그램을 활용한 교차분석(다중반응 교차분석)

1단계: 데이터파일을 불러온다(분석파일: 메르스_지역_불안감정만sav).

2단계: [분석]→[다중응답]→[변수군 정의]를 선택한다.

3단계: [변수군에 포함된 변수: Seoul~Jeju]를 지정한다.

4단계: [변수들의 코딩형식: 이분형(1), 이름: REGION]→[추가]를 선택한다.

5단계: [분석]→[다중응답]→[교차분석]→[행: REGION, 열: day_group]→[범위지정: 최소
값(1), 최대값(5)]를 지정한다.

6단계: [옵션]→[백분율 계산기준(케이스)]를 선택한다.

7단계: 결과를 확인한다.

 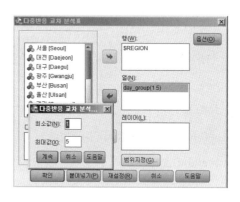

$REGION*day_group 교차 분석표

			경보수준					총계
			step1	step2	step3	step4	step5	
$REGIONa	서울	개수	105	215	1265	358	3990	5933
	대전	개수	3	2	9	50	4193	4257
	대구	개수	3	1	9	7	824	844
	광주	개수	16	71	14	15	107	223
	부산	개수	31	14	55	23	425	548
	울산	개수	18	1	8	8	23	58
	경기	개수	30	45	516	271	7594	8456
	인천	개수	5	4	50	25	105	189
	강원	개수	5	5	20	68	2608	2706
	충북	개수	5	7	44	83	308	447
	충남	개수	13	27	90	162	1948	2240
	경남	개수	3	2	15	15	248	283
	경북	개수	59	6	36	74	737	912
	전남	개수	8	15	30	27	114	194
	전북	개수	2	344	52	71	418	887
	제주	개수	10	5	8	17	74	114
총계		개수	183	587	1826	892	13974	17462

⑧ 메르스 관련 버즈 현황

- 버즈 현황은 '메르스_감성분석_20150811_e.sav' 파일로 범주형 변수의 빈도분석을 실시한다.
- R과 SPSS를 활용한 감정(attitude)의 빈도분석

    > install.packages('foreign')

    > library(foreign)

    > install.packages('Rcmdr')

    > library(Rcmdr)

    > install.packages('catspec')

    > library(catspec)

    > setwd("h:/메르스_시각화등")

    > data_spss=read.spss(file='메르스_감성분석_20150811_e.sav', use.value.labels=T, use.missings=T, to.data.frame=T)

    > t1=ftable(data_spss[c('attitude')])

    > ctab(t1, type='n')

    > ctab(t1, type='r')

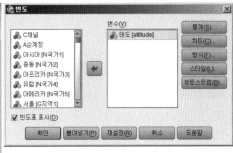

		빈도	퍼센트	올바른 퍼센트	누적 퍼센트
유효함	Positive	51998	7.8	22.3	22.3
	Usually	15176	2.3	6.5	28.8
	Negative	166471	25.0	71.2	100.0
	총계	233645	35.1	100.0	
결측값	Missing	432865	64.9		
총계		666510	100.0		

- R과 SPSS를 활용한 국가(nation)의 빈도분석(다중응답분석)

  > setwd("h:/메르스_시각화등")

  > data_spss=read.spss(file='메르스_감성분석_20150811_nation.sav', use.value.labels=T, use.
  missings=T, to.data.frame=T)

  > x=c('attitude', 'Channel', 'Account', 'Asia', 'Middle', 'Africa', 'Europe', 'America')

  > for(i in 4:8) {

  > t1=ftable(data_spss[c(x[i])])

  > t2=ctab(t1, type='n')

  > t3=ctab(t1, type='r')

  > print(t2)

  > print(t3)

  > }

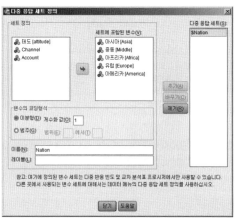

		반응		케이스의
		N	퍼센트	퍼센트
$Nation[a]	아시아	83970	71.1%	76.2%
	중동	11945	10.1%	10.8%
	아프리카	840	0.7%	0.8%
	유럽	1967	1.7%	1.8%
	아메리카	19450	16.5%	17.6%
총계		118172	100.0%	107.2%

[표 5-3]과 같이 예방요인에 대한 메르스 감정의 연관성 예측에서 신뢰도가 가장 높은 연관규칙은 {위생, 면역강화}=>{안심}이며 세 변인의 연관성은 지지도 0.003, 신뢰도는 0.882, 향상도는 11.298로 나타나 온라인 문서(버즈)에서 '위생, 면역강화'가 언급되면 메르스를 긍정적(안심)으로 생각할 확률이 88.2%이며 '위생, 면역강화'가 언급되지 않은 버즈보다 메르스에 대한 감정이 긍정적일 확률이 11.3배 높아지는 것으로 나타났다.

대처/치료요인에 대한 메르스 감정의 연관성 예측에서 신뢰도가 가장 높은 연관규칙은 {초기대응, 격리, 감염검사}=>{불안}이며 네 변인의 연관성은 지지도 0.02, 신뢰도 0.904, 향상도 3.619로 나타나 온라인 문서(버즈)에서 '초기대응, 격리, 감염검사'가 언급되면 메르스를 부정적(불안)으로 생각할 확률이 90.4%이며 '초기대응, 격리, 감염검사'가 언급되지 않은 버즈보다 메르스에 대한 감정이 부정적일 확률이 3.6배 높아지는 것으로 나타났다.

증상요인에 대한 메르스 감정의 연관성 예측에서 신뢰도가 가장 높은 연관규칙은 {전파, 열, 사망}=>{불안}이며 세 변인의 연관성은 지지도 0.002, 신뢰도 0.5676, 향상도 2.273으로 나타나 온라인 문서(버즈)에서 '전파, 열, 사망'이 언급되면 메르스를 부정적(불안)으로 생각할 확률이 56.8%이며 '전파, 열, 사망'이 언급되지 않은 버즈보다 메르스에 대한 감정이 부정적일 확률이 2.27배 높아지는 것으로 나타났다.

[표 5-3] 예방요인, 대처/치료요인, 증상요인에 대한 메르스 감정 예측

구분	규칙	지지도	신뢰도	향상도
예방요인	{위생, 면역강화} => {안심}	0.002955695	0.88143177	11.2981862
	{위생} => {안심}	0.007423745	0.31705754	4.0640414
	{면역강화} => {안심}	0.003318780	0.19564833	2.5078189
	{위생, 마스크} => {안심}	0.001947458	0.15676329	2.0093907
	{예방수칙, 위생, 마스크} => {불안}	0.001756913	0.35345608	1.4151535
	{예방수칙, 위생} => {불안}	0.002049482	0.34460141	1.3797015
	{예방수칙} => {안심}	0.003357789	0.10120286	1.2972175
	{마스크} => {안심}	0.003230259	0.07925931	1.0159453
	{예방수칙, 마스크} => {불안}	0.002074988	0.23742489	0.9505924
	{예방수칙} => {불안}	0.005713343	0.17219861	0.6894420
	{위생, 마스크} => {불안}	0.002106495	0.16956522	0.6788985
	{면역강화} => {불안}	0.002604612	0.15354679	0.6147646
	{마스크} => {불안}	0.005434277	0.13333824	0.5338544
	{위생} => {불안}	0.003053218	0.13039856	0.5220846

	{초기대응, 격리, 감염검사} => {불안}	0.015567658	0.9041478	3.619991
	{초기대응, 격리} => {불안}	0.018457337	0.8382393	3.356109
	{감염검사, 정부대응} => {불안}	0.013081574	0.8202258	3.283987
	{초기대응, 감염검사} => {불안}	0.015969753	0.7587141	3.037709
	{초기대응, 격리, 정부대응} => {불안}	0.004430541	0.7129406	2.854443
	{초기대응, 정부대응} => {불안}	0.008370467	0.7023795	2.812159
대처/ 치료 요인	{초기대응, 격리, 감염검사, 정부대응} => {불안}	0.002298540	0.6913357	2.767943
	{초기대응, 치료, 격리, 감염검사, 정부대응} => {불안}	0.001354818	0.6866920	2.749350
	{초기대응, 치료, 감염검사, 정부대응} => {불안}	0.001422334	0.6742532	2.699548
	{치료, 격리, 감염검사, 정부대응} => {불안}	0.001923452	0.6719078	2.690158
	{초기대응, 치료, 격리, 감염검사} => {불안}	0.001578371	0.6666667	2.669174
	{초기대응, 감염검사, 정부대응} => {불안}	0.002445575	0.6631408	2.655057
	{치료, 감염검사, 정부대응} => {불안}	0.002040480	0.6605148	2.644543
	{초기대응, 치료, 격리, 정부대응} => {불안}	0.001750911	0.6570946	2.630849
	{초기대응, 치료, 감염검사} => {불안}	0.001663891	0.6531213	2.614941
	{치료, 격리, 정부대응} => {불안}	0.002651123	0.6453616	2.583873
	{전파, 호흡기증상, 사망} => {안전}	0.001930954	0.4030692	5.166538
	{전파, 열, 사망} => {불안}	0.002082489	0.5676892	2.272891
	{전파, 열, 호흡기증상, 사망} => {불안}	0.001771916	0.5472660	2.191122
	{전파, 의심증상, 열, 사망} => {불안}	0.001543863	0.5455992	2.184448
	{전파, 의심증상, 호흡기증상, 사망} => {불안}	0.001518357	0.5403097	2.163270
	{전파, 열} => {불안}	0.004037449	0.5391705	2.158710
	{전파, 의심증상, 열} => {불안}	0.002715638	0.5375705	2.152304
	{전파, 열, 호흡기증상} => {불안}	0.002600111	0.5333949	2.135585
증상 요인	{전파, 의심증상, 열, 호흡기증상, 사망} => {불안}	0.001360820	0.5307197	2.124875
	{전파, 의심증상, 호흡기증상} => {불안}	0.002070487	0.5257143	2.104834
	{전파, 기타증상} => {불안}	0.001330813	0.5153980	2.063530
	{전파, 의심증상, 열, 호흡기증상} => {불안}	0.001756913	0.5113537	2.047338
	{전파, 열, 기타증상} => {불안}	0.001053248	0.5090645	2.038172
	{전파, 의심증상, 사망} => {불안}	0.002187514	0.4753831	1.903320
	{전파, 호흡기증상} => {불안}	0.003501823	0.4589971	1.837714
	{전파, 의심증상} => {불안}	0.008245938	0.4570478	1.829910
	{의심증상, 열} => {불안}	0.003776387	0.4384254	1.755350
	{전파, 호흡기증상, 사망} => {불안}	0.002055483	0.4290636	1.717868

9 **예방요인, 대처/치료요인, 증상요인에 대한 메르스 감정 예측**
    (키워드와 종속변수 간 연관분석)

- '메르스_감성분석_20150811.sav'에서 '예방_연관결과.txt'를 다음과 같이 작성한다.

- arules 패키지와 apriori() 함수를 이용하여 연관분석을 실시한다.

  > rm(list=ls())

  > setwd("h:/메르스_시각화등")

  > asso=read.table("예방_연관결과.txt", header=T)

  > install.packages("arules")

  > library(arules)

  > trans=as.matrix(asso, "Transaction")

  > rules1=apriori(trans, parameter=list(supp=0.001, conf=0.01), appearance=list(rhs=c("안심",
    "불안"), default="lhs"), control=list(verbose=F))

  > inspect(sort(rules1))

> summary(rules1)

> rules.sorted=sort(rules1, by="confidence")

> inspect(rules.sorted)

> rules.sorted=sort(rules1, by="lift")

> inspect(rules.sorted)

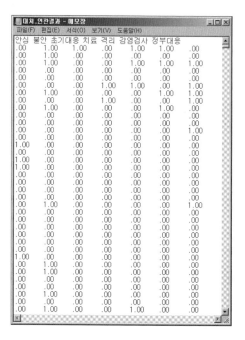

• '메르스_감성분석_20150811.sav'에서 '대처_연관결과.txt'를 다음과 같이 작성한다.

- arules 패키지와 apriori() 함수를 이용하여 연관분석을 실시한다.

    > setwd("h:/메르스_시각화등")

    > asso=read.table("대처_연관결과.txt", header=T)

    > install.packages("arules")

    > library(arules)

    > trans=as.matrix(asso, "Transaction")

    > rules1=apriori(trans, parameter=list(supp=0.001, conf=0.645), appearance=list(rhs=c("안심",

      "불안"), default="lhs"), control=list(verbose=F))

    > inspect(sort(rules1))

    > summary(rules1)

    > rules.sorted=sort(rules1, by="confidence")

    > inspect(rules.sorted)

    > rules.sorted=sort(rules1, by="lift")

    > inspect(rules.sorted)

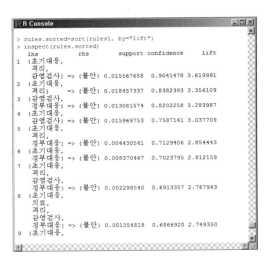

- '메르스_감성분석_20150811.sav'에서 '증상_연관결과.txt'를 다음과 같이 작성한다.

- arules 패키지와 apriori() 함수를 이용하여 연관분석을 실시한다.

> rm(list=ls())

> setwd("h:/메르스_시각화등")

> asso=read.table("증상_연관결과.txt", header=T)

> install.packages("arules")

> library(arules)

> trans=as.matrix(asso, "Transaction")

> rules1=apriori(trans, parameter=list(supp=0.001, conf=0.4), appearance=list(rhs=c("안심", "불안"), default="lhs"), control=list(verbose=F))

> inspect(sort(rules1))

> summary(rules1)

> rules.sorted=sort(rules1, by="confidence")

> inspect(rules.sorted)

> rules.sorted=sort(rules1, by="lift")

> inspect(rules.sorted)

```
R Console                                                    _|□|×|
> rules.sorted=sort(rules1, by="lift")
> inspect(rules.sorted)
   lhs           rhs       support   confidence   lift
1  {전파,
    호흡기증상,
    사망}      => {안심} 0.001930954 0.4030692 5.166538
2  {전파,
    열,
    사망}      => {불안} 0.002082489 0.5676892 2.272891
3  {전파,
    열,
    호흡기증상,
    사망}      => {불안} 0.001771916 0.5472660 2.191122
4  {전파,
    의심증상,
    열,
    사망}      => {불안} 0.001543863 0.5455992 2.184448
5  {전파,
    의심증상,
    호흡기증상,
    사망}      => {불안} 0.001518357 0.5403097 2.163270
6  {전파,
    열}        => {불안} 0.004037449 0.5391705 2.158710
7  {전파,
    의심증상,
    열}        => {불안} 0.002715638 0.5375705 2.152304
8  {전파,
    열,
    호흡기증상} => {불안} 0.002600111 0.5333949 2.135585
9  {전파,
    의심증상,
    열,
    호흡기증상,
    사망}      => {불안} 0.001360820 0.5307197 2.124875
10 {전파,
 |  의심증상,
```

메르스 감정에 영향을 미치는 요인은 다음과 같다.

[표 5-4]와 같이 메르스와 관련한 예방수칙, 위생, 면역강화는 양(+)의 영향을 미치는 것으로 나타나 예방수칙, 위생, 면역강화와 관련한 예방요인이 온라인상에 많이 언급될수록 메르스에 대한 부정적 감정(불안)이 감소하였다. 그러나 마스크와 외출자제는 음(-)의 영향을 미쳐 부정적인 감정을 증가시키는 것으로 나타났다.

메르스와 관련한 치료와 정부대응은 양의 영향을 미치는 것으로 나타나 치료와 정부대응과 관련한 대처요인이 온라인상에 많이 언급될수록 메르스에 대한 부정적 감정이 감소하였다. 그러나 초기대응, 격리, 감염가능검사는 음의 영향을 미쳐 부정적인 감정을 증가시키는 것으로 나타났다.

메르스와 관련한 호흡기증상, 신장질환, 기타질환은 양의 영향을 미치는 것으로 나타나 호흡기증상, 신장질환과 관련한 증상요인이 온라인상에 많이 언급될수록 메르스에 대한 부정적 감정이 감소하였다. 그러나 전파, 의심증상, 열, 사망은 음의 영향을 미쳐 부정적인 감정을 증가시키는 것으로 나타났다.

메르스와 관련한 채널요인 중에서는 SNS만 음의 영향을 미쳐 SNS로 확산되는 온라인 문서가 부정적인 감정을 증가시키는 것으로 나타났다.

[표 5-4] 메르스 감정에 영향을 미치는 요인*

변수		긍정				보통			
		b[†]	S.E.[‡]	OR[§]	P	b[†]	S.E.[‡]	OR[§]	P
예방	예방수칙	0.082	0.032	1.086	0.011	−0.327	0.058	0.721	0.000
	외출자제	−0.514	0.152	0.598	0.001	0.443	0.187	1.557	0.018
	위생	2.273	0.035	9.707	0.000	1.292	0.057	3.640	0.000
	면역강화	0.387	0.040	1.472	0.000	−0.619	0.092	0.538	0.000
	마스크	−0.599	0.039	0.549	0.000	0.473	0.050	1.605	0.000
대처/치료	초기대응	−1.407	0.030	0.245	0.000	−0.368	0.032	0.692	0.000
	치료	1.566	0.030	4.786	0.000	1.007	0.044	2.736	0.000
	격리	−1.192	0.020	0.304	0.000	−0.772	0.028	0.462	0.000
	감염가능검사	−1.583	0.027	0.205	0.000	0.349	0.024	1.418	0.000
	정부대응	0.682	0.012	1.978	0.000	0.040	0.022	1.040	0.070
증상	전파	−0.481	0.015	0.618	0.000	−0.261	0.023	0.770	0.000
	의심증상	−0.410	0.027	0.664	0.000	−0.429	0.043	0.651	0.000
	열	−0.195	0.043	0.823	0.000	0.352	0.058	1.422	0.000
	호흡기증상	1.936	0.029	6.929	0.000	1.581	0.042	4.859	0.000
	소화기증상	0.115	0.121	1.122	0.340	−0.347	0.176	0.707	0.048
	신장질환	0.267	0.078	1.307	0.001	0.192	0.101	1.211	0.057
	사망	−0.550	0.027	0.577	0.000	−0.298	0.041	0.742	0.000
	기타질환	0.244	0.068	1.276	0.000	0.379	0.087	1.461	0.000
채널	블로그	0.597	0.047	1.817	0.000	0.863	0.067	2.370	0.000
	카페	0.623	0.052	1.865	0.000	0.446	0.090	1.561	0.000
	SNS	−0.227	0.018	0.797	0.000	−0.614	0.026	0.541	0.000
	게시판	0.210	0.040	1.234	0.000	0.263	0.065	1.301	0.000
	뉴스	0.047	0.024	1.048	0.052	0.624	0.032	1.867	0.000

주: * 기본범주: 부정, [†]Standardized coefficients, [‡]Standard error, [§]odds ratio

⑩ 메르스 감정에 영향을 미치는 요인(다항 로지스틱 회귀분석)

• R과 SPSS를 활용한 예방요인의 다항 로지스틱 회귀분석

  – SPSS는 '메르스_로지스틱_예방.sav' 파일을 사용하여 분석을 실시한다.

  > install.packages('foreign')

  > library(foreign)

```
> rm(list=ls())

> setwd("h:/메르스_시각화등")
```

긍정(1)/부정(0) 이분형 로지스틱

```
> data_spss=read.spss(file='메르스_로지스틱_예방_긍부정.sav', use.value.labels=T, use.
  missings=T, to.data.frame=T)

> summary(glm(attitude~., family=binomial, data=data_spss))

> exp(coef(glm(attitude~., family=binomial, data=data_spss)))

> exp(confint(glm(attitude~., family=binomial, data=data_spss)))
```

보통(1)/부정(0) 이분형 로지스틱

```
> data_spss=read.spss(file='메르스_로지스틱_예방_보통부정.sav', use.value.labels=T, use.
  missings=T, to.data.frame=T)

> summary(glm(attitude~., family=binomial, data=data_spss))

> exp(coef(glm(attitude~., family=binomial, data=data_spss)))

> exp(confint(glm(attitude~., family=binomial, data=data_spss)))
```

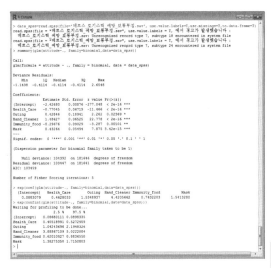

모수 추정값

attitude 태도ᵃ		B	표준오차	Wald	자유도	유의확률	Exp(B)	Exp(B)에 대한 95% 신뢰구간 하한값	상한값
1.00 안심	절편	-1.249	.005	55699.651	1	.000			
	Health_Care	.082	.032	6.509	1	.011	1.086	1.019	1.157
	Outing	-.514	.152	11.470	1	.001	.598	.444	.805
	Hand_Cleaner	2.273	.035	4285.445	1	.000	9.707	9.068	10.390
	Immunity_food	.387	.040	92.826	1	.000	1.472	1.361	1.593
	Mask	-.599	.039	240.168	1	.000	.549	.509	.592
2.00 보통	절편	-2.431	.009	76579.647	1	.000			
	Health_Care	-.327	.058	32.252	1	.000	.721	.644	.807
	Outing	.443	.197	5.614	1	.018	1.557	1.080	2.247
	Hand_Cleaner	1.292	.057	519.165	1	.000	3.640	3.257	4.067
	Immunity_food	-.619	.092	45.243	1	.000	.538	.449	.645
	Mask	.473	.050	89.448	1	.000	1.605	1.455	1.771

a. 참조 범주는(3.00 불만)입니다. 3.00 불만

⑪ 메르스 감정에 영향을 미치는 예방요인 로지스틱 모형 평가

- 메르스에 대한 감정(긍정, 부정)에 영향을 미치는 예방요인의 평가는 통계적 이론에 근거한 베이즈분류(Bayes Classification) 모형을 사용하였다.

> install.packages('MASS')

> library(MASS)

> bayes_data=read.table('h:/메르스_시각화등/메르스_예방_모형평가.txt', header=T)

> attach(bayes_data)

> train_data=bayes_data[1:109234,]

> test_data=bayes_data[109235:218468,]

> group_data=attitude[1:109234]

> train_data.lda=lda(attitude~Healthcare+Outing+Handcleaner+Immunity+Mask, data=train_data)

> train_data.lda

> ldapred=predict(train_data.lda, test_data)$class

> classification=table(group_data, ldapred)

> classification

```
R Console                                                                    [_][□][x]

> library(MASS)
> bayes_data = read.table('c:/R소셜_2부1장/메르스_예방_모형평가.txt',header=T)
> attach(bayes_data)
The following object is masked from package:datasets:

    attitude

> train_data=bayes_data[1:109234,]
> test_data=bayes_data[109235:218468,]
> group_data=attitude[1:109234]
> train_data.lda=lda(attitude-Healthcare+Outing+Handcleaner+Immunity+Mask,data=train_data)
> train_data.lda
Call:
lda(attitude ~ Healthcare + Outing + Handcleaner + Immunity +
    Mask, data = train_data)

Prior probabilities of groups:
 Negative  Positive
0.8144168 0.1855832

Group means:
          Healthcare      Outing Handcleaner    Immunity       Mask
Negative 0.02984420 0.001281446  0.01743441 0.004698635 0.02039073
Positive 0.05441002 0.002811760  0.11834057 0.052831492 0.04242305

Coefficients of linear discriminants:
                 LD1
Healthcare  -0.3683437
Outing      -0.2457404
Handcleaner  4.7062012
Immunity     3.1410791
Mask        -0.8635959
> ldapred=predict(train_data.lda, test_data)$class
> classification=table(group_data, ldapred)
> classification
          ldapred
group_data Negative Positive
  Negative    85373     3589
  Positive    19532      740
> |
```

데이터마이닝 분류모형의 평가지표 산출 함수 참고
- 정확도: (85373+740)/109234=78.8%
- 오류율: (3589+19532)/109234=21.2%
- 민감도: 85373/(85373+3589)=96.0%
- 특이도: 740/(19532+740)=3.65%
- 정밀도: 85373/(85373+19532)=81.4%

■ 로지스틱 평가모형의 평가지표 산출 함수

- 로지스틱 평가모형의 평가지표를 산출하기 위한 R 함수는 다음과 같다.

> perm_a=function(p1, p2, p3, p4) {pr_a=(p1+p4)/sum(p1, p2, p3, p4)

  return(pr_a)}

> perm_a(85373, 3589, 19532, 740)

> perm_e=function(p1, p2, p3, p4) {pr_e=(p2+p3)/sum(p1, p2, p3, p4)

  return(pr_e)}

> perm_e(85373, 3589, 19532, 740)

> perm_s=function(p1, p2, p3, p4) {pr_s=p1/(p1+p2)

  return(pr_s)}

> perm_s(85373, 3589, 19532, 740)

> perm_sp=function(p1, p2, p3, p4) {pr_sp=p4/(p3+p4)

  return(pr_sp)}

> perm_sp(85373, 3589, 19532, 740)

> perm_p=function(p1, p2, p3, p4) {pr_p=p1/(p1+p3)

  return(pr_p)}

> perm_p(85373, 3589, 19532, 740)

```
R R Console                                                    [ _ ][ □ ][ × ]

> classification
          ldapred
group_data Negative Positive
  Negative    85373     3589
  Positive    19532      740
> perm_a=function(p1, p2, p3, p4) {pr_a=(p1+p4)/sum(p1, p2, p3, p4)
+       return(pr_a)}
> perm_a(85373, 3589, 19532, 740)
[1] 0.7883351
> perm_e=function(p1, p2, p3, p4) {pr_e=(p2+p3)/sum(p1, p2, p3, p4)
+       return(pr_e)}
> perm_e(85373, 3589, 19532, 740)
[1] 0.2116649
> perm_s=function(p1, p2, p3, p4) {pr_s=p1/(p1+p2)
+       return(pr_s)}
> perm_s(85373, 3589, 19532, 740)
[1] 0.9596569
> perm_sp=function(p1, p2, p3, p4) {pr_sp=p4/(p3+p4)
+       return(pr_sp)}
> perm_sp(85373, 3589, 19532, 740)
[1] 0.03650355
> perm_p=function(p1, p2, p3, p4) {pr_p=p1/(p1+p3)
+       return(pr_p)}
> perm_p(85373, 3589, 19532, 740)
[1] 0.8138125
> |
```

[그림 5-6]과 같이 메르스 관련 예방요인이 메르스 감정 예측모형에 미치는 영향은 'Hand_Cleaner'의 영향력이 가장 큰 것으로 나타났다. Hand_Cleaner가 있을 경우 메르스에 대한 부정(불안 감정)은 이전의 76.3%에서 28.9%로 크게 감소한 반면, 긍정(안심 감정)은 이전의 23.7%에서 71.1%로 증가하였다. Hand_Cleaner가 없을 경우 메르스에 대한 부정은 이전의 76.3%에서 77.9%로 증가한 반면, 긍정은 23.7%에서 22.1%로 감소하였다.

'Hand_Cleaner가 있고 Health_Care가 없는' 경우 메르스에 대한 부정은 이전의 28.9%에서 13.3%로 감소한 반면, 긍정은 71.1%에서 86.7%로 증가하였다. 'Hand_Cleaner가 없고 Health_Care가 없는' 경우 메르스에 대한 부정은 이전의 77.9%에서 78.2%로 증가한 반면, 긍정은 22.1%에서 21.8%로 감소하였다.

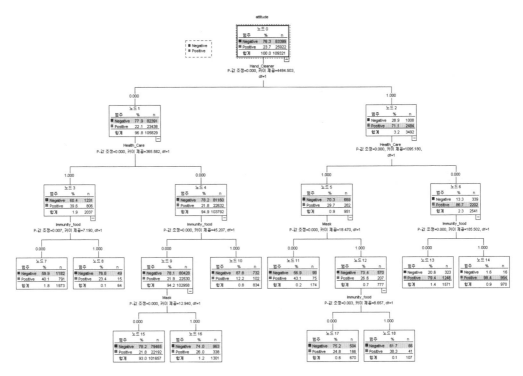

[그림 5-6] 메르스 관련 예방요인의 예측모형

⑫ 메르스 관련 예방요인의 예측모형

- R을 활용한 예방요인의 의사결정나무분석

  > install.packages('party')

  > library(party)

  > install.packages('caret')

  > library(caret)

  > install.packages('foreign')

  > library(foreign)

  > setwd("h:/메르스_시각화등")

  > tdata=read.spss(file='메르스_로지스틱_예방_궁부정.sav', use.value.labels=T, use.missings=T, to.data.frame=T)

  > attach(tdata)

  > ind=sample(2, nrow(tdata), replace=T, prob=c(0.5, 0.5))

```
> tr_data=tdata[ind==1,]

> te_data=tdata[ind==2,]

> i_ctree=ctree(attitude~., data=tr_data)

> print(i_ctree)

> plot(i_ctree)
```

```
R Console                                                          _ |□| X
> te_data=tdata[ind==2,]
> i_ctree=ctree(attitude~.,data=tr_data)
> print(i_ctree)

          Conditional inference tree with 10 terminal nodes

Response:  attitude
Inputs:  Health_Care, Outing, Hand_Cleaner, Immunity_food, Mask
Number of observations:  108894

1) Hand_Cleaner <= 0; criterion = 1, statistic = 4363.064
  2) Health_Care <= 0; criterion = 1, statistic = 396.692
    3) Mask <= 0; criterion = 1, statistic = 40.408
      4)* weights = 101980
    3) Mask > 0
      5) Immunity_food <= 0; criterion = 1, statistic = 17.064
        6)* weights = 1335
      5) Immunity_food > 0
        7)* weights = 26
  2) Health_Care > 0
    8) Immunity_food <= 0; criterion = 0.988, statistic = 9.156
      9)* weights = 1988
    8) Immunity_food > 0
      10)* weights = 54
1) Hand_Cleaner > 0
  11) Health_Care <= 0; criterion = 1, statistic = 1135.577
    12) Immunity_food <= 0; criterion = 1, statistic = 173.094
      13)* weights = 1578
    12) Immunity_food > 0
      14)* weights = 930
  11) Health_Care > 0
    15) Mask <= 0; criterion = 1, statistic = 44.44
      16)* weights = 189
    15) Mask > 0
      17) Immunity_food <= 0; criterion = 0.992, statistic = 10.036
        18)* weights = 709
      17) Immunity_food > 0
        19)* weights = 105
> plot(i_ctree)
> |
```

해석 의사결정나무에 투입된 training data는 총 10만 8,894건이며 메르스 감정에 Hand_Cleaner의 영향력이 가장 큰 것으로 나타났다. Hand_Cleaner가 있고 Health_Care가 없으며 Immunity_Food가 있을 경우, 메르스에 대한 긍정적 감정에 영향이 가장 큰 것으로 나타났다(Weights=930).

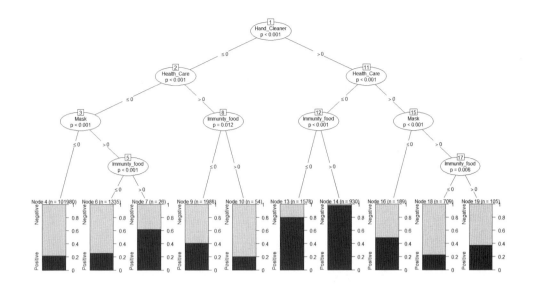

나무 구조의 최상위에 있는 뿌리마디는 독립변수가 투입되지 않은 종속변수의 빈도를 나타
낸다. 뿌리마디 하단의 가장 상위에 위치하는 변수가 종속변수에 가장 영향력이 높은(관련성이 깊은) 변수로, 본
분석에서는 Hand_Cleaner의 영향력이 가장 큰 것으로 나타났다.
두 번째로 영향력이 높은 변수는 Health_Care로 나타났다. Hand_Cleaner가 있고 Health_care가 없고
Immunity_Food가 있는 경우에는 문서 수가 930건이며, 긍정(Positive)이 약 98%로 나타났다. Hand_Cleaner
가 있고 Health_Care가 없고 Immunity_Food가 없는 경우, 긍정이 약 80%로 나타났다. Hand_Cleaner가 없고
Health_Care가 있고 Immunity_food가 없는 경우에는 문서 수가 1,968건이며 긍정이 약 40%로 나타났다.

- 의사결정나무 모형의 성능 평가[8]

    > ipredict=predict(i_ctree, te_data): test data의 분류평가를 실시한다.

    > table(te_data$attitude, ipredict): 분류평가 교차표를 화면에 출력한다.

    > ipredict=predict(i_ctree, tr_data): training data의 분류평가를 실시한다.

    > table(tr_data$attitude, ipredict): 분류평가 교차표를 화면에 출력한다.

---

8. 의사결정나무 모형의 성능 평가는 3장 '2 데이터마이닝 분류모형 평가' 부분(p. 206)을 참조하기 바란다.

```
R R Console                                                    [_][口][×]

> plot(i_ctree)
> ipredict=predict(i_ctree, te_data)
> table(te_data$attitude, ipredict)
           ipredict
            Negative Positive
  Negative    82997      348
  Positive    23841     2203
> ipredict=predict(i_ctree, tr_data)
> table(tr_data$attitude, ipredict)
           ipredict
            Negative Positive
  Negative    82779      347
  Positive    23774     2180
> |
```

해석 test data의 성능 평가 결과 정확도[(82997+2203)/109389]는 77.9%로 나타났으며, training data의 정확도 [(82779+2180)/109080]는 77.9%로 나타났다.

- SPSS를 이용한 예방요인의 의사결정나무분석

  - '메르스_로지스틱_예방_긍부정.sav' 파일을 사용하여 [분류분석 - 트리]를 실행한다.

  - 성장 방법은 CHAID를 선택한다.

  - 타당도를 선택하여 훈련표본과 검정표본의 비율을 50:50으로 검증한다.

  - 기준을 선택하여 나무의 최대 깊이를 4로 설정한다.

  - 분류결과를 확인한다.

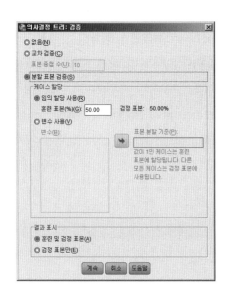

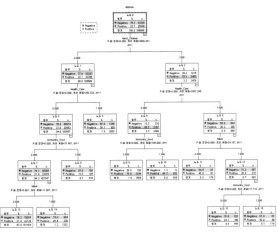

[그림 5-7]과 같이 메르스 관련 증상요인이 메르스 감정 예측모형에 미치는 영향은 '호흡기 증상'의 영향력이 가장 크게 나타났다. 호흡기 증상이 있을 경우 메르스에 대한 부정(불안 감정)은 이전의 71.2%에서 37.6%로 크게 감소[9]한 반면, 보통 감정은 6.5%에서 13.7%, 긍정(안심 감정)은 22.3%에서 48.6%로 증가하였다. '호흡기 증상이 있고 열이 있는' 경우 메르스에 대한 부정은 이전의 37.6%에서 58.9%로 증가한 반면, 긍정은 48.6%에서 27.3%로 감소하였다.

호흡기 증상이 없을 경우 메르스에 대한 부정은 이전의 71.2%에서 72.6%로 증가한 반면, 긍정은 22.3%에서 21.2%로 감소하였다. '호흡기 증상이 없고 전파가 있는' 경우 메르스에 대한 부정은 이전의 72.6%에서 79.3%로 증가한 반면, 긍정은 21.2%에서 15.0%로 감소하였다. '호흡기 증상이 없고, 전파가 없고, 의심 증상이 있는' 경우 메르스에 대한 부정은 이전의 71.0%에서 91.3%로 증가한 반면, 긍정적 감정은 이전의 22.6%에서 6.2%로 크게 감소하였다.

[표 5-5] 메르스 관련 증상요인의 예측모형에 대한 이익도표와 같이 메르스에 대한 긍정 감정에 영향력이 가장 큰 경우는 '호흡기 증상이 있고, 열이 없고, 의심 증상이 없는' 조합으로 나타났다. 즉 12번 노드의 지수(index)가 286.3%로 뿌리마디와 비교했을 때 12번 노드의 조건을 가진 집단이 메르스를 긍정적으로 느끼는 확률이 2.86배로 나타났다.

메르스에 대한 부정적 감정에 영향력이 가장 큰 경우는 '호흡기 증상이 없고, 전파가 없고, 의심 증상이 있는' 조합이었다. 즉 9번 노드의 지수가 128.1%로 뿌리마디와 비교했을 때 9번 노드의 조건을 가진 집단이 메르스를 부정적으로 느끼는 확률이 1.28배로 나타났다.

---

9. '호흡기 증상'이 있을 때 부정(불안)의 감정이 감소하는 것은 '호흡기 증상'보다는 '발열'에 대해 불안해하는 감정이 많이 전파되어서 평소에 호흡기 증상만 있는 사람은 안심을 하지만 열이 발생할 경우 불안한 감정을 증가시키기 때문으로 보인다.

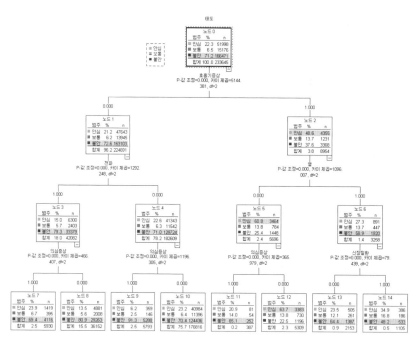

[그림 5-7] 메르스 관련 증상요인의 예측모형

[표 5-5] 메르스 관련 증상요인의 예측모형에 대한 이익도표

구분	노드	이익지수				누적지수			
		노드(n)	노드(%)	이익(%)	지수(%)	노드(n)	노드(%)	이익(%)	지수(%)
안심	12	5309	2.3	6.5	286.3	5309	2.3	6.5	286.3
	14	1105	.5	.7	157.0	6414	2.7	7.2	264.0
	7	5930	2.5	2.7	107.5	12344	5.3	10.0	188.8
	13	2153	.9	1.0	105.4	14497	6.2	10.9	176.5
	10	176816	75.7	78.8	104.2	191313	81.9	89.8	109.6
	11	387	.2	.2	94.0	191700	82.0	89.9	109.6
	8	36152	15.5	9.4	60.7	227852	97.5	99.3	101.8
	9	5793	2.5	.7	27.8	233645	100.0	100.0	100.0
보통	14	1105	.5	1.2	259.1	1105	.5	1.2	259.1
	11	387	.2	.4	214.8	1492	.6	1.6	247.7
	12	5309	2.3	4.8	211.7	6801	2.9	6.4	219.6
	13	2153	.9	1.7	186.6	8954	3.8	8.1	211.7
	7	5930	2.5	2.6	102.6	14884	6.4	10.7	168.2
	10	176816	75.7	75.1	99.2	191700	82.0	85.8	104.6
	8	36152	15.5	13.2	85.5	227852	97.5	99.0	101.6
	9	5793	2.5	1.0	38.8	233645	100.0	100.0	100.0
불안	9	5793	2.5	3.2	128.1	5793	2.5	3.2	128.1
	8	36152	15.5	17.6	113.6	41945	18.0	20.8	115.6
	10	176816	75.7	74.7	98.8	218761	93.6	95.5	102.0
	7	5930	2.5	2.5	97.4	224691	96.2	98.0	101.9
	11	387	.2	.2	91.4	225078	96.3	98.1	101.9
	13	2153	.9	.8	90.4	227231	97.3	99.0	101.8
	14	1105	.5	.3	67.7	228336	97.7	99.3	101.6
	12	5309	2.3	.7	31.6	233645	100.0	100.0	100.0

- SPSS를 이용한 예방요인의 의사결정나무분석
  - '메르스_감성분석_20150811.sav' 파일을 사용하여 [분류분석 - 트리]를 실행한다.
  - 성장 방법은 Exhaustive CHAID를 선택한다.
  - 이익도표를 산출하기 위해 [출력결과 - 통계]에서 [비용, 사전확률, 스코어 및 이익 값]을 선택한 후 [누적 통계 표시]를 선택한다.
  - 분류결과를 확인한다.

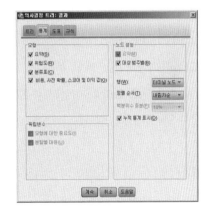

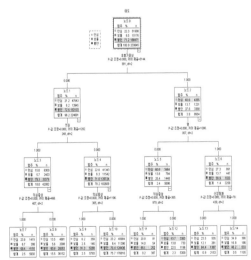

대상 범주: 안심

노드에 대한 이익

| | 노드 대 노드 | | | | | 누적 | | | | | |
| | 노드 | | 이득 | | | | 노드 | | 이득 | | | |
노드	N	퍼센트	N	퍼센트	반응	지수	N	퍼센트	N	퍼센트	반응	지수
12	5309	2.3%	3383	6.5%	63.7%	286.3%	5309	2.3%	3383	6.5%	63.7%	286.3%
14	1105	0.5%	396	0.7%	34.9%	157.0%	6414	2.7%	3769	7.2%	58.8%	264.0%
7	5930	2.5%	1419	2.7%	23.9%	107.5%	12344	5.3%	5188	10.0%	42.0%	188.8%
13	2153	0.9%	505	1.0%	23.5%	105.4%	14497	6.2%	5693	10.9%	39.3%	176.5%
10	176816	75.7%	40994	78.6%	23.2%	104.2%	191313	81.9%	46677	89.6%	24.4%	109.6%
11	367	0.2%	81	0.2%	20.9%	94.0%	191700	82.0%	46758	89.9%	24.4%	109.6%
8	36152	15.5%	4881	9.4%	13.5%	60.7%	227852	97.5%	51639	99.3%	22.7%	101.9%
9	5793	2.5%	359	0.7%	6.2%	27.6%	233645	100.0%	51998	100.0%	22.3%	100.0%

성장 방법: EXHAUSTIVE CHAID

대상 범주: 보통

노드에 대한 이익

| | 노드 대 노드 | | | | | 누적 | | | | | |
| | 노드 | | 이득 | | | | 노드 | | 이득 | | | |
노드	N	퍼센트	N	퍼센트	반응	지수	N	퍼센트	N	퍼센트	반응	지수
14	1105	0.5%	186	1.2%	16.8%	259.1%	1105	0.5%	186	1.2%	16.8%	259.1%
11	367	0.2%	54	0.4%	14.0%	214.9%	1492	0.6%	240	1.6%	16.1%	247.7%
12	5309	2.3%	730	4.9%	13.8%	211.7%	6801	2.9%	970	6.4%	14.3%	219.6%
13	2153	0.9%	261	1.7%	12.1%	186.6%	8954	3.8%	1231	8.1%	13.7%	211.7%
7	5930	2.5%	395	2.6%	6.7%	102.6%	14884	6.4%	1626	10.7%	10.9%	168.2%
10	176816	75.7%	11396	75.1%	6.4%	99.2%	191700	82.0%	13022	85.8%	6.8%	104.9%
8	36152	15.5%	2009	13.2%	5.6%	85.5%	227852	97.5%	15030	99.0%	6.6%	101.9%
9	5793	2.5%	146	1.0%	2.5%	38.9%	233645	100.0%	15176	100.0%	6.5%	100.0%

성장 방법: EXHAUSTIVE CHAID

대상 범주: 불안

노드에 대한 이익

| | 노드 대 노드 | | | | | 누적 | | | | | |
| | 노드 | | 이득 | | | | 노드 | | 이득 | | | |
노드	N	퍼센트	N	퍼센트	반응	지수	N	퍼센트	N	퍼센트	반응	지수
9	5793	2.5%	5288	3.2%	91.3%	128.1%	5793	2.5%	5288	3.2%	91.3%	128.1%
8	36152	15.5%	29263	17.6%	80.9%	113.6%	41945	18.0%	34551	20.8%	82.4%	115.6%
10	176816	75.7%	124436	74.7%	70.4%	98.8%	218761	93.6%	158987	95.5%	72.7%	102.0%
7	5930	2.5%	4116	2.5%	69.4%	97.4%	224691	96.2%	163103	98.0%	72.6%	101.9%
11	367	0.2%	252	0.2%	65.1%	91.4%	225078	96.3%	163355	98.1%	72.6%	101.9%
13	2153	0.9%	1387	0.8%	64.4%	90.4%	227231	97.3%	164742	99.0%	72.5%	101.8%
14	1105	0.5%	533	0.3%	48.2%	67.7%	228336	97.7%	165275	99.3%	72.4%	101.6%
12	5309	2.3%	1196	0.7%	22.5%	31.6%	233645	100.0%	166471	100.0%	71.2%	100.0%

성장 방법: EXHAUSTIVE CHAID

메르스 관련 버즈는 2015년 5월 28일 급속히 증가하여 5월 30일 감소하였다가, 6월 1일 이후 추가 환자 발생과 사망자 발생 보도 후에 급속히 증가하였다. 메르스에 대한 부정적 감정(불안)의 표현 단어는 '무시·한심·판단', '거부·비난·무능·불구', '답답·공포·스트레스', '무책임·비판·실패', '괴담·협박' 키워드와 강하게 연결되어 있는 것으로 나타났는데, 이는 정부의 초기 대응 미흡에 대한 국민의 실망감과 SNS를 통해 급속히 전파된 메르스 괴담에 대한 불안감이 표출된 것으로 보인다.

메르스와 관련하여 긍정적 감정(안심)을 나타내는 온라인 문서(버즈)는 22.3%, 부정적 감정(불안)을 나타내는 버즈는 71.2%로 메르스에 대한 부정적 감정이 약 3.2배 높게 나타났다.

메르스 사태에서는 온라인 문서 중 트위터와 같은 SNS를 통해 정보가 많이 유통되었다. 메르스를 키워드로 추출한 데이터 중 SNS가 차지하는 비율이 92.8%(61만 8,471건)로 담뱃값 논란 당시 SNS 비율(52.9%)보다 높게 나타났다. 한편 SNS 게시물들은 메르스에 대한 불안을 심화시킨 것으로 드러났다. 블로그나 카페 등을 통해 메르스 정보를 접한 사람은 메르스에 대해 안심하는 긍정적 감정이 약 1.8배 증가했지만, SNS를 통해 정보를 접한 사람은 안심하는 비율이 20%가량 감소하였다.[10]

온라인 문서(버즈)에 '위생·면역강화'가 동시에 언급되면 메르스에 대한 긍정적 감정이 증가하였다. 반면에 '초기대응·격리·감염검사'나 '전파·열·사망'이 동시에 언급되면 부정적 감정이 증가하였다. 또한 '마스크·외출자제·초기대응·격리·감염검사·전파·의심증상·열·사망'이 언급되었을 때도 메르스에 대한 부정적 감정이 증가하였다.

SNS상에서 확산되는 메르스 관련 온라인 문서는 메르스를 부정적으로 생각하는 감정을 증가시키는 것으로 나타났다. 메르스에 대한 긍정적 감정에 영향력이 가장 높은 경우는 '호흡기 증상이 있고 열이 없고 의심 증상이 없는' 조합이며, 부정적 감정에 영향력이 가장 높은 경우는 '호흡기 증상이 없고 전파가 없고 의심 증상이 있는' 조합으로 나타났다.

---

10. '기침환자는 차분한데… 건강한 사람이 더 불안에 떨어', 동아일보(2015. 6. 11).
　　http://news.donga.com/3/all/20150611/71758969/1

참고문헌

1. 송주영·송태민(2014). 소셜 빅데이터를 활용한 북한 관련 위협인식 요인 예측. 국제문제연구, 가을, 209-243.

2. Adrien Guille, Hakim Hacid, Favre, C. & Djamel Abdlkader Zighed (2013). Information Diffusion in Online Social Networks: A Survey. *Association for Computing Machinery*, 42(2), 17-28.

3. Alagaili, A. N., Briese, T., Mishra, N., Kapoor, V., Sameroff, S. C., de Wit, E., Munster V. J., Hensley, L. E., Zalmout, I. S., Kapoor, A., Epstein, J. H., Karesh, W. B., Daszak, P., Mohammed, O. B. & Lipkin, W. I. (2014). Middle east respiratory syndrome coronavirus infection in Dromedary Camels in Saudi Arabia., *mBio*, 5(2); e000884-14.

4. Assiri, A., McGeer, A., Peri, T. M., Price, C. S., Rabeeah A. A., Cummings, D. A., Alabdullatif, Z. N., Assad, M., Almulhim, A., Makhdoom, H., Madani, H., Alhakeem, R., Al-Tawfig, J. A., Cotten, M., Watson, S. J., Kellam, P., Zumla, A. & Memish, Z. A. (2013). Hospital Outbreak of Middle East Respiratory Syndrome Coronavirus, *The New england Journal of Medicine*, 369(5), 407-416.

5. Bermingham, A., Chand, M. A., Brown, C. S., Asrons, E., Tong, C., Langrish, C., Hoschler, K., Brown, K., Galiano, M., Myers, R., Pebody, R. G., Green, H. K., Boddington N. L., Gopal, R., Price, N., Newsholme, W., Drosten, C., Fouchier, R. A. & Zambon, M. (2012). Severe Respiratory illness caused by a Novel Coronavirus, in a patient transferred to the United Kingdom form the Middle East, *Euro Surveillance*, 17(4), 1-5.

6. Centers for Disease Control and Prevention (2015a). People Who May Be at Increased Risk for MERS.
   Http://www.cdc.gov/coronavirus/mers/risk.html.

7. Centers for Disease Control and Prevention (2015b). Middle East Respiratory Syndrome(MERS): Symptoms & Complications.
   Http://www.cdc.gov/coronavirus/mers/about/symptoms. html.

8. Centers for Disease Control and Prevention (2015c). Middle East Respiratory Syndrome(MERS): Prevention & Treatment.
   Http://www.cdc.gov/coronavirus/mers/about/prevention.html

9. Dinyakant Agrawal, Caren Budak & Amr El Abbadi (2011). Information diffusion in Social Networks: Observing and influencing Societal Interests. *in Proceeding of International Conference on Very Large Data Bases*, 1-5.

10. eMarketer (2013). Social Networking Reaches Nearly One in Four Around the world: By 2014,

the ranking of regions by social Networkd users will reflect regional shares of the global population. 2013/06/18

11. European Centre for Disease Prevention and Control (2015a), Epidemiological update: Middle East respiratory syndrome coronavirus(MERS-CoV).

12. Groot, R. J., Baker, S. C., Baric, R. S., Brown, C. S., Drosten, C., Enjuances, L., Fouchier, R. A., Galiano, M., Gorbalenya, A. E., Memish, Z., Perlman, S., Poon, L. L., Snijer, E. J., Stephens, G. M., Woo, P. C., Zaki, A. M., Zambon, M. & Ziebuhr, J. (2013). Middle East Respiratory Syndrome Coronavirus(MERS-CoV); Announcement of the Coronavirus Study Group, *Journal of Virology*, 87(14), 7790-7792.

13. Hemida, M. G., Perera, R. A., Wang, P., Alhammadi, M. A., Siu, L. Y., Li, M., Poon, L. L., Saif, L., Alnaeem, A. & Peiris, M. (2013). Middle East Respiratory Syndrome(MERS) coronavirus seroprevalence in domestic livestock in Saudi Arabia, 2010 to 2013, *Euro Surveillance*, 18(50), 1-7.

14. Hong, Ju-hyeon & Yun, Hye-jin (2014). The Diffusion of Rumor Via Twitter: The diffusion and the user interactivity in the KOREA U.S. FTA case, *Korean Association for communication and information Studies*, 66, 59-84.

15. Hong, Ju-hyeon (2014). A crisis of confidence and the media: *Newspaper and Broadcast*, 10, 15-20.

16. Kim, Young Wook (2014). Risk Communication. Communicationbooks.

17. Kong, Jong-Hwan, Kim, Ik-Kun & Myung-Mook Han (2014). Propagation Models for Structural Parameters in Online Social Networks, *Journal of Internet Computing and Services*, 15(1), 125-134.

18. Liang Mao (2014). Modeling Triple-diffusions of infectious disease, information, and preventive behaviors through a metropolitan social networks: ans agent-based simulation. *Applied Geography*, 50, 31-39.

19. Mostafa Salehj, Payam Siyari, Matteo Magnani & Danilo Montesi (2015). Multidimensional epidemic thresholds in diffusion process over interdependent networks. Multiplex Networks: Structure, *Dynamics and Application*, 72, 59-67.

20. Park, Min-Gyeong & Lee, Gun-Ho (2011). Analysis of Online Opinion Leader's Discourse Patterns: Regarding Opinion about Sejong City posted on Agora, the discussion borad of the Portal Daum. *Korean Association for communication and information Studies*, 48(1), 114-149.

21. Rogers, Everett M. (1983). *Diffusion of Innovations* (3rd ed.). Free Press, 5.

22. Ryu, Hyeon Suk (2013). A Study on Risk Perception and Communication via Social Media. The Korea Institute of Public Administration. *Research Report*, 25(3).

23. WHO (2013). Middle East respiratory syndrome coronavirus Joint Kingdom of Saudi Arabia/

WHO mission. *Media centre News releases.* 2013-06-10.

24. WHO (2013). WHO guidelines for investigation of cases of human infection with Middle East Respiratory Syndrome Coronavirus(MERS-CoV).

25. Zaki, A. M., Boheemen, S. V., Bestebrober, T. M., Osterhaus, A. D. & Fouchier R. A. (2012). Isolation of a Novel Coronavirus from a Man with Pneumonia in Saudi Arabia, *The New England Journal of Medicine*, 367(19), 1814-1820.

통일인식 동향 분석 및 예측

현 정부는 2013년 출범 이후 튼튼한 안보를 바탕으로 남북한 신뢰를 형성함으로써 남북관계를 발전시키고 한반도에 평화를 정착시키며 통일 기반을 구축하려는 한반도 신뢰 프로세스(통일교육원, 2013: p. 3)를 통한 남북관계 정상화를 주요 국정과제로 설정한 데 이어, 2014년 신년 기자회견에서 박근혜 대통령이 발언한 '통일은 대박이다'라는 한마디로 평화통일의 기반 구축에 적극적으로 나설 것임을 선언하였다.

과거 통일 논의는 통일비용과 대북정책을 중심으로 이루어지면서 통일의 부정적 측면이 부각되었다. 그러나 통일대박론은 편익 중심의 통일 논의를 선언한 것으로(통일연구원, 2014: p. 7), 통일이 되면 천문학적인 비용이 소요되고 사회적 혼란이 야기될 것이라는 부정적 인식을 극복하고 통일을 기회와 희망으로 보는 긍정적 통일담론을 확산시키기 위한 것이다. 통일대박론은 통일 논의의 위축에서 벗어나 통일 문제에 대한 국민적 합의를 이루는 계기가 되었다는 긍정적 주장(김창수, 2014: p. 120)과 함께 현 정부는 통일대박론을 시작으로 대통령 직속으로 통일준비위원회[2]를 출범하여 통일 준비에 박차를 가하게 되었다.

한반도 통일은 남북한의 문제이자 동북아 주변국의 미래를 좌우할 국제적 사안으로(김규륜, 2013), 한반도 평화체제와 본격적인 통일과정에서 국제사회의 지지는 필수불가결한 요소이며(차문석, 2013) 국내 차원에서는 통일에 대한 국민적 공감대 형성과 통일을 맞이할 수 있는 역량 구축이 필요하다. 따라서 한반도 통일에 대한 국제적 공감대를 형성하고 미·중·일·러 주변 4국의 협조를(이규창, 2014) 이끌어내며 남북 간 신뢰를 구축해야 할 것이다.

평화로운 통일한국을 실현하기 위해서는 주변국들의 반응과 함께 우리 국민들의 통일에 대한 인식과 태도를 분석하는 것이 필요하다. 통일연구원이 2012년 7월 19세 이상 성인 남녀 1,000명을 대상으로 전화조사를 실시한 결과 63.1%가 통일의 필요성에 공감한다고 응답하였다(김규륜·김형기, 2012: p. 14). 서울대 통일평화연구원은 2007년부터 매년 7월부터 8월 사이 전국의 성인 1,200명을 대상으로 면대면 설문조사를 실시하고 있는데, 2014년 조사에 따르면

---

1. 본 연구의 일부 내용은 'The 11th International Conference on Multimedia Information Technology and Applications (MITA 2015). Predicting Koreans' Perceptions About Reunification Using Social Big Data. Tae Min Song, Juyoung Song(교신저자), Dal Lae Jin'과 '송태민(2015). 소셜 빅데이터를 활용한 통일인식 동향 분석 및 예측. 북한경제리뷰. KDI'에 발표된 논문임을 밝힌다.
2. 대통령을 위원장으로 하여 총 50명의 위원으로 구성된 통일준비위원회를 출범하였다(위원장, 민간위원 30명, 국회의원 2명, 정부위원 11명, 국책연구기관장 6명).

통일이 필요하다는 인식이 55.8%로 나타났다. 아산정책연구원은 2014년 3월 만 19세 이상 성인남녀 1,000명을 대상으로 통일인식 여론조사를 실시하였다. 그 결과 80.5%가 통일이 필요하다고 응답하였다.[3] 이와 같이 그동안 우리 사회는 대북정책의 주요한 기초자료로 사용하기 위하여 통일·북한 관련 연구소나 대학과 정부 산하기관 등에서 일반 국민들을 대상으로 통일의식조사를 정기적으로 시행해왔다(강동완·박정란, 2014: p. 2).

한편 모바일 인터넷과 소셜 미디어의 확산으로 데이터량이 증가하여 데이터의 생산·유통 소비 체계에 큰 변화가 일어나면서 데이터가 경제적 자산이 될 수 있는 빅데이터 시대가 도래하였다. 많은 국가에서는 빅데이터가 공공과 민간에 미치는 파급효과를 전망함에 따라 빅데이터의 활용이 정부 정책을 효과적으로 추진하기 위한 새로운 성장동력이 될 것으로 예측하고 있다(김정선 외, 2014).

세계 각국의 정부와 기업들은 SNS를 통해 생산되는 소셜 빅데이터의 활용과 분석을 통하여 사회적 문제를 해결하고, 새로운 경제적 효과와 함께 일자리를 창출하기 위해 적극적으로 노력하고 있다. 우리나라 역시 정부 3.0과 창조경제를 추진·실현하기 위하여 다양한 분야에서 빅데이터의 효율적 활용을 적극적으로 모색하고 있다.

소셜 빅데이터 분석은 사용자가 남긴 문서의 의미를 분석하는 것으로, 자연어 처리기술인 주제분석(text mining)과 감성분석 기술인 오피니언마이닝(opinion mining)을 실시한 후, 네트워크 분석(network analysis)과 통계분석(statistical analysis)을 실시해야 한다. 통일에 대한 우리 국민의 다양한 인식을 살펴보기 위하여 그동안 실시하던 설문조사는 정해진 변인에 대한 개인과 집단의 관계를 살펴보는 데는 유용하나, 사이버상에 언급된 개인별 담론(buzz)과 사회적 현상들이 얼마나 어떻게 연관되어 있는지 밝히고 원인을 파악하는 데는 한계가 있다(송주영·송태민, 2014). 이에 반해 소셜 빅데이터 분석은 훨씬 방대한 양의 데이터를 활용하여 다양한 참여자의 생각과 의견을 확인할 수 있기 때문에 기존의 오프라인 조사와 함께 활용하면 통일인식을 보다 정확하게 예측할 수 있다. 본 연구는 우리나라 온라인 뉴스사이트, 블로그, 카페, SNS, 게시판 등에서 수집한 소셜 빅데이터를 바탕으로 우리나라 국민의 통일인식에 대한 동향을 분석하고 통일인식의 예측모형과 연관규칙을 파악하고자 한다.

---

3. 아산정책연구원 2014년 4월 8일 보도자료.

2-1 연구대상

본 연구는 국내의 온라인 뉴스사이트, 블로그, 카페, 소셜 네트워크 서비스, 게시판 등 인터넷을 통해 수집된 소셜 빅데이터를 대상으로 하였다. 본 분석에서는 160개의 온라인 뉴스사이트, 4개의 블로그(네이버·네이트·다음·티스토리), 2개의 카페(네이버·다음), 1개의 SNS(트위터), 9개의 게시판(네이버지식인·네이트지식·네이트톡·다음지식인·다음아고라·SLR클럽 등) 등 총 176개의 온라인 채널을 통해 수집 가능한 텍스트 기반의 온라인 문서(버즈)를 소셜 빅데이터로 정의하였다.

통일 관련 토픽(topic)[4]은 2011년~2015년 매년 1/4분기(1월~3월) 기간(총 15개월)[5] 동안 해당 채널에서 요일, 주말, 휴일을 고려하지 않고 매 시간단위로 수집하였다. 수집된 총 41만 1,135건(2011년: 1만 211건, 2012년: 5만 3,884건, 2013년: 8만 3,268건, 2014년: 16만 6,952건, 2015년: 9만 6,820건)의 텍스트(text) 문서[6]는 본 연구의 분석에 포함시켰다. 통일 토픽은 모든 관련 문서를 수집하기 위해 '통일'을 사용하였으며, 토픽과 같은 의미로 사용되는 토픽 유사어로는 '남북통일, 한반도통일'을 사용하였다. 그리고 불용어는 '통일신라, 통일교' 등을 사용하였다.

본 연구를 위한 소셜 빅데이터 수집[7]에는 크롤러(crawler)를 사용하였고, 이후 주제분석을 통해 분류된 명사형 어휘를 유목화(categorization)하여 분석요인으로 설정하였다.

① 연구대상 소셜 빅데이터의 수집과 분류

• 소셜 빅데이터의 수집 및 분류에는 해당 토픽을 웹크롤러로 수집한 후 범용 사전이나 사용자 사전으로 분류(유목화 또는 범주화)하는 보텀업(bottom-up) 방식을 사용하였다.

---

4. 토픽은 소셜 분석 및 모니터링의 '대상이 되는 주제어'를 의미하며, 문서 내에 관련 토픽이 포함된 문서를 수집하였다.
5. 본 연구의 연구대상은 2014년 1월 2일 통일대박론 발언 이후 통일담론이 확산됨에 따라 연도별 통일인식 비교를 위해 1/4분기를 분석시기로 결정하였다.
6. 수집된 문서는 SNS(82.3%, 33만 8,501건), 뉴스(6.0%, 2만 4,693건), 블로그(5.4%, 2만 2,220건), 카페(4.8%, 1만 9,785건), 게시판(1.4%, 5,939건) 순으로 나타났다.
7. 본 연구를 위한 소셜 빅데이터의 수집 및 토픽 분류는 '(주)SK텔레콤 스마트인사이트'에서 수행하였다.

- 통일 수집 조건

분석기간	2011년/2012년/2013년/2014년/2015년 1월~3월	
수집 사이트	수집사이트 Sheet 참조	
토픽¹	토픽 유사어²	불용어³
통일	남북 통일, 한반도 통일	초기암통일,타입은통일,통일신라,중세세계전국통일,짤통일,주량층,김진성,교학사,앨범아트,앤엠하우스,재미교포,홍통일체,음원,크린이배,전환상품,드레드로드,드레,분탕홍어,길전,모델하우스,헬센,4성통일,사성통일,담배,길드,최시원,마이노스,탑칙,통일전망대,통일유치원,청평호수,예술학부,종교통일,세계평화통일가정연합,통일그룹,TongilGroup,이탈리아통일,머리통일,통일기초건설,미주통일신문,통일교,통일성,삼국통일,소재통일,문과무과로,통일감,브로랑,짤탈,학생옷차림,스쿨트립,시간단위가,태백서른,브로키오,서베이,태백서른,파쿠리,통일숯불갈비,장르통일,작렬정신통일,슈어홀릭,스타킹과구두,보나파르트,면도칼테러,씽크탱크,kr/b4aj,경찰브리핑,홍용표,김기종,농성서명,일베고교생,명불허전씨제스,통일교,애정통일,영유권통일,의견도통일,통일신학,오빠로통일,유부로통일해,차녀리,정신통일,고성통일전,화진포,님들이거기억,시발내배랑,아버지가서둑,세레이몬드,려욱,통일광장,생리통일때,세계통일,아만다로,XIA와꽃으로,닉네임과꼭통일,해시태그

- 통일 분류 키워드

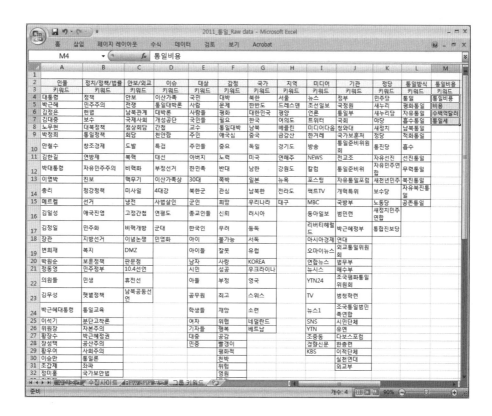

2-2 연구도구

통일과 관련하여 수집된 문서는 주제분석[8] 과정을 거쳐 다음과 같이 정형화 데이터로 코드화하여 사용하였다.

1) 통일 관련 감정

본 연구의 통일 감정 키워드는 문서 수집 이후 주제분석을 통하여 총 56개(대박, 문제, 평화, 필요, 통일대박, 애국심, 중요, 노력, 반대, 쪽박, 관심, 희망, 신뢰, 우려, 불가능, 잘못, 사랑, 성공, 부정, 최고, 재앙, 위협, 행복, 공감, 빨갱이, 평화적, 천박, 위험, 염원, 포기, 비난, 고통, 강력, 걱정, 갈등, 분열, 혼란, 위대, 환영, 경박, 압박, 비아냥, 조롱, 든든, 불신, 환장, 친절, 한심, 다행, 응원, 긴장, 아픔, 천박한, 소중, 부담, 충격) 키워드로 분류하였다.

본 연구에서는 56개의 통일 감정 키워드(변수)가 가지는 통일인식의 정도를 판단하기 위해 2차 요인분석을 통하여 14개의 요인(38개 변수)으로 축약을 실시하였다. 그런 다음 요인분석에서 결정된 2개의 요인에 대한 주제어의 의미를 파악하여 '찬성, 보통, 반대'로 감성분석을 실시하였다.

일반적으로 감성분석은 긍정과 부정의 감성어 사전으로 분석해야 하나 본 연구에서는 요인분석의 결과로 분류된 주제어의 의미를 파악해 감성분석을 실시하여 찬성(13개: 관심·필요·중요·노력·신뢰·평화(평화적)·든든·다행·공감· 행복·사랑·위대·대박), 반대(18개: 쪽박·천박·경박·빨갱이·환장·친절·한심·문제·위협·압박·포기·재앙·혼란·분열·갈등·아픔·고통·불신)로 분류하였다. 그리고 찬성과 반대의 감정을 동일한 횟수로 표현한 문서는 보통의 감정으로 분류하였다.

2) 통일에 대한 정책

통일에 대한 정책은 주제분석 과정을 거쳐 '진보, 보수, 공산주의, 사회주의, 대북정책(대북정책·정책·통일정책), 창조경제(창조경제·박근혜정권), 민주주의(민주정부·민주주의), 햇볕정책'의 8개 정책으로 정의하고 정책이 있는 경우는 '1', 없는 경우는 '0'으로 코드화하였다.

---

8. 주제분석에 사용되는 사전은 '21세기 세종계획'과 같은 범용 사전도 있지만, 대부분은 사용자가 분석 목적에 맞게 설계한 사전을 사용하게 된다. 본 연구의 통일 관련 주제분석은 SKT에서 관련 문서 수집 후 원시자료(raw data)에 나타난 상위 2,000개의 키워드를 대상으로 유목화하여 사용자 사전을 구축하였다.

3) 통일에 대한 안보

통일에 대한 안보는 주제분석 과정을 거쳐 '핵무기(미사일·핵무기·도발·전쟁), 정상회담(회담·정상회담·비핵화), 휴전선(휴전선·DMZ·판문점), 남북공동선언(104선언·남북공동선언), 간첩(고정간첩·간첩)'의 5개 안보로 정의하고 안보가 있는 경우는 '1', 없는 경우는 '0'으로 코드화하였다.

4) 통일 관련 이슈

통일 관련 이슈는 주제분석 과정을 거쳐 '천안함(연평도·천암함), 민영화(민영화·특검), 이산가족상봉(이산가족상봉·이산가족), 선거(대선·부정선거·지방선거·선거), 통일대박(통일대박론·대박·대박론)'의 5개 이슈로 정의하고 이슈가 있는 경우는 '1', 없는 경우는 '0'으로 코드화하였다.

5) 통일에 관련된 주변국가

통일에 관련된 주변국가는 주제분석 과정을 거쳐 '중국, 독일(독일·동독·서독), 일본, 미국, 러시아(소련·러시아), 유럽(유럽·영국·스위스·네덜란드)'의 6개 주변국가로 정의하고 해당 국가가 있는 경우는 '1', 없는 경우는 '0'으로 코드화하였다.

6) 통일에 관련된 기관

통일에 관련된 기관은 요인분석과 주제분석 과정을 거쳐 '범민련(범청학련·범민련·조국통일범민족연합·한총련), 시민단체(실천연대·시민단체·전교조), 정부(외교부·국방부·통일부·정부·법무부·국가보훈처·해수부), 청와대(청와대·박근혜정부), 국정원, 통일준비위원회(통일준비위원회·통일준비위), 조국통일평화위원회, 자유통일포럼, 국회(국회·외교통일위원회)'의 9개 관련기관으로 정의하고 해당 기관이 있는 경우는 '1', 없는 경우는 '0'으로 코드화하였다.

7) 통일에 관련된 정당

통일에 관련된 정당은 주제분석 과정을 거쳐 '새정치민주연합(민주당·새정치·새천년민주·새정치민주연합), 새누리당(새누리·보수당·새누리당), 통합진보당(통진당·통합진보당), 자유선진당, 노동당'의 5개 정당으로 정의하고 해당 정당이 있는 경우는 '1', 없는 경우는 '0'으로 코드화하였다.

8) 통일에 대한 통일방식

통일에 대한 통일방식은 주제분석 과정을 거쳐 '흡수통일(흡수·흡수통일), 자유통일(자유통일

·자유북진통일·북진통일), 평화통일, 선진통일, 공존통일'의 5개 통일방식으로 정의하고 해당
통일방식이 있는 경우는 '1', 없는 경우는 '0'으로 코드화하였다.

② 연구도구 만들기(주제분석, 요인분석)

- 통일 감정의 주제분석 및 요인분석
    - 통일 감정은 주제분석을 통하여 56개의 키워드로 분류한 뒤, 요인분석을 통해 변수 축
      약을 실시해야 한다.
    - 1차 요인분석 결과 공통성이 낮은(0.3 이하) 키워드를 제거한 후, 41개의 키워드로 2차 요
      인분석을 실시하여 14개 요인으로 축약하였다.

1단계: 데이터파일을 불러온다(분석파일: 통일_감정_요인분석_41개.sav).

2단계: [분석]→[차원감소]→[요인분석]→[변수: 대박~천박한]을 선택한다.

3단계: [요인회전]→[베리멕스]를 지정한다.

4단계: [옵션]→[계수출력형식: 크기순 정렬]을 지정한다.

5단계: 결과를 확인한다.

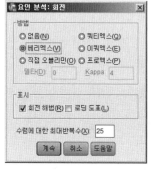

설명된 총 분산

구성요소	초기 고유값			추출 제곱합 로딩			회전 제곱합 로딩		
	총계	분산의 %	누적률(%)	총계	분산의 %	누적률(%)	총계	분산의 %	누적률(%)
1	3.493	8.519	8.519	3.493	8.519	8.519	2.375	5.794	5.794
2	1.546	3.770	12.289	1.546	3.770	12.289	1.545	3.769	9.562
3	1.304	3.180	15.469	1.304	3.180	15.469	1.458	3.555	13.118
4	1.267	3.090	18.559	1.267	3.090	18.559	1.425	3.476	16.594
5	1.178	2.874	21.434	1.178	2.874	21.434	1.362	3.321	19.915
6	1.163	2.838	24.271	1.163	2.838	24.271	1.265	3.085	22.999
7	1.102	2.687	26.958	1.102	2.687	26.958	1.223	2.982	25.981
8	1.090	2.658	29.617	1.090	2.658	29.617	1.196	2.918	28.900
9	1.077	2.627	32.244	1.077	2.627	32.244	1.139	2.778	31.677
10	1.055	2.574	34.818	1.055	2.574	34.818	1.134	2.766	34.443
11	1.042	2.542	37.360	1.042	2.542	37.360	1.097	2.677	37.120
12	1.017	2.480	39.840	1.017	2.480	39.840	1.057	2.577	39.697
13	1.013	2.471	42.311	1.013	2.471	42.311	1.043	2.544	42.241
14	1.002	2.443	44.754	1.002	2.443	44.754	1.030	2.513	44.754

	구성요소													
	1	2	3	4	5	6	7	8	9	10	11	12	13	14
필요	.604		.144											
문제	.584		.221		.104					.123				
관심	.568												.144	
중요	.563	.142	.140											
노력	.541	.176	.132											
신뢰	.326	.241	.260								-.125	-.103	-.267	.197
평화	.298	.288	.283						.115	-.219				
사랑	.126	.564											.102	-.115
행복	.184	.536									-.109			
위대		.494								.199				.121
압박	.149	-.145	.524							.115				
포기	.182		.502							.137				
위협	.226		.485											
비아냥	-.172	.109	.404				.333			-.120		.159	.270	-.302
친절	.189		-.228				.162	.169		.159	-.176		.104	-.206
천박				.833										
경박				.819										
분열					.816						.104			
갈등	.198	.116	.121		.723									
혼란	.239				.279				.126	.192			.165	
환장						.796								
한심						.790								
쪽박							.701							
대박					.156		.700		.100	.204				
다행								.760		.103				
아픔		.273						.647		.130				
재앙									.753	.114				
평화적	.126		.137						.673					
불가능	.108		.239							.545		.169		
잘못	.163	.207	.144							.511		.101		
염원	.105	.204						.145	.138	-.379	.107	.122		-.217
천박한											.723			
공감	.326		-.114								.455			
고통	.127	.333						.241			.345			
빨갱이			-.140								-.133	.629	-.187	
조롱					.117			-.121		.146		.587	.110	
응원										-.105			.559	.142
든든		.184								.137		-.225	.468	
불신	.105	.321	.164		.150		.101				-.119		-.403	.198
통일대박													.135	.719
애국심			-.106				-.187	-.132		.276		-.342	-.134	-.396

- 통일 감성분석

  - 2차 요인분석 결과 14개 요인으로 결정된 주제어의 의미를 파악하여 '찬성, 보통, 반대'로 감성분석을 실시하였다. 일반적으로 감성분석은 긍정과 부정의 감성어 사전으로 분석해야 하지만, 본 연구에서는 요인분석 결과로 분류된 주제어의 의미를 파악하여 감성분석을 실시하였다.

  본 연구에서는 찬성[13개: 관심·필요·중요·노력·신뢰·평화(평화적)·든든·다행·공감·행복·사랑·위대·대박], 반대(18개: 쪽박·천박·경박·빨갱이·환장·친절·한심·문제·위협·압박·포기·재앙·혼란·분열·갈등·아픔·고통·불신)로 분류하였다. 그리고 찬성과 반대의 감정을 동일한 횟수로 표현한 문서는 보통의 감정으로 분류하였다.

2-3 분석방법

본 연구에서는 대국민 통일인식을 설명하는 가장 효율적인 예측모형을 구축하기 위해 특별한 통계적 가정이 필요하지 않은 데이터마이닝(data mining)의 연관분석(association analysis)과 의사결정나무분석(decision tree analysis)을 사용하였다. 소셜 빅데이터 분석에서 연관분석은 하나의 온라인 문서(transaction)에 포함된 둘 이상의 단어들에 대한 상호관련성을 발견하는 것으로, 동시에 발생한 어떤 단어들의 집합에 대해 조건과 연관규칙을 찾는 분석방법이다.

전체 문서에서 연관규칙의 평가 측도는 지지도(support), 신뢰도(confidence), 향상도(lift)로 나타낼 수 있다. 연관분석 과정은 연구자가 지정한 최소 지지도를 만족시키는 빈발항목집합(frequent item set)을 생성한 후, 그것에 대해 최저 신뢰도 기준을 마련하고 향상도가 1 이상인 것을 규칙으로 채택한다(박희창, 2010). 본 연구의 연관분석은 선험적 규칙(apriori principle)[9] 알고리즘을 사용하였다. 본 연구의 통일감정에 사용된 연관분석의 측도는 지지도 0.001, 신뢰도 0.15를 기준으로 시뮬레이션하였다.

데이터마이닝의 의사결정나무분석은 방대한 자료 속에서 종속변인을 가장 잘 설명하는 예측모형을 자동적으로 산출해줌으로써 각기 다른 속성을 지닌 통일인식에 대한 요인을 쉽게 파악할 수 있게 해준다. 본 연구의 의사결정나무 형성을 위한 분석 알고리즘은

---

9. 한 항목집합이 빈발하다면 이 항목집합의 모든 부분집합 역시 빈발항목집합이며, 한 항목집합이 비빈발하다면 이 항목집합을 포함하는 모든 집합은 비빈발항목집합이다(이정진, 2011: p. 123).

CHAID(Chi-squared Automatic Interaction Detection)를 사용하였다. CHAID(Kass, 1980)는 이산형인 종속변수의 분리기준으로 카이제곱(χ^2-검정)을 사용하며, 모든 가능한 조합을 탐색하여 최적분리를 찾는다. 정지규칙(stopping rule)으로 관찰치가 충분하여 상위노드(부모마디)의 최소케이스 수는 100으로, 하위노드(자식마디)의 최소 케이스 수는 50으로 설정하였고 나무 깊이는 3수준으로 정하였다.

본 연구의 기술분석, 다중응답분석, 로지스틱 회귀분석, 의사결정나무분석은 SPSS v. 22.0을 사용하였고, 연관분석과 시각화 분석은 R version 3.1.3, 소셜 네트워크 분석은 NetMiner[10]를 사용하였다.

3 연구결과

3-1 통일 관련 문서(버즈) 현황

[그림 6-1]을 보면 통일과 관련된 이슈 발생 시에 커뮤니케이션이 급증하는 양상을 뚜렷이 확인할 수 있다. 특히 박근혜 대통령이 2014년 첫 신년 기자회견에서 통일대박론(통일은 대박이다)을 언급한 이후 문서량이 급증한 것을 알 수 있다.

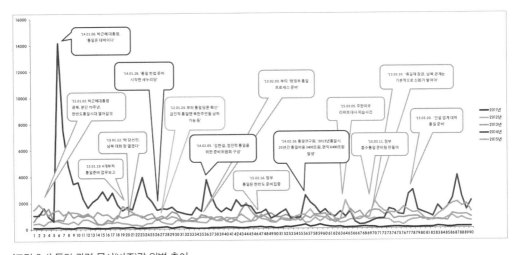

[그림 6-1] 통일 관련 문서(버즈)량 일별 추이

---

10. NetMiner v4.2.0.140122 Seoul: Cyram Inc.

[그림 6-2]와 같이 연도별 통일찬성의 감정 변화는 대박을 제외하고 2011년 대비 평균 2.23배 증가(평화 2.42배, 필요 1.68배, 중요 1.54배, 노력 1.95배, 관심 1.75배 등)하였다. 찬성 감정의 표현 단어는 평화, 필요, 중요, 노력, 관심 등의 순으로 집중되었는데 특히 대박은 2011년 56건에서 2014년 4만 7,480건[11]으로 크게 증가한 것으로 나타났다.

연도별 통일반대의 감정 변화는 쪽박, 천박, 경박을 제외하고 2011년 대비 평균 3.25배 증가(문제 1.71배, 위협 1.64배, 갈등 1.56배, 포기 1.58배, 분열 2.29배 등)하였다. 반대 감정의 표현 단어는 문제, 위협, 갈등, 포기, 분열 등의 순으로 집중되었는데 특히 쪽박, 천박, 경박은 2011년 30건에서 2014년 5,254건으로 증가한 것으로 나타났다.

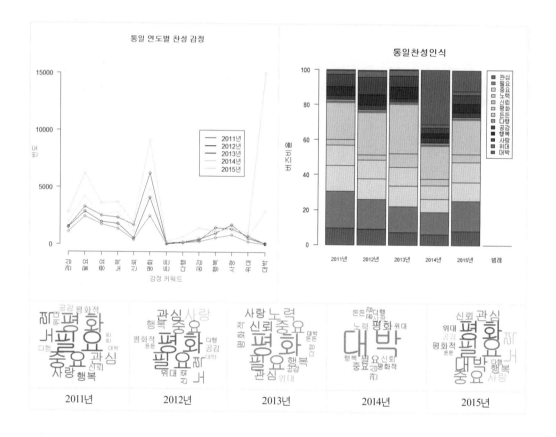

---

11. [그림 6-2]의 통일찬성인식에서 '대박'은 1만 5,000건으로 표기하였다.

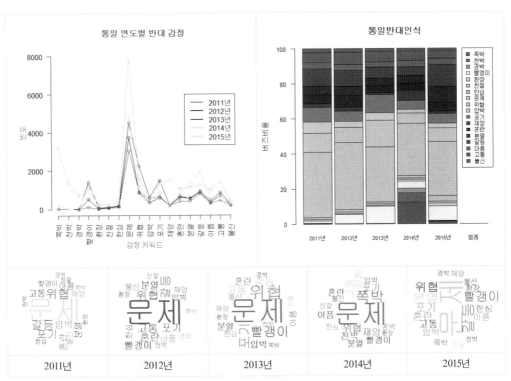

[그림 6-2] 연도별 통일 감정 변화

③ 연도별 통일 감정 변화(선그래프 작성)

- '통일_2011_15_찬성감정13.sav'로 '통일감정찬성_그래프.csv'를 다음과 같이 작성한다.

순위	감정	2011년	2012년	2013년	2014년	2015년
1	관심	1131	1527	1559	2856	1953
2	필요	2465	2872	3301	6220	4199
3	중요	1741	1979	2533	3613	2608
4	노력	1371	1799	2366	3691	2816
5	신뢰	380	532	1699	1908	1083
6	평화	2504	4093	6232	9082	4848
7	든든	56	90	127	260	124
8	다행	152	175	193	654	263
9	공감	261	469	373	1429	619
10	행복	588	989	1474	1138	1204
11	사랑	834	1734	1381	1476	1228
12	위대	266	557	732	982	529
13	대박	56	115	78	15000	2950

- plot() 함수를 이용하여 선그래프를 작성한다.

```
R Console                                                                _ □ ×
> rm(list=ls())
> setwd("h:/통일 데이터마이닝")
> f=read.csv("통일감정찬성_그래프.csv",sep=",",stringsAsFactors=F)
> a=f$X2011년
> b=f$X2012년
> c=f$X2013년
> d=f$X2014년
> e=f$X2015년
> plot(a,xlab="",ylab="",ylim=c(0,50000),type="o",axes=F,ann=F,col="red")
> title(main="통일 연도별 찬성 감정",col.main="blue",font.main=2)
> title(xlab="감정 키워드",col.lab="red")
> title(ylab="빈도",col.lab="red")
> axis(1,at=1:13,lab=c(f$감정),las=2)
> axis(2,ylim=c(0,50000),las=2)
> abline(h=c(5000,10000,15000,20000,25000,30000,35000,40000,45000,50000),v=c(1,2,3,4,5,6,7,8,9,10,11,12,13,14),lty=0,cex=0.5)
> lines(b,col="black",type="o")
> lines(c,col="blue",type="o")
> lines(d,col="green",type="o")
> lines(e,col="cyan",type="o")
> colors=c("red","black","blue","green","cyan")
> legend(9,45000,c("2011년","2012년","2013년","2014년","2015년"),cex=1,col=colors,lty=1,lwd=2)
> savePlot("통일감정_찬성_그래프.png",type="png")
> |
```

- '통일_반대감정_2015002.sav'로 '통일감정반대_그래프.csv'를 다음과 같이 작성한다.

- plot() 함수를 이용하여 선그래프를 작성한다.

```
R Console                                                                _ □ ×
> rm(list=ls())
> setwd("h:/통일 데이터마이닝")
> f=read.csv("통일감정반대_그래프.csv",sep=",",stringsAsFactors=F)
> a=f$X2011년
> b=f$X2012년
> c=f$X2013년
> d=f$X2014년
> e=f$X2015년
> plot(a,xlab="",ylab="",ylim=c(0,8000),type="o",axes=F,ann=F,col="red")
> title(main="통일 연도별 반대 감정",col.main="blue",font.main=2)
> title(xlab="감정 키워드",col.lab="red")
> title(ylab="빈도",col.lab="red")
> axis(1,at=1:18,lab=c(f$감정),las=2)
> axis(2,ylim=c(0,8000),las=2)
> abline(h=c(1000,2000,3000,4000,5000,6000,7000,8000),v=c(1,2,3,4,5,6,7,8,9,10,11,12,13,14,15,16,17,18,19),lty=0,cex=0.5)
> lines(b,col="black",type="o")
> lines(c,col="blue",type="o")
> lines(d,col="green",type="o")
> lines(e,col="cyan",type="o")
> colors=c("red","black","blue","green","cyan")
> legend(13.5,6000,c("2011년","2012년","2013년","2014년","2015년"),cex=1,col=colors,lty=1,lwd=2)
> savePlot("통일감정_반대.png",type="png")
> |
```

④ 통일찬성 감정 변화 워드클라우드 작성

- '통일_2011_15_찬성감정13.csv'로 '2011년_찬성.txt~2015년_찬성.txt'를 작성하고, '통일_반대감정_2015002.csv'로 '2011년_반대.txt~2015년_반대.txt'를 다음과 같이 작성한다.

- wordcloud() 함수를 이용하여 워드클라우드를 작성한다.

```
R Console                                                                    _ | □ | x
> setwd("h:/통일_데이터마이닝")
> install.packages("KoNLP")
경고: package 'KoNLP' is in use and will not be installed
> install.packages("wordcloud")
경고: package 'wordcloud' is in use and will not be installed
> library(KoNLP)
> library(wordcloud)
> obrev=read.table("2011년_찬성.txt")
> wordcount=table(obrev)
> library(RColorBrewer)
> palete=brewer.pal(9,"Set1")
> wordcloud(names(wordcount),freq=wordcount,scale=c(5,1),rot.per=.12,min.freq=1,random.order=F,random.color=T,colors=palete)
> savePlot("2011년_찬성.png",type="png")
> |
```

```
R Console                                                                    _ | □ | x
> obrev=read.table("2011년_반대.txt")
> wordcount=table(obrev)
> library(RColorBrewer)
> palete=brewer.pal(9,"Set1")
> wordcloud(names(wordcount),freq=wordcount,scale=c(5,1),rot.per=.18,min.freq=1,random.order=F,random.color=T,colors=palete)
> savePlot("2011년_반대.png",type="png")
> |
```

[표 6-1], [그림 6-3]과 같이 통일인식에 대한 감정 키워드의 연관성 예측에서 찬성 감정의
경우 '중요, 노력, 필요'의 감정에 강하게 연결되어 있는 것으로 나타났다. 반대 감정은 '갈등,
위협, 문제, 포기, 분열'의 감정에 강하게 연결되어 있는 것으로 나타났다.

[표 6-1] 통일인식 감정 키워드의 연관성 예측

	규칙	지지도	신뢰도	향상도
찬성	{관심, 필요, 노력, 평화}=>{중요}	0.001160194	0.7249240	23.89320
	{필요, 중요, 신뢰, 평화}=>{노력}	0.001048310	0.6819620	23.28162
	{필요, 노력, 신뢰, 평화}=>{중요}	0.001048310	0.6962843	22.94925
	{중요, 평화, 행복}=>{노력}	0.001038581	0.6651090	22.70627
	{관심, 필요, 중요, 평화}=>{노력}	0.001160194	0.6615811	22.58583
	{필요, 노력, 신뢰}=>{중요}	0.001588274	0.6642930	21.89483
	{관심, 필요, 노력}=>{중요}	0.002094187	0.6628176	21.84620
	{관심, 중요, 노력, 평화}=>{필요}	0.001160194	0.7781403	16.78769
	{관심, 중요, 노력}=>{필요}	0.002094187	0.7506539	16.19470
	{관심, 중요, 평화}=>{필요}	0.001753669	0.6986434	15.07262
반대	{경박}=>{천박}	0.001041013	0.5638999	163.729283
	{천박}=>{경박}	0.001041013	0.3022599	163.729283
	{분열}=>{갈등}	0.003877044	0.3904949	27.637678
	{문제, 분열}=>{갈등}	0.001145601	0.3732171	26.414828
	{문제, 압박}=>{위협}	0.001087226	0.3284350	20.269003
	{문제, 포기}=>{위협}	0.001578545	0.3042663	18.777459
	{포기, 갈등}=>{문제}	0.001028852	0.7050000	12.094817
	{위협, 압박}=>{문제}	0.001087226	0.6908810	11.852595
	{위협, 포기}=>{문제}	0.001578545	0.6781609	11.634372
	{위협, 갈등}=>{문제}	0.001493416	0.6623517	11.363152

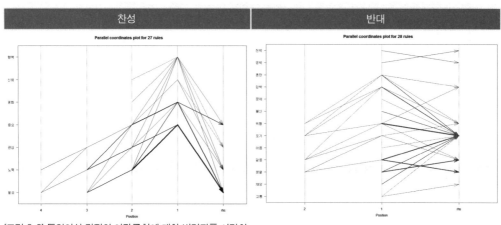

[그림 6-3] 통일인식 감정의 연관규칙에 대한 병렬좌표 시각화

⑤ 통일찬성 감정의 연관성 예측(키워드 간 연관분석)

- '통일_2011_15_찬성감정13.sav'에서 '통일찬성감정_연관분석.txt'를 다음과 같이 작성한다.

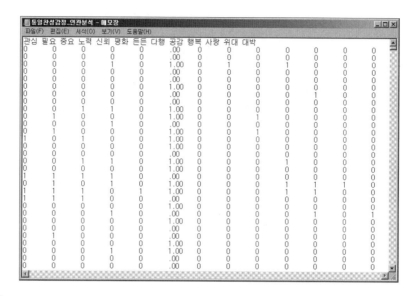

- arules 패키지와 apriori() 함수를 이용하여 연관분석을 실시한다.

    > setwd("h:/통일_데이터마이닝")

    > asso=read.table("통일찬성감정_연관분석.txt", header=T)

    > install.packages("arules")

    > library(arules)

    > trans=as.matrix(asso, "Transaction")

    > rules1=apriori(trans, parameter=list(supp=0.001, conf=0.6, target="rules"))

    > inspect(sort(rules1))

    > summary(rules1)

    > rules.sorted=sort(rules1, by="confidence")

    > inspect(rules.sorted)

    > rules.sorted=sort(rules1, by="lift")

    > inspect(rules.sorted)

• '통일_반대감정_2015002.sav'에서 '통일반대감정_연관분석.txt'를 다음과 같이 작성한다.

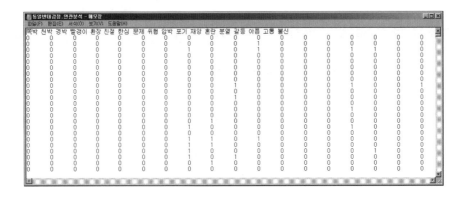

• arules 패키지와 apriori() 함수를 이용하여 연관분석을 실시한다.

> asso=read.table("통일반대감정_연관분석.txt", header=T)

> trans=as.matrix(asso, "Transaction")

> rules1=apriori(trans, parameter=list(supp=0.001, conf=0.2, target="rules"))

> inspect(sort(rules1))

> summary(rules1)

> rules.sorted=sort(rules1, by="confidence")

> inspect(rules.sorted)

> rules.sorted=sort(rules1, by="lift")

> inspect(rules.sorted)

• arulesViz 패키지와 plot() 함수를 이용하여 시각화를 실시한다.

> install.packages("arulesViz")

> library(arulesViz)

> plot(rules1, method='graph', control=list(type='items'))

> plot(rules1, method='paracoord', control=list(reorder=T))

[표 6-2]와 같이 통일과 관련하여 통일대박 감정을 포함하는 경우 통일을 찬성하는 문서는 68.8%, 중립의 문서는 10.2%, 반대하는 문서는 21.0%로 나타났다. 통일 관련 정책 문서는 대북정책(37.7%), 민주주의(18.6%), 보수(11.2%), 진보(10.3%) 등의 순으로 나타났다. 통일 관련 안보 문서는 핵무기(52.7%), 정상회담(22.0%), 휴전선(12.3%) 등의 순으로 나타났다. 통일 관

련 이슈 문서는 통일대박(62.2%), 선거(11.2%), 천안함(7.3%), 이산가족상봉(6.8%) 등의 순으로 나타났다.

통일 관련 국가 문서는 중국(24.6%), 미국(23.6%), 일본(16.7%) 등의 순으로 나타났다. 통일 관련 기관 문서는 정부(46.1%), 국회(11.6%), 청와대(11.3%), 국정원(7.1%) 등의 순으로 나타났다. 통일 관련 정당 문서는 새누리당(43.5%), 새정치민주연합(35.3%), 통합진보당(13.2%) 등의 순으로 나타났다. 통일방식 관련 문서는 평화통일(44.5%), 자유통일(28.2%), 흡수통일(25.7%) 등의 순으로 나타났다.

[표 6-2] 통일 관련 문서(버즈) 현황

구분	항목	N(%)	구분	항목	N(%)
연도	2011년	10,211(2.5)	감정 [통일대박 포함]	찬성	52,562(58.0) [90,993(68.8)]
	2012년	53,884(13.1)			
	2013년	83,268(20.3)		중립	8,817(9.7) [13,496(10.2)]
	2014년	166,952(40.6)		반대	29,287(32.3) [27,692(21.0)]
	2015년	96,820(23.5)		계	90,999 [132,181]
	계	411,135	국가	중국	21,270(24.6)
채널	카페	19,785(4.8)		독일	13,049(15.1)
	SNS	338,501(82.3)		미국	20,474(23.6)
	블로그	22,220(5.4)		일본	14,492(16.7)
	게시판	5,939(1.4)		러시아	10,040(11.6)
	뉴스	24,693(6.0)		유럽	7,250(8.4)
	계	411,138		계	86,575
정책	진보	4,504(10.3)	기관	범민련	3,673(4.2)
	보수	4,925(11.2)		시민단체	6,402(7.3)
	공산주의	2,472(5.6)		정부	40,174(46.1)
	사회주의	2,475(5.6)		청와대	9,859(11.3)
	대북정책	16,535(37.7)		국정원	6,203(7.1)
	창조경제	2,760(6.3)		통일준비위원회	5,521(6.3)
	민주주의	8,128(18.6)		조국평화통일위원회	2,148(2.5)
	햇볕정책	2,007(4.6)		자유통일포럼	3,082(3.5)
	계	43,806		국회	10,161(11.6)
안보	핵무기	22,126(52,7)		계	87,223
	정상회담	9,249(22.0)	정당	새정치민주연합	9,308(35.3)
	휴전선	5,177(12.3)		새누리	11,487(43.5)
	남북공동선언	2,547(6.1)		통합진보당	3,473(13.2)
	간첩	2,882(6.9)		자유선진당	187(0.7)
	계	41,981		노동당	1,933(7.3)
이슈	천안함	6,444(7.3)		계	26,388
	민영화	1,873(2.1)	통일방식	흡수통일	12,688(25.7)
	이산가족상봉	6,050(6.8)		자유통일	13,927(28.2)
	선거	9,978(11.2)		평화통일	21,940(44.5)
	통일대박	55,176(62.2)		선진통일	236(0.5)
	통일비용	9,184(10.4)		공존통일	540(1.1)
	계	88,705		계	49,331

3-2 통일 관련 국민 인식

[표 6-3]과 같이 통일의 필요성에 대한 국민 인식은 조사기관별로 차이를 보인다. 그러나 2011년부터 2014년까지 통일대박을 제거한 소셜 빅데이터의 분석결과는 서울대 통일평화연구원의 여론조사 결과와 비슷한 추이를 보이는 것으로 나타났다.

통일대박을 포함한 연도별 통일 관련 찬성 인식은 2011년 55.0%, 2012년 62.2%, 2013년 57.8%, 2014년 77.1%, 2015년 59.8%로 나타났다. 특히 아산정책연구원의 2014년 통일인식 여론조사에서 80.5%(통일은 가능한 빨리되어야+점진적으로 이루어져야)가 통일이 필요하다고 응답해 통일 대박을 포함한 소셜 빅데이터 분석결과(77.1%)와 비슷한 결과를 보였다.

[표 6-3] 연도별 통일 관련 국민 인식

연도	찬성				중립				반대			
	소셜[1]		서울대[2]	KBS[3]	소셜[1]		서울대[2]	KBS[3]	소셜[1]		서울대[2]	KBS[3]
	통일대박 제거	통일대박 포함			통일대박 제거	통일대박 포함			통일대박 제거	통일대박 포함		
2011	55.0	55.0	53.7	74.4	18.3	18.3	25.0	19.9	26.7	26.6	21.3	5.7
2012	62.0	62.2	57.0	68.4	10.7	10.7	21.6	24.6	27.3	27.1	21.4	7.0
2013	57.7	57.8	54.8	69.1	8.7	8.7	21.5	21.2	33.6	33.6	23.7	9.7
2014	58.2	77.1	55.8	-	9.0	10.3	22.5	-	32.7	12.6	21.7	-
2015	56.2	59.8			8.3	8.5			35.5	31.7		

1) 본 연구의 소셜 빅데이터 감성분석 결과
2) 서울대학교 통일평화연구원의 매년 7월부터 8월 사이(3주간) 1,200명 대상 대면조사 결과
3) KBS 방송문화연구소(2013). 2013년 국민통일 의식조사

[표 6-4]와 같이 리퍼트 미국 대사 피습사건(2015년 3월 5일)이 발생하기 전 통일에 대한 찬성 인식은 55.0%에서 피습 후 일주일간[12] 50.9%로 낮아졌다가, 일주일 후부터 61.9%로 상승한 것으로 나타났다.

[표 6-4] 미국대사 피습사건 전후 국민 통일인식 변화   N(%)

	찬성	중립	반대	계
2015.1.1 - 2015.3.4	7,291(55.0)	1,081(8.1)	4,892(36.9)	13,264
2015.3.5 - 2015.3.12	892(50.9)	141(8.0)	720(41.1)	1,753
2015.3.13 - 2015.3.31	2,739(61.9)	396(8.9)	1,293(29.2)	4,428
계	10,922(56.2)	1,618(8.3)	6,905(35.5)	19,445

---

12. URL을 통해 확산되는 온라인 문서(자살 등)는 약 3주 정도의 생명주기를 가지며, 발생 후 첫 주에 급속히 전파되는 경향을 보인다(National Information Society Agency, 2012).

⑥ 연도별 통일 관련 국민인식(교차분석)

- R 프로그램 활용(통일대박 제거)

  > install.packages('foreign')

  > library(foreign)

  > install.packages('Rcmdr')

  > library(Rcmdr)

  > install.packages('catspec')

  > library(catspec)

  > setwd("h:/통일_데이터마이닝")

  > data_spss=read.spss(file='통일_감성분석_attitude.sav', use.value.labels=T, use.missings=T, to.data.frame=T)

  > t1=ftable(data_spss[c('Year', 'attitude')])

  > ctab(t1, type='n')

  > ctab(t1, type='r')

  > ctab(t1, type='c')

  > chisq.test(t1)

```
R Console                                                      _ □ ×
> ctab(t1,type='r')
    attitude Positive Usually Negative
Year
2011            55.02   18.31    26.67
2012            62.01   10.72    27.27
2013            57.68    8.68    33.64
2014            58.21    9.05    32.74
2015            56.17    8.32    35.51
> ctab(t1,type='c')
    attitude Positive Usually Negative
Year
2011             6.89   13.67     5.99
2012            15.39   15.86    12.15
2013            21.46   19.26    22.47
2014            35.48   32.87    35.81
2015            20.78   18.35    23.58
> chisq.test(t1)

        Pearson's Chi-squared test

data:  t1
X-squared = 888.1961, df = 8, p-value < 2.2e-16
```

- R 프로그램 활용(통일대박 포함)

  > t1=ftable(data_spss[c('Year', 'attitude1')])

  > ctab(t1, type='n')

  > ctab(t1, type='r')

  > ctab(t1, type='c')

  > chisq.test(t1)

```
R Console                                                    _□×
> ctab(t1,type='r')
     attitude1 Positive Usually Negative
Year
2011            55.02   18.34    26.64
2012            62.18   10.68    27.14
2013            57.76    8.67    33.57
2014            77.11   10.32    12.57
2015            59.82    8.48    31.70
> ctab(t1,type='c')
     attitude1 Positive Usually Negative
Year
2011             3.99    8.97     6.34
2012             8.95   10.37    12.84
2013            12.44   12.59    23.76
2014            60.45   54.55    32.38
2015            14.16   13.53    24.66
> chisq.test(t1)

        Pearson's Chi-squared test

data:  t1
X-squared = 7530.02, df = 8, p-value < 2.2e-16

> |
```

- SPSS 프로그램 활용

  - SPSS의 교차분석은 '통일_감성분석_attitude.sav' 파일을 사용한다.

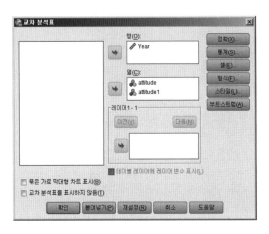
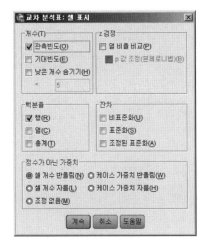

교차 분석표

| | | | attitude | | | |
			Positive	Usually	Negative	총계
Year	2011	개수	3621	1205	1755	6581
		Year 내 %	55.0%	18.3%	26.7%	100.0%
	2012	개수	8087	1398	3557	13042
		Year 내 %	62.0%	10.7%	27.3%	100.0%
	2013	개수	11282	1698	6581	19561
		Year 내 %	57.7%	8.7%	33.6%	100.0%
	2014	개수	18650	2898	10489	32037
		Year 내 %	58.2%	9.0%	32.7%	100.0%
	2015	개수	10922	1618	6905	19445
		Year 내 %	56.2%	8.3%	35.5%	100.0%
총계		개수	52562	8817	29287	90666
		Year 내 %	58.0%	9.7%	32.3%	100.0%

교차 분석표

| | | | attitude1 | | | |
			Positive	Usually	Negative	총계
Year	2011	개수	3629	1210	1757	6596
		Year 내 %	55.0%	18.3%	26.6%	100.0%
	2012	개수	8148	1399	3556	13103
		Year 내 %	62.2%	10.7%	27.1%	100.0%
	2013	개수	11324	1699	6581	19604
		Year 내 %	57.8%	8.7%	33.6%	100.0%
	2014	개수	55003	7362	8968	71333
		Year 내 %	77.1%	10.3%	12.6%	100.0%
	2015	개수	12889	1826	6830	21545
		Year 내 %	59.8%	8.5%	31.7%	100.0%
총계		개수	90993	13496	27692	132181
		Year 내 %	68.8%	10.2%	21.0%	100.0%

3-3 통일 관련 안보·이슈의 동향

[표 6-5]와 같이 통일 관련 안보·이슈에 대한 주변국가의 문서는 미국, 중국, 일본, 러시아 등 대부분의 국가에서 핵무기, 정상회담, 천안함, 통일대박 등의 순으로 많이 언급된 것으로 나타났다.

[표 6-5] 통일 관련 안보·이슈의 국가별 버즈 현황　　　　　　　　　　　　　　　　　　　　N(%)

속성	핵무기	정상회담	휴전선	남북공동선언	천안암	통일대박	통일비용	합계
중국	5,973 (36.6)	3,395 (20.8)	1,222 (7.5)	164 (1.0)	1,651 (10.1)	2,160 (13.2)	1,759 (10.8)	16,324 (22.8)
독일	2,421 (25.0)	1,869 (19.3)	961 (9.9)	62 (0.6)	590 (6.1)	2,214 (22.9)	1,551 (16.0)	9,668 (13.5)
미국	7,103 (40.0)	3,597 (20.2)	1,277 (7.2)	209 (1.2)	1,953 (11.0)	1,896 (10.7)	1,728 (9.7)	17,763 (24.8)
일본	4,579 (39.7)	2,134 (18.5)	931 (8.1)	129 (1.1)	975 (8.4)	1,420 (12.3)	1,377 (11.9)	11,545 (16.1)
러시아	3,354 (37.1)	1,814 (20.1)	868 (9.6)	99 (1.1)	705 (7.8)	1,213 (13.4)	992 (11.0)	9,045 (12.6)
유럽	2,355 (32.6)	1,476 (20.4)	659 (9.1)	70 (1.0)	486 (6.7)	1,350 (18.7)	832 (11.5)	7,228 (10.1)
계	25,785 (36.0)	14,285 (20.0)	5,918 (8.3)	733 (1.0)	6,360 (8.9)	10,253 (14.3)	8,239 (11.5)	71,573 (100.0)

　　통일과 관련한 기관별 안보·이슈에 대한 버즈는 [표 6-6]과 같이 나타났다. 청와대는 통일대박(28.2%)·핵무기(23.9%)·정상회담(23.6%) 등의 순으로 나타났으며, 정부는 핵무기(28.1%) ·정상회담(20.5%)·통일대박(19.6%) 등의 순으로 나타났다. 국회는 핵무기(30.9%)·정상회담

(22.2%) · 통일대박(14.1%) 등의 순으로 나타났고, 국정원은 통일대박(35.9%) · 핵무기(27.1%) · 정상회담(13.2%) 등의 순으로 나타났다. 시민단체는 남북공동선언(50.7%) · 핵무기(20.6%) · 통일대박(10.6%) 등의 순으로 나타났다.

[표 6-6] 통일 관련 안보·이슈의 기관별 버즈 현황   N(%)

속성	핵무기	정상회담	휴전선	남북공동선언	천안암	통일대박	통일비용	합계
범민련	131 (8.6)	39 (2.6)	20 (1.3)	1,258 (82.8)	46 (3.0)	15 (1.0)	11 (0.7)	1,520 (3.1)
시민단체	506 (20.6)	106 (4.3)	52 (2.1)	1,244 (50.7)	173 (7.0)	261 (10.6)	112 (4.6)	2,454 (5.0)
정부	7,435 (28.1)	5,418 (20.5)	2,162 (8.2)	368 (1.4)	3,036 (11.5)	5,191 (19.6)	2,861 (10.8)	26,471 (53.6)
청와대	2,022 (23.9)	1,999 (23.6)	581 (6.9)	78 (0.9)	752 (8.9)	2,392 (28.2)	652 (7.7)	8,476 (17.2)
국정원	485 (27.1)	236 (13.2)	81 (4.5)	44 (2.5)	191 (10.7)	642 (35.9)	110 (6.1)	1,789 (3.6)
통일준비 위원회	370 (15.0)	491 (19.9)	197 (8.0)	24 (1.0)	106 (4.3)	1,044 (42.4)	231 (9.4)	2,463 (5.0)
조국평화 통일 위원회	445 (32.7)	329 (24.2)	282 (20.8)	10 (0.7)	255 (18.8)	22 (1.6)	16 (1.2)	1,359 (2.8)
자유통일 포럼	6 (2.4)	0 (0.0)	1 (0.4)	0 (0.0)	116 (6.0)	128 (50.8)	1 (0.4)	252 (0.5)
국회	1,422 (30.9)	1,023 (22.2)	355 (7.7)	96 (2.1)	538 (1.7)	650 (14.1)	515 (11.2)	4,599 (9.3)
계	12,822 (26.0)	9,641 (19.5)	3,731 (7.6)	3,122 (6.3)	5,213 (10.6)	10,345 (20.9)	4,509 (9.1)	49,383 (100.0)

3-4 통일 관련 소셜 네트워크 분석

[그림 6-4]와 같이 주변국가와 안보·이슈 간의 외부 근접중심성(out closeness centrality)[13]을 살펴보면, 핵무기와 천안함은 미국·중국·일본·러시아 순으로 밀접하게 연결되어 있고, 정상회담은 미국·중국·일본·독일 순으로 밀접하게 연결되어 있다.

정당과 안보·이슈 간의 외부 근접중심성을 살펴보면, 통일대박은 새누리당·새정치민주연합 등의 순으로 밀접하게 연결되어 있고, 천안함은 새정치민주연합·새누리당 등의 순으로 밀

---

13. 근접중심성(closeness centrality)은 평균적으로 다른 노드들과의 거리가 짧은 노드의 중심성이 높은 경우로, 근접중심성이 높은 노드는 확률적으로 가장 빨리 다른 노드에 영향을 주거나 받을 수 있다.

접하게 연결되어 있다.

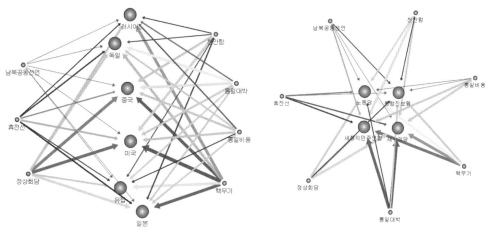

[그림 6-4] 주변국가(정당)와 통일 관련 안보·이슈 간 외부 근접중심성

⑦ NetMiner로 네트워크 분석하기(Closeness)[14]

• NetMiner에서 [그림 6-4]와 같이 통일 관련 안보 이슈와 국가 간 연결성에 대한 네트워크
를 분석하기 위해서는 다음과 같은 1-mode network(edge list) 데이터를 사전에 구성해야 한
다.

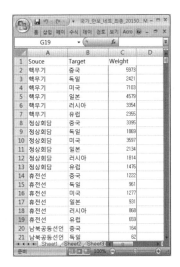

---

14. 1-mode network의 데이터 구성과 Closeness SNA 분석은 '송태민·송주영(2015). 빅데이터 연구 한 권으로 끝내기.
한나래아카데미. pp. 342-352'를 참조하기 바란다.

- NetMiner 실행 결과는 다음과 같다.
  - 파일명: 통일안보국가_20150414.nmf, 국가_안보_네트_최종_20150414.xls

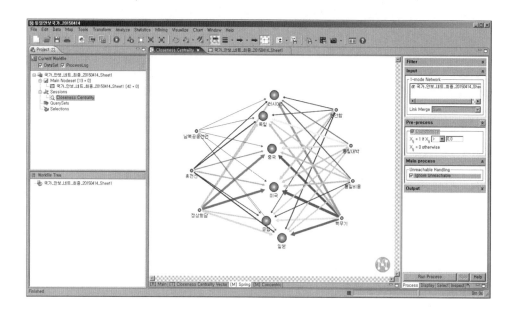

⑧ R로 네트워크 분석하기(키워드 간 연관분석)

- '이슈_국가_정당_응집분석.sav'에서 '이슈_국가_응집분석.txt'를 다음과 같이 작성한다.

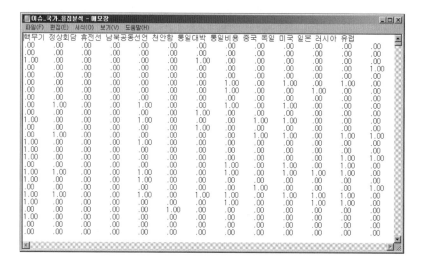

- arules 패키지와 apriori() 함수를 이용하여 연관분석을 실시한다.

  > setwd("h:/통일_데이터마이닝")

  > asso=read.table("이슈_국가_응집분석.txt", header=T)

  > install.packages("arules")

  > library(arules)

  > trans=as.matrix(asso, "Transaction")

  > rules1=apriori(trans, parameter=list(supp=0.001, conf=0.6, target="rules"))

  > inspect(sort(rules1))

  > summary(rules1)

  > rules.sorted=sort(rules1, by="confidence")

  > inspect(rules.sorted)

  > rules.sorted=sort(rules1, by="lift")

  > inspect(rules.sorted)

  > rule_sub=subset(rules1, subset=lift>=20.0)

  > inspect(sort(rule_sub, by="lift"))

- arulesViz 패키지와 plot() 함수를 이용하여 시각화를 실시한다.

  > install.packages("arulesViz")

  > library(arulesViz)

  > plot(rule_sub, method='graph', control=list(type='items'))

  > plot(rule_sub, method='grouped')

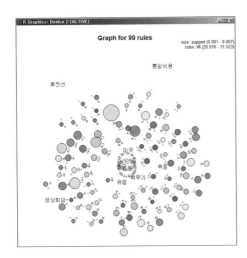
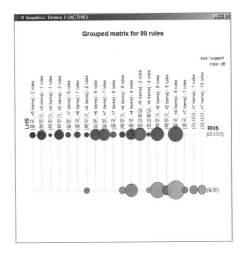

3-5 통일 관련 인식에 대한 연관성 분석

[표 6-7]과 같이 안보와 이슈 요인에 대한 통일인식의 연관성 예측에서 신뢰도가 가장 높은 연관규칙은 {정상회담, 선거}=>{찬성}이며, 세 변인의 연관성은 지지도 0.001, 신뢰도 0.54, 향상도 4.22로 나타났다. 이는 온라인 문서에서 정상회담과 선거가 언급되면 통일에 찬성할 확률이 53.9%이며, 정상회담과 선거가 언급되지 않은 문서보다 통일에 대한 찬성의 확률이 4.22배 높아지는 것을 나타낸다.

특히 {정상회담, 통일대박}=>{찬성} 세 변인의 연관성은 지지도 0.001, 신뢰도 0.47, 향상도는 3.71로 정상회담과 통일대박이 언급되지 않은 문서보다 통일에 대한 찬성의 확률이 3.71배 높아지는 것으로 나타났다.

{핵무기, 휴전선}=>{반대} 세 변인의 연관성은 지지도 0.001, 신뢰도 0.31, 향상도 4.34로 나타났다. 이는 온라인 문서에서 핵무기와 휴전선이 언급되면 통일에 반대할 확률이 30.9%이며, 핵무기와 휴전선이 언급되지 않은 문서보다 통일에 대한 반대의 확률이 4.34배 높아지는 것을 나타낸다.

[표 6-7] 안보와 이슈 요인에 대한 통일인식의 연관성 예측

규칙	지지도	신뢰도	향상도
{정상회담, 선거} => {찬성}	0.001366938	0.5393474	4.218755
{정상회담, 휴전선} => {찬성}	0.001357209	0.5224719	4.086756
{핵무기, 선거} => {찬성}	0.002045542	0.4973389	3.890166
{정상회담, 천안함} => {찬성}	0.001814476	0.4946950	3.869485
{핵무기, 정상회담, 천안함} => {찬성}	0.001216137	0.4935834	3.860791
{핵무기, 정상회담} => {찬성}	0.004181078	0.4926913	3.853813
{핵무기, 휴전선} => {찬성}	0.001770695	0.4840426	3.786163
{정상회담, 통일대박} => {찬성}	0.001804747	0.4747281	3.713305
{핵무기, 통일비용} => {찬성}	0.001442338	0.4640063	3.629440
{핵무기, 천안함} => {찬성}	0.002887108	0.4475867	3.501007
{정상회담} => {찬성}	0.009631802	0.4281544	3.349008
{핵무기, 통일대박} => {찬성}	0.001707456	0.4156306	3.251047
{휴전선} => {찬성}	0.005034806	0.3998455	3.127576
{천안함} => {찬성}	0.005153987	0.3288330	2.572120
{핵무기} => {찬성}	0.016687827	0.3100877	2.425494

{핵무기, 휴전선} => {반대}	0.001131007	0.3091755	4.340281
{통일비용, 통일대박} => {찬성}	0.002356873	0.3074239	2.404658
{핵무기, 천안함} => {반대}	0.001848528	0.2865762	4.023026
{선거} => {찬성}	0.006929547	0.2855282	2.233391
{핵무기, 정상회담} => {반대}	0.002400654	0.2828891	3.971265
{통일비용} => {찬성}	0.006287427	0.2814678	2.201630
{정상회담, 천안함} => {반대}	0.001014258	0.2765252	3.881928
{핵무기, 선거} => {반대}	0.001048310	0.2548788	3.578050
{정상회담} => {반대}	0.004424305	0.1966699	2.760900
{핵무기} => {반대}	0.010487963	0.1948838	2.735827
{천안함} => {반대}	0.002984399	0.1904097	2.673017
{남북공동선언} => {찬성}	0.001140736	0.1841382	1.440322
{휴전선} => {반대}	0.002242556	0.1780954	2.500147

⑨ **안보와 이슈 요인에 대한 통일인식의 연관분석(키워드와 종속변수 간 연관분석)**

- '안보이슈연관분석.sav'에서 '통일_연관분석_대박포함.txt'를 다음과 같이 작성한다.

```
통일_연관분석_대박포함 - 메모장
파일(F)  편집(E)  서식(O)  보기(V)  도움말(H)
찬성   중립   반대   핵무기 정상회담 휴전선 남북공동선언 간첩 천안함 선거 통일비용 통일대박
.00    .00    .00    .00    .00    .00    .00    .00   .00   .00   .00    .00
.00    .00    1.00   .00    .00    .00    .00    .00   .00   .00   .00    .00
.00    1.00   .00    1.00   .00    .00    .00    .00   .00   .00   1.00   .00
.00    .00    .00    .00    .00    .00    .00    .00   .00   .00   .00    .00
.00    .00    .00    .00    .00    .00    .00    .00   .00   .00   .00    .00
1.00   .00    .00    .00    .00    .00    .00    .00   .00   .00   .00    .00
1.00   .00    .00    .00    .00    .00    .00    .00   .00   1.00  .00    .00
.00    .00    .00    .00    .00    .00    .00    .00   .00   .00   .00    .00
.00    1.00   .00    .00    1.00   .00    .00    1.00  .00   .00   .00    .00
1.00   .00    .00    .00    .00    .00    .00    .00   .00   .00   1.00   .00
.00    1.00   .00    1.00   .00    .00    .00    1.00  .00   .00   .00    .00
1.00   .00    .00    .00    .00    .00    .00    .00   .00   1.00  .00    .00
1.00   .00    .00    .00    1.00   .00    .00    .00   .00   .00   .00    .00
1.00   .00    .00    1.00   .00    .00    .00    .00   1.00  .00   .00    .00
.00    .00    1.00   1.00   .00    .00    .00    .00   .00   .00   .00    .00
1.00   .00    .00    .00    1.00   .00    .00    .00   .00   .00   .00    .00
1.00   .00    .00    .00    .00    .00    .00    .00   .00   .00   .00    .00
1.00   .00    .00    1.00   1.00   .00    .00    .00   1.00  .00   .00    .00
1.00   .00    .00    .00    .00    .00    .00    1.00  1.00  .00   .00    .00
1.00   .00    .00    .00    .00    .00    .00    .00   .00   .00   .00    .00
1.00   .00    .00    1.00   1.00   .00    .00    .00   .00   1.00  .00    .00
.00    1.00   .00    .00    .00    .00    .00    .00   .00   .00   .00    .00
1.00   .00    .00    .00    .00    .00    .00    .00   .00   .00   .00    1.00
1.00   .00    .00    1.00   .00    .00    .00    .00   .00   .00   .00    .00
.00    .00    .00    .00    .00    .00    .00    .00   .00   .00   .00    .00
```

- arules 패키지와 apriori() 함수를 이용하여 연관분석을 실시한다.

  > rm(list=ls())

```
> setwd("h:/통일_데이터마이닝")

> asso=read.table("통일_연관분석_대박포함.txt", header=T)

> install.packages("arules")

> library(arules)

> trans=as.matrix(asso, "Transaction")

> rules1=apriori(trans, parameter=list(supp=0.001, conf=0.15), appearance= list(rhs=c("찬성",
  "반대"), default="lhs"), control=list(verbose=F))

> inspect(sort(rules1))

> summary(rules1)

> rules.sorted=sort(rules1, by="confidence")

> inspect(rules.sorted)
```

```
R Console

> rules.sorted=sort(rules1, by="confidence")
> inspect(rules.sorted)
     lhs           rhs       support  confidence  lift
1  {정상회담,
    선거}        => {찬성} 0.001366938  0.5393474  4.218755
2  {정상회담,
    휴전선}      => {찬성} 0.001357209  0.5224719  4.086756
3  {핵무기,
    선거}        => {찬성} 0.002045542  0.4973389  3.890166
4  {정상회담,
    천안함}      => {찬성} 0.001814476  0.4946950  3.869485
5  {핵무기,
    정상회담,
    천안함}      => {찬성} 0.001216137  0.4935834  3.860791
6  {핵무기,
    정상회담}    => {찬성} 0.004181078  0.4926913  3.853813
7  {핵무기,
    휴전선}      => {찬성} 0.001770695  0.4840426  3.786163
8  {정상회담,
    통일대박}    => {찬성} 0.001804747  0.4747281  3.713305
9  {핵무기,
    통일비용}    => {찬성} 0.001442338  0.4640063  3.629440
10 {핵무기,
    천안함}      => {찬성} 0.002887108  0.4475867  3.501007
11 {정상회담}    => {찬성} 0.009631802  0.4281544  3.349008
12 {핵무기,
    통일대박}    => {찬성} 0.001707456  0.4156306  3.251047
13 {휴전선}      => {찬성} 0.005034806  0.3998455  3.127576
14 {천안함}      => {찬성} 0.005153987  0.3288330  2.572120
15 {핵무기}      => {찬성} 0.016687827  0.3100877  2.425494
16 {핵무기,
    휴전선}      => {반대} 0.001131007  0.3091755  4.340281
17 {통일비용,
    통일대박}    => {찬성} 0.002356873  0.3074239  2.404658
18 {핵무기,
    천안함}      => {반대} 0.001848528  0.2865762  4.023026
19 {선거}        => {찬성} 0.006929547  0.2855282  2.233391
20 {핵무기,
    정상회담}    => {반대} 0.002400654  0.2828891  3.971265
21 {통일비용}    => {찬성} 0.006287427  0.2814678  2.201630
22 {정상회담,
    천안함}      => {반대} 0.001014258  0.2765252  3.881928
23 {핵무기,
    선거}        => {반대} 0.001048310  0.2548788  3.578050
24 {정상회담}    => {반대} 0.004424305  0.1966699  2.760900
25 {핵무기}      => {반대} 0.010487963  0.1948838  2.735827
26 {천안함}      => {반대} 0.002984399  0.1904097  2.673017
27 {남북공동선언} => {찬성} 0.001140736  0.1841382  1.440322
28 {휴전선}      => {반대} 0.002242556  0.1780954  2.500147
> |
```

[표 6-8]과 같이 주요 주변국가에 대한 통일인식의 연관성 예측에서 신뢰도가 가장 높은

연관규칙은 {중국, 미국, 일본, 러시아}=>{찬성}이며 다섯 변인의 연관성은 지지도 0.003, 신뢰도 0.48, 향상도 3.74로 나타났다. 이는 온라인 문서에서 중국, 미국, 일본, 러시아가 언급되면 통일에 찬성할 확률이 47.8%이며 중국, 미국, 일본, 러시아가 언급되지 않은 문서보다 통일에 대한 찬성의 확률이 3.74배 높아지는 것을 나타낸다.

특히 {중국, 미국, 일본}=>{중립} 네 변인의 연관성은 지지도 0.002, 신뢰도 0.17, 향상도 7.72로 중국, 미국, 일본이 언급되지 않은 문서보다 통일에 대한 중립의 확률이 7.72배 높아지는 것으로 나타났다.[15]

{중국, 미국, 러시아}=>{반대} 네 변인의 연관성은 지지도 0.003, 신뢰도 0.27, 향상도 3.78로 나타났다.[16] 이는 온라인 문서에서 중국, 미국, 러시아가 언급되면 통일에 반대할 확률이 26.9%이며 중국, 미국, 러시아가 언급되지 않은 문서보다 통일에 대한 반대의 확률이 3.78배 높아지는 것을 나타낸다.

[표 6-8] 주변국가(4국)에 대한 통일인식의 연관성 예측

규칙	지지도	신뢰도	향상도
{중국, 미국, 일본, 러시아} => {찬성}	0.00341248	0.477861	3.737811
{미국, 일본, 러시아} => {찬성}	0.003682462	0.473125	3.700766
{중국, 일본, 러시아} => {찬성}	0.003967038	0.4678715	3.659673
{중국, 미국, 러시아} => {찬성}	0.004480248	0.4622334	3.615572
{중국, 미국, 일본} => {찬성}	0.005548016	0.4519517	3.535149
{중국, 일본} => {찬성}	0.007627609	0.4394619	3.437454
{중국, 미국} => {찬성}	0.009320471	0.426631	3.337092
{미국, 러시아} => {찬성}	0.005336408	0.4263506	3.334898
{중국, 러시아} => {찬성}	0.006036902	0.4239112	3.315817
{미국, 일본} => {찬성}	0.007017109	0.4108516	3.213666
{일본, 러시아} => {찬성}	0.004426737	0.4031008	3.153039
{러시아} => {찬성}	0.008342698	0.3416335	2.672244
{일본} => {찬성}	0.011942462	0.3388076	2.650141
{중국} => {찬성}	0.017298328	0.3343677	2.615411
{미국} => {찬성}	0.016571078	0.3327635	2.602864

---

15. {중국, 미국, 일본} => {찬성}의 향상도는 3.54, {중국, 미국, 일본} => {반대}의 향상도는 3.41, {중국, 미국, 일본} => {중립}의 향상도는 7.72로 중국, 미국, 일본 3국이 문서에 언급될 경우에 중립의 확률이 더 높은 것으로 나타났다.
16. {중국, 미국, 러시아} => {찬성}의 향상도는 3.62, {중국, 미국, 러시아} => {반대}의 향상도는 3.78로 중국, 미국, 러시아 3국이 언급될 경우에 찬성의 문서보다 반대의 문서가 조금 더 많은 것으로 나타났다.

{중국, 미국, 러시아} => {반대}	0.002607397	0.2690088	3.77641
{미국, 일본, 러시아} => {반대}	0.002016355	0.2590625	3.636782
{미국, 러시아} => {반대}	0.00316682	0.253012	3.551844
{중국, 미국} => {반대}	0.005399647	0.247161	3.469706
{미국, 일본} => {반대}	0.004190807	0.2453717	3.444587
{중국, 일본, 러시아} => {반대}	0.002065	0.2435456	3.418952
{중국, 미국, 일본} => {반대}	0.002979535	0.2427184	3.40734
{중국, 러시아} => {반대}	0.003417344	0.2399658	3.368699
{중국, 일본} => {반대}	0.003830831	0.2207119	3.098407
{일본, 러시아} => {반대}	0.002344712	0.2135105	2.997312
{미국} => {반대}	0.009619641	0.1931718	2.711793
{중국} => {반대}	0.009665854	0.1868359	2.622848
{러시아} => {반대}	0.004387821	0.1796813	2.522409
{일본} => {반대}	0.006263104	0.1776842	2.494374
{중국, 미국, 일본} => {중립}	0.002033381	0.165643	7.723955
{중국, 미국} => {중립}	0.003431938	0.157092	7.325221
{중국, 일본} => {중립}	0.002629287	0.1514854	7.063788

⑩ **주변국가 요인에 대한 통일인식의 연관분석(키워드와 종속변수 간 연관분석)**

- '국가연관분석.sav'에서 '통일국가_연관분석_독일제외.txt'를 다음과 같이 작성한다.

- arules 패키지와 apriori() 함수를 이용하여 연관분석을 실시한다.

```
> rm(list=ls())
> setwd("h:/통일_데이터마이닝")
> asso=read.table("통일국가_연관분석_독일제외.txt", header=T)
> install.packages("arules")
> library(arules)
> trans=as.matrix(asso, "Transaction")
> rules1=apriori(trans, parameter=list(supp=0.002, conf=0.15), appearance= list(rhs=c("찬성",
"중립", "반대"), default="lhs"), control=list(verbose=F))
> inspect(sort(rules1))
> summary(rules1)
> rules.sorted=sort(rules1, by="confidence")
> inspect(rules.sorted)
```

```
R Console
> rules.sorted=sort(rules1, by="confidence")
> inspect(rules.sorted)
     lhs         rhs        support     confidence  lift
1  {중국,
    미국,
    일본,
    러시아} => {찬성} 0.003412480  0.4778610 3.737811
2  {미국,
    일본,
    러시아} => {찬성} 0.003682462  0.4731250 3.700766
3  {중국,
    일본,
    러시아} => {찬성} 0.003967038  0.4678715 3.659673
4  {중국,
    미국,
    러시아} => {찬성} 0.004480248  0.4622334 3.615572
5  {중국,
    미국,
    일본}   => {찬성} 0.005548016  0.4519517 3.535149
6  {중국,
    일본}   => {찬성} 0.007627609  0.4394619 3.437454
7  {중국,
    미국}   => {찬성} 0.009320471  0.4266310 3.337092
8  {미국,
    러시아} => {찬성} 0.005336408  0.4263506 3.334898
9  {중국,
    러시아} => {찬성} 0.006036902  0.4239112 3.315817
10 {미국,
    일본}   => {찬성} 0.007017109  0.4108516 3.213666
11 {일본,
    러시아} => {찬성} 0.004426737  0.4031008 3.153039
12 {러시아} => {찬성} 0.008342690  0.3416335 2.672244
13 {일본}   => {찬성} 0.011942462  0.3388076 2.650141
14 {중국}   => {찬성} 0.017298328  0.3343677 2.615411
15 {미국}   => {찬성} 0.016571078  0.3327635 2.602864
16 {중국,
    미국,
    러시아} => {반대} 0.002607397  0.2690088 3.776410
17 {미국,
    일본,
    러시아} => {반대} 0.002016355  0.2590625 3.636782
18 {미국,
    러시아} => {반대} 0.003166820  0.2530120 3.551844
19 {중국,
    미국}   => {반대} 0.005399647  0.2471610 3.469706
20 {미국,
    일본}   => {반대} 0.004190807  0.2453717 3.444587
21 {중국,
    일본,
    러시아} => {반대} 0.002065000  0.2435456 3.418952
```

3-6 통일인식에 영향을 미치는 안보·이슈 요인

[표 6-9]와 같이 통일대박, 남북공동선언, 휴전선, 정상회담 순으로 통일에 대한 찬성 인식에 양(+)의 영향을 주는 것으로 나타났다. 반면에 간첩, 핵무기, 통일비용, 천안함 순으로 통일에 대한 찬성 인식에 음(-)의 영향을 주는 것으로 나타났다.

[표 6-9] 통일인식에 영향을 미치는 안보·이슈 요인*

변수	찬성				중립			
	b[†]	S.E.[‡]	OR[§]	P	b[†]	S.E.[‡]	OR[§]	P
핵무기	−0.230	0.023	0.795	0.000	0.407	0.032	1.502	0.000
정상회담	0.158	0.032	1.171	0.000	0.601	0.042	1.823	0.000
휴전선	0.159	0.043	1.173	0.000	0.235	0.060	1.265	0.000
남북공동선언	0.814	0.105	2.257	0.000	0.194	0.156	1.214	0.214
간첩	−0.525	0.081	0.592	0.000	−0.515	0.128	0.597	0.000
천안함	−0.051	0.040	0.951	0.200	0.198	0.053	1.219	0.000
선거	0.076	0.034	1.079	0.025	0.332	0.046	1.393	0.000
통일비용	−0.099	0.036	0.906	0.006	−0.127	0.051	0.880	0.012
통일대박	2.803	0.027	16.489	0.000	2.725	0.032	15.258	0.000

주:* 기본범주: 반대, [†]Standardized coefficients, [‡]Standard error, [§]odds ratio

⑪ 통일인식에 영향을 미치는 안보·이슈 요인(다항 로지스틱 회귀분석)

• R 프로그램 활용

긍정(1)/부정(0) 이분형 로지스틱

> install.packages('foreign')

> library(foreign)

> rm(list=ls())

> setwd("h:/통일_데이터마이닝")

> data_spss=read.spss(file='통일_로지스틱_긍부정.sav', use.value.labels=T, use.missings=T, to.data.frame=T)

> summary(glm(attitude~., family=binomial, data=data_spss))

> exp(coef(glm(attitude~., family=binomial, data=data_spss)))

> exp(confint(glm(attitude~., family=binomial, data=data_spss)))

```
R Console                                                              _ □ ×
> data_spss=read.spss(file='통일_로지스틱_궁부정.sav', use.value.labels=T,use.missings=T,to.data.frame=T)
경고메시지:
1: In read.spss(file = "통일_로지스틱_궁부정.sav", use.value.labels = T,  :
  통일_로지스틱_궁부정.sav: Unrecognized record type 7, subtype 18 encountered in system file
2: In read.spss(file = "통일_로지스틱_궁부정.sav", use.value.labels = T,  :
  통일_로지스틱_궁부정.sav: Unrecognized record type 7, subtype 24 encountered in system file
> summary(glm(attitude~., family=binomial,data=data_spss))

Call:
glm(formula = attitude ~ ., family = binomial, data = data_spss)

Deviance Residuals:
    Min      1Q  Median      3Q     Max
-2.9708  0.2490  0.2561  0.9363  1.3374

Coefficients:
                 Estimate Std. Error z value Pr(>|z|)
(Intercept)       0.59770    0.00870  68.700  < 2e-16 ***
Nuclear          -0.24997    0.02326 -10.746  < 2e-16 ***
Summit            0.14210    0.03293   4.315 1.60e-05 ***
DMZ               0.16109    0.04331   3.720   0.0002 ***
Declaration       0.80031    0.10584   7.562 3.98e-14 ***
Spy              -0.54129    0.08156  -6.637 3.21e-11 ***
Cheonan_trap     -0.04010    0.03998  -1.003   0.3159
Voting            0.05740    0.03448   1.665   0.0959 .
Uniform_cost     -0.17497    0.03701  -4.727 2.28e-06 ***
Uniform_jackpot   2.80319    0.02747 102.036  < 2e-16 ***
---
Signif. codes:  0 '***' 0.001 '**' 0.01 '*' 0.05 '.' 0.1 ' ' 1

(Dispersion parameter for binomial family taken to be 1)

    Null deviance: 128954  on 118684  degrees of freedom
Residual deviance: 107901  on 118675  degrees of freedom
AIC: 107921

Number of Fisher Scoring iterations: 6
|
```

보통(1)/부정(0) 이분형 로지스틱

> data_spss=read.spss(file='통일_로지스틱_보부정.sav', use.value.labels=T, use.missings=T, to.data.frame=T)

> summary(glm(attitude~., family=binomial, data=data_spss))

> exp(coef(glm(attitude~., family=binomial, data=data_spss)))

> exp(confint(glm(attitude~., family=binomial, data=data_spss)))

```
> data_spss=read.spss(file='통일_로지스틱_보부정.sav', use.value.labels=T,use.missings=T,to.data.frame=T)
경고메시지:
1: In read.spss(file = "통일_로지스틱_보부정.sav", use.value.labels = T,  :
  통일_로지스틱_보부정.sav: Unrecognized record type 7, subtype 18 encountered in system file
2: In read.spss(file = "통일_로지스틱_보부정.sav", use.value.labels = T,  :
  통일_로지스틱_보부정.sav: Unrecognized record type 7, subtype 24 encountered in system file
> summary(glm(attitude~., family=binomial,data=data_spss))

Call:
glm(formula = attitude ~ ., family = binomial, data = data_spss)

Deviance Residuals:
    Min      1Q   Median      3Q     Max
-2.4565  -0.6562  -0.6562  0.6940  1.9947

Coefficients:
                 Estimate Std. Error z value Pr(>|z|)
(Intercept)      -1.42602    0.01563 -91.246  < 2e-16 ***
Nuclear           0.42338    0.03354  12.624  < 2e-16 ***
Summit            0.61161    0.04407  13.880  < 2e-16 ***
DMZ               0.12168    0.06422   1.895  0.058114 .
Declaration       0.22706    0.16361   1.388  0.165191
Spy              -0.41621    0.13320  -3.125  0.001780 **
Cheonan_trap      0.15388    0.05572   2.762  0.005751 **
Voting            0.35581    0.04948   7.192  6.4e-13 ***
Uniform_cost      0.21067    0.05431   3.879  0.000105 ***
Uniform_jackpot   2.72678    0.03246  84.013  < 2e-16 ***
---
Signif. codes:  0 '***' 0.001 '**' 0.01 '*' 0.05 '.' 0.1 ' ' 1

(Dispersion parameter for binomial family taken to be 1)

    Null deviance: 52104  on 41187  degrees of freedom
Residual deviance: 42816  on 41178  degrees of freedom
AIC: 42836

Number of Fisher Scoring iterations: 4
```

- SPSS 프로그램 활용

  - SPSS는 '통일_다항로지스틱.sav' 파일을 사용한다.

모수 추정값

attitude[a]		B	표준오차	Wald	df	유의수준	Exp(B)	Exp(B)의 95% 신뢰구간	
								하한	상한
Positive	절편	.590	.009	4581.875	1	.000			
	Nuclear	-.230	.023	100.787	1	.000	.795	.760	.831
	Summit	.158	.032	23.851	1	.000	1.171	1.099	1.247
	DMZ	.159	.043	13.833	1	.000	1.173	1.078	1.275
	Declaration	.814	.105	59.647	1	.000	2.257	1.835	2.774
	Spy	-.525	.081	42.489	1	.000	.592	.505	.693
	Cheonan_trap	-.051	.040	1.639	1	.200	.951	.880	1.027
	Voting	.076	.034	4.993	1	.025	1.079	1.009	1.153
	Uniform_cost	-.099	.036	7.450	1	.006	.906	.844	.973
	Uniform_jackpot	2.803	.027	10411.522	1	.000	16.489	15.625	17.401
Usually	절편	-1.409	.015	8584.312	1	.000			
	Nuclear	.407	.032	158.810	1	.000	1.502	1.410	1.600
	Summit	.601	.042	203.308	1	.000	1.823	1.679	1.980
	DMZ	.235	.060	15.597	1	.000	1.265	1.126	1.422
	Declaration	.194	.156	1.543	1	.214	1.214	.894	1.647
	Spy	-.515	.128	16.211	1	.000	.597	.465	.768
	Cheonan_trap	.198	.053	13.688	1	.000	1.219	1.097	1.353
	Voting	.332	.046	51.569	1	.000	1.393	1.273	1.525
	Uniform_cost	-.127	.051	6.355	1	.012	.880	.797	.972
	Uniform_jackpot	2.725	.032	7143.734	1	.000	15.258	14.324	16.253

a. 참조 범주는 Negative입니다.

3-7 통일인식 관련 예측모형

[그림 6-5]와 같이 통일인식에 가장 큰 영향을 미치는 안보·이슈 요인은 '통일대박'인 것으로 나타났다. 통일대박이 있을 경우 통일에 대한 찬성의 인식이 이전의 68.8%에서 85.8%로 증가한 반면, 반대의 인식은 21.0%에서 2.9%로 감소하였다. '통일대박이 있고 핵무기가 있는' 경우 통일에 대한 찬성의 인식은 이전의 85.8%에서 77.0%로 감소한 반면, 반대의 인식은 2.9%에서 10.0%로 크게 증가하였다.

[표 6-10]의 통일인식 관련 안보·이슈 요인의 예측모형에 대한 이익도표를 보면, 통일의 찬성에 영향력이 가장 높은 경우는 '통일대박이 있고 핵무기가 없고 휴전선이 없는' 조합으로 나타났다. 즉 11번 노드의 지수(index)가 125.2%로 뿌리마디와 비교했을 때 11번 노드의 조건을 가진 집단이 통일을 찬성하는 확률이 1.25배로 나타났다. 반면에 통일의 반대에 영향력이 가장 높은 경우는 '통일대박이 없고 핵무기가 있고 정상회담이 없는' 조합으로 나타났다. 즉 9번 노드의 지수가 161.0%로 뿌리마디와 비교했을 때 9번 노드의 조건을 가진 집단이 통일을 반대하는 확률이 1.61배로 나타났다.

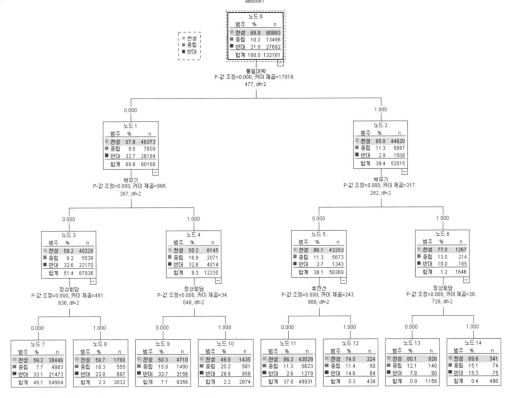

[그림 6-5] 통일인식 관련 안보·이슈 요인의 예측모형

[표 6-1] 통일인식 관련 안보·이슈 요인의 예측모형에 대한 이익도표

구분	노드	이익지수				누적지수			
		노드(n)	노드(%)	이익(%)	지수(%)	노드(n)	노드(%)	이익(%)	지수(%)
찬성	11	49,931	37.8	47.3	125.2	49,931	37.8	47.3	125.2
	13	1,156	0.9	1.0	116.4	51,087	38.6	48.3	125.0
	12	438	0.3	0.4	107.5	51,525	39.0	48.7	124.8
	14	490	0.4	0.4	101.1	52,015	39.4	49.0	124.6
	7	64,904	49.1	42.3	86.1	116,919	88.5	91.3	103.2
	8	3,032	2.3	2.0	85.3	119,951	90.7	93.2	102.8
	9	9,356	7.1	5.2	73.1	129,307	97.8	98.4	100.6
	10	2,874	2.2	1.6	72.5	132,181	100.0	100.0	100.0
보통	10	2,874	2.2	4.3	198.0	2,874	2.2	4.3	198.0
	8	3,032	2.3	4.1	179.3	5,906	4.5	8.4	188.4
	9	9,356	7.1	11.0	156.0	15,262	11.5	19.5	168.5
	14	490	0.4	0.5	147.9	15,752	11.9	20.0	167.9
	13	1,156	0.9	1.0	118.6	16,908	12.8	21.0	164.5
	12	438	0.3	0.4	111.8	17,346	13.1	21.4	163.2
	11	49,931	37.8	41.7	110.3	67,277	50.9	63.1	123.9
	7	64,904	49.1	36.9	75.2	132,181	100.0	100.0	100.0
반대	9	9,356	7.1	11.4	161.0	9,356	7.1	11.4	161.0
	7	64,904	49.1	77.5	157.9	74,260	56.2	88.9	158.3
	10	2,874	2.2	3.1	142.5	77,134	58.4	92.0	157.7
	8	3,032	2.3	2.5	109.7	80,166	60.6	94.6	155.9
	14	490	0.4	0.3	73.1	80,656	61.0	94.8	155.4
	12	438	0.3	0.2	69.7	81,094	61.4	95.1	154.9
	13	1,156	0.9	0.3	37.2	82,250	62.2	95.4	153.3
	11	49,931	37.8	4.6	12.2	132,181	100.0	100.0	100.0

⑫ **통일인식 관련 안보·이슈 요인의 예측모형**(찬성/보통/반대 예측)

• SPSS를 이용한 안보·이슈 요인의 의사결정나무분석

  – '통일_마이닝_의사결정.sav' 파일을 사용하여 [분류분석 - 트리]를 실행한다.

  – 성장방법은 CHAID를 선택한다.

  – 이익도표를 산출하기 위해 [출력결과 - 통계]에서 [비용, 사전확률, 스코어 및 이익 값]을

선택한 후 [누적 통계 표시]를 선택한다.

- 분류결과를 확인한다.

대상 범주: 찬성

노드에 대한 이익

노드	노드 대 노드 노드 N	퍼센트	이득 N	퍼센트	반응	지수	누적 노드 N	퍼센트	이득 N	퍼센트	반응	지수
11	49931	37.8%	43029	47.3%	86.2%	125.2%	49931	37.8%	43029	47.3%	86.2%	125.2%
13	1156	0.9%	926	1.0%	80.1%	116.4%	51087	38.6%	43955	48.3%	86.0%	125.0%
12	438	0.3%	324	0.4%	74.0%	107.5%	51525	39.0%	44279	48.7%	85.9%	124.8%
14	490	0.4%	341	0.4%	69.6%	101.1%	52015	39.4%	44620	49.0%	85.8%	124.6%
7	64904	49.1%	38448	42.3%	59.2%	86.1%	116919	88.5%	83068	91.3%	71.0%	103.2%
9	9356	7.1%	4710	5.2%	50.3%	73.1%	129307	97.9%	89558	98.4%	69.3%	100.6%
10	2874	2.2%	1435	1.6%	49.9%	72.5%	132181	100.0%	90993	100.0%	68.8%	100.0%

성장 방법: CHAID
종속 변수 attitude1

대상 범주: 반대

노드에 대한 이익

노드	노드 대 노드 노드 N	퍼센트	이득 N	퍼센트	반응	지수	누적 노드 N	퍼센트	이득 N	퍼센트	반응	지수
9	9356	7.1%	3156	11.4%	33.7%	161.0%	9356	7.1%	3156	11.4%	33.7%	161.0%
7	64904	49.1%	21473	77.5%	33.1%	157.9%	74260	56.2%	24629	89.9%	33.2%	159.3%
10	2874	2.2%	858	3.1%	29.9%	142.5%	77134	58.4%	25487	92.0%	33.0%	157.7%
8	3032	2.3%	697	2.5%	23.0%	109.7%	80166	60.6%	26184	94.9%	32.7%	155.9%
14	490	0.4%	75	0.3%	15.3%	73.1%	80656	61.0%	26259	94.8%	32.6%	155.4%
12	438	0.3%	64	0.2%	14.6%	69.7%	81094	61.4%	26323	95.1%	32.5%	154.9%
13	1156	0.9%	90	0.3%	7.8%	37.2%	82250	62.2%	26413	95.4%	32.1%	153.3%
11	49931	37.8%	1279	4.6%	2.6%	12.2%	132181	100.0%	27692	100.0%	21.0%	100.0%

성장 방법: CHAID
종속 변수 attitude1

대상 범주: 중립

노드에 대한 이익

노드	노드 대 노드 노드 N	퍼센트	이득 N	퍼센트	반응	지수	누적 노드 N	퍼센트	이득 N	퍼센트	반응	지수
10	2874	2.2%	581	4.3%	20.2%	198.0%	2874	2.2%	581	4.3%	20.2%	198.0%
8	3032	2.3%	555	4.1%	18.3%	179.3%	5906	4.5%	1136	8.4%	19.2%	188.4%
9	9356	7.1%	1490	11.0%	15.9%	156.0%	15262	11.5%	2626	19.5%	17.2%	168.5%
14	490	0.4%	74	0.5%	15.1%	147.9%	15752	11.9%	2700	20.0%	17.1%	167.9%
13	1156	0.9%	140	1.0%	12.1%	118.6%	16908	12.8%	2840	21.0%	16.8%	164.5%
12	438	0.3%	50	0.4%	11.4%	111.8%	17346	13.1%	2890	21.4%	16.7%	163.2%
11	49931	37.8%	5623	41.7%	11.3%	110.3%	67277	50.9%	8513	63.1%	12.7%	123.9%
7	64904	49.1%	4983	36.9%	7.7%	75.2%	132181	100.0%	13496	100.0%	10.2%	100.0%

성장 방법: CHAID
종속 변수 attitude1

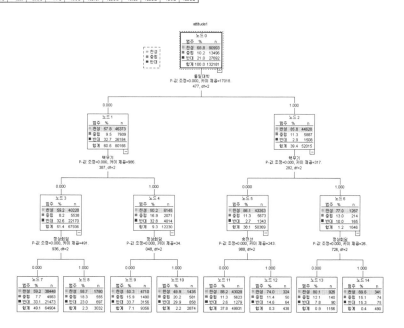

- SPSS를 이용한 안보·이슈 요인(긍정/부정)의 의사결정나무분석
  - '통일_로지스틱_긍부정.sav' 파일을 사용하여 [분류분석 - 트리]를 실행한다.
  - 성장방법은 CHAID를 선택한다.
  - 이익도표를 산출하기 위해 [출력결과 - 통계]에서 [비용, 사전확률, 스코어 및 이익값]을 선택한 후 [누적 통계 표시]를 선택한다.
  - 분류결과를 확인한다.

대상 범주: Negative

노드에 대한 이익

| | 노드 대 노드 | | | | | | 누적 | | | | | |
노드	N	퍼센트	N	퍼센트	반응	지수	N	퍼센트	N	퍼센트	반응	지수
17	523	0.4%	276	1.0%	52.8%	226.2%	523	0.4%	276	1.0%	52.8%	226.2%
16	2730	2.3%	1147	4.1%	42.0%	180.1%	3253	2.7%	1423	5.1%	43.7%	187.5%
10	107	0.1%	43	0.2%	40.2%	172.2%	3360	2.8%	1466	5.3%	43.6%	187.0%
15	68703	57.9%	24641	89.0%	35.9%	153.7%	72063	60.7%	26107	94.3%	36.2%	155.3%
22	84	0.1%	22	0.1%	26.2%	112.2%	72147	60.8%	26129	94.4%	36.2%	155.2%
16	58	0.0%	14	0.1%	24.1%	103.5%	72205	60.8%	26143	94.4%	36.2%	155.2%
13	377	0.3%	70	0.3%	18.6%	79.6%	72582	61.2%	26213	94.7%	36.1%	154.6%
9	436	0.4%	63	0.2%	14.4%	61.9%	73018	61.5%	26276	94.9%	36.0%	154.0%
20	172	0.1%	22	0.1%	12.8%	54.9%	73190	61.7%	26298	95.0%	35.9%	154.0%
14	181	0.2%	17	0.1%	9.4%	40.2%	73371	61.8%	26315	95.0%	35.9%	153.7%
21	1037	0.9%	93	0.3%	9.0%	38.4%	74408	62.7%	26408	95.4%	35.5%	152.1%
19	44277	37.3%	1284	4.6%	2.9%	12.4%	118685	100.0%	27692	100.0%	23.3%	100.0%

성장 방법: CHAID
종속 변수: attitude

대상 범주: Positive

노드에 대한 이익

| | 노드 대 노드 | | | | | | 누적 | | | | | |
노드	N	퍼센트	N	퍼센트	반응	지수	N	퍼센트	N	퍼센트	반응	지수
19	44277	37.3%	42993	47.2%	97.1%	126.7%	44277	37.3%	42993	47.2%	97.1%	126.7%
21	1037	0.9%	944	1.0%	91.0%	118.7%	45314	38.2%	43937	48.3%	97.0%	126.5%
14	181	0.2%	164	0.2%	90.6%	118.2%	45495	38.3%	44101	48.5%	96.9%	126.4%
20	172	0.1%	150	0.2%	87.2%	113.7%	45667	38.5%	44251	48.6%	96.9%	126.4%
9	436	0.4%	373	0.4%	85.6%	111.6%	46103	38.8%	44624	49.0%	96.8%	126.2%
13	377	0.3%	307	0.3%	81.4%	106.2%	46480	39.2%	44931	49.4%	96.6%	126.1%
16	58	0.0%	44	0.0%	75.9%	98.9%	46538	39.2%	44975	49.4%	96.6%	126.1%
22	84	0.1%	62	0.1%	73.8%	96.3%	46622	39.3%	45037	49.5%	96.6%	126.0%
15	68703	57.9%	44062	48.4%	64.1%	83.7%	115325	97.2%	89099	97.9%	77.2%	100.8%
10	107	0.1%	64	0.1%	59.8%	78.1%	115432	97.3%	89163	98.0%	77.2%	100.8%
16	2730	2.3%	1583	1.7%	58.0%	75.6%	118162	99.6%	90746	99.7%	76.8%	100.2%
17	523	0.4%	247	0.3%	47.2%	61.6%	118685	100.0%	90993	100.0%	76.7%	100.0%

성장 방법: CHAID
종속 변수: attitude

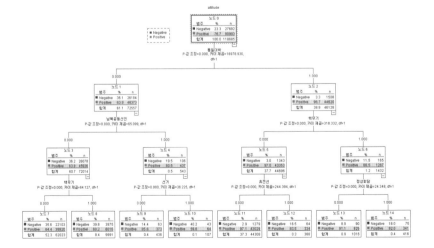

− 안보·이슈 요인의 예측모형(긍정/부정) SPSS 분석 결과

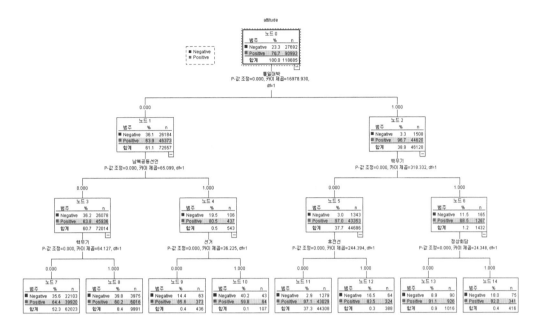

- R을 이용한 안보·이슈 요인(긍정/부정)의 의사결정나무분석

  > install.packages('party')

  > library(party)

  > install.packages('caret')

  > library(caret)

  > install.packages('foreign')

  > library(foreign)

  > setwd("h:/통일_데이터마이닝")

  > tdata=read.spss(file='통일_로지스틱_긍부정.sav', use.value.labels=T, use.missings=T, to.data.frame=T)

  > attach(tdata)

  > ind=sample(2, nrow(tdata), replace=T, prob=c(0.5, 0.5))

  > tr_data=tdata[ind==1,]

  > te_data=tdata[ind==2,]

  > i_ctree=ctree(attitude~., data=tr_data)

> print(i_ctree)

> plot(i_ctree)

```
R R Console                                                              _ □ X
> ind=sample(2, nrow(tdata), replace=T,prob=c(0.5,0.5))
> tr_data=tdata[ind==1,]
> te_data=tdata[ind==2,]
> i_ctree=ctree(attitude~.,data=tr_data)
> print(i_ctree)

            Conditional inference tree with 12 terminal nodes

Response:  attitude
Inputs:  Nuclear, Summit, DMZ, Declaration, Spy, Cheonan_trap, Voting, Uniform_cost, Uniform_jackpot
Number of observations:  59286

1) Uniform_jackpot <= 0; criterion = 1, statistic = 8393.624
  2) Nuclear <= 0; criterion = 1, statistic = 36.252
    3) Summit <= 0; criterion = 1, statistic = 41.352
      4) DMZ <= 0; criterion = 1, statistic = 33.382
        5) Uniform_cost <= 0; criterion = 1, statistic = 20.722
          6)* weights = 28440
        5) Uniform_cost > 0
          7)* weights = 900
      4) DMZ > 0
        8) Cheonan_trap <= 0; criterion = 1, statistic = 20.407
          9)* weights = 583
        8) Cheonan_trap > 0
          10)* weights = 28
    3) Summit > 0
      11)* weights = 1245
  2) Nuclear > 0
    12) Declaration <= 0; criterion = 0.973, statistic = 8.752
      13) Spy <= 0; criterion = 0.963, statistic = 8.208
        14)* weights = 4855
      13) Spy > 0
        15) Summit <= 0; criterion = 1, statistic = 16.653
          16)* weights = 74
        15) Summit > 0
          17)* weights = 21
    12) Declaration > 0
      18)* weights = 91
1) Uniform_jackpot > 0
  19) Nuclear <= 0; criterion = 1, statistic = 126.914
    20)* weights = 22323
  19) Nuclear > 0
    21) Summit <= 0; criterion = 0.982, statistic = 9.528
      22)* weights = 518
    21) Summit > 0
      23)* weights = 208
```

– 안보·이슈 요인의 예측모형(긍정/부정) R 분석 결과

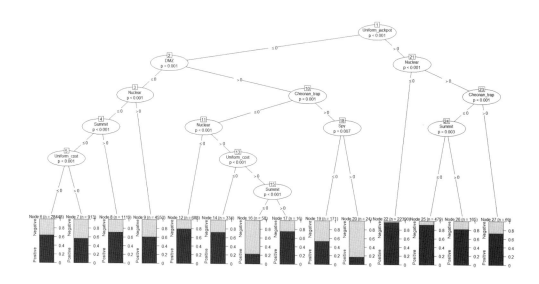

[그림 6-6]과 같이 주변 4개국이 통일인식에 미치는 영향은 '미국'이 가장 높은 것으로
나타났다. 미국이 있을 경우 통일에 대한 찬성의 인식이 이전의 68.8%에서 55.0%로 감소한

반면, 반대의 인식은 21.0%에서 28.3%로 증가하였다. '미국이 있고 중국이 있는' 경우 통일에 대한 찬성의 인식은 이전의 55.0%에서 53.2%로 감소한 반면, 중립의 인식은 16.6%에서 18.5%로 증가한 것으로 나타났다.

[표 6-11] 통일인식 관련 주변 4개국 요인의 예측모형에 대한 이익도표와 같이 통일의 찬성에 영향력이 가장 높은 경우는 '미국이 없고 중국이 없고 일본이 없는' 조합으로 나타났다. 즉 7번 노드의 지수가 103.5%로 뿌리마디와 비교했을 때 7번 노드의 조건을 가진 집단이 통일을 찬성하는 확률이 1.04배로 나타났다.

통일의 반대에 영향력이 가장 높은 경우는 '미국이 있고 중국이 없고 일본이 있는' 조합으로 나타났다. 즉 12번 노드의 지수가 170.6%로 뿌리마디와 비교했을 때 12번 노드의 조건을 가진 집단이 통일을 반대하는 확률이 1.71배로 나타났다.

통일의 중립에 영향력이 가장 높은 경우는 '미국이 있고 중국이 있고 일본이 있는' 조합으로 나타났다. 즉 14번 노드의 지수가 181.4%로 뿌리마디와 비교했을 때 14번 노드의 조건을 가진 집단이 통일을 반대하는 확률이 1.8배로 나타났다.

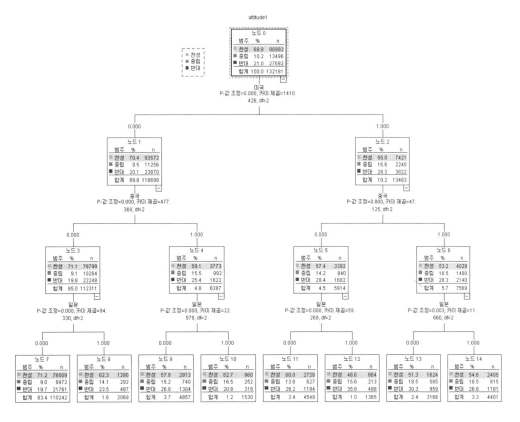

[그림 6-6] 통일인식 관련 주요 주변국가 예측모형

[표 6-11] 통일인식 관련 국가요인의 예측모형에 대한 이익도표(주변 4국)

구분	노드	이익지수				누적지수			
		노드(n)	노드(%)	이익(%)	지수(%)	노드(n)	노드(%)	이익(%)	지수(%)
찬성	7	110,242	83.4	86.3	103.5	110,242	83.4	86.3	103.5
	10	1,530	1.2	1.1	91.1	111,772	84.6	87.3	103.3
	8	2,069	1.6	1.4	90.6	113,841	86.1	88.8	103.1
	11	4,549	3.4	3.0	87.1	118,390	89.6	91.8	102.4
	9	4,857	3.7	3.1	84.1	123,247	93.2	94.8	101.7
	14	4,401	3.3	2.6	79.4	127,648	96.6	97.5	100.9
	13	3,168	2.4	1.8	74.5	130,816	99.0	99.3	100.3
	12	1,365	1.0	0.7	70.7	132,181	100.0	100.0	100.0
보통	14	4,401	3.3	6.0	181.4	4,401	3.3	6.0	181.4
	13	3,168	2.4	4.3	180.9	7,569	5.7	10.4	181.2
	10	1,530	1.2	1.9	161.3	9,099	6.9	12.2	177.8
	12	1,365	1.0	1.6	152.8	10,464	7.9	13.8	174.6
	9	4,857	3.7	5.5	149.2	15,321	11.6	19.3	166.5
	8	2,069	1.6	2.2	138.2	17,390	13.2	21.5	163.2
	11	4,549	3.4	4.6	135.0	21,939	16.6	26.1	157.3
	7	110,242	83.4	73.9	88.6	132,181	100.0	100.0	100.0
반대	12	1,365	1.0	1.8	170.6	1,365	1.0	1.8	170.6
	13	3,168	2.4	3.5	144.5	4,533	3.4	5.2	152.4
	9	4,857	3.7	4.7	128.2	9,390	7.1	9.9	139.8
	14	4,401	3.3	4.3	128.1	13,791	10.4	14.2	136.1
	11	4,549	3.4	4.3	125.3	18,340	13.9	18.5	133.4
	8	2,069	1.6	1.8	112.4	20,409	15.4	20.3	131.3
	10	1,530	1.2	1.1	99.2	21,939	16.6	21.4	129.0
	7	110,242	83.4	78.6	94.2	132,181	100.0	100.0	100.0

⑭ 통일인식 관련 국가요인의 예측모형

• SPSS를 이용한 국가요인의 의사결정나무분석

 – '통일_마이닝_의사결정.sav' 파일을 사용하여 [분류분석 - 트리]를 실행한다.

 – 성장방법은 CHAID를 선택한다.

 – 이익도표를 산출하기 위해 [출력결과 - 통계]에서 [비용, 사전확률, 스코어 및 이익값]을

선택한 후 [누적 통계표시]를 선택한다.

- 분류결과를 확인한다.

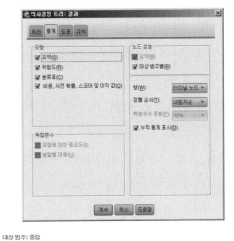

대상 범주: 찬성

노드에 대한 이익

	노드 대 노드						누적					
	노드		이득				노드		이득			
노드	N	퍼센트	N	퍼센트	반응	지수	N	퍼센트	N	퍼센트	반응	지수
7	110242	83.4%	78509	86.3%	71.2%	103.5%	110242	83.4%	78509	86.3%	71.2%	103.5%
10	1530	1.2%	980	1.1%	62.7%	91.1%	111772	84.6%	79489	87.3%	71.1%	103.3%
8	2069	1.6%	1290	1.4%	62.3%	90.6%	113841	86.1%	80759	88.8%	70.9%	103.1%
11	4549	3.4%	2728	3.0%	60.0%	87.1%	118390	89.6%	83487	91.8%	70.5%	102.4%
9	4857	3.7%	2813	3.1%	57.9%	84.1%	123247	93.2%	86300	94.8%	70.0%	101.7%
14	4401	3.3%	2405	2.6%	54.6%	79.4%	127648	96.6%	88705	97.5%	69.5%	100.9%
13	3168	2.4%	1624	1.8%	51.3%	74.5%	130816	99.0%	90329	99.3%	69.1%	100.3%
12	1365	1.0%	664	0.7%	48.6%	70.7%	132181	100.0%	90993	100.0%	68.8%	100.0%

성장 방법: CHAID
종속 변수: attitude1

대상 범주: 중립

노드에 대한 이익

	노드 대 노드						누적					
	노드		이득				노드		이득			
노드	N	퍼센트	N	퍼센트	반응	지수	N	퍼센트	N	퍼센트	반응	지수
14	4401	3.3%	815	6.0%	18.5%	181.4%	4401	3.3%	815	6.0%	18.5%	181.4%
13	3168	2.4%	585	4.3%	18.5%	180.9%	7569	5.7%	1400	10.4%	18.5%	181.2%
10	1530	1.2%	292	1.9%	16.5%	161.3%	9099	6.9%	1652	12.2%	18.2%	177.8%
12	1365	1.0%	213	1.6%	15.6%	152.8%	10464	7.9%	1865	13.8%	17.8%	174.6%
9	4857	3.7%	740	5.5%	15.2%	149.2%	15321	11.6%	2605	19.3%	17.0%	166.5%
8	2069	1.6%	292	2.2%	14.1%	138.2%	17390	13.2%	2897	21.5%	16.7%	163.2%
11	4549	3.4%	627	4.6%	13.8%	135.0%	21939	16.6%	3524	26.1%	16.1%	157.5%
7	110242	83.4%	9972	73.9%	9.0%	88.6%	132181	100.0%	13496	100.0%	10.2%	100.0%

성장 방법: CHAID
종속 변수: attitude1

대상 범주: 반대

노드에 대한 이익

	노드 대 노드						누적					
	노드		이득				노드		이득			
노드	N	퍼센트	N	퍼센트	반응	지수	N	퍼센트	N	퍼센트	반응	지수
12	1365	1.0%	488	1.8%	35.8%	170.6%	1365	1.0%	488	1.8%	35.8%	170.6%
13	3168	2.4%	959	3.5%	30.3%	144.5%	4533	3.4%	1447	5.2%	31.9%	152.4%
9	4857	3.7%	1304	4.7%	26.8%	128.2%	9390	7.1%	2751	9.9%	29.3%	139.9%
14	4401	3.3%	1181	4.3%	26.8%	128.1%	13791	10.4%	3932	14.2%	28.5%	136.1%
11	4549	3.4%	1194	4.3%	26.2%	125.3%	18340	13.9%	5126	18.5%	27.9%	133.4%
8	2069	1.6%	487	1.8%	23.5%	112.4%	20409	15.4%	5613	20.3%	27.5%	131.5%
10	1530	1.2%	318	1.1%	20.8%	99.2%	21939	16.6%	5931	21.4%	27.0%	129.0%
7	110242	83.4%	21761	78.6%	19.7%	94.2%	132181	100.0%	27692	100.0%	21.0%	100.0%

성장 방법: CHAID
종속 변수: attitude1

6장 통일인식 동향 분석 및 예측   383

본 연구는 국내의 온라인 뉴스사이트, 블로그, 카페, SNS, 게시판 등 인터넷을 통해 수집된 소셜 빅데이터를 주제분석과 감성분석 기술로 분류하고 네트워크 분석과 데이터마이닝의 연관분석과 의사결정나무분석 기법을 적용하여 분석함으로써 우리나라 국민의 통일인식에 대한 동향을 분석하고 통일인식의 연관규칙과 예측모형을 개발하고자 하였다.

본 연구의 결과를 요약하면 다음과 같다.

첫째, 통일과 관련된 이슈 발생 시에 온라인상에 통일 관련 문서가 급증하는 양상을 보인다. 연도별 통일찬성의 감정 변화는 2011년 대비 평균 2.23배 증가하였으며, 찬성 감정의 표현 단어는 평화, 필요, 중요, 노력, 관심 등의 순으로 집중된 것으로 나타났다. 통일반대의 감정 변화는 2011년 대비 평균 3.25배 증가하였으며, 반대 감정의 표현 단어는 문제, 위협, 갈등, 포기, 분열 등의 순으로 집중되었다.

둘째, 안보와 관련된 문서는 핵무기, 정상회담, 휴전선, 남북공동선언, 간첩 순으로 나타났으며, 이슈와 관련한 문서는 통일대박, 선거, 통일비용, 천안함, 이산가족상봉, 민영화 순으로 나타났다. 그리고 통일 방식과 관련한 문서는 평화통일, 자유통일, 흡수통일 등의 순으로 나타났다.

셋째, 통일의 필요성에 대한 국민인식은 통일대박 감정을 포함할 경우에 찬성이 2011년 55.0%, 2012년 62.2%, 2013년 57.8%, 2014년 77.1%, 2015년 59.8%로 나타났다.

넷째, 통일관련 네트워크 분석에서 안보·이슈 간 외부 근접중심성을 살펴본 결과 핵무기와 천안함은 미국, 중국, 러시아 순으로 밀접하게 연결되어 있었다. 그리고 천안함은 새정치민주연합, 새누리당 등의 순으로 밀접하게 연결되어 있는 것으로 나타났다.

다섯째, 안보와 이슈에 대한 통일인식의 연관성 예측에서 {정상회담, 선거}=>{찬성}의 신뢰도가 0.54로 온라인 문서 중 정상회담과 선거가 동시에 언급되면 언급되지 않은 문서보다 통일에 대한 찬성의 확률이 4.22배 높아지는 것으로 나타났다. {핵무기, 휴전선}=>{반대}의 신뢰도는 0.31로 온라인 문서 중 핵무기와 휴전선이 동시에 언급되면 언급되지 않은 문서보다 통일에 대해 반대할 확률이 4.34배 높아지는 것으로 나타났다.

주변국가의 통일인식 연관성 예측에서 {중국, 미국, 일본, 러시아}=>{찬성}의 신뢰도가 0.48로 온라인 문서에서 중국, 미국, 일본, 러시아가 동시에 언급되면 언급되지 않은 문서보다 통일에 대한 찬성의 확률이 3.74배 높아졌다. {중국, 미국, 일본}=>{중립}은 신뢰도가 0.17로 온라인 문서에서 중국, 미국, 일본이 동시에 언급되면 통일에 대한 중립의 확률이 7.72배 높아졌다. 그리고 {중국, 미국, 러시아}=>{반대}의 신뢰도는 0.27로 온라인 문서에서 중국, 미국, 러시아가 동시에 언급되면 통일에 대한 반대의 확률이 3.78배 높아지는 것으로 나타났다.

여섯째, 통일인식에 영향을 미치는 안보·이슈 요인에 대한 다중 로지스틱 회귀분석 결과 통일대박, 남북공동선언, 휴전선, 정상회담 순으로 통일의 찬성에 양(+)의 영향을 미치는 것으로 나타났다. 반면 간첩, 핵무기, 통일비용, 천안함 순으로 통일의 찬성에 음(-)의 영향을 주는 것으로 나타났다.

마지막으로 안보·이슈 요인이 통일인식에 미치는 영향은 통일대박의 영향력이 가장 크게 나타나 온라인 문서 중 통일대박이 있을 경우 통일에 대한 찬성의 인식이 이전의 68.8%에서 85.8%로 증가하였다. 특히 '통일대박이 있고 핵무기와 휴전선이 없는' 경우 통일에 대해 찬성하는 확률이 가장 높게 나타났다.

주변 4개국이 통일인식에 미치는 영향은 미국이 가장 높게 나타나 온라인 문서 중 '미국이 없고 중국이 없고 일본이 없는' 조합이 통일에 찬성할 확률이 가장 높은 반면, '미국이 있고 중국이 없고 일본이 있는' 조합이 통일에 반대할 확률이 가장 높았다.

본 연구를 근거로 우리나라의 통일 관련 인식에 대한 예측과 관련하여 다음과 같은 정책적 함의를 도출할 수 있다.

첫째, 통일 관련 이슈가 발생하면 온라인상에 통일 관련 커뮤니케이션이 급증하는데, 특히 2014년 첫 신년 기자회견에서 박근혜 대통령이 통일대박론을 강조한 이후 온라인 문서량이 급증하였다. 이는 통일이 되면 천문학적인 비용이 소요되며 사회적 혼란이 야기될 것이라는 부정적 인식을 극복하고 통일을 기대와 희망으로 바라보는 긍정적 담론이 확산된 이유로 보이며, 통일대박론이 통일문제에 대한 국민적 합의를 이루는 계기가 되었다는 긍정적 주장(김창수, 2014)을 지지하는 것으로 해석된다.

둘째, 통일 관련 국민인식은 소셜 빅데이터 분석결과와 정기적인 여론조사 결과와 비슷한 추이를 보이는 것으로 나타났다. 이는 본 연구에서 제시한 통일 관련 감정 키워드의 감성분석 방법으로 통일의 필요성에 대한 인식을 찬성, 보통, 반대로 분류하는 것에 대한 타당성이 어느 정도 확보된 것으로 볼 수 있다.

셋째, 리퍼트 대사 피습사건 이후 통일에 대한 인식이 일주일 정도 영향을 받은 것으로 나타났다. 이는 SNS를 통해 확산되는 부정적 이슈(질병, 자살, 테러 등)는 발생 후 첫 주에 급속히 전파되는 경향을 보인다는 연구[17]를 지지하는 것으로 해석된다.

넷째, 정상회담과 선거가 동시에 언급된 온라인 문서의 경우 통일에 대한 찬성의 확률이 높았는데, 이는 정상회담과 선거가 통일에 대한 긍정적 담론을 확산시키는 것으로 보인다. 반면 핵무기와 휴전선이 동시에 언급된 온라인 문서의 경우 통일에 대한 반대의 확률이 높았는데, 이는 핵무기와 휴전선에 대한 북한의 위협이 고조되면 통일에 대한 부정적 담론이 확산되기 때문인 것으로 보인다.

다섯째, 중국, 미국, 일본, 러시아가 동시에 언급된 온라인 문서의 경우 통일에 대한 찬성의 확률이 높았다. 이는 북한의 핵 문제를 해결하고 한반도의 비핵화를 실현하기 위해 한국·북한·미국·중국·러시아·일본이 참석하는 6자회담이 언급될 경우 통일에 대한 국민인식이 긍정적 감정으로 나타나는 것으로 보인다. 또한 이러한 결과는 한반도 통일은 남북한의 문제이자 동북아 주변국의 미래를 좌우하며(김규륜, 2013), 한반도 평화체제와 통일과정에 국제사회의 지지가 필수불가결함을 보여주는 것이다(차문석, 2013).

여섯째, 간첩, 핵무기, 통일비용, 천안함 요인이 언급된 온라인 문서의 경우 통일에 대한 반대의 확률이 높았는데, 이는 북한의 위협과 같은 부정적 요소의 문서가 언급될 때 통일에 대한 반대 담론이 확산되는 것으로 보인다. 특히 통일비용에 대한 부정적 인식은 1990년대 후반 IMF 구제금융 사태와 독일 통일의 후유증이 우리 사회에 알려지면서 급속히 확산되었으며, 통일비용을 통해 실제로 얻을 수 있는 이득은 계산하지 않고 투입된 비용만 계산하여 천문학적 수치만 제시함으로써 통일에 대한 두려움이 증가된 것으로 보인다(김규륜·김형기, 2012).

마지막으로 통일의 반대에 영향력이 가장 높은 경우는 '통일대박이 없고 핵무기가 있고 정상회담이 없는' 문서들로 나타났으며, '통일대박이 없고 핵무기가 있더라도 정상회담이 있는' 문서들은 통일인식이 보통으로 나타나 남북정상회담의 이슈가 통일인식에 긍정적으로 작용하는 핵심요인으로 해석된다.

본 연구는 개개인의 특성을 가지고 분석한 것이 아니고 그 구성원이 속한 전체 집단의 자료를 대상으로 분석하였기 때문에 이를 개인에게 적용하였을 경우 생태학적 오류(ecological fallacy)가 발생할 수 있다(Song et al., 2014). 또한 본 연구에서 감성분석 결과 정의된 통일인식은 온라인 문서 내에서 발생된 감정 단어의 빈도로 정의되었기 때문에 기존의 조사 등을 통한 통일인식의 조작적 정의와 다를 수 있으며, 2011년~2015년 기간의 1/4분기(15개월간) 동안

---

17. National Information Society Agency(2012)

제한된 소셜 빅데이터를 분석함으로써 전체적인 통일 관련 인식의 예측에 한계가 있을 수 있다.

그럼에도 불구하고 본 연구는 소셜 빅데이터에서 통일 관련 주요 이슈에 대한 실제적인 내용을 빠르게 효과적으로 파악함으로써 기존의 통일 관련 인식의 정보수집 체계의 한계를 보완할 수 있는 새로운 분석방법을 제시하였다는 점에서 정책적·분석방법론적 의의를 가진다고 할 수 있다(송주영·송태민, 2014).

끝으로 통일에 대한 찬반, 통일방법 등에 대한 국민의 통일의식 조사와 더불어 소셜 미디어에서 수집된 빅데이터를 활용·분석한다면 통일인식 예측에 더욱 신뢰성을 확보할 수 있을 것으로 본다.

참고문헌

1. 강동완, 박정란(2014). 북한주민의 통일의식 조사연구: 북한주민 100명 면접조사를 중심으로. 통일 정책연구, 제23권 2호, 2.

2. 김규륜(2013). 한반도 통일의 미래와 주변 4국의 기대. 통일연구원, 2013. 12, 1-215.

3. 김규륜·김형기(2012). 통일 재원 마련 및 통일의지 결집 관련 국민의 의식. 통일연구원 정책연구시리 즈, 12-01, 14.

4. 김정선·권은주·송태민(2014). 분석지의 확장을 위한 소셜 빅데이터 활용연구-국내 '빅데이터' 수 요공급 예측-. 지식경영연구, 15(3), 173-192.

5. 김창수(2014). 통일대박론과 통일준비위원회-의의, 한계, 방향. 북한연구학회 춘계학술발표논문집, 120.

6. 박희창(2010). 연관 규칙 마이닝에서의 평가기준 표준화 방안. 한국데이터정보과학회지, 제21권, 제5 호, 891-899.

7. 송주영·송태민(2014). 소셜 빅데이터를 활용한 북한 관련 위협인식 요인 예측. 국제문제연구, 가을, 209-243.

8. 이규창(2014). 통일기반 조성과 법제준비. 북한연구학회 춘계학술발표논문집, 15-34.

9. 이정진(2011). R, SAS, MS-SQL을 활용한 데이터마이닝. 자유아카데미.

10. 차문석(2013). 한반도 평화통일 동북아 냉전적 대립 해소. 통일한국 제358호, 11-13.

11. 통일교육원(2013). 통일 문제 이해, 93.

12. 통일연구원(2014). 드레스덴 구상과 행복한 통일. 제1차 KINU 통일포럼, 7.

13. Kass, G. "An exploratory technique for investigating large quantities of categorical data.", *Applied Statistics*, Vol. 292, 1980, 119-127.

14. National Information Society Agency (2012). Implications for Suicide Prevention Policy of Youth Described in the Social Analysis. Seoul, Korea: Author.

15. Song TM, Song J, An JY, Hayman LL & Woo JM. "Psychological and Social Factors Affecting Internet Searches on Suicide in Korea: A Big Data Analysis of Google Search Trends." *Yonsei Med Journal*, Vol. 55, No. 1, 2014, 254-263.

7장

섹스팅 위험 예측

2014년 현재 10대 청소년의 99.7%가 스마트폰을 보유하고 있고(한국인터넷진흥원, 2014), 10대 청소년의 95.2%가 인터넷을 사용하며 고등학생의 78.1%가 SNS를 이용하는(미래창조과학부·한국인터넷진흥원, 2014) 것으로 나타나 스마트폰을 이용한 인터넷 사용은 청소년의 필수적 활동이 되고 있다.

이와 같이 청소년의 일상생활에서의 인터넷 및 스마트폰 이용이 증가함에 따라 긍정적 효과와 더불어 인터넷 중독과 같은 역기능의 문제도 제기되고 있다. 2014년 청소년의 스마트폰 중독률은 29.2%로 성인의 스마트폰 중독률 11.3%의 약 2.6배에 달하는 것으로 나타났다(미래창조과학부·한국정보화진흥원, 2014). 또한 2014년 현재 중·고등학생의 52.6%가 휴대폰을 통해 성인물을 경험한 것으로(여성가족부, 2014년 청소년 유해환경 접촉 실태조사) 조사되었다. 일부 청소년들은 자신의 성행동 장면을 촬영하여 실시간 인터넷 방송서비스[UCC(User Create Contents) 방송 등]나 웹하드 등 파일공유 사이트를 통해 게시하는 비행을 저질러 정부 차원의 청소년에 대한 음란물 차단 대책이 요구되고 있다.

섹스팅(sexting)[2]은 성(sex)과 문자메시지 보내기(texting)의 합성어로 만 18세 미만의 청소년들이 휴대폰상이나 인터넷상에서 만난 불특정한 이성과 자신의 특정한 신체부위를 노출시킨 그림파일을 주고받는 것을 의미한다(Walker et al, 2011: p. 8; Lounsbury et al., 2009: p. 1). 섹스팅의 문제점은 청소년의 신체 노출 사진을 휴대폰에 가지고 있을 경우 아동 포르노그래피로 법적인 제제를 받을 수 있으며, 섹스팅 상대에게 정서적·신체적 상처를 입힐 수 있다는 것이다(Chalfen, 2009: p. 263). 또한 청소년기 음란물에 대한 경험은 성에 대해 잘못된 현실인식을 지니게 하며 지속적인 호기심으로 인해 음란물에 더욱 집착하게 만들 가능성이 있다(주지혁·김형일, 2010: p. 18). 이와 같은 섹스팅 문제의 심각성에도 불구하고 국내에서는 섹스팅에 대한 과학적 연구가 부족한 실정이다.

한편 모바일 인터넷과 소셜 미디어의 확산으로 데이터량이 기하급수적으로 증가하여 데이터의 생산·유통·소비 체계에 큰 변화가 일어나면서 데이터가 경제적 자산이 될 수 있는

---

1. 본 연구는 해외 학술지에 게재하기 위하여 '송주영 교수(펜실베이니아주립대학교), 송태민 박사(한국보건사회연구원)'가 작성한 논문임을 밝힌다.

2. 본고에서는 청소년들이 음란물 관련 메시지를 온라인상에서 주고받는 것을 섹스팅으로 정의하였다.

빅데이터 시대가 도래되었다. 세계 각국의 정부와 기업들은 빅데이터가 공공과 민간에 미치는 파급효과를 전망하고 있으며, SNS를 통해 생산되는 소셜 빅데이터를 활용·분석함으로써 사회적 문제를 해결하고 정부 정책을 효과적으로 추진할 수 있을 것으로 예측하고 있다. 우리나라는 정부 3.0과 창조경제를 추진·실현하기 위하여 다양한 분야에서 빅데이터의 효율적 활용을 적극적으로 모색하고 있다.

기존에 실시하던 횡단적 조사나 종단적 조사 등을 대상으로 한 연구는 정해진 변인들에 대한 개인과 집단의 관계를 보는 데는 유용하나, 사이버상에서 언급된 개인별 담론(buzz)에서 논의된 관련 정보 간의 연관관계를 밝히고 원인을 파악하는 데는 한계가 있다(song et al., 2014). 이에 반해 소셜 빅데이터 분석은 훨씬 방대한 양의 데이터를 활용하여 다양한 참여자의 생각과 의견을 확인할 수 있기 때문에 사회적 문제에 대해 보다 정확하게 예측할 수 있다.

본 연구는 우리나라 온라인 뉴스사이트, 블로그, 카페, SNS, 게시판 등에서 수집한 소셜 빅데이터를 바탕으로 우리나라 섹스팅에 대한 위험요인을 예측하고자 한다.

2 이론적 배경

청소년 시기는 일반적으로 성적인 호기심이 많은 때로, 청소년들은 성에 대한 사실과 환상의 구분에 취약하여 온라인의 성(性) 콘텐츠에 노출되기 쉽다(신선미, 2013: p. 276). 음란물이란 인간의 성적 행위를 노골적으로 묘사하여 음탕하고 난잡한 느낌을 주는 사진이나 잡지, 영상물 등을 통틀어 이르는 말로, 주로 상업적 목적으로 성기와 성행위만을 강조해 보여줌으로써 그것을 읽거나 보는 사람을 성적으로 흥분하게 만드는 글, 사진, 만화, 잡지 등을 가리킨다(김문녕, 2012: p. 52).

특히 한국에서의 '아동·청소년이용음란물'은 아동·청소년 또는 아동·청소년으로 명백하게 인식될 수 있는 사람이나 표현물이 등장하여 '성교행위', '구강·항문 등 신체의 일부나 도구를 이용한 유사 성교행위', '신체 전부 또는 일부를 접촉·노출하여 일반인의 성적 수치심이나 혐오감을 일으키는 행위', '자위행위' 중 어느 하나에 해당하는 행위를 하거나 그 밖의 성적 행위를 하는 내용을 표현하는 것으로서 필름·비디오물·게임물 또는 컴퓨터나 그 밖의 통신매체

를 통한 화상·영상 등의 형태로 된 것을 말한다(아동·청소년의 성보호에 관한 법률, 제2조 5호).[3]

　　미국의 경우에는 PROTECT Act에서 아동 포르노그래피의 개념을 "성적으로 노골적인 행위(sexual explict conduct)에 관여하고 있는 미성년자를 묘사한 영상"으로 정하고 있으며, 여기서 성적으로 노골적인 행위라 함은 "동성 또는 이성 간에 생식기를 이용한 성교행위, 구강 및 항문과 생식기를 이용한 유사 성교 행위, 수간, 자위, 가학적 또는 피가학적인 학대 행위, 특정인의 생식기 혹은 음부의 외설적인 전시 행위"라고 구체적으로 명시하고 있다(U.S. Department of state, 2003).

　　일본에서는 '아동매춘, 아동포르노에 관련된 행위 등에 대한 처벌 등 법률 제2조의 3'과 '도쿄도 청소년 보호 조례 개정안 제3장 7조 2항'에서 아동포르노그래피의 개념을 "18세 미만의 청소년에 대해서 성적인 감정을 자극하는 행위, 아동을 상대로 한 성교, 아동을 상대로 한 성교유사행위, 아동에 의한 성교, 아동에 의한 성교유사행위가 포함되는 것"으로 규정하고 있다(東京都議会, 2010).

　　현대 사회에서 음란물이 문제가 된 사회적 배경으로는 미디어 소비의 주체가 기성세대에서 청소년으로 확대된 현실을 들 수 있다. 청소년들에게도 다양한 미디어를 소비할 수 있는 선택권이 주어져서 인터넷 음란물 접촉과도 같은 문제행동이 가능해진 것이다(Gruber & Thau, 2003: pp. 441-443). 섹스팅은 2010년 맥쿼리(Macquarie) 온라인 사전[4]에 처음으로 등재된 이후 연구자들에 의해 쓰여지고 있다(Walker et al, 2011: p. 8). 연구자들 사이에서는 청소년들끼리 신체노출 사진을 교환하는 활동에 대해서 '나체 또는 반나체 사진교환'이라는 애매한 용어 대신 섹스팅이라는 용어를 사용하기로 합의되었으며, 성적인 의미가 담긴 SMS 문자를 주고받는 활동은 제외하고 사진을 교환하는 행위만을 부르는 용어로 섹스팅의 의미가 정해지고 있다(Lounsbury et al., 2010: p. 2).

---

3. http://www.law.go.kr/lsInfoP.do?lsiSeq=150720&efYd=20140929#0000. 2015. 6. 16 검색

4. https://www.macquariedictionary.com.au

3-1 연구대상

본 연구는 국내의 SNS, 온라인 뉴스사이트 등 인터넷을 통해 수집된 소셜 빅데이터를 대상으로 하였다. 본 분석에서는 146개의 온라인 뉴스사이트, 9개의 게시판, 1개의 SNS(트위터) 등 총 156개의 온라인 채널을 통해 수집 가능한 텍스트 기반의 웹문서(버즈)를 소셜 빅데이터로 정의하였다.

섹스팅 관련 토픽(topic)[5]은 2011. 1. 1 ~ 2015. 3. 31(4년 3개월간) 해당 채널에서 요일, 주말, 휴일을 고려하지 않고 매 시간단위로 수집하였으며, 수집된 총 6만 5,611건 중 청소년 추정 문서 1만 3,774건(2011년: 1,086건, 2012년: 5,352건, 2013년: 3,983건, 2014년: 2,319건, 2015년: 1,034건)의 텍스트(text) 문서를 본 연구의 분석에 포함시켰다.

섹스팅 토픽은 모든 관련 문서를 수집하기 위해 '음란물 유통'을 사용하였으며, 토픽과 같은 의미로 사용되는 토픽 유사어로는 '성인물 유통, sexting, 음란 유통, 음란 유포, 음란물 업로드, 음란물 다운, 음란 공유, 음란 채팅, 포르노 유통, 포르노 유포, 야동 유통, 야동 유포, 야동 업로드, 야동 다운' 용어를 사용하였다.

본 연구를 위한 소셜 빅데이터의 수집[6]에는 크롤러(crawler)를 사용하였고, 이후 주제분석을 통해 분류된 명사형 어휘를 유목화(categorization)하여 분석요인으로 설정하였다.

① 연구대상 소셜 빅데이터의 수집과 분류

- 소셜 빅데이터의 수집 및 분류에는 해당 토픽을 웹크롤러로 수집한 후 범용 사전이나 사용자 사전으로 분류(유목화 또는 범주화)하는 보텀업(bottom-up) 방식을 사용하였다.

---

5. 토픽은 소셜 분석 및 모니터링의 '대상이 되는 주제어'를 의미한다. 본 연구에서는 토픽 수집 시 문서 내에 관련 토픽이 포함된 문서를 수집하였다.
6. 본 연구를 위한 소셜 빅데이터의 수집 및 토픽 분류는 '(주)SK텔레콤 스마트인사이트'에서 수행하였다.

• 섹스팅 수집 조건

분석기간	2011. 01. 1- 12. 31, 2012. 01. 1- 12. 31, 2013. 01. 1- 12. 31, 2014. 01.1 - 12. 31, 2015. 01.1 - 03. 31	
수집 사이트	수집사이트 Sheet 참조	
토픽¹	토픽 유사어²	불용어³
음란물 유통	성인물 유통,섹스팅,sexting,음란 유통,음란 유포,음란물 업로드,음란물 다운,음란 공유,음란 채팅,포르노 유통,포르노 유포,야동 유통,야동 유포,야동 업로드,야동 다운	

• 섹스팅 분류 키워드

피해 키워드	채널 키워드	감정 키워드	대상_청소년 키워드	대상_일반 키워드	음란물_유형 키워드	음란물_내용 키워드	도움/치료 키워드	제도/법률 키워드	기관/인물_정치 키워드	국가 키워드	영향 키워드	환경 키워드	유통 키워드	지역 키워드
강도	SNS	중독	6	20대	음란물	노출	검사	혐의	MOIBA	뉴욕	공부	가상공간	다운	서울특별시
노출	영상	갈등	11	30대	이동	속옷	관리	처벌	경찰	대한민국	건강	PC방	유포	서울
단절	온라인	강제	16	40대	음란	나체	관심	제보	공직자	독일	교육시간	가정	공유	서울시
도박	매스컴	강력반발	19	50대	허위사실	성관계	교육	수사	교육단체	러시아	대인관계	고등학교	유포자	세종시
마약	트위터	격정	1인	60대	합성사진	누드	규제	조사	국제연합	미국	생활비	군대	입수	세종
무감각	페이스북	고민	10대남성	KAIST학생	성매매	상반신	노력	전과	국회	글로벌	성적	대학교	아동다운	세종특별시자치시
범죄	메일	고생	10대여성	가족	루머	하의실종	대화	규제	국회의원	북한	육아	도시	유료	대전광역시
부작용	채팅	고통	10살	가족들	포르노	성행위	도움	위반	김근래	남한	의사소통	사회	게재	대전
불법	소셜네트워크서비스	골치	10살	가해자	음란성	섹시	대화	방침	김대중	세계	인간관계	아파트	무단복제	대구광역시
불안감	모바일웹	공감	100m	게이머	악성	알몸	방지	단속	김정상	국가	정신건강	어린이집	무단복제	대구
사행산업	인스타그램	공포	11남	계모	화상채팅	19금	보호	검거	아르헨티나	중국	창의력	일상생활	유포	광주광역시
사회문제	S사이트	긴급	11남자	개부	셀카	합성	사랑	폐쇄	남경필	영국	친구관계	학교	앞포드	광주
살해	음란사이트	논란	11남	국민	로리야동	성적모욕	설득	구속	대통령	우리나라	학습	지하철	다운받기	부산
성인정보	포털사이트	눈물	11여	기초수급자	게시글	명암이	설명	불구속	문체부	유럽	학업	직장	토렌트다운	울산광역시
성폭력	성인사이트	단절	11여자	남녀	녹화	섹스	수면권	법규명	문화관광부	인도	윤리의식	집	발송	울산
살자리	게시판	따뜻	12남	남성	유언비어	교복	여행	차단	미래창조과학부	일본	사회질서	초등학교	파일공유	경기도
알코올	애플리케이션	문제	12살	남자	악플	몰매	연구	구속	민주당	전국	성욕	학교	유통경로	경기
왕따	포털	반대	12살	남편	음란채팅	수영복	예방교육	처벌	박근혜	진세계		카지노	백만아동업로드	인천광역시
욕	카카오톡	맨서명	12여	네티즌	아동음란물	운동	추적	중국	방송통신위원회		고시원	아동다운로드	인천
육체정보	블로그	비난	13남	노동자	음란사진	이해	법률	캄보디아		사진권	유포행위	강원도
실명	부가서비스	비난	13남자	대중	스미싱	다리	자유토론	병행	카나다		법원	프랑스		유포자	강원
음란	음주	사회악	13남자	대학생	화보	모자이크	전문가	방안	백재현	프랑스		사진관	유포행위	경상북도
음주	카카오	상처	13여자	동생	유인물	섹스녀	전화	강경대응	보건복지부	해외		지학철	유통실태	충북
음주문화	푸르나	서명	13여자	모임	섹스	선정적	제한	정책	브라질			방통심의위원회	충청남도
이혼	웹하드	스트레스	13초	부모	영상물	로리타	종교	압수	새누리	베이징			충남
인권침해	웹하드	실패	14남	부모님	포스터	강간	중독예방	제한	새누리당	베트남			경상남도
자살	하드디스크	실패	14남자	부모님들	보이스피싱	비키니	지도	정보통신망법	손연춘	필리핀			경남

3-2 연구도구

섹스팅과 관련하여 수집된 문서는 주제분석⁷ 과정을 거쳐 다음과 같이 정형화 데이터로 코드화하여 사용하였다.

1) 섹스팅 관련 감정

본 연구의 섹스팅 감정 키워드는 문서 수집 이후 주제분석을 통하여 총 106개(중독, 갈등, 강제, 걱정, 고민, 고생, 고통, 골치, 공감, 공포, 긍정, 기쁨, 논란, 눈물, 단절, 따뜻, 문제, 반대, 서명, 불안, 불편, 비난, 사회악, 상처, 서명, 스트레스, 실패, 심각, 악영향, 어려움, 우려, 우울증, 인정, 자유, 잘못, 재미, 중독성, 즐거움, 집착, 최고, 최악, 포기, 피로, 한숨, 한심, 행복, 호기심, 후회, 흥미, 희망, 긴급, 엄중, 비방, 강화, 흥분, 충격, 기대, 요구, 강경, 모욕, 중요, 집중, 협박, 검토, 해결, 부담, 위험, 비판, 장난, 적나라, 야한, 비하한, 자극적인, 곤혹, 막장, 유혹, 침해, 욕설, 자극, 쓰레기, 은밀, 기대감, 거짓, 혼란, 힘들다, 부적절, 현혹, 호소, 선처, 조롱, 불쌍, 위협한, 수치심, 잔인, 잔혹, 왜곡, 방탕, 배신감, 악마, 빡친다, 퇴치, 혐오감, 퇴폐적, 마음고

---

7. 주제분석에 사용하는 사전은 '21세기 세종계획'과 같은 범용 사전도 있지만 대부분 분석의 목적에 맞게 사용자가 설계한 사전을 사용한다. 본 연구의 섹스팅 관련 주제분석은 SKT에서 관련 문서 수집 후 원시자료(raw data)에 나타난 상위 2,000개의 키워드들을 대상으로 유목화하여 사용자 사전을 구축하였다.

생, 충격적인, 복수) 키워드로 분류하였다.

본 연구에서는 106개의 섹스팅 감정 키워드(변수)가 가지는 섹스팅 감정 정도를 판단하기 위해 2차 요인분석을 통하여 11개 요인(67개 변수)으로 축약을 실시한 후, 감성분석을 실시하였다. 일반적으로 감성분석은 긍정과 부정의 감성어 사전으로 분석해야 하나, 본 연구에서는 요인분석의 결과로 분류된 주제어의 의미를 파악하여 감성분석을 실시하였다.

요인분석에서 결정된 11개의 요인에 대한 주제어의 의미를 파악하여 '일반군, 위험군'으로 감성분석을 실시하였다. 따라서 본 연구에서는 일반군(27개: 강경, 고통, 상처, 수치심, 비방, 엄중, 마음고생, 한숨, 골치, 불편, 퇴치, 피로, 조롱, 악영향, 최악, 쓰레기, 단절, 한심, 서명, 비하한, 모욕, 거짓, 배신감, 사회악, 혼란, 불쌍, 장난)과 위험군(28개: 잔혹, 잔인, 공포, 고생, 최고, 중요, 자유, 위험, 요구, 인정, 자극, 침해, 기대, 해결, 긍정, 충격, 적나라, 중독성, 중독, 방탕, 퇴폐적, 유혹, 은밀, 혐오감, 집착, 야한, 흥분, 흥미)으로 분류하였다. 그리고 일반군과 위험군의 감정을 동일한 횟수로 표현한 문서는 잠재군으로 분류하였다. 또한 최종 위험군과 잠재군은 '위험'으로, 일반군과 감정을 나타내지 않은 문서는 '일반'으로 분류하였다. 위험군은 섹스팅을 긍정적으로 생각하는 감정이고, 일반군은 섹스팅을 부정적으로 생각하는 감정을 나타낸다.

2) 섹스팅 관련 제도

섹스팅 관련 제도는 주제분석 과정을 거쳐 '가중처벌, 정보통신망법, 벌금, 아동청소년보호법'의 4개 제도로 정의하고 제도가 있는 경우는 '1', 없는 경우는 '0'으로 코드화하였다.

3) 섹스팅 관련 기관

섹스팅 관련 기관은 주제분석 과정을 거쳐 '방송통신위원회, 경찰청, 국회, 청와대, 정부, 사법기관, 시민단체, 국제기구'의 8개 기관으로 정의하고 기관이 있는 경우는 '1', 없는 경우는 '0'으로 코드화하였다.

4) 섹스팅 관련 폐해

섹스팅 관련 폐해는 주제분석 과정을 거쳐 '명예훼손, 성범죄, 사기, 음주, 사회문제'의 5개 폐해로 정의하고 폐해가 있는 경우는 '1', 없는 경우는 '0'으로 코드화하였다.

5) 섹스팅에 대한 영향

섹스팅에 대한 영향은 주제분석 과정을 거쳐 '공부, 건강, 대인관계, 비용, 윤리의식, 성욕'의 6

개 영향으로 정의하고 해당 영향이 있는 경우는 '1', 없는 경우는 '0'으로 코드화하였다.

6) 섹스팅에 대한 도움

섹스팅에 대한 도움은 주제분석 과정을 거쳐 '예방교육, 전문가상담, 건전생활유도, 통제, 사랑'의 5개 도움으로 정의하고 해당 도움이 있는 경우는 '1', 없는 경우는 '0'으로 코드화하였다.

7) 섹스팅의 유형

섹스팅의 유형은 주제분석 과정을 거쳐 '성인음란물, 유해광고, 스미싱[8], 아동음란물'의 4개 유형으로 정의하고 해당 유형이 있는 경우는 '1', 없는 경우는 '0'으로 코드화하였다.

8) 섹스팅의 내용

섹스팅의 내용은 요인분석과 주제분석 과정을 거쳐 '누드, 성행위, 원조교제, 문란행위, 폭력'의 5개 내용으로 정의하고 해당 내용이 있는 경우는 '1', 없는 경우는 '0'으로 코드화하였다.

9) 섹스팅의 유통방식

섹스팅의 유통방식은 주제분석 과정을 거쳐 '수요, 공급, 공유'의 3개 유통방식으로 정의하고 해당 내용이 있는 경우는 '1', 없는 경우는 '0'으로 코드화하였다.

10) 섹스팅 관련 채널

섹스팅 관련 채널은 주제분석 과정을 거쳐 'SNS, 온라인커뮤니티, 파일공유채널'의 3개 채널로 정의하고 해당 내용이 있는 경우는 '1', 없는 경우는 '0'으로 코드화하였다.

---

8. 스미싱(smishing)은 문자메시지(SMS)와 피싱(phishing)의 합성어로 휴대전화 문자메시지를 통해 발송되는 피싱 공격을 의미한다.

② **연구도구 만들기(주제분석, 요인분석)**

- 섹스팅 감정의 주제분석 및 1차 요인분석
  - 섹스팅 감정은 주제분석을 통하여 106개의 키워드로 분류한 뒤, 1차 요인분석을 통하여 변수 축약을 실시해야 한다.

  1단계: 데이터파일을 불러온다(분석파일: 음란물_감성분석_20150814.sav).

  2단계: [분석]→[차원감소]→[요인분석]→[변수: 중독~복수]를 선택한다.

  3단계: [요인회전]→[베리멕스]를 지정한다.

  4단계: [옵션]→[계수출력형식: 크기순 정렬]을 지정한다.

  5단계: 결과를 확인한다.

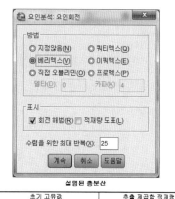

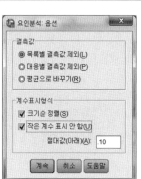

설명된 총분산

성분	초기 고유값			추출 제곱합 적재량		
	전체	% 분산	누적 %	전체	% 분산	누적 %
1	5.069	4.782	4.782	5.069	4.782	4.782
2	1.868	1.763	6.545	1.868	1.763	6.545
3	1.804	1.702	8.247	1.804	1.702	8.247
4	1.689	1.593	9.840	1.689	1.593	9.840
5	1.493	1.409	11.248	1.493	1.409	11.248
6	1.457	1.375	12.623	1.457	1.375	12.623
7	1.377	1.299	13.922	1.377	1.299	13.922
8	1.365	1.288	15.210	1.365	1.288	15.210
9	1.336	1.260	16.470	1.336	1.260	16.470
10	1.306	1.232	17.702	1.306	1.232	17.702
11	1.265	1.193	18.896	1.265	1.193	18.896
12	1.254	1.183	20.078	1.254	1.183	20.078
13	1.231	1.162	21.240	1.231	1.162	21.240
14	1.214	1.146	22.386	1.214	1.146	22.386

- 섹스팅 감정의 2차 요인분석
  - 섹스팅 감정은 1차 요인분석 결과 결정된 29개의 요인을 축약하기 위해 각 요인에 포함된 변수를 확인한 후, 이분형 변수변환을 실시한다(명령문: 음란물감정_0814.sps).

```
compute 감정1=0.
if(문제 eq 1 or 중요 eq 1 or 비판 eq 1 or 자유 eq 1 or
  우려 eq 1 or 논란 eq 1 or 심각 eq 1 or 고민 eq 1 or
  위험 eq 1 or 반대 eq 1 or 요구 eq 1 or 인정 eq 1
  or 자극 eq 1 or 침해 eq 1 or 잘못 eq 1 or 기대 eq 1
  or 해결 eq 1  or 강화 eq 1 or 걱정 eq 1 or 긍정 eq 1
  or 충격 eq 1)감정1=1.
compute 감정2=0.
if(혐오감 eq 1 or 집착 eq 1 or 야한 eq 1)감정2=1.
compute 감정3=0.
if(수치심 eq 1 or 비방 eq 1 or 엄중 eq 1)감정3=1.
compute 감정4=0.
if(강경 eq 1 or 고통 eq 1 or 상처 eq 1)감정4=1.
compute 감정5=0.
if(흥분 eq 1 or 흥미 eq 1)감정5=1.
compute 감정6=0.
if(유혹 eq 1 or 은밀 eq 1)감정6=1.
compute 감정7=0.
if(비하한 eq 1 or 모욕 eq 1)감정7=1.
compute 감정8=0.
if(잔혹 eq 1 or 잔인 eq 1 or 공포 eq 1)감정8=1.
compute 감정9=0.
if(중독 eq 1)감정9=1.
compute 감정10=0.
if(피로 eq 1 or 조롱 eq 1 or 악영향_A eq 1)감정10=1.
compute 감정11=0.
if(불편 eq 1)감정11=1.
compute 감정12=0.
if(한숨 eq 1)감정12=1.

compute 감정13=0.
if(비난 eq 1 or 적나라 eq 1)감정13=1.
compute 감정14=0.
if(사회악 eq 1)감정14=1.
compute 감정15=0.
if(중독성 eq 1)감정15=1.
compute 감정16=0.
if(부적절 eq 1)감정16=1.
compute 감정17=0.
if(마음고생 eq 1)감정17=1.
compute 감정18=0.
if(퇴치 eq 1)감정18=1.
compute 감정19=0.
if(장난 eq 1)감정19=1.
compute 감정20=0.
if(불쌍 eq 1)감정20=1.
compute 감정21=0.
if(거짓 eq 1 or 배신감 eq 1)감정21=1.
compute 감정22=0.
if(방탕 eq 1 or 퇴폐적 eq 1)감정22=1.
compute 감정23=0.
if(골치 eq 1)감정23=1.
compute 감정24=0.
if(단절_A eq 1 or 한심 eq 1 or 서명 eq 1)감정24=1.
compute 감정25=0.
if(최악 eq 1)감정25=1.
compute 감정26=0.
if(고생 eq 1 or 최고 eq 1)감정26=1.
compute 감정27=0.
if(쓰레기 eq 1)감정27=1.
compute 감정28=반대서명.
compute 감정29=혼란.
execute.
```

- 새로 생성된 29개의 이분형 요인(감정1~감정29)에 대해 2차 요인분석을 실시하여 축약한
  다.

  1단계: 데이터파일을 불러온다(분석파일: 음란물_감성분석_20150814.sav).

  2단계: [분석]→[차원감소]→[요인분석]→[변수: 감정1~감정29]를 선택한다.

  3단계: [요인회전]→[베리멕스]를 지정한다.

  4단계: [옵션]→[계수출력형식: 크기순 정렬]을 지정한다.

  5단계: 결과를 확인한다.

- 회전된 성분행렬 분석 결과 11개 요인(67개 변수)으로 축약되었다.

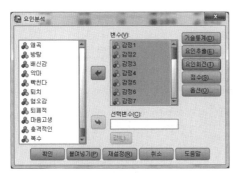

회전된 성분행렬[a]

| | 성분 | | | | | | | | | | |
	1	2	3	4	5	6	7	8	9	10	11
감정2	.670			.131							
감정16	.482		-.143		.149				.341	.158	
감정5	.442	.125	.245		-.158						-.106
감정4		.650	.111		.155			.116			
감정3	.272	.596			.152	-.115			-.120		
감정17		.587	-.215		-.277			-.109	.297		
감정8		.614							.102	-.101	
감정26			.431		-.157	.174	.151				.306
감정1	.234	.229	.381	.161	.183		.117			.214	.191
감정13	.169		.298					.252	.265	.221	
감정28											
감정15				.730							
감정9	.186			.682							.118
감정7	-.108	.236			.655						
감정21					.629						
감정12			.112			.611			.198		
감정23			-.166	.135		.598			-.200	.186	-.127
감정11	.339	-.119		-.110		.417		.129		-.126	.217
감정14							.768		-.126		
감정29							.674		.190		
감정20					-.114	-.151		.727			
감정19						.161		.617			
감정25	.133								.450		-.137
감정27		-.111			.136			.122	.421		.206
감정24	-.153		.272	.314		.190			.390		-.138
감정22										.793	
감정6			.390			.125		.112	-.272	.436	
감정18	-.104			.127							.770
감정10	.247		.168		.118	.143			-.115		.376

- 섹스팅 감정의 감성분석
  - 2차 요인분석 결과 11개 요인으로 결정된 주제어의 의미를 파악하여 '일반, 위험'으로 감성분석을 실시해야 한다. 일반적으로 감성분석은 긍정과 부정의 감성어 사전으로 분석해야 하나, 본 연구에서는 요인분석의 결과로 분류된 주제어의 의미를 파악하여 감성분석을 실시하였다.
  - 본 연구에서는 일반군(27개: 강경, 고통, 상처, 수치심, 비방, 엄중, 마음고생, 한숨, 골치, 불편, 퇴치, 피로, 조롱, 악영향, 최악, 쓰레기, 단절, 한심, 서명, 비하한, 모욕, 거짓, 배신감, 사회악, 혼란, 불쌍, 장난), 위험군(28개: 잔혹, 잔인, 공포, 고생, 최고, 중요, 자유, 위험, 요구, 인정, 자극, 침해, 기대, 해결, 긍정, 충격, 적나라, 중독성, 중독, 방탕, 퇴폐적, 유혹, 은밀, 혐오감, 집착, 야한, 흥분, 흥미)으로

분류하였다.

- 최종 섹스팅 감정은 nattitude(0: 일반, 1: 위험)으로 분류하였다.

3-3 분석방법

본 연구에서는 우리나라의 섹스팅의 위험을 설명하는 가장 효율적인 예측모형을 구축하기 위해 특별한 통계적 가정이 필요하지 않은 데이터마이닝(data mining)의 연관분석(association analysis)과 의사결정나무분석(decision tree analysis)을 사용하였다.

소셜 빅데이터 분석에서 연관분석은 하나의 온라인 문서(transaction)에 포함된 둘 이상의 단어들에 대한 상호관련성을 발견하는 것으로, 동시에 발생한 어떤 단어들의 집합에 대해 조건과 연관규칙을 찾는 분석방법이다. 본 연구의 연관분석은 선험적 규칙(apriori principle) 알고리즘을 사용하였다. 본 연구의 섹스팅 위험 예측에 사용된 연관분석의 측도는 지지도 0.02, 신뢰도 0.2를 기준으로 시뮬레이션하였다.

데이터마이닝의 의사결정나무분석은 방대한 자료 속에서 종속변인을 가장 잘 설명하는 예측모형을 자동적으로 산출해줌으로써 각기 다른 속성을 지닌 섹스팅에 대한 요인을 쉽게 파악할 수 있다. 본 연구의 의사결정나무 형성을 위한 분석 알고리즘은 CHAID(Chi-squared Automatic Interaction Detection)를 사용하였다. CHAID(Kass, 1980)는 이산형인 종속변수의 분리기준으로 카이제곱(χ^2-검정)을 사용하며, 모든 가능한 조합을 탐색하여 최적분리를 찾는다. 정지규칙(stopping rule)으로 관찰치가 충분하여 상위노드(부모마디)의 최소 케이스 수는 100으로, 하위노드(자식마디)의 최소 케이스 수는 50으로 설정하였고, 나무깊이는 3수준으로 정하였다.

본 연구의 기술분석, 다중응답분석, 의사결정나무분석은 SPSS v. 22.0을 사용하였고, 연관분석과 시각화는 R version 3.1.3, 소셜 네트워크 분석은 NetMiner[9]를 사용하였다.

4 연구결과

4-1 섹스팅 관련 문서 현황

섹스팅과 관련된 문서(버즈)는 (연도별로 다르지만) 10시부터 증가하여 11시 이후 급감하며, 다시 13시 이후 증가하여 15시 이후 감소하고, 23시 이후 증가하여 3시 이후 급감하는 패턴을 보이는 것으로 나타났다. 또한 목요일과 수요일에 가장 높은 추이를 보이는 반면, 주말에는 감소하였다[그림 7-1].

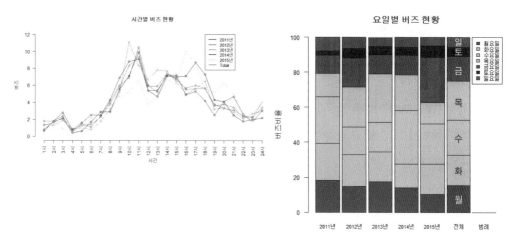

[그림 7-1] 섹스팅 관련 시간별 및 요일별 버즈 현황

9. NetMiner v4.2.0.140122 Seoul: Cyram Inc.

③ 음란물 관련 문서량의 시간별 추이

- '음란물_시간요일_0815.sav'로 '음란물시간_그래프.csv'를 다음과 같이 작성한다.

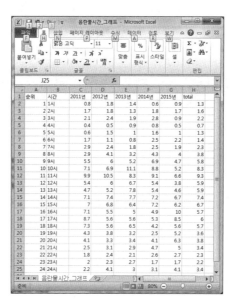

- R을 이용한 '음란물시간_그래프.csv' 작성

  > install.packages('foreign')

  > library(foreign)

  > install.packages('Rcmdr')

  > library(Rcmdr)

  > install.packages('catspec')

  > library(catspec)

  > setwd("h:/음란물유통_시각화등")

  > data_spss=read.spss(file='음란물_시간요일_0815.sav', use.value.labels=T, use.missings=T, to.data.frame=T)

  > t1=ftable(data_spss[c('time', 'year')])

  > ctab(t1, type='c')

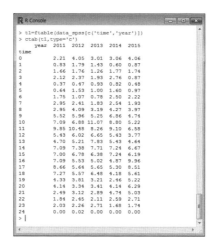

```
R Console
> t1=ftable(data_spss[c('time','year')])
> ctab(t1,type='c')
      year 2011  2012  2013  2014  2015
time
0           2.21  4.05  3.01  3.06  4.06
1           0.83  1.79  1.43  0.60  0.87
2           1.66  1.76  1.26  1.77  1.74
3           2.12  2.37  1.93  2.76  0.87
4           0.37  0.47  0.93  0.82  0.48
5           0.64  1.53  1.00  1.60  0.97
6           1.75  1.07  0.78  2.50  2.22
7           2.95  2.41  1.83  2.54  1.93
8           2.95  4.09  3.19  4.27  3.97
9           5.52  5.96  5.25  6.86  4.74
10          7.09  6.88 11.07  8.80  5.22
11          9.85 10.48  8.26  9.10  6.58
12          5.43  6.02  6.65  5.43  3.77
13          4.70  5.21  7.83  5.43  4.64
14          7.09  7.38  7.71  7.24  6.67
15          7.00  6.78  6.38  7.24  6.19
16          7.09  5.53  5.02  4.87  9.96
17          8.66  5.64  5.65  5.30  8.51
18          7.27  5.57  6.48  4.18  5.61
19          4.33  3.81  3.21  2.46  5.22
20          4.14  3.34  3.41  4.14  6.29
21          2.49  3.12  2.89  4.74  5.03
22          1.84  2.45  2.11  2.59  2.71
23          2.03  2.26  2.71  1.68  1.74
24          0.00  0.02  0.00  0.00  0.00
> |
```

- SPSS를 이용한 '음란물시간_그래프.csv' 작성

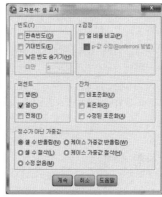

		year					전체
		2011	2012	2013	2014	2015	
time	0	2.2%	4.1%	3.0%	3.1%	4.1%	3.4%
	1	0.8%	1.8%	1.4%	0.6%	0.9%	1.3%
	2	1.7%	1.8%	1.3%	1.8%	1.7%	1.6%
	3	2.1%	2.4%	1.9%	2.8%	0.9%	2.2%
	4	0.4%	0.5%	0.9%	0.8%	0.5%	0.7%
	5	0.6%	1.5%	1.0%	1.6%	1.0%	1.3%
	6	1.7%	1.1%	0.8%	2.5%	2.2%	1.4%
	7	2.9%	2.4%	1.8%	2.5%	1.9%	2.3%
	8	2.9%	4.1%	3.2%	4.3%	4.0%	3.8%
	9	5.5%	6.0%	5.2%	6.9%	4.7%	5.8%
	10	7.1%	6.9%	11.1%	8.8%	5.2%	8.3%
	11	9.9%	10.5%	8.3%	9.1%	6.6%	9.3%
	12	5.4%	6.0%	6.7%	5.4%	3.8%	5.9%
	13	4.7%	5.2%	7.8%	5.4%	4.6%	5.9%
	14	7.1%	7.4%	7.7%	7.2%	6.7%	7.4%
	15	7.0%	6.8%	6.4%	7.2%	6.2%	6.7%
	16	7.1%	5.5%	5.0%	4.9%	10.0%	5.7%
	17	8.7%	5.6%	5.6%	5.3%	8.5%	6.0%
	18	7.3%	5.6%	6.5%	4.2%	5.6%	5.7%
	19	4.3%	3.8%	3.2%	2.5%	5.2%	3.6%
	20	4.1%	3.3%	3.4%	4.1%	6.3%	3.8%
	21	2.5%	3.1%	2.9%	4.7%	5.0%	3.4%
	22	1.8%	2.4%	2.1%	2.6%	2.7%	2.3%
	23	2.0%	2.3%	2.7%	1.7%	1.7%	2.0%
	24		0.0%				0.0%
전체		100.0%	100.0%	100.0%	100.0%	100.0%	100.0%

- 음란물 관련 문서(버즈)량의 시간별 추이 시각화

  > rm(list=ls())

  > setwd("h:/음란물유통_시각화등")

  > sex=read.csv("음란물시간_그래프.csv", sep=", ", stringsAsFactors=F)

  > a=sex$X2011년

  > b=sex$X2012년

  > c=sex$X2013년

  > d=sex$X2014년

  > e=sex$X2015년

  > f=sex$total

> plot(a, xlab="", ylab="", ylim=c(0, 12), type="o", axes=FALSE, ann=F, col=1)

> title(main="시간별 버즈 현황", col.main=1, font.main=2)

> title(xlab="시간", col.lab=1)

> title(ylab="버즈", col.lab=1)

> axis(1, at=1:24, lab=c(sex$시간), las=2)

> axis(2, ylim=c(0, 12), las=2)

> lines(b, col=2, type="o")

> lines(c, col=3, type="o")

> lines(d, col=4, type="o")

> lines(e, col=5, type="o")

> lines(f, col=6, type="o")

> colors=c(1, 2, 3, 4, 5, 6)

> legend(18, 12, c("2011년", "2012년", "2013년", "2014년", "2015년", "Total"), cex=0.9, col=colors, lty=1, lwd=2)

> savePlot("음란물시간_그래프.png", type="png")

④ 음란물 관련 요일별 문서 현황 추이

- '음란물_시간요일_0815.sav'로 '요일별_문서.txt'를 다음과 같이 작성한다.
  - 마지막 행에 요인 수만큼 '0'을 입력한다[X축의 범례(Legend)가 위치할 곳].

- R을 이용한 '요일별_문서.txt' 작성
  > install.packages('foreign')
  > library(foreign)
  > install.packages('Rcmdr')

> library(Rcmdr)

> install.packages('catspec')

> library(catspec)

> setwd("h:/음란물유통_시각화등")

> data_spss=read.spss(file='음란물_시간요일_0815.sav', use.value.labels=T, use.missings=T, to.data.frame=T)

> t1=ftable(data_spss[c('year', 'week')])

> ctab(t1, type='r')

week의 total % 분석

> tot=ftable(data_spss[c('week')])

> ctab(tot, type='r')

```
R R Console                                                    [_][□][x]

> t1=ftable(data_spss[c('year','week')])
> ctab(t1,type='r')
     week Monday Tuesday Wednesday Thursday Friday Saturday Sunday
year
2011      18.32  20.99   26.70    13.26    10.31  2.49     7.92
2012      14.85  18.03   15.79    22.91    16.57  5.31     6.54
2013      17.45  17.07   16.77    27.74    11.02  4.80     5.15
2014      14.14  13.45   30.57    20.27    11.30  4.48     5.78
2015      10.25  17.31   22.92    12.28    25.73  6.48     5.03
> ##  week의 total % 분석
> tot=ftable(data_spss[c('week')])
> ctab(tot,type='r')
               x
Monday     15.41
Tuesday    17.16
Wednesday  19.96
Thursday   22.30
Friday     14.27
Saturday    4.89
Sunday      6.00
> |
```

- SPSS를 이용한 '요일별_문서.txt' 작성

 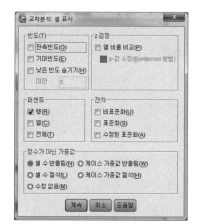

year * week 교차표

year 중 %

		week							전체
		1.00 Monday	2.00 Tuesday	3.00 Wednesday	4.00 Thursday	5.00 Friday	6.00 Saturday	7.00 Sunday	
year	2011	18.3%	21.0%	26.7%	13.3%	10.3%	2.5%	7.9%	100.0%
	2012	14.9%	18.0%	15.8%	22.9%	16.6%	5.3%	6.5%	100.0%
	2013	17.4%	17.1%	16.8%	27.7%	11.0%	4.8%	5.1%	100.0%
	2014	14.1%	13.5%	30.6%	20.3%	11.3%	4.5%	5.8%	100.0%
	2015	10.3%	17.3%	22.9%	12.3%	25.7%	6.5%	5.0%	100.0%
전체		15.4%	17.2%	20.0%	22.3%	14.3%	4.9%	6.0%	100.0%

- 음란물 관련 문서(버즈)량의 요일별 추이 시각화

  > rm(list=ls())

  > setwd("h:/음란물유통_시각화등")

  > 음란물=read.table("요일별_문서.txt", header=T)

  > barplot(t(음란물), main='요일별 버즈 현황', ylab='버즈비율', ylim=c(0, 100), col=rainbow(7), space=0.1, cex.axis=0.8, las=1, names.arg=c('2011년', '2012년', '2013년', '2014년', '2015년', '전체', '범례'), cex=0.7)

  > legend(6.7, 100, names(음란물), cex=0.65, fill=rainbow(7))

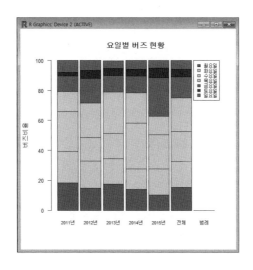

[그림 7-2]와 같이 연도별 섹스팅에 대한 긍정적 감정(위험)의 변화는 2011년 대비 평균 4.6배씩 증가하였으며, 위험 감정의 표현 단어는 요구, 충격, 인정, 자유, 중요, 침해 등의 순으로 집중되었다. 섹스팅에 대한 부정적 감정(일반)의 변화는 2011년 대비 평균 2.5배씩 증가하였으며, 일반 감정의 표현 단어는 수치심, 상처, 고통, 모욕, 악영향, 장난 등의 순으로 집중되었다.

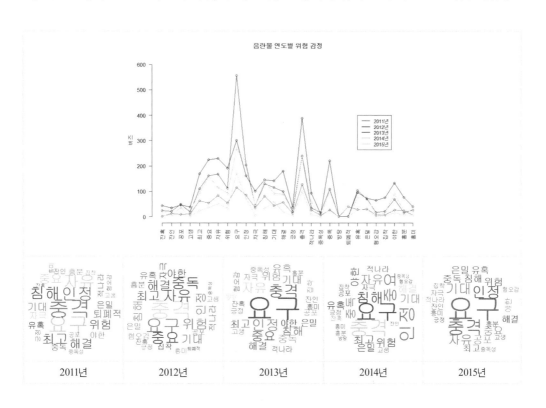

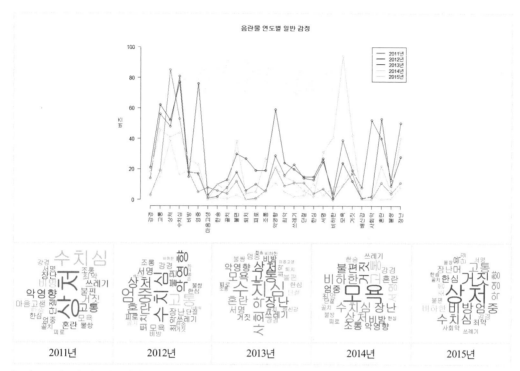

[그림 7-2] 연도별 섹스팅 감정 변화

⑤ 연도별 섹스팅 감정 변화

• '음란물_감정_0815.sav'로 '음란물감정위험_그래프.csv'를 다음과 같이 작성한다.

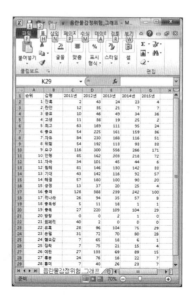

- 연도별 섹스팅 감정 변화 시각화

  > rm(list=ls())

  > setwd("h:/음란물유통_시각화등")

  > f=read.csv("음란물감정위험_그래프.csv", sep=", ", stringsAsFactors=F)

  > a=f$X2011년

  > b=f$X2012년

  > c=f$X2013년

  > d=f$X2014년

  > e=f$X2015년

  > plot(a, xlab="", ylab="", ylim=c(0, 600), type="o", axes=FALSE, ann=F, col="red")

  > title(main="음란물 연도별 위험 감정", col.main=1, font.main=2)

  > title(ylab="버즈", col.lab=1)

  > axis(1, at=1:28, lab=c(f$감정), las=2)

  > axis(2, ylim=c(0, 600), las=2)

  > lines(b, col="black", type="o")

  > lines(c, col="blue", type="o")

  > lines(d, col="green", type="o")

  > lines(e, col="cyan", type="o")

  > colors=c("red", "black", "blue", "green", "cyan")

  > legend(22, 400, c("2011년", "2012년", "2013년", "2014년", "2015년"), cex=0.9, col=colors, lty=1, lwd=2)

  > savePlot("음란물감정_위험_그래프.png", type="png")

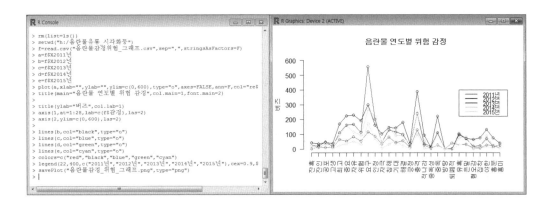

- 연도별 섹스팅 감정 변화 워드클라우드 작성
  - '음란물감정위험_그래프.csv'로 '2011년_위험.txt~2015년_위험.txt'를 작성하고, '음란물
    감정일반_그래프.csv'로 '2011년_일반.txt~2015년_일반.txt'를 다음과 같이 작성한다.
  - 1부 4장 텍스트 데이터의 시각화 부분(p. 229)을 참조한다.

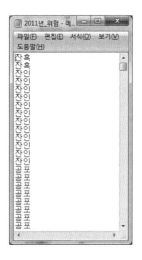

  - wordcloud() 함수를 이용하여 워드클라우드를 작성한다.
  > setwd("h:/음란물유통_시각화등")
  > install.packages("KoNLP")
  > install.packages("wordcloud")
  > library(KoNLP)
  > library(wordcloud)
  > obrev=read.table("2011년_위험.txt")
  > wordcount=table(obrev)
  > library(RColorBrewer)
  > palete=brewer.pal(9, "Set1")
  > wordcloud(names(wordcount), freq=wordcount, scale=c(5, 1), rot.per=.12, min.freq=1, random.
    order=F, random.color=T, colors=palete)
  > savePlot("2011년_위험.png", type="png")

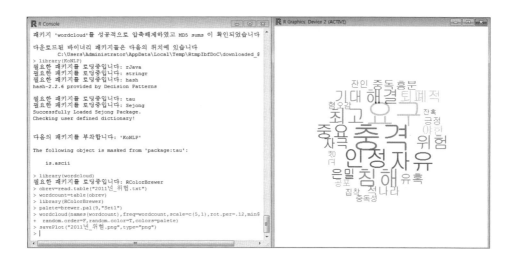

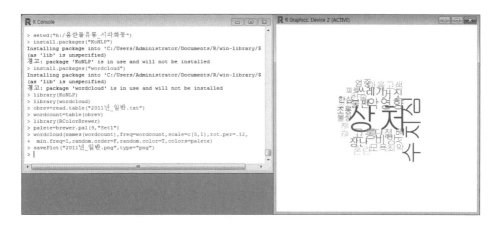

[표 7-1]과 같이 섹스팅에 대한 위험 감정 키워드의 연관성 예측에서 {집착, 야한, 흥분}=>{혐오감} 네 변인의 연관성은 지지도 0.001, 신뢰도 0.933, 향상도 132.53으로 나타났다. 이는 온라인 문서에서 '집착, 야한, 흥분'이 언급되면 혐오감 감정이 나타날 확률이 93.3%이며 '집착, 야한, 흥분'이 언급되지 않은 문서보다 혐오감 감정을 나타낼 확률이 132.5배 높아지는 것을 의미한다. 따라서 섹스팅의 위험 감정은 혐오감, 집착, 자극, 야한, 자유, 요구 키워드에 강하게 연결되어 있는 것으로 볼 수 있다.

[표 7-1] 섹스팅의 위험 감정 키워드 연관성 예측

	지지도	신뢰도	향상도
{집착, 야한, 흥분} => {혐오감}	0.001016408	0.9333333	132.533333
{혐오감, 야한, 흥분} => {집착}	0.001016408	1.0000000	112.901639
{중독, 혐오감, 야한} => {집착}	0.001161609	0.8888889	100.357013
{혐오감, 흥분} => {집착}	0.001016408	0.8235294	92.977821
{중독, 혐오감} => {집착}	0.001234209	0.8095238	91.396565
{자유, 침해, 흥분} => {자극}	0.001089008	0.8823529	52.841432
{침해, 흥분} => {자극}	0.001234209	0.8500000	50.903913
{혐오감, 집착, 흥분} => {야한}	0.001016408	1.0000000	41.363363
{중독, 혐오감, 집착} => {야한}	0.001161609	0.9411765	38.930224
{혐오감, 집착} => {야한}	0.001597212	0.9166667	37.916416
{중독, 혐오감} => {야한}	0.001306810	0.8571429	35.454311
{혐오감, 흥분} => {야한}	0.001016408	0.8235294	34.063946
{위험, 인정, 침해} => {자유}	0.001016408	0.9333333	19.808526
{중요, 위험, 요구, 충격} => {자유}	0.001524612	0.9130435	19.377906
{자극, 침해, 흥분} => {자유}	0.001089008	0.8823529	18.726548
{침해, 흥분} => {자유}	0.001234209	0.8500000	18.039908
{자유, 위험, 요구, 충격} => {중요}	0.001524612	0.8076923	17.519927
{최고, 요구, 침해} => {자유}	0.001016408	0.8235294	17.478111
{위험, 인정, 침해} => {요구}	0.001016408	0.9333333	9.124012
{중요, 자유, 위험, 충격} => {요구}	0.001524612	0.9130435	8.925664

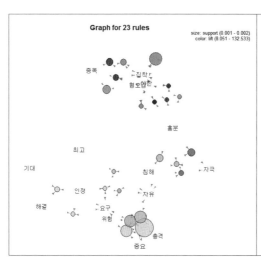

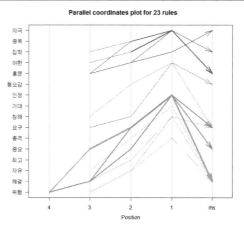

⑥ 섹스팅의 위험 감정 키워드 연관성 예측(키워드 간 연관분석)

- '음란물_감정_0815.sav'에서 '음란물위험감정_연관분석.txt'를 다음과 같이 작성한다.

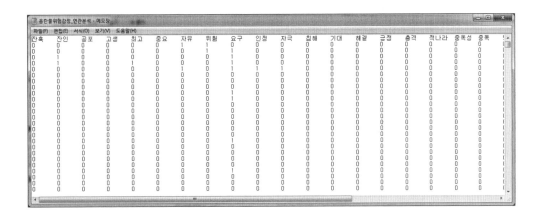

- arules 패키지와 apriori() 함수를 이용하여 연관분석을 실시한다.

  > setwd("h:/음란물유통_시각화등")

  > asso=read.table("음란물위험감정_연관분석.txt", header=T)

  > install.packages("arules")

  > library(arules)

  > trans=as.matrix(asso, "Transaction")

  > rules1=apriori(trans, parameter=list(supp=0.001, conf=0.8, target="rules"))

  > inspect(sort(rules1))

  > summary(rules1)

  > rules.sorted=sort(rules1, by="confidence")

  > inspect(rules.sorted)

  > rules.sorted=sort(rules1, by="lift")

  > inspect(rules.sorted)

```
R Console

> rules.sorted=sort(rules1, by="lift")
> inspect(rules.sorted)
   lhs          rhs       support     confidence  lift
1  {집착,
    야한,
    흥분}    => {혐오감} 0.001016408 0.9333333  132.533333
2  {혐오감,
    야한,
    흥분}    => {집착}   0.001016408 1.0000000  112.901639
3  {중독,
    혐오감,
    야한}    => {집착}   0.001161609 0.8888889  100.357013
4  {혐오감,
    흥분}    => {집착}   0.001016408 0.8235294   92.977821
5  {중독,
    혐오감}  => {집착}   0.001234209 0.8095238   91.396565
6  {자유,
    침해,
    흥분}    => {자극}   0.001089008 0.8823529   52.841432
7  {침해,
    흥분}    => {자극}   0.001234209 0.8500000   50.903913
8  {혐오감,
    집착,
    흥분}    => {야한}   0.001016408 1.0000000   41.363363
9  {중독,
    혐오감,
    집착}    => {야한}   0.001161609 0.9411765   38.930224
10 {혐오감,
    집착}    => {야한}   0.001597212 0.9166667   37.916416
11 {중독,
    혐오감}  => {야한}   0.001306810 0.8571429   35.454311
12 {혐오감,
    흥분}    => {야한}   0.001016408 0.8235294   34.063946
```

- arulesViz 패키지와 plot() 함수를 이용하여 시각화를 실시한다.

  > install.packages("arulesViz")

  > library(arulesViz)

  > plot(rules1, method='graph', control=list(type='items'))

  > plot(rules1, method='paracoord', control=list(reorder=T))

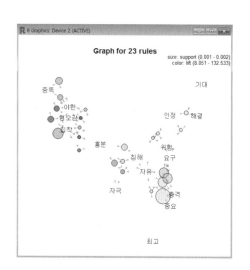

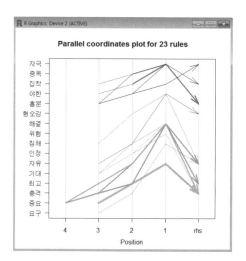

[그림 7-3]과 같이 지역별 섹스팅에 대한 감정 일반은 서울, 경기, 대전, 부산, 경남 등의 순으로 높게 나타났다. 위험 감정은 서울, 경기, 부산, 대전, 전남 등의 순으로 높았다.

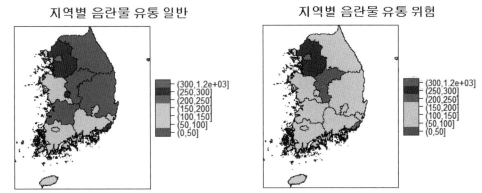

지역별 음란물 유통 일반   지역별 음란물 유통 위험

[그림 7-3] 지역별 섹스팅 감정(일반, 위험)

⑦ 지역별 섹스팅 감정 시각화

- '음란물_청소년_0815.sav'로 '지역별음란물감정_지도.txt'를 다음과 같이 작성한다.

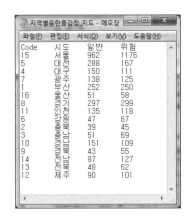

- spplot() 함수와 print() 함수를 이용하여 여러 객체의 지리적 데이터를 시각화한다.

시도별 행정지도 데이터 read

> load('h:/음란물유통_시각화등/KOR_adm0.RDATA')

> plot(gadm)

> load('h:/음란물유통_시각화등/KOR_adm1.RDATA')

> plot(gadm)

> install.packages('sp')

```
>  library(sp)

>  pop=read.table('지역별음란물감정_지도.txt', header=T)

>  pop_s=pop[order(pop$Code),]

>  inter=c(0, 50, 100, 150, 200, 250, 300, 1200)

>  pop_c=cut(pop_s$위험, breaks=inter)

>  gadm$pop=as.factor(pop_c)

>  col=rainbow(length(levels(gadm$pop)))
```

음란물 유통 일반과 위험 비교

```
>  p1=spplot(gadm, 'pop', col.regions=col, main='지역별 음란물 유통 위험')
```

일반 객체 생성

```
>  pop_c=cut(pop_s$일반, breaks=inter)

>  gadm$pop=as.factor(pop_c)

>  col=rainbow(length(levels(gadm$pop)))

>  p2=spplot(gadm, 'pop', col.regions=col, main='지역별 음란물 유통 일반')
```

여러 객체 인쇄

```
>  print(p2, pos=c(0, 0.5, 0.5, 1), more=T)

>  print(p1, pos=c(0.5, 0.5, 1, 1), more=T)
```

[표 7-2]와 같이 섹스팅과 관련하여 긍정적 감정(위험)을 나타내는 버즈는 38.3%(2011년: 51.7%, 2012년 32.4%, 2013년 36.1%, 2014년 46.3%, 2015년 45.5%)로 나타났다. 섹스팅 관련 폐해는 성범죄(71.2%), 명예훼손(9.5%), 사기(7.6%) 등의 순으로 나타났다. 섹스팅 관련 유형은 성인음 란물(71.3%), 아동음란물(16.1%), 유해광고(3.8%), 스미싱(3.8%) 순으로 나타났다. 섹스팅 관련 내용으로는 성행위(52.7%), 누드(25.3%), 폭력(12.0%) 등의 순으로 나타났다. 섹스팅 관련 도움 으로는 전문가상담(33.8%), 통제(29.2%), 예방교육(17.7%) 등의 순으로 나타났다.

섹스팅 관련 유통으로는 공급(58.2%), 수요(22.8%), 공유(19.0%) 순으로 나타났다. 섹스팅 관련 영향으로는 공부(61.7%), 건강(15.8%), 성욕(8.1%) 등의 순으로 나타났다. 섹스팅 관련 제 도로는 정보통신망법(61.2%), 가중처벌(13.6%), 벌금(13.3%), 아동청소년보호법(11.9%) 순으로 나타났다. 섹스팅 관련 기관은 경찰청(49.6%), 방송통신위원회(15.0%), 정부(13.0%), 국회(9.2%) 등의 순으로 나타났다. 섹스팅 관련 채널은 SNS(56.1%), 파일공유채널(33.3%), 온라인커뮤니 티(10.6%) 순으로 나타났다.

[표 7-2] 섹스팅 관련 버즈 현황

구분	항목	N(%)	구분	항목	N(%)
감정	위험	5,277(38.3)	폐해	명예훼손	657(9.5)
	일반	8,497(61.7)		성범죄	4,931(71.2)
	계	13,774		사기	529(7.6)
채널	SNS	5,820(56.1)		음주	417(6.0)
	온라인커뮤니티	1,094(10.6)		사회문제	393(5.7)
	파일공유채널	3,454(33.3)		계	6,927
	계	10,368	영향	공부	1,432(61.7)
유형	성인음란물	7,440(71.3)		건강	367(15.8)
	유해광고	919(3.8)		대인관계	77(3.3)
	스미싱	398(3.8)		비용	133(5.7)
	아동음란물	1,676(16.1)		윤리의식	123(5.3)
	계	10,433		성욕	188(8.1)
내용	누드	1,893(25.3)		계	2,320
	성행위	3,943(52.7)	제도	가중처벌	2,105(13.6)
	원조교제	94(1.3)		정보통신망법	9,455(61.2)
	문란행위	659(8.8)		벌금	2,060(13.3)
	폭력	897(12.0)		아동청년보호법	1,838(11.9)
	계	7,486		계	15.458
도움	예방교육	2,044(17.7)	기관	방송통신위원회	1,642(15.0)
	전문가상담	3,916(33.8)		경찰청	5,442(49.6)
	건전생활유도	708(6.1)		국회	1,006(9.2)
	통제	3,382(29.2)		청와대	528(4.8)
	사랑	1,530(13.2)		정부	1,427(13.0)
	계	11,580		사법기관	590(5.4)
유통	수요	2,681(22.8)		시민단체	244(2.2)
	공급	6,829(58.2)		국제기구	82(0.7)
	공유	2,232(19.0)		계	10,964
	계	11,742			

4-2 섹스팅 관련 소셜 네트워크 분석

근접중심성은 평균적으로 다른 노드들과의 거리가 짧은 노드의 중심성이 높은 경우로, 근접중심성이 높은 노드는 확률적으로 가장 빨리 다른 노드에 영향을 주거나 받을 수 있다. 따라서 [그림 7-4] 섹스팅의 내용·유형 간의 외부 근접중심성(out closeness centrality)을 살펴보면 성인음란물은 성행위, 누드, 폭력, 문란행위에 밀접하게 연결되어 있으며, 아동음란물은 성행위, 누드, 폭력과 밀접하게 연결되어 있는 것으로 나타났다. 그리고 스미싱은 성행위와 밀접하게 연결되어 있었다.

섹스팅의 폐해·도움 간의 외부 근접중심성을 살펴보면 성범죄는 전문가상담, 통제, 예방교육과 밀접하게 연결되어 있으며, 명예훼손은 통제, 전문가상담과 밀접하게 연결되어 있는 것으로 나타났다.

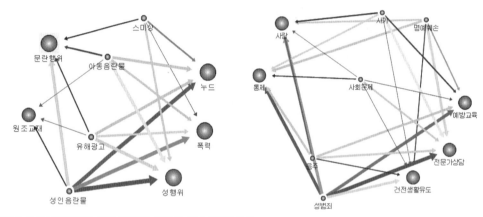

[그림 7-4] 섹스팅의 내용·유형 및 폐해·도움 간 외부 근접중심성

⑧ NetMiner로 네트워크 분석하기(Closeness)[10]

- NetMiner에서 [그림 7-4]와 같은 섹스팅의 내용과 유형의 연결성에 대한 네트워크를 분석하기 위해서는 다음과 같은 1-mode network(edge list) 데이터를 사전에 구성해야 한다.

---

10. 1-mode network의 데이터 구성과 Closeness SNA는 '송태민·송주영(2015). 빅데이터 연구 한 권으로 끝내기. 한나래아카데미. pp. 342-352'를 참조하기 바란다.

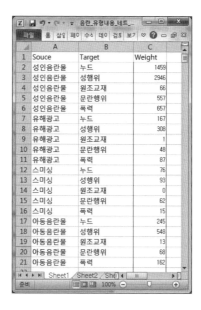

- NetMiner 실행 결과는 다음과 같다.

  - 파일명: 유형내용.nmf, 음란_유형내용_네트_최종.xls

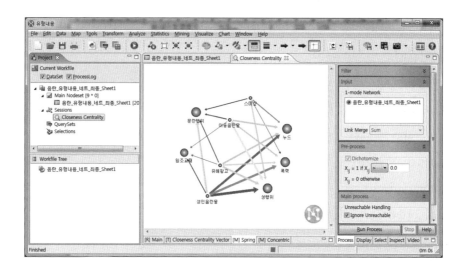

• '음란물_내용·유형_응집_0815.sav'에서 '내용·유형_응집_0815.txt'를 다음과 같이 작성한다.

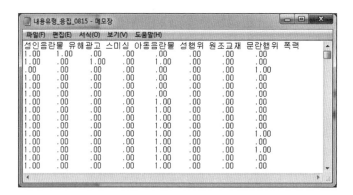

• arules 패키지와 apriori() 함수를 이용하여 연관분석을 실시한다.

> setwd("h:/음란물유통_시각화등")

> asso=read.table("내용·유형_응집_0815.txt", header=T)

> install.packages("arules")

> library(arules)

> trans=as.matrix(asso,"Transaction")

> rules1=apriori(trans, parameter=list(supp=0.001, conf=0.6, target="rules"))

> inspect(sort(rules1))

> summary(rules1)

> rules.sorted=sort(rules1, by="confidence")

> inspect(rules.sorted)

> rules.sorted=sort(rules1, by="lift")

> inspect(rules.sorted)

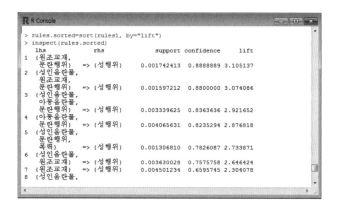

- arulesViz 패키지와 plot() 함수를 이용하여 시각화를 실시한다.

  > install.packages("arulesViz")

  > library(arulesViz)

  > plot(rules1, method='graph', control=list(type='items'))

  > plot(rules1, method='grouped')

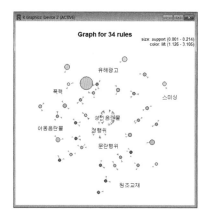

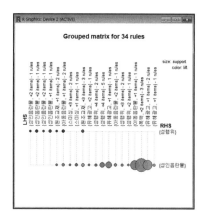

[표 7-3]과 같이 섹스팅 위험에 대한 연관성 예측에서 신뢰도가 가장 높은 연관규칙은 {문란행위, 성인음란물}=>{위험}이며 세 변인의 연관성은 지지도 0.031, 신뢰도는 0.765, 향상도는 1.996으로 나타났다. 이는 온라인 문서에서 문란행위, 성인음란물이 언급되면 섹스팅을 긍정적(위험)으로 생각할 확률이 76.5%이며, 문란행위, 성인음란물이 언급되지 않은 문서보다 섹스팅이 긍정적인 확률이 1.996배 높아지는 것을 나타낸다.

특히 {아동음란물}=>{일반} 두 변인의 연관성은 지지도 0.074, 신뢰도는 0.609, 향상도는

0.987로 나타났다. 이는 온라인 문서에서 아동음란물이 언급되면 섹스팅을 부정적(일반)으로 생각할 확률이 60.9%이며, 아동음란물이 언급되지 않은 문서보다 섹스팅이 부정적인 확률이 0.98배로 낮아지는 것을 나타낸다.

[표 7-3] 유형과 내용 요인에 대한 섹스팅 위험 예측

규칙	지지도	신뢰도	향상도
{문란행위, 성인음란물} => {위험}	0.03092784	0.7648115	1.9963073
{성행위, 폭력} => {위험}	0.02279657	0.7511962	1.9607686
{문란행위} => {위험}	0.03455786	0.7223065	1.8853610
{누드, 성행위, 성인음란물} => {위험}	0.04450414	0.7078522	1.8476324
{누드, 성행위} => {위험}	0.05227240	0.6792453	1.7729628
{폭력, 성인음란물} => {위험}	0.03071003	0.6438356	1.6805366
{누드, 성인음란물} => {위험}	0.06780892	0.6401645	1.6709543
{성행위, 성인음란물} => {위험}	0.13329461	0.6232179	1.6267204
{아동음란물} => {일반}	0.07412516	0.6091885	0.9875207
{성인음란물, 유해광고} => {위험}	0.02686220	0.6055646	1.5806419
{누드} => {위험}	0.08269203	0.6016904	1.5705295
{폭력} => {위험}	0.03818789	0.5863991	1.5306161
{성행위} => {위험}	0.16589226	0.5795080	1.5126290
{유해광고} => {위험}	0.03833309	0.5745375	1.4996551
{성행위, 아동음란물} => {위험}	0.02243357	0.5638686	1.4718071
{성인음란물, 아동음란물} => {일반}	0.03760709	0.5504782	0.8923487
{성인음란물} => {일반}	0.27152606	0.5026882	0.8148790
{성인음란물} => {위험}	0.26862204	0.4973118	1.2980809
{성인음란물, 아동음란물} => {위험}	0.03071003	0.4495218	1.1733396
{유해광고} => {일반}	0.02838682	0.4254625	0.6896928
{성행위} => {일반}	0.12037171	0.4204920	0.6816355
{폭력} => {일반}	0.02693480	0.4136009	0.6704647
{누드} => {일반}	0.05474082	0.3983096	0.6456768
{아동음란물} => {위험}	0.04755336	0.3908115	1.0200942
{성행위, 성인음란물} => {일반}	0.08058661	0.3767821	0.6107798
{누드, 성인음란물} => {일반}	0.03811529	0.3598355	0.5833087
{누드, 성행위} => {일반}	0.02468419	0.3207547	0.5199571

⑩ 유형과 내용 요인에 대한 섹스팅 위험 예측의 연관분석(키워드와 종속변수 간 연관분석)

- '음란물_감정_0815.sav'에서 '음란_연관분석_유형내용.txt'를 다음과 같이 작성한다.

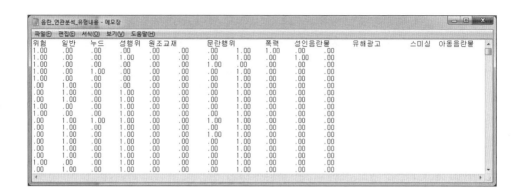

- arules 패키지와 apriori() 함수를 이용하여 연관분석을 실시한다.

  > rm(list=ls())

  > setwd("h:/음란물유통_시각화등")

  > asso=read.table("음란_연관분석_유형내용.txt", header=T)

  > install.packages("arules")

  > library(arules)

  > trans=as.matrix(asso, "Transaction")

  > rules1=apriori(trans, parameter=list(supp=0.02, conf=0.2), appearance=list(rhs=c("위험", "일반"), default="lhs"), control=list(verbose=F))

  > inspect(sort(rules1))

  > summary(rules1)

  > rules.sorted=sort(rules1, by="confidence")

  > inspect(rules.sorted)

  > rules.sorted=sort(rules1, by="lift")

  > inspect(rules.sorted)

4-3 섹스팅의 위험에 영향을 미치는 요인

[표 7-4]와 같이 모든 도움요인은 섹스팅의 위험에 양(+)의 영향을 미쳐 건전생활유도, 사랑, 전문가상담, 통제, 예방교육 순으로 섹스팅의 위험에 도움이 되는 것으로 나타났다. 모든 영향요인은 섹스팅의 위험에 양의 영향을 미치는 것으로 나타나 윤리의식, 대인관계, 건강, 공부 등의 순으로 섹스팅의 위험에 영향을 주었다. 내용요인은 원조교제를 제외한 모든 요인이 섹스팅의 위험에 양의 영향을 미치는 것으로 나타나 문란행위, 성행위 등의 순으로 섹스팅의 위험에 영향을 주었다.

유형요인은 아동음란물을 제외한 모든 요인이 섹스팅의 위험에 양의 영향을 미치는 것으로 나타나 성인음란물, 스미싱, 유해광고 순으로 섹스팅의 위험에 영향을 주었다. 폐해요인은 사회문제를 제외한 모든 요인이 섹스팅의 위험에 양의 영향을 미치는 것으로 나타나 음주, 성범죄 등의 순으로 섹스팅의 위험에 영향을 주었다. 모든 제도요인은 섹스팅의 위험에 양의 영향을 미치는 것으로 나타나 정보통신망법, 가중처벌 등의 순으로 섹스팅의 위험에 영향을 주었다. 유통요인 중에서는 공유가 섹스팅의 위험에 가장 큰 영향을 주는 것으로 나타났다.

[표 7-4] 섹스팅에 영향을 미치는 요인[주)

변수		위험			
		b[+]	S.E.[‡]	OR[§]	P
도움	예방교육	0.568	0.057	1.765	0.000
	전문가상담	0.835	0.043	2.306	0.000
	건전생활유도	1.326	0.103	3.767	0.000
	통제	0.607	0.045	1.834	0.000
	사랑	0.881	0.062	2.414	0.000
영향	공부	1.061	0.060	2.891	0.000
	건강	1.136	0.123	3.114	0.000
	대인관계	1.589	0.316	4.901	0.000
	비용	0.800	0.179	2.225	0.000
	윤리의식	2.081	0.268	8.016	0.000
	성욕	0.978	0.173	2.659	0.000

	누드	0.739	0.054	2.095	0.000
	성행위	1.028	0.041	2.797	0.000
내용	원조교재	−0.425	0.242	0.654	0.079
	문란행위	1.595	0.092	4.927	0.000
	폭력	0.664	0.075	1.942	0.000
	성인음란물	1.067	0.037	2.906	0.000
유형	유해광고	0.689	0.072	1.992	0.000
	스미싱	0.992	0.112	2.695	0.000
	아동음란물	0.053	0.056	1.054	0.341
	명예훼손	0.412	0.086	1.509	0.000
	성범죄	1.162	0.038	3.197	0.000
폐해	사기	0.632	0.096	1.881	0.000
	음주	1.334	0.120	3.795	0.000
	사회문제	−0.090	0.110	0.913	0.411
	가중처벌	0.528	0.050	1.695	0.000
제도	정보통신망법	0.643	0.042	1.903	0.000
	벌금	0.438	0.051	1.550	0.000
	아동청소년보호법	0.439	0.053	1.551	0.000
	수요	0.170	0.044	1.186	0.000
유통	공급	0.006	0.035	1.006	0.876
	공유	0.662	0.047	1.939	0.000

주: * 기본범주: 일반, [†]Standardized coefficients, [‡]Standard error, [§]odds ratio

⑪ 섹스팅에 영향을 주는 요인(이분형 로지스틱 회귀분석)

- R을 활용한 도움요인의 이분형 로지스틱 회귀분석

  > install.packages('foreign')

  > library(foreign)

  > rm(list=ls())

  > setwd("h:/음란물유통_시각화등")

  > data_spss=read.spss(file='음란물_도움_로지스틱_0815.sav', use.value.labels=T, use.missings=T, to.data.frame=T)

  > summary(glm(nattitude~., family=binomial, data=data_spss))

> exp(coef(glm(nattitude~., family=binomial, data=data_spss)))

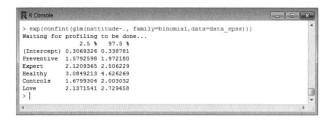

> exp(confint(glm(nattitude~., family=binomial, data=data_spss)))

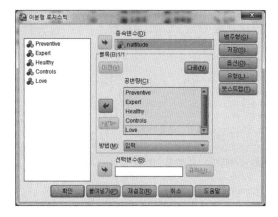

- SPSS를 활용한 도움요인의 이분형 로지스틱 회귀분석
  - SPSS는 '음란물_도움_로지스틱_0815.sav' 파일을 사용한다.

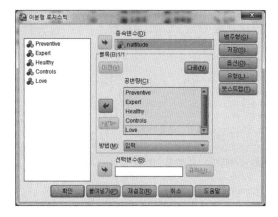

방정식의 변수

		B	S.E.	Wald	자유도	유의확률	Exp(B)	EXP(B)에 대한 95% 신뢰구간	
								하한	상한
1 단계a	Preventive	.568	.057	100.443	1	.000	1.765	1.579	1.972
	Expert	.835	.043	384.833	1	.000	2.306	2.121	2.506
	Healthy	1.326	.103	164.852	1	.000	3.767	3.077	4.613
	Controls	.607	.045	182.827	1	.000	1.834	1.680	2.003
	Love	.881	.062	199.473	1	.000	2.414	2.136	2.729
	상수항	-1.132	.025	2018.851	1	.000	.323		

a. 변수가 1: Preventive, Expert, Healthy, Controls, Love 단계에 입력되었습니다.

4-4 섹스팅 관련 위험 예측모형

본 연구에서는 섹스팅 관련 위험을 예측하기 위하여 섹스팅의 도움요인, 내용요인, 유형요인에 대해 데이터마이닝 분석을 실시하였다. 섹스팅의 도움요인이 섹스팅 위험 예측모형에 미치는 영향은 [그림 7-5]와 같다. 나무구조의 최상위에 있는 네모는 루트노드로서, 예측변수(독립변수)가 투입되지 않은 종속변수(위험, 일반)의 빈도를 나타낸다. 루트노드에서 섹스팅 위험은 38.3%(5,277건), 일반은 61.7%(8,497건)로 나타났다.

루트노드 하단의 가장 상위에 위치하는 요인은 섹스팅 위험 예측에 영향력이 가장 높은 (관련성이 깊은) 요인으로 '전문가상담요인'의 영향력이 가장 큰 것으로 나타났다. 전문가상담요인이 있을 경우 섹스팅 위험은 이전의 38.3%에서 59.1%로 증가한 반면, 일반은 61.7%에서 40.9%로 감소하였다. '전문가상담요인이 있고 건전생활유도요인이 있는' 경우 섹스팅 위험은 이전의 59.1%에서 85.0%로 증가한 반면, 일반은 40.9%에서 15.0%로 감소하였다.

[표 7-6] 섹스팅 도움요인의 위험 예측모형에 대한 이익도표와 같이 섹스팅 위험에 영향력이 가장 높은 경우는 '전문가상담요인이 있고, 건전생활유도요인이 있으며, 사랑요인이 있는' 조합으로 나타났다. 즉 10번 노드의 지수(index)가 234.5%로 뿌리마디와 비교했을 때 10번 노드의 조건을 가진 집단이 섹스팅 위험이 높을 확률이 2.34배로 나타났다. 일반인에게 영향력이 가장 높은 경우는 '전문가상담요인이 없고, 통제요인이 없고, 건전생활유도요인이 없는' 조합으로 나타났다. 즉 13번 노드의 지수가 121.7%로 뿌리마디와 비교했을 때 13번 노드의 조건을 가진 집단이 일반의 확률이 1.22배로 나타났다.

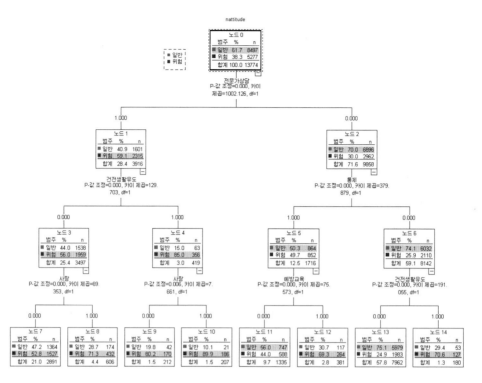

[그림 7-5] 도움요인의 섹스팅 위험 예측모형

[표 7-6] 도움요인의 섹스팅 위험 예측모형에 대한 이익도표

구분	노드	이익지수				누적지수			
		노드(n)	노드(%)	이익(%)	지수(%)	노드(n)	노드(%)	이익(%)	지수(%)
위험	10	207	1.5	3.5	234.5	207	1.5	3.5	234.5
	9	212	1.5	3.2	209.3	419	3.0	6.7	221.8
	8	606	4.4	8.2	186.1	1,025	7.4	14.9	200.7
	14	180	1.3	2.4	184.2	1,205	8.7	17.3	198.2
	12	381	2.8	5.0	180.9	1,586	11.5	22.3	194.0
	7	2,891	21.0	28.9	137.9	4,477	32.5	51.3	157.8
	11	1,335	9.7	11.1	115.0	5,812	42.2	62.4	147.9
	13	7,962	57.8	37.6	65.0	13,774	100.0	100.0	100.0
일반	13	7,962	57.8	70.4	121.7	7,962	57.8	70.4	121.7
	11	1,335	9.7	8.8	90.7	9,297	67.5	79.2	117.3
	7	2,891	21.0	16.1	76.5	12,188	88.5	95.2	107.6
	12	381	2.8	1.4	49.8	12,569	91.3	96.6	105.8
	14	180	1.3	.6	47.7	12,749	92.6	97.2	105.0
	8	606	4.4	2.0	46.5	13,355	97.0	99.3	102.4
	9	212	1.5	.5	32.1	13,567	98.5	99.8	101.3
	10	207	1.5	.2	16.4	13,774	100.0	100.0	100.0

섹스팅 내용요인이 섹스팅 위험 예측모형에 미치는 영향은 [그림 7-6]과 같다. 섹스팅 위험 예측에 영향력이 가장 높은 내용요인은 '성행위요인'으로, 성행위요인이 있을 경우 섹스팅 위험은 이전의 38.3%에서 58.0%로 증가한 반면, 일반은 61.7%에서 42.0%로 감소하였다. '성행위요인이 있고 누드요인이 있는' 경우 섹스팅 위험은 이전의 58.0%에서 67.9%로 증가한 반면, 일반은 42.0%에서 32.1%로 감소하였다.

[표 7-7] 섹스팅 내용요인의 위험 예측모형에 대한 이익도표와 같이 섹스팅 위험에 영향력이 가장 높은 경우는 '성행위요인이 있고, 누드요인이 있고, 폭력요인이 있는' 조합으로 나타났다. 즉 12번 노드의 지수가 208.2%로 뿌리마디와 비교했을 때 12번 노드의 조건을 가진 집단이 섹스팅 위험이 높을 확률이 2.08배로 나타났다. 일반인에게 영향력이 가장 높은 경우는 '성행위요인이 없고, 문란행위요인이 없고, 누드요인이 없는' 조합으로 나타났다. 즉 7번 노드의 지수가 119.3%로 뿌리마디와 비교했을 때 7번 노드의 조건을 가진 집단이 일반의 확률이 1.19배로 나타났다.

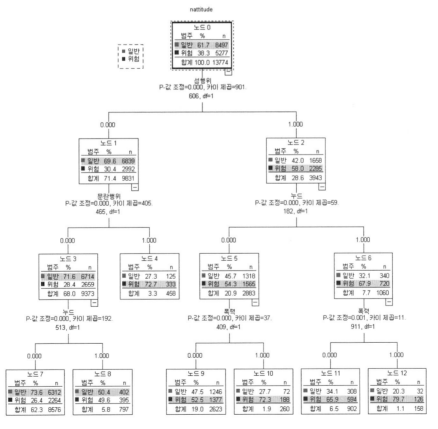

[그림 7-6] 내용요인의 섹스팅 위험 예측모형

[표 7-7] 내용요인의 섹스팅 위험 예측모형에 대한 이익도표

구분	노드	이익지수				누적지수			
		노드(n)	노드(%)	이익(%)	지수(%)	노드(n)	노드(%)	이익(%)	지수(%)
위험	12	158	1.1	2.4	208.2	158	1.1	2.4	208.2
	4	458	3.3	6.3	189.8	616	4.5	8.7	194.5
	10	260	1.9	3.6	188.7	876	6.4	12.3	192.8
	11	902	6.5	11.3	171.9	1,778	12.9	23.5	182.2
	9	2,623	19.0	26.1	137.0	4,401	32.0	49.6	155.3
	8	797	5.8	7.5	129.4	5,198	37.7	57.1	151.3
	7	8,576	62.3	42.9	68.9	13,774	100.0	100.0	100.0
일반	7	8,576	62.3	74.3	119.3	8,576	62.3	74.3	119.3
	8	797	5.8	4.7	81.8	9,373	68.0	79.0	116.1
	9	2,623	19.0	14.7	77.0	11,996	87.1	93.7	107.6
	11	902	6.5	3.6	55.4	12,898	93.6	97.3	103.9
	10	260	1.9	0.8	44.9	13,158	95.5	98.2	102.7
	4	458	3.3	1.5	44.2	13,616	98.9	99.6	100.8
	12	158	1.1	0.4	32.8	13,774	100.0	100.0	100.0

섹스팅 유형요인이 섹스팅 위험 예측모형에 미치는 영향은 [그림 7-7]과 같다. 섹스팅 위험 예측에 영향력이 가장 높은 유형요인은 '성인음란물요인'으로, 성인음란물요인이 있을 경우 섹스팅 위험은 이전의 38.3%에서 49.7%로 증가한 반면, 일반은 61.7%에서 50.3%로 감소하였다. '성인음란물요인이 있고 유해광고요인이 있는' 경우 섹스팅 위험은 이전의 49.7%에서 60.6%로 증가한 반면, 일반은 50.3%에서 39.4%로 감소하였다.

[표 7-8] 섹스팅 유형요인의 위험 예측모형에 대한 이익도표와 같이 섹스팅 위험에 영향력이 가장 높은 경우는 '성인음란물요인이 없고 스미싱요인이 있는' 조합으로 나타났다. 즉 6번 노드의 지수가 178.9%로 뿌리마디와 비교했을 때 6번 노드의 조건을 가진 집단이 섹스팅 위험이 높을 확률이 약 1.78배로 나타났다. 일반인에게 영향력이 가장 높은 경우는 '성인음란물요인이 없고, 스미싱요인이 없고, 유해광고요인이 없는' 조합으로 나타났다. 즉 10번 노드의 지수가 125.3%로 뿌리마디와 비교했을 때 10번 노드의 조건을 가진 집단이 일반의 확률이 1.25배로 나타났다.

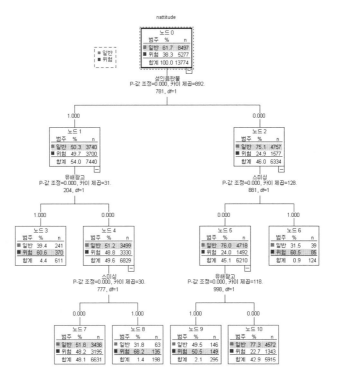

[그림 7-7] 유형요인의 섹스팅 위험 예측모형

[표 7-8] 유형요인의 섹스팅 위험 예측모형에 대한 이익도표

구분	노드	이익지수				누적지수			
		노드(n)	노드(%)	이익(%)	지수(%)	노드(n)	노드(%)	이익(%)	지수(%)
위험	6	124	0.9	1.6	178.9	124	0.9	1.6	178.9
	8	198	1.4	2.6	178.0	322	2.3	4.2	178.3
	3	611	4.4	7.0	158.1	933	6.8	11.2	165.1
	9	295	2.1	2.8	131.8	1,228	8.9	14.0	157.1
	7	6,631	48.1	60.5	125.8	7,859	57.1	74.5	130.7
	10	5,915	42.9	25.5	59.3	13,774	100.0	100.0	100.0
일반	10	5,915	42.9	53.8	125.3	5,915	42.9	53.8	125.3
	7	6,631	48.1	40.4	84.0	12,546	91.1	94.2	103.5
	9	295	2.1	1.7	80.2	12,841	93.2	96.0	102.9
	3	611	4.4	2.8	63.9	13,452	97.7	98.8	101.2
	8	198	1.4	0.7	51.6	13,650	99.1	99.5	100.4
	6	124	0.9	0.5	51.0	13,774	100.0	100.0	100.0

- R을 활용한 도움요인의 의사결정나무분석

  > install.packages('party')

  > library(party)

  > install.packages('caret')

  > library(caret)

  > install.packages('foreign')

  > library(foreign)

  > setwd("h:/음란물유통_시각화등")

2015. 8. 15. 도움요인

  > tdata=read.spss(file='음란물_마이닝도움_0815.sav', use.value.labels=T, use.missings=T, to.data.frame=T)

  > attach(tdata)

  > ind=sample(2, nrow(tdata), replace=T, prob=c(0.5, 0.5))

  > tr_data=tdata[ind==1,]

  > te_data=tdata[ind==2,]

  > i_ctree=ctree(nattitude~., data=tr_data)

  > print(i_ctree)

  > plot(i_ctree)

```
Response:  nattitude
Inputs:  Preventive, Expert, Healthy, Controls, Love
Number of observations:  6915

1) Expert <= 0; criterion = 1, statistic = 532.361
  2) Controls <= 0; criterion = 1, statistic = 212.754
    3) Healthy <= 0; criterion = 1, statistic = 90.534
      4) Love <= 0; criterion = 1, statistic = 62.181
        5) Preventive <= 0; criterion = 1, statistic = 21.167
          6)* weights = 3598
        5) Preventive > 0
          7)* weights = 170
      4) Love > 0
        8)* weights = 234
    3) Healthy > 0
      9)* weights = 87
  2) Controls > 0
    10) Preventive <= 0; criterion = 1, statistic = 32.857
      11) Love <= 0; criterion = 0.999, statistic = 14.241
        12)* weights = 617
      11) Love > 0
        13)* weights = 68
    10) Preventive > 0
      14) Love <= 0; criterion = 0.976, statistic = 7.97
        15)* weights = 139
      14) Love > 0
        16)* weights = 41
1) Expert > 0
  17) Healthy <= 0; criterion = 1, statistic = 74.82
    18) Preventive <= 0; criterion = 1, statistic = 36.432
      19) Love <= 0; criterion = 1, statistic = 18.481
        20)* weights = 1115
      19) Love > 0
        21)* weights = 174
    18) Preventive > 0
      22) Love <= 0; criterion = 0.987, statistic = 9.057
        23)* weights = 337
```

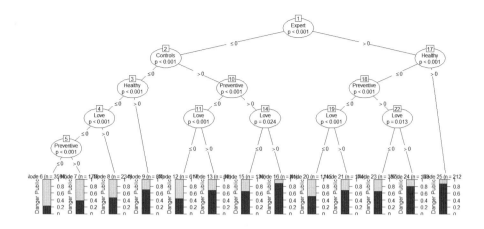

- SPSS를 이용한 도움요인의 의사결정나무분석

  - '음란물_마이닝도움_0815.sav' 파일을 사용하여 [분류분석 - 트리]를 실행한다.
  - 성장방법은 CHAID를 선택한다.
  - 분류결과를 확인한다.

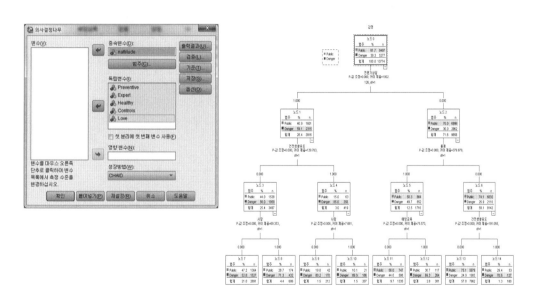

⑬ **내용요인의 섹스팅 위험 예측모형**

- R을 활용한 내용요인의 의사결정나무분석

  > tdata=read.spss(file='음란물_마이닝내용_0815.sav', use.value.labels=T, use.missings=T,
    to.data.frame=T)

> attach(tdata)

> ind=sample(2, nrow(tdata), replace=T, prob=c(0.5, 0.5))

> tr_data=tdata[ind==1,]

> te_data=tdata[ind==2,]

> i_ctree=ctree(nattitude~., data=tr_data)

> print(i_ctree)

> plot(i_ctree)

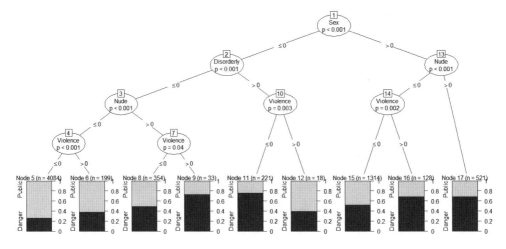

- SPSS를 이용한 내용요인의 의사결정나무분석
  - '음란물_마이닝내용_0815.sav' 파일을 사용하여 [분류분석 - 트리]를 실행한다.
  - 성장방법은 CHAID를 선택한다.
  - 분류결과를 확인한다.

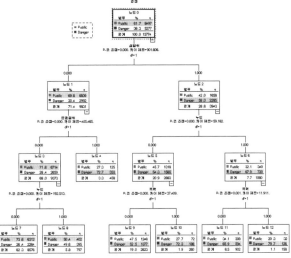

⑭ 유형요인의 섹스팅 위험 예측모형

- R을 활용한 유형요인의 의사결정나무분석

  > tdata=read.spss(file='음란물_마이닝유형_0815.sav', use.value.labels=T, use.missings=T, to.data.frame=T)

  > attach(tdata)

  > ind=sample(2, nrow(tdata), replace=T, prob=c(0.5, 0.5))

  > tr_data=tdata[ind==1,]

  > te_data=tdata[ind==2,]

  > i_ctree=ctree(nattitude~., data=tr_data)

  > print(i_ctree)

  > plot(i_ctree)

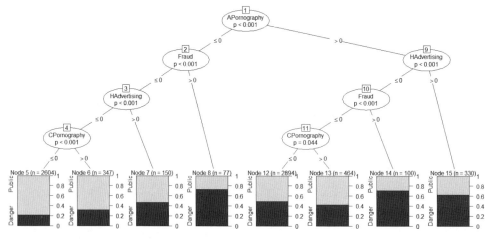

- SPSS를 이용한 유형요인의 의사결정나무 분석

  - '음란물_마이닝유형_0815.sav' 파일을 사용하여 [분류분석 - 트리]를 실행한다.

  - 성장방법은 CHAID를 선택한다.

  - 분류결과를 확인한다.

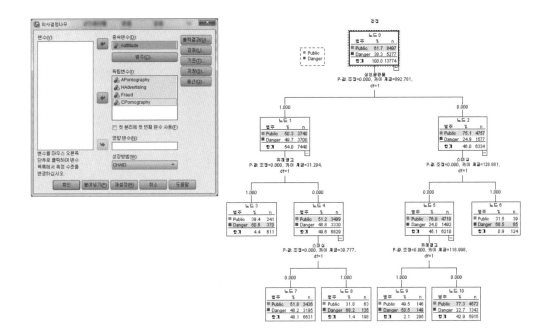

⑮ R로 네트워크 분석하기(igraph)

- [그림 7-4] 섹스팅 내용과 유형의 네트워크 분석은 'igraph' 패키지[11]를 사용할 수 있다.

  > install.packages('igraph') ; library(igraph): 'igraph' 패키지를 설치한다.

  > install.packages('stringr') ; library(stringr): 'stringr' 패키지를 설치한다.

  > sexting=read.csv('g:/sexting_type.csv', head=T): 데이터를 sexting 변수에 할당한다.

  > graph_f=data.frame(source=sexting$Source, target=sexting$Target)

  – 섹스팅 내용과 유형의 관계변수(Source, Target)를 graph_f 변수에 할당한다.

  > sexting=graph.data.frame(graph_f, direct=T)

  – graph_f 변수를 sexting 데이터프레임에 할당한다.

   # Source(green)와 Target(yellow)의 색상을 구분하여 출력한다.

  > gubun1=V(sexting)$name

  > gubun=str_sub(gubun1, start=1, end=1)

  > colors=c()

     for(i in 1:length(gubun)) {

---

11. igraph 패키지에 대한 자세한 설명은 '서진수(2015). R라뷰. pp. 425~439'를 참조하기 바란다.

```
if(gubun[i]==' ') {
colors=c(colors,'yellow')}
else {
colors=c(colors,'green')}
}
```

\# Source(8)와 Target(4) 점의 크기를 구분하여 출력한다.

```
> sizes=c()
for(i in 1:length(gubun)){
if(gubun[i]==' ') {
sizes=c(sizes,4)}
else {
sizes=c(sizes, 8)}
}
```

\# Source(circle)와 Target(square) 점의 모양을 구분하여 출력한다.

```
> shapes=c()
for (i in 1:length(gubun)){
if(gubun[i]==' '){
shapes=c(shapes, 'square')}
else{
shapes=c(shapes, 'circle')}
}
> plot(sexting, layout=layout.fruchterman.reingold, vertex.size=sizes, edge.arrow.size=0.5,
    vertex.color=colors, vertex.shape=shapes)
```

– 점의 크기(vertex.size), 화살의 크기(edge.arrow.size), 선의 폭(edge.width), 점의 색(vertex.color), 점의 모양(vertex.shape)을 지정한다.

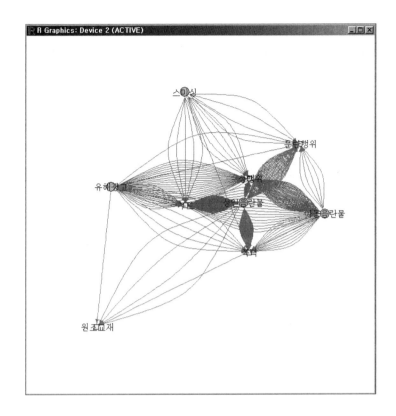

해석 성인음란물은 (누드, 폭력, 문란행위)에, 아동음란물은 (성행위, 누드, 폭력)에, 유해광고는 (성행위, 누드)에 밀접하게 연결되어 있으며, 스미싱은 (성행위, 누드)에, 원조교재는 성인음란물과 약하게 연결되어 있는 것으로 나타났다.

5 결론 및 고찰

본 연구는 국내의 온라인 뉴스 사이트, 블로그, 카페, SNS, 게시판 등 인터넷을 통해 수집된 소셜 빅데이터를 네트워크 분석과 데이터마이닝의 연관분석, 의사결정나무분석 기법을 적용하여 분석함으로써 우리나라 섹스팅의 위험요인을 예측하고자 하였다.

본 연구의 결과를 요약하면 다음과 같다.

첫째, 섹스팅과 관련된 버즈는 10시부터 증가하여 11시 이후 급감하며, 다시 13시 이후 증가하여 15시 이후 감소하고, 23시 이후 증가하여 3시 이후 급감하는 패턴을 보였다. 또한 목요일과 수요일에 가장 많이 증가하는 반면, 주말에는 감소하는 것으로 나타났다.

둘째, 섹스팅에 대한 긍정적 감정(위험)의 표현 단어는 요구, 충격, 인정, 자유, 중요, 침해 등의 순으로 집중된 것으로 나타났다. 섹스팅에 대한 위험 감정 키워드의 연관성 예측에서 위험 감정은 혐오감, 집착, 자극, 야한, 자유, 요구 키워드에 강하게 연결되어 있는 것으로 나타났다.

셋째, 섹스팅에 대한 긍정적 감정(위험)을 나타내는 버즈는 38.3%로 나타났다.

넷째, 섹스팅의 영향은 윤리의식, 대인관계, 성욕, 건강, 공부, 비용 순으로 위험한 것으로 나타났으며, 유통방식은 수요보다 공유의 위험이 더 크게 나타났다.

다섯째, 섹스팅 관련 소셜 네트워크 분석에서 아동음란물은 '성행위, 누드, 폭력'과 밀접하게 연결되어 있으며, 스미싱은 성행위와 밀접하게 연결되어 있는 것으로 나타났다.

여섯째, 섹스팅의 내용이 섹스팅에 영향을 미치는 연관분석에서 온라인 문서상에 '문란행위, 성인음란물'이 언급되면 섹스팅을 긍적적으로 생각(위험)하는 확률이 높은 것으로 나타났다.

일곱째, 섹스팅의 위험에 도움을 주는 요인은 '전문가상담, 건전생활유도, 사랑 요인이 있는' 조합으로 나타났다. 섹스팅의 위험에 영향을 미치는 내용요인은 '성행위와 누드 요인이 있는' 조합으로 나타났다. 섹스팅에 영향을 미치는 유형요인은 '성인음란물이 없고 스미싱 요인이 있는' 조합으로 나타났다.

본 연구를 근거로 우리나라의 섹스팅 문제에 대해 다음과 같은 정책적 함의를 도출할 수 있다.

첫째, 섹스팅에 대한 온라인 문서가 23시에서 3시 사이에 집중하므로 늦은 시간에 청소년의 섹스팅을 방지할 수 있는 대책 마련이 요구된다. 현재 청소년의 게임 중독을 방지하기 위하여 여성가족부는 셧다운제, 문화체육관광부는 게임시간 선택제를 실시하고 있다. 셧다운제는 16세 미만의 청소년에게 오전 0시부터 오전 6시까지 심야 6시간 동안 인터넷 게임 제공을 제한하는 것을 말하며, 게임시간 선택제는 청소년 게임중독을 막기 위해 보호자가 만 18세 미만 청소년의 게임 시간을 선택하여 제한할 수 있는 제도를 말한다. 섹스팅이 심야시간에 발생한다는 점을 고려할 때 여성가족부에서 실시하는 셧다운제에 대한 철저한 단속이 필요할 것으로 본다.

둘째, 2011년부터 2015년 3월까지 한국의 섹스팅 위험은 38.3%로 나타났다. 본 연구의 결과와 같이 2011년을 제외하고 섹스팅의 위험이 지속적으로 증가하는 원인은 스마트 기기의 보급·확산이 불러일으킨 청소년들의 스마트폰 중독과 관련이 있는 것으로 보인다. 이에 예방교육과 치료·상담을 통한 정부 차원의 해소방안이 마련되어야 하며, 청소년의 유해정보 차단을 위한 다양한 어플리케이션이 개발되어야 할 것으로 본다.

셋째, 윤리의식, 대인관계, 성욕, 건강, 공부, 비용에 섹스팅의 위험이 있는 것은 친구 사이에 주목을 받기 위해서 섹스팅을 하며, 섹스팅을 하는 청소년들은 성적 하락이나 수치심·도덕심을 고려치 않고 자신의 정서적·심리적 쾌락을 추구하는 잠재적 sexter가 될 가능성이 높다는 기존의 연구(이창훈·김은영, 2009: p. 101)를 지지하는 것이다.

넷째, 섹스팅의 유통방식에서 수요보다 공유의 위험이 더 큰 것으로 나타난 것은 청소년들이 특정 인터넷 사이트를 거치지 않고도 일대일 파일공유 네트워크를 통해 음란물을 쉽게 전송받을 수 있기 때문으로 보인다. 따라서 웹하드나 파일공유 사이트의 음란물 유통에 대한 정부 차원의 지속적인 모니터링이 필요할 것으로 본다.

다섯째, 섹스팅 내용요인의 위험 예측에서 '성인음란물이 없고 스미싱이 있는' 문서가 섹스팅 위험이 가장 높은 것으로 나타났다. 이에 일상적인 문자메시지에 성인음란물의 내용을 포함하여 유통시키는 섹스팅에 대한 지속적인 모니터링이 필요할 것으로 본다.

여섯째, 섹스팅의 위험에 '전문가상담, 건전생활유도, 사랑' 요인의 영향력이 가장 높은 것으로 나타났다. 이는 청소년의 섹스팅 문제에 대한 학교와 가정 차원의 대책 마련과 접근이 필요하다는 점을 시사하는 것이다. 따라서 학교에서는 미디어 메시지를 비판적으로 읽어내고 이해하는 능력에 관한 교육을 학생들에게 실시하고, 모니터링과 이해의 중요성을 학부모에게 이야기하며, 학생들이 성적으로 음란한 내용 대신 건전한 성과 이성관계에 대해 배울 수 있도록 대안책을 마련해주어야 할 것이다(Flood, 2009: p. 143). 또한 가정에서 부모의 규제적 노력이 뒷받침된다면 청소년의 섹스팅 방지에 효과가 있을 것으로 본다.

끝으로 섹스팅을 모니터링할 수 있는 정부 차원의 대책이 마련되어야 할 것이다. 현재 사이버안전국(http://cyberbureau.police.go.kr)에서 음란물 근절을 위해 아동·청소년 이용 음란물 전담조직을 설치하여 웹하드·P2P 사이트, 인터넷 음란물을 집중적으로 단속하고 있지만 실시간으로 이루어지는 섹스팅에 대한 모니터링은 어려운 실정이다. 따라서 섹스팅의 위험요소를 분석하여 섹스팅 위험이 있는 온라인 문서를 모니터링하고 제재할 수 있는 어플리케이션이 개발되어야 할 것으로 본다.

본 연구는 개개인의 특성을 가지고 분석한 것이 아니고 그 구성원이 속한 전체 집단의 자료를 대상으로 분석하였기 때문에 이를 개인에게 적용하였을 경우 생태학적 오류(ecological fallacy)가 발생할 수 있다(Song et al., 2014). 그리고 본 연구에서 감성분석 결과 정의된 섹스팅의 위험은 온라인 문서 내에서 발생된 감정 단어에 대한 감성분석의 결과로 정의되었기 때문에 기존의 오프라인 조사 등을 통한 섹스팅 위험의 조작적 정의와 다를 수 있다. 또한 청소년으로 예상되는 온라인 문서(버즈)를 분석 대상으로 선정하였기 때문에 성인이 남긴 문서 중에 청소년 관련 키워드(10대 미만, 초등학생, 중등학생, 고등학생 등)가 있으면 대상으로 포함되어 분석 대상의 정확성에 한계가 있을 수 있다.

그럼에도 불구하고 본 연구는 소셜 빅데이터에서 섹스팅의 위험에 대한 실제적인 내용을 빠르게 효과적으로 파악함으로써 기존의 일부 학교를 대상으로 익명성을 전제로 실시한 횡단조사의 한계를 보완할 수 있는 새로운 분석방법을 제시하였다는 점에서 조사방법론적 의의를 지닌다고 할 수 있다.

끝으로 섹스팅은 스마트폰의 문자메시지나 콘텐츠로 유통되기 때문에 기존의 표본추출을 통한 횡단조사 방법과 더불어 소셜 미디어에서 수집된 빅데이터를 활용·분석한다면 섹스팅 위험 예측은 더욱 신뢰성을 확보할 수 있을 것으로 본다.

참고문헌

1. Chalfen, R. (2009). it's only a picture. *the previous cross-sectional methodology through Visual Studies*, 24(3), 258-269.

2. Choi, JY & Chung, DH (2014). Teenagers with Smartphones Exposed to Sexual Content. *The Journal of the Korea Contents Association*, 14(4), 445-455.

3. Eberstadt, M. & Layden, M. A. (2010). The social costs of pornography. A statement of Findings and Recommendations. The Witherspoon Institute.
http://www.lifeissues.net/writers/may/may_17 pornographycost.html

4. Flood, M. (2009). Youth, Sex, and the Internet, *Counselling, Psychotherapy, and Health*, 5(1), 131-147.

5. Greenfield, P. M. (2004). Inadvertent exposure to pornography on the Internet: Implications of peer-to-peer file-sharing networks for child development and families. *Applied Development*

Psychology, 25, 741-750.

6. Gruber, E. & Thau, H. (2003). Sexually Related Content on Television and Adolescents of Color: Media Theory, Physiological Development, and Psychological Impact. *Journal of Negro Education*, 72(4), 438-456.

7. Itzin, C. (1997). Pornography and the Organization of Intra familial and Extra familial Child Sexual Abuse: Developing a Conceptual Model. *Child Abuse Review*, 6, 94-106.

8. Jaishankar. K (2009). Sexting: A new form of Victimless Crime?. *International Journal of Cyber Criminology*, 3(1), 21-25.

9. Joo, JH & Kim, HI (2013). Exploration of relationship among Korean adolescents' sexual orientations, exposure to internet pornography and sexual behaviors after exposure: focused on PLS path modeling analysis. *The Journal of Digital Policy & Management*, 11(6), 11-21.

10. Lounsbury, K., Mitchell, K. J. & Finkelhor, D. (2011). *The true prevalence of 'sexting'.* Crimes against Children Research Center.

11. Kim, JG (2012). The Predictive Factors on Adolescents' Exposure to Sexually Explicit Online Materials and Adolescents's Sexuality. *Social Science Studies*, 24(1), 1-33.

12. Kim, M & Kawk, JB (2011). You Cybersex Addiction in the Digital Media Era. *Soon Chunhyang Journal of Humanities*, 29, 283-326.

13. Kim, MN (2012). A Study on understanding of Adolescent Sex Offenses and Pornography Addiction. *Korean Association of Addiction Crime*, 2(1), 47-71.

14. Korea Internet and Security Agency (2014). 2014 Mobile Internet use Survey, 19.

15. Lee, CH & Kim, EG (2009). A Study of Sexting Activites among south Korean Youths. *Korean Institute of Criminology Research series*, 09-17, 11-131.

16. Lenhart, A. (2009). Teens and Sexting: How and why minor teens are sending sexually suggestive nude or nearly nude images via text messaging. Pew Internet & American Life Project.

17. Malamuth, N. M. & Check, J. V. P. (1985). The Effects of Aggressive Pornography on Belief in Rape Myths: Individual Differences. *Journal of Research in Personality*, 19, 299-320.

18. McLaughlin, J. H. (2010). Crime and Punishment: Teen Sexting in Context, Florida Coastal School of Law.

19. Ministry of Science, ICT and Future Planning & Korea Internet and Security Agency (2014). 2014 Internet use Survey.

20. Ministry of Science, ICT and Future Planning & National Information Society Agency (2014). 2014 Internet Addiction Survey.

21. Ministry of the Gender Equality & Family (2014). 2014 Youth Harmful environment Contact survey.

22. Mitchell, K. J., Finkelhor, D., Jones, L. M & Wolak, J. (2011). Prevalence and Characteristics of Young Sexting: A National Study. *Pediatrics*, 129(13), 13-20.

23. Ringrose, L., Gill, R., Livingstone, R. & Harvey, L. (2012). A qualitative study of children, young people and d tative study of children, *young people and National Society for the Prevention of Cruelty to children*, London, UK.

24. Sherman, S. J. & Fazio, R. H. (1983). Parallels between attitudes and traits as predictors of behavior. *Journal of Personality*, 51(3), 308-345.

25. Shin, SM. (2013). Associations of Demographic and Psycho-Social Characteristics with Frequent Watching Pornography Material or the Adults-Only Internet Chatting. *The Korean Journal of Stress Research*, 21(4), 275-281.

26. Shim, JW (2010). The Role of Timing to Exposure to Pornography in What Adolescent Boys and Girls Think About Sexual Issues. Media, *Gender & Culture*, 16, 75-105.

27. Song TM, Song J, An JY, Hayman LL & Woo JM (2014). Psychological and Social Factors Affecting Internet Searches on Suicide in Korea: A Big Data Analysis of Google Search Trends. *Yonsei Med Journal*, 55(1), 254-263.

28. Temple, J. R., Paul, J. A., Berg, P. V. D., Le, V. D., McElhany, A., Temple, B. W. (2012). Teen Sexting and Its Association With Sexual Behaviors. *Archives of Pediatrics and Adolescent Med*, 166(9), 828-833. doi:10.1001/archpediatrics.2012.835

29. Tokyo Congress (2010). Tokyo Congress C Youth Protection Ordinance revised.

30. U.S. Department of state (2003). Prosecutorial Remedies and Other Tools To end the Exploitation of Children Today Act of 2003. Title V, Obscenity and Pornography.

31. Walker, S., Sanci, L. & Temple-Smith, M. (2011). Sexting and young people. *Youth Studies Australia*, 30(4), 8-16.

32. Ybarra, M. L. & Mitchell, K. J. (2005). Exposure to Internet Pornography among Children and Adolescents: A National Survey. *Cyber Psychology & Behavior*, 8(5), 473-486.

8장

담배 위험 예측

우리나라 19세 이상 성인 남성 흡연율은 1998년 66.3%에서 2005년 51.6%, 2013년 42.1%로 감소 추세이지만(보건복지부, 2014), 2012년 15세 이상 남성 흡연율은 OECD 평균 24.9%보다 높은 37.6%로 세계에서 가장 높은 위치를 차지하고 있다(OECD Health Data, 2014). 이와 같이 우리나라 남성 흡연율이 OECD 회원국 중 최고 수준에 달하는 상황에서 현 정부는 2015년 1월 1일부터 담뱃값을 2,000원 인상하는 등 범정부 차원의 금연종합대책을 발표하였다.

전 세계적으로 흡연으로 인해 매년 600만 명이 사망하고 있으며(WHO, 2008), 전체 암 사망의 30.5%, 호흡기질환 사망의 19.8%, 심혈관질환 사망의 11.4%가 흡연으로 인해 사망한 것으로 예측되었다(Zheng 등, 2014). 우리나라는 1985년 2만 4,338명, 2003년 4만 6,207명, 2012년 5만 8,155명이 흡연으로 인한 사망자 수로 보고되었고(Jung 등, 2013), 2012년 기준 흡연으로 인한 건강보험진료비는 1조 8,466억 원으로 추정하고 있다(Ji 등, 2014).

담배연기는 사람에게 치명적인 화학물질 7,000개 이상을 함유하고 있으며, 이로 인해 폐암을 비롯한 각종 암과 심혈관질환, 호흡기질환, 만성질환 등 다양한 질병을 일으키는 것으로 알려져 있다(Carter 등, 2015; CDC, 2010; Thun 등, 2013). 우리나라는 1995년 국민건강증진법이 제정됨에 따라 본격적으로 담배 판매, 광고, 금연구역 확대 등을 추진하였고, 청소년 보호법, 학교보건법 등에서도 청소년 흡연과 관련하여 제도적으로 규제하고 있다. 또한 2005년 WHO 담배규제기본협약(FCTC) 비준 이후 다양한 흡연 예방 및 담배규제정책을 시행하고 있다(Kang과 Lee, 2011).

담배규제정책들은 선진국과 개발도상국의 차이가 있을지라도 실제 사례를 통해 효과가 입증되었다. 미국은 담뱃값이 지속적으로 인상됨에 따라 담배 소비량이 줄어들었고(Campaign for Tobacco-Free Kids, 2013), 터키도 2008년에 비해 2012년 담뱃값이 42.1% 증가했을 때 흡연율이 14.6% 감소하였다(CDC, 2014). 우리나라는 2004년 12월 2,000원에서 500원 인상된 후 10년 동안 추가 인상이 이루어지지 않았으며, 흡연율의 상승과 하락이 반복되어 담뱃값인상에 대한 금연효과는 크지 않은 것으로 나타났다(보건복지부, 2014).

담뱃갑 경고 그림 삽입은 2000년 12월 캐나다에서 제일 먼저 시작하였는데 흡연자의 63%는 이 그림을 통해 적어도 1번 이상의 금연효과를 경험했으며(Hammond 등, 2004), 현재는

---

1. 본 연구는 '송태민(한국보건사회연구원), 송주영(펜실베이니아주립대학교, 교신저자), 천미경(한국보건사회연구원). 소셜 빅데이터를 활용한 담배 위험 예측. 한국데이터정보과학회지, 2015, 제26권 5호'에 게재된 논문임을 밝힌다.

세계 여러 나라에서 법안으로 정하여 시행하고 있다. 우리나라는 담뱃갑 경고 그림을 의무화하는 국민건강증진법 개정안이 '사실적 근거를 바탕으로 지나치게 혐오감을 주지 않는다'라는 조건하에 통과되어 2016년 12월부터 시행될 예정이다.

한편 2015년 1월 1일 담뱃값인상으로 건강증진 부담금 비중을 확대(14.2%→18.7%)하였으며, 추가 확보된 재원을 금연 성공률이 가장 높은 약물·상담 치료에 지원하고, 학교·군부대·사업장 등에 대한 금연지원을 대폭 확대할 예정이다. 또한 금연광고와 금연캠페인을 연중 실시하고, 보건소 금연클리닉·금연상담전화·온라인 상담 등 1:1 맞춤형 금연상담서비스도 대폭 강화할 계획이다(보건복지부, 2014 Press release).

모바일 인터넷과 소셜미디어의 확산으로 데이터량이 증가하여 데이터의 생산·유통·소비 체계에 큰 변화가 일어나면서 데이터가 경제적 자산이 될 수 있는 빅데이터 시대를 맞이하였다. 세계 각국의 기업들은 빅데이터가 공공과 민간에 미치는 파급효과를 전망하고 있으며, SNS를 통해 생산되는 소셜 빅데이터를 활용·분석함으로써 사회적 문제를 해결하고 정부 정책을 효과적으로 추진할 수 있을 것으로 예측하고 있다. 또한 SNS의 역할은 기업에서의 마케팅 측면뿐만 아니라 학자들 간의 학문연구에서도 갈수록 중요해지고 있으며, 이러한 공동의 협력은 집단창의성(swarm creativity)을 통해 혁신을 가져올 수 있을 뿐만 아니라 성공 가능성도 더욱 커지게 하는 결과를 가져온다(Chun, 2015).

우리나라는 정부 3.0과 창조경제를 추진·실현하기 위하여 다양한 분야에서 빅데이터의 효율적 활용을 적극적으로 모색하고 있다. 정부 3.0은 공공 부문의 데이터 공개를 통해 행정 효율성을 높이고, 국민 참여를 활성화시키며 경제 활성화 등의 파급효과를 낳을 것으로 기대되고 있다. 정부의 데이터 공개 정책은 정보화 시대에 소통과 공유, 협업 전략이 무엇보다 중요하다는 것을 의미한다(Hong, 2014).

소셜 빅데이터 분석은 사용자가 남긴 온라인 문서의 의미를 분석하는 것으로, 자연어 처리 기술인 주제분석(text mining)과 감성분석 기술인 오피니언마이닝(opinion mining)을 실시한 후 네트워크 분석(network analysis)과 통계분석(statistics analysis)을 실시해야 한다. 기존에 실시하던 횡단적 조사나 종단적 조사 등을 대상으로 한 연구는 정해진 변인들에 대한 개인과 집단의 관계를 보는 데에는 유용하나, 사이버상에서 언급된 개인별 문서(버즈)에 논의된 관련 정보 상호 간의 연관관계를 밝히고 원인을 파악하기에는 한계가 있다(Song 등, 2013). 반면에 소셜 빅데이터 분석은 훨씬 방대한 양의 데이터를 활용하여 다양한 참여자의 생각과 의견을 확인할 수 있기 때문에 기존의 오프라인 조사와 함께 활용하면 사회적 문제를 보다 정확히 예측할 수 있다.

본 연구는 우리나라 온라인 뉴스사이트, 블로그, 카페, SNS, 게시판 등에서 수집한 소셜 빅데이터를 바탕으로 우리나라 국민의 담배에 대한 위험 예측모형과 연관규칙을 파악한다.

2 연구방법

2-1 연구대상

본 연구는 국내의 SNS, 온라인 뉴스 사이트 등 인터넷을 통해 수집된 소셜 빅데이터를 대상으로 하였다. 본 분석에서는 200개의 온라인 뉴스사이트, 10개의 게시판, 1개의 SNS(트위터), 4개의 블로그 등 총 217개의 온라인 채널을 통해 수집 가능한 텍스트 기반의 웹문서(버즈)를 소셜 빅데이터로 정의하였다.

담배 관련 토픽(topic)[2]은 2011~2015년 1/4분기 기간 동안(각 연도의 1~3월, 총 15개월간) 해당 채널에서 요일·주말·휴일을 고려하지 않고 매시간 단위로 수집하였으며, 수집된 총 109만 1,958건(2011년: 9만 4,412건, 2012년: 22만 9,322건, 2013년: 28만 6,067건, 2014년: 18만 1,713건, 2015년: 30만 444건)의 텍스트(text) 문서를 본 연구의 분석에 포함시켰다. 담배 토픽은 모든 관련 문서를 수집하기 위해 '담배'를 사용하였으며, 토픽과 같은 의미로 사용되는 토픽 유사어로는 '흡연, 담뱃값, 담배 피, 담배 추천, 담배가격, 훈녀생정담배, 중딩담배, 고딩담배, 중고딩 담배, 청소년 담배' 용어를 사용하였다.

본 연구를 위한 소셜 빅데이터 수집[3]에는 크롤러(crawler)를 사용하였고, 이후 주제분석을 통해 분류된 명사형 어휘를 유목화(categorization)하여 분석요인으로 설정하였다.

---

2. 토픽은 소셜 분석 및 모니터링의 '대상이 되는 주제어'를 의미하며, 문서 내에 관련 토픽이 포함된 문서를 수집하였다.
3. 본 연구를 위한 소셜 빅데이터의 수집 및 토픽 분류는 (주)SK텔레콤 스마트인사이트에서 수행하였다.

① 연구대상 소셜 빅데이터의 수집과 분류

- 소셜 빅데이터의 수집 및 분류에는 해당 토픽을 웹크롤러로 수집한 후 범용 사전이나 사용자 사전으로 분류(유목화 또는 범주화)하는 보텀업(bottom-up) 방식이 사용되었다.

- 담배 수집 조건

분석기간	2011년 01.01~03.31	2012년 01.01~03.31	2013년 01.01~03.31	2014년 01.01~03.31	2015년 01.01~03.31
수집 사이트	수집사이트 sheet 참고				
토픽¹	토픽 유사어²			불용어³	
담배	흡연,담뱃값,담배 피,담배 추천,담배 가격,훈녀생정 담배,중딩 담배,고딩 담배,중고딩 담배,청소년 담배				

- 담배 분류 키워드

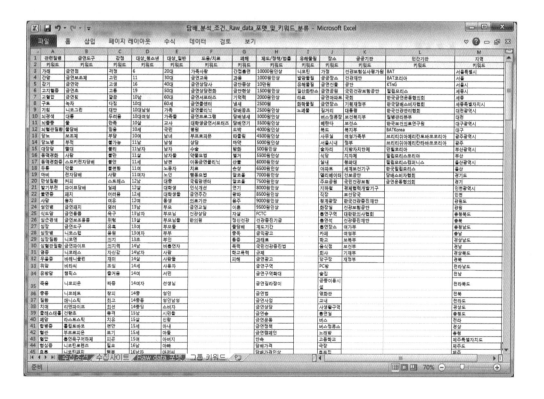

2-2 연구도구

담배와 관련하여 수집된 문서는 주제분석[4] 과정을 거쳐 다음과 같이 정형화 데이터로 코드화하여 사용하였다.

1) 담배 관련 감정

본 연구의 담배 감정 키워드는 문서 수집 이후 주제분석을 통하여 총 66개(걱정, 고민, 고생, 고통, 깔끔, 다짐, 대단, 두려움, 만족, 믿음, 부담, 불가능, 불리, 불만, 불안, 불편함, 사랑, 스트레스, 실패, 어려움, 여유, 염려, 욕구, 위험, 유혹, 응원, 의지, 의지력, 자신감, 재미, 조심, 즐거움, 짜증, 창피, 최고, 최선, 충격, 치유, 편안, 포기, 피곤, 필요, 행복, 호기심, 파이팅, 활력, 후회, 희망, 힐링, 힘들다, 성공, 도움, 문제, 추천, 관심, 도전, 결심, 잘못, 혐오, 심각, 논란, 불편, 고발, 이해, 지적, 끔찍) 키워드로 분류하였다.

본 연구에서는 66개의 담배 감정 키워드(변수)가 가지는 담배 감정 정도를 판단하기 위해 요인분석을 통하여 12개의 요인(44개 변수)으로 축약을 실시한 후 감성분석을 실시하였다. 일반적으로 감성분석은 긍정과 부정의 감성어 사전으로 분석해야 하나, 본 연구에서는 요인분석의 결과로 분류된 주제어의 의미를 파악하여 감성분석을 실시하였다.

요인분석에서 결정된 12개의 요인에 대한 주제어의 의미를 파악하여 '일반군, 잠재군, 위험군'으로 감성분석을 실시하였다. 따라서 본 연구에서 일반군은 23개 변수(스트레스, 위험, 문제, 조심, 성공, 실패, 결심, 의지, 욕구, 논란, 지적, 부담, 불만, 염려, 걱정, 짜증, 창피, 불안, 끔찍, 충격, 불편, 파이팅, 응원), 위험군은 16개 변수(믿음, 사랑, 희망, 행복, 최선, 추천, 깔끔, 만족, 고민, 최고, 즐거움, 여유, 대단, 피곤, 힐링, 치유)로 분류하였다. 그리고 일반군과 위험군의 감정을 동일한 횟수로 표현한 문서는 잠재군으로 분류하였다. 일반군은 담배를 혐오적으로 생각하는 감정이고, 위험군은 담배를 애호적으로 생각하는 감정이며, 잠재군은 담배를 보통으로 생각하는 감정을 나타낸다.

2) 담배와 관련된 정책

담배와 관련된 정책은 주제분석 과정을 거쳐 '담뱃값인상, FCTC(담배규제기본협약 등), 금연관련법(국민건강증진법·학교보건법 등), 흡연규제(금연구역·벌금부과 등), 금연광고(공익광고·금연캠

---

4. 주제분석에 사용되는 사전은 '21세기 세종계획'과 같은 범용 사전도 있지만 대부분 분석의 목적에 맞게 사용자가 설계한 사전을 사용하게 된다. 본 연구의 담배 관련 주제분석은 '(주)SK텔레콤 스마트인사이트'에서 관련 문서 수집 후 원시자료(raw data)에 나타난 상위 2,000개의 키워드를 대상으로 유목화하여 사용자 사전을 구축하였다.

페인 등), 금연사업(금연상담전화·금연클리닉 등)'의 6개 정책으로 정의하고 정책이 있는 경우는 '1', 없는 경우는 '0'으로 코드화하였다.

3) 담배와 관련된 질환
담배와 관련된 질환은 주제분석 과정을 거쳐 '가래, 간암, 감기, 동맥경화, 고혈압, 구토, 뇌혈관질환, 당뇨병, 대장암, 두통, 마비, 만성질환, 발기부전, 불면증, 사망, 식도암, 심혈관질환, 염증, 우울증, 위암, 유방암, 폐암, 치매, 후두암, 구강암'의 25개 질환으로 정의하고 질환이 있는 경우는 '1', 없는 경우는 '0'으로 코드화하였다.

4) 담배 관련 금연도구
담배 관련 금연도구는 주제분석 과정을 거쳐 '금연껌(금연껌·니코틴로렌즈·니코틴껌·니코틴엘로젠즈·사탕·트로키), 금연약(금연약·약물·니코엔·니코스텝·챔픽스·니코피온·니코그린·니코레스·부프로피온·흡연욕구저하제·챔픽스정·바레니클린·웰부트린), 전자담배(전자담배·스모키전자담배·애니스틱·라스트스틱), 금연패치(니코레트·니코틴패치·패치·금연패치·니코틴보조제·금연보조제·보조제·금연침), 보조제(물담배·파이프담배·리엔파이프·롤링토바코·금연파이프·금연초·건향초)'의 5개 금연도구로 정의하고 금연도구가 있는 경우는 '1', 없는 경우는 '0'으로 코드화하였다.

5) 담배에 대한 치료
담배에 대한 치료는 주제분석 과정을 거쳐 '금연클리닉, 금연상담전화, 병원, 금연교실'의 4개 치료로 정의하고 해당 치료가 있는 경우는 '1', 없는 경우는 '0'으로 코드화하였다.

6) 담배와 관련된 폐해
담배와 관련된 폐해는 주제분석 과정을 거쳐 '간접흡연, 알코올, 중독, 기억력, 담배꽁초, 도박마약, 이혼, 정신건강, 폭력'의 9개 폐해로 정의하고 해당 폐해가 있는 경우는 '1', 없는 경우는 '0'으로 코드화하였다.

7) 담배 관련 유해물질
담배 관련 유해물질은 주제분석 과정을 거쳐 '니코틴, 발암물질, 유해물질, 일산화탄소, 타르, 화학물질, 노폐물'의 7개 유해물질로 정의하고 해당 유해물질이 있는 경우는 '1', 없는 경우는 '0'으로 코드화하였다.

8) 담배와 관련된 장소

담배와 관련된 장소는 주제분석 과정을 거쳐 'PC방, 가정, 금연건물, 아파트, 공공장소, 흡연구역, 직장, 술집, 식당, 학교'의 10개 장소로 정의하고 해당 장소가 있는 경우는 '1', 없는 경우는 '0'으로 코드화하였다.

9) 담배와 관련된 기관

담배와 관련된 기관은 주제분석 과정을 거쳐 '청와대, 국회, 보건복지부, 여성가족부, 기획재정부, 지방자치단체, 공공기관, 세계보건기구, 금연단체(한국금연운동협의회·한국건강관리협회·한국보건의료연구원 등), 담배회사'의 10개 기관으로 정의하고 해당 기관이 있는 경우는 '1', 없는 경우는 '0'으로 코드화하였다.

2-3 분석방법

본 연구에서 우리나라 담배의 위험을 설명하는 가장 효율적인 예측모형을 구축하기 위해 특별한 통계적 가정이 필요하지 않은 데이터마이닝의 연관분석(association analysis)과 의사결정나무분석(decision tree analysis)을 사용하였다.

소셜 빅데이터 분석에서 연관분석은 하나의 온라인 문서(transaction)에 포함된 둘 이상의 단어들에 대한 상호관련성을 발견하는 것으로, 동시에 발생한 어떤 단어들의 집합에 대해 조건과 연관규칙을 찾는 분석방법이다. 전체 문서에서 연관규칙의 평가 측도는 지지도(support), 신뢰도(confidence), 향상도(lift)로 나타낼 수 있다. 지지도는 자주 발생하지 않는 규칙을 제거하는 데 이용되며, 신뢰도는 단어들의 연관성 정도를 파악하는 데 이용될 수 있다. 향상도는 연관규칙(X→Y)에서 단어 X가 없을 때보다 있을 때 단어 Y가 발생할 비율을 나타낸다. 연관분석 과정은 연구자가 지정한 최소 지지도를 만족시키는 빈발항목집합(frequent itemset)을 생성한 후, 이들에 대해 최저 신뢰도 기준을 마련하고 향상도가 1 이상인 것을 규칙으로 채택한다(Park, 2013).

본 연구의 연관분석은 선험적 규칙(apriori principle) 알고리즘을 사용하였으며, 담배감정에 사용된 연관분석의 측도는 지지도 0.001, 신뢰도 0.01을 기준으로 시뮬레이션하였다. 본 연구의 의사결정나무 형성을 위한 분석 알고리즘은 CHAID(Chi-squared Automatic Interaction Detection)를 사용하였다. 정지규칙(stopping rule)으로 관찰치가 충분하여 상위노드(부모마디)의 최소케이스 수는 100으로, 하위노드(자식마디)의 최소 케이스 수는 50으로 설정하였고, 나무깊이는 3수준으로 정하였다.

　본 연구의 기술분석, 다중응답분석, 의사결정나무분석은 SPSS v. 22.0을 사용하였고 연관분석과 시각화는 R version 3.1.3을 사용하였다.

3　연구결과

3-1　담배 관련 문서 현황

담배와 관련된 문서(버즈)는 연도별로 비슷하게 8시부터 증가하여 11시 이후 감소하며, 다시 12시 이후 증가하여 17시 이후 감소하고, 20시 이후 증가하여 23시 이후 급감하는 추세를 보이는 것으로 나타났다. 담배와 관련된 버즈는 평일에는 수요일, 목요일, 화요일, 월요일, 금요일 순으로 높은 추이를 보이는 반면, 주말에는 감소하였다.

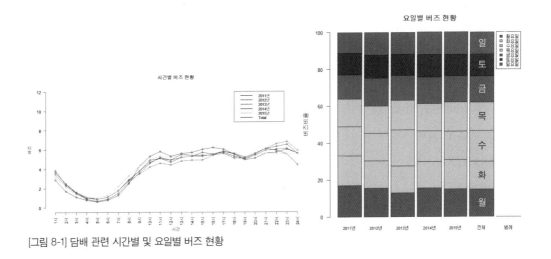

[그림 8-1] 담배 관련 시간별 및 요일별 버즈 현황

② 담배 관련 문서량의 시간별 추이

- '담배시간_그래프.csv'를 다음과 같이 작성한다.

	A	B	C	D	E	F	G	H
1	순위	시간	2011년	2012년	2013년	2014년	2015년	total
2	1	1시	2.9	3.7	3.9	3.7	3.2	3.5
3	2	2시	1.7	2.5	2.4	2.5	2.1	2.3
4	3	3시	1.1	1.5	1.6	1.6	1.4	1.5
5	4	4시	0.8	0.9	1	1.1	1.1	1
6	5	5시	0.6	0.7	0.9	0.9	1	0.9
7	6	6시	0.8	0.9	1.1	1.1	1.3	1.1
8	7	7시	1.3	1.5	1.8	1.8	2.2	1.8
9	8	8시	2.5	2.6	2.8	2.8	3.3	2.9
10	9	9시	4.3	3.6	3.5	3.8	4.3	3.8
11	10	10시	5.3	4.6	4.2	4.9	5	4.7
12	11	11시	5.8	5.2	4.6	5.1	5.3	5.1
13	12	12시	5.3	4.9	4.4	4.7	5.2	4.9
14	13	13시	5.6	5.5	4.8	5.2	5.4	5.2
15	14	14시	5.7	5.4	4.9	5.3	5.4	5.3
16	15	15시	6	5.4	4.9	5.7	5.3	5.3
17	16	16시	6.2	5.4	5.4	5.5	5.5	5.5
18	17	17시	6	5.6	5.8	5.8	5.7	5.7
19	18	18시	5.5	5.1	5.6	5.5	5.2	5.3
20	19	19시	5.1	5.1	5.2	4.9	4.9	5
21	20	20시	5.5	5.5	5.6	5.1	5.4	5.4
22	21	21시	6.1	6.1	6.1	5.6	5.6	5.9
23	22	22시	5.9	6.3	6.6	5.7	5.6	6
24	23	23시	5.5	6.5	6.8	6	5.5	6.1
25	24	24시	4.4	5.6	5.9	5.6	5.5	5.6

- 담배 관련 문서(버즈)량의 시간별 추이 시각화

> rm(list=ls())

> setwd("h:/담배_시각화등")

> sex=read.csv("담배시간_그래프.csv", sep=", ", stringsAsFactors=F)

> a=sex$X2011년

> b=sex$X2012년

> c=sex$X2013년

> d=sex$X2014년

> e=sex$X2015년

> f=sex$total

> plot(a, xlab="", ylab="", ylim=c(0, 12), type="o", axes=FALSE, ann=F, col=1)

> title(main="시간별 버즈 현황", col.main=1, font.main=2)

> title(xlab="시간", col.lab=1)

> title(ylab="버즈", col.lab=1)

> axis(1, at=1:24, lab=c(sex$시간), las=2)

```
> axis(2, ylim=c(0, 12), las=2)

> lines(b, col=2, type="o")

> lines(c, col=3, type="o")

> lines(d, col=4, type="o")

> lines(e, col=5, type="o")

> lines(f, col=6, type="o")

> colors=c(1, 2, 3, 4, 5, 6)

> legend(18, 12, c("2011년", "2012년", "2013년", "2014년", "2015년", "Total"), cex=0.9, col=colors,
  lty=1, lwd=2)

> savePlot("담배시간_그래프.png", type="png")
```

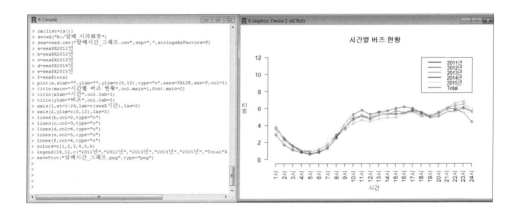

③ 담배 관련 요일별 버즈 현황 추이

• '요일별_문서.txt'를 다음과 같이 작성한다.

- 담배 관련 문서(버즈)량의 요일별 추이 시각화

  > rm(list=ls())

  > setwd("h:/담배_시각화등")

  > 담배=read.table("요일별_문서.txt", header=T)

  > barplot(t(담배), main='요일별 버즈 현황', ylab='버즈비율', ylim=c(0, 100), col=rainbow(7), space=0.1, cex.axis=0.8, las=1, names.arg=c('2011년', '2012년', '2013년', '2014년', '2015년', '전체', '범례'), cex=0.7)

  > legend(6.7, 100, names(담배), cex=0.65, fill=rainbow(7))

  > savePlot("요일별_문서.png", type="png")

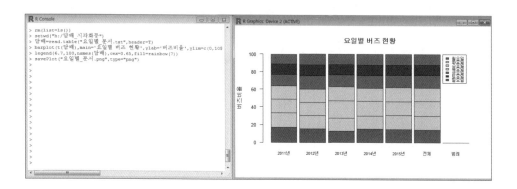

[그림 8-2]와 같이 연도별 담배에 대한 긍정적인 감정(위험)의 변화는 2011년 대비 평균 1.8 배씩 증가하였으며 위험 감정의 표현 단어는 추천, 사랑, 최고, 행복, 고민 등의 순으로 집중된 것으로 나타났다. 담배에 대한 부정적인 감정(일반)의 변화는 2011년 대비 평균 1.54배씩 증가 하였으며 일반 감정의 표현 단어는 문제, 스트레스, 걱정, 위험, 부담 등의 순으로 집중되었다.

[그림 8-3]과 같이 연도별 담배와 관련한 질병의 문서는 심혈관질환, 폐암, 사망, 감기, 고혈 압, 당뇨병 등의 순으로 집중된 것으로 나타났다. 담배와 관련한 정책의 문서는 담뱃값인상, 흡연규제, 금연관련법, 금연사업, 금연광고, FCTC(담배규제기본협약) 순으로 언급된 것으로 나 타났다. 담배와 관련한 금연도구의 문서는 전자담배, 금연패치, 금연약, 금연껌, 금연보조제 순으로 언급된 것으로 나타났다.

[그림 8-4]와 같이 지역별 담배에 대한 위험 감정은 서울, 경기, 부산, 제주, 인천 등의 순으 로 높았고, 잠재는 서울, 경기, 부산, 인천, 제주 등의 순으로 높게 나타났다.

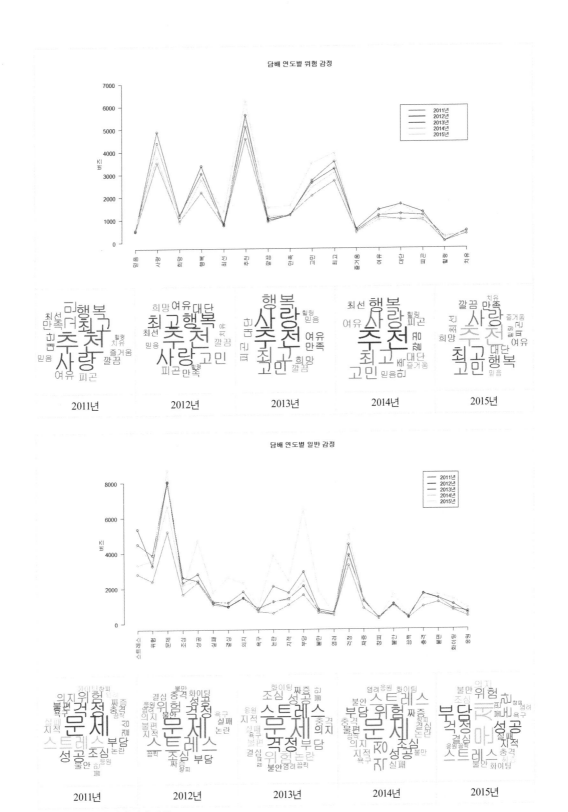

[그림 8-2] 연도별 담배 감정 변화

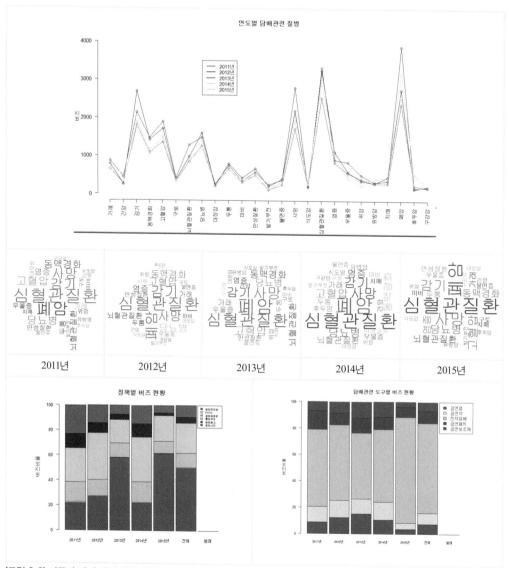

[그림 8-3] 연도별 담배 관련 질병·정책·금연도구 문서량 변화

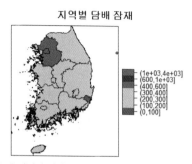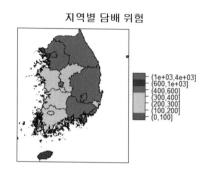

[그림 8-4] 지역별 담배 감정(잠재, 위험)

④ 연도별 담배 감정 변화

- '담배감정위험_그래프.csv'를 다음과 같이 작성한다.

순위	감정	2011년	2012년	2013년	2014년	2015년
1	믿음	478	517	505	595	564
2	사랑	3499	4378	4884	3748	4396
3	희망	931	1140	1217	874	1151
4	행복	2204	3376	3035	2767	3000
5	최선	754	804	732	855	1363
6	추천	4563	5622	5101	5450	6239
7	깔끔	903	1044	975	1156	1531
8	만족	1212	1212	1186	1181	1617
9	고민	2057	2625	2706	2398	3480
10	최고	2696	3237	3553	3058	3939
11	즐거움	443	569	508	401	413
12	여유	1091	1409	1163	970	1112
13	대단	983	1651	1227	1011	1690
14	피곤	976	1310	1162	929	973
15	힐링	15	24	192	182	235
16	치유	347	481	406	396	373

- 연도별 담배 감정 변화 시각화

```
> rm(list=ls())

> setwd("h:/담배_시각화등")

> f=read.csv("담배감정위험_그래프.csv", sep=", ", stringsAsFactors=F)

> a=f$X2011년

> b=f$X2012년

> c=f$X2013년

> d=f$X2014년

> e=f$X2015년

> plot(a, xlab="", ylab="", ylim=c(0, 7000), type="o", axes=FALSE, ann=F, col="red")

> title(main="담배에 대한 연도별 위험 감정", col.main=1, font.main=2)

> title(ylab="버즈", col.lab=1)

> axis(1, at=1:16, lab=c(f$감정), las=2)

> axis(2, ylim=c(0, 7000), las=2)

> lines(b, col="black", type="o")

> lines(c, col="blue", type="o")
```

> lines(d, col="green", type="o")

> lines(e, col="cyan", type="o")

> colors=c("red", "black", "blue", "green", "cyan")

> legend(13, 6000, c("2011년", "2012년", "2013년", "2014년", "2015년"), cex=0.9, col=colors, lty=1,
  lwd=2)

> savePlot("담배감정_위험_그래프.png", type="png")

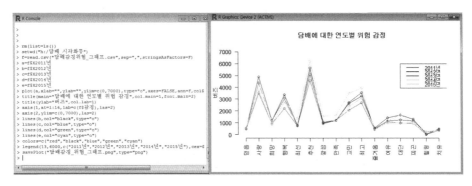

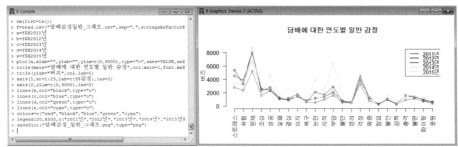

- 연도별 담배 감정 변화 워드클라우드 작성

  - '2011년_위험.txt~2015년_위험.txt'와 '2011년_일반.txt~2015년_일반.txt'를 다음과 같이
    작성한다.

- wordcloud() 함수를 이용하여 워드클라우드를 작성한다.

> setwd("h:/담배_시각화등")

> install.packages("KoNLP")

> install.packages("wordcloud")

> library(KoNLP)

> library(wordcloud)

> obrev=read.table("2011년_위험.txt")

> wordcount=table(obrev)

> library(RColorBrewer)

> palete=brewer.pal(9, "Set1")

> wordcloud(names(wordcount), freq=wordcount, scale=c(5, 1), rot.per=.12, min.freq=1, random.

order=F, random.color=T, colors=palete)

> savePlot("2011년_위험.png", type="png")

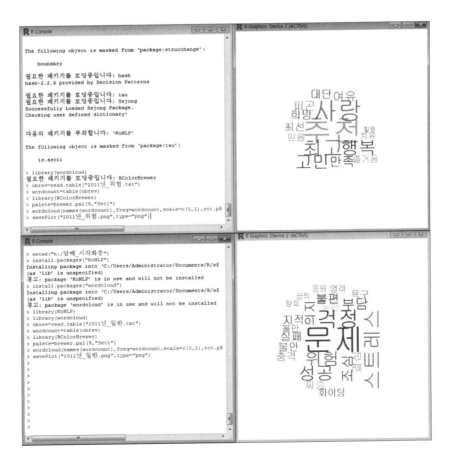

⑤ 연도별 담배 관련 질병 변화

- '담배질병_그래프.csv'를 다음과 같이 작성한다.

순위	질병	2011년	2012년	2013년	2014년	2015년
1	가래	656	785	878	736	815
2	간암	281	256	445	502	295
3	감기	1811	2692	2143	1884	1756
4	동맥경화	1099	1415	1474	1174	1024
5	고혈압	1357	1716	1896	1467	1512
6	구로	333	377	424	337	369
7	뇌혈관질환	862	979	1290	951	881
8	당뇨병	1266	1603	1489	1408	1191
9	대장암	266	230	268	215	188
10	두통	679	798	757	650	657
11	마비	308	432	353	327	367
12	만성질환	515	676	590	487	506
13	발기부전	117	210	256	196	130
14	불면증	259	401	374	311	353
15	사망	1723	2191	2795	1948	2137
16	식도암	232	223	185	300	208
17	심혈관질환	2534	3242	3326	3054	2901
18	염증	832	1121	909	1098	998
19	우울증	560	594	852	502	421
20	위암	407	366	509	323	241
21	유방암	289	296	319	391	270
22	치매	293	457	357	482	398
23	폐암	2361	2742	3870	3181	2561
24	후두암	233	163	174	515	183
25	구강암	208	202	189	211	227

- 연도별 담배 질병 변화 시각화

  > rm(list=ls())

  > setwd("h:/담배_시각화등")

  > f=read.csv("담배질병_그래프.csv", sep=", ", stringsAsFactors=F)

  > a=f$X2011년

  > b=f$X2012년

  > c=f$X2013년

  > d=f$X2014년

  > e=f$X2015년

  > plot(a, xlab="", ylab="", ylim=c(0, 4000), type="o", axes=FALSE, ann=F, col="red")

  > title(main="연도별 담배관련 질병 버즈 현황", col.main=1, font.main=2)

  > title(ylab="버즈", col.lab=1)

  > axis(1, at=1:25, lab=c(f$질병), las=2)

> axis(2, ylim=c(0, 4000), las=2)

> lines(b, col="black", type="o")

> lines(c, col="blue", type="o")

> lines(d, col="green", type="o")

> lines(e, col="cyan", type="o")

> colors=c("red", "black", "blue", "green", "cyan")

> legend(8, 3500, c("2011년", "2012년", "2013년", "2014년", "2015년"), cex=0.9, col=colors, lty=1, lwd=2)

> savePlot("담배_질병_그래프.png", type="png")

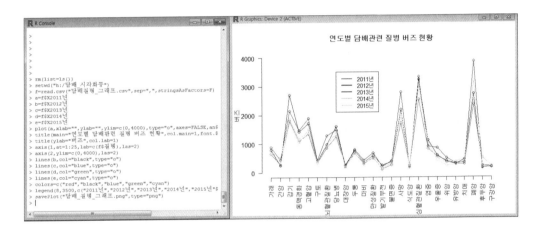

- 연도별 담배 질병 변화 워드클라우드 작성

  - '2011년_질병.txt~2015년_질병.txt'를 다음과 같이 작성한다.

- wordcloud() 함수를 이용하여 워드클라우드를 작성한다.

> setwd("h:/담배_시각화등")

> install.packages("KoNLP")

> install.packages("wordcloud")

> library(KoNLP)

> library(wordcloud)

> obrev=read.table("2011년_질병.txt")

> wordcount=table(obrev)

> library(RColorBrewer)

> palete=brewer.pal(9, "Set1")

> wordcloud(names(wordcount), freq=wordcount, scale=c(5, 1), rot.per=.12, min.freq=1, random.order=F, random.color=T, colors=palete)

> savePlot("2011년_질병.png", type="png")

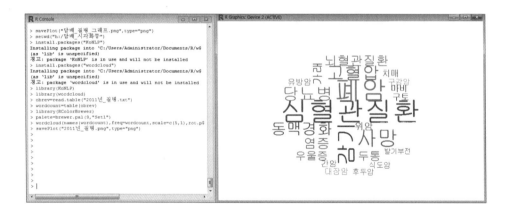

⑥ 지역별 담배 감정 시각화

- '지역별담배감정_지도.txt'를 다음과 같이 작성한다.

- spplot() 함수와 print() 함수를 이용하여 여러 객체의 지리적 데이터를 시각화한다.

  > install.packages('sp')

  > library(sp)

  > load('d:/담배_시각화등/KOR_adm0.RDATA')

  > plot(gadm)

  > load('d:/담배_시각화등/KOR_adm1.RDATA')

  > plot(gadm)

시도별 행정지도 데이터 read

  > install.packages('sp')

  > library(sp)

  > load('d:/담배_시각화등/KOR_adm1.RDATA')

  > pop=read.table('d:/담배_시각화등/지역별담배감정_지도.txt', header=T)

  > pop_s=pop[order(pop$Code),]

  > inter=c(0, 100, 200, 300, 400, 600, 1000, 4000)

  > pop_c=cut(pop_s$위험, breaks=inter)

  > gadm$pop=as.factor(pop_c)

  > col=rainbow(length(levels(gadm$pop)))

  > spplot(gadm, 'pop', col.regions=col, main='지역별 담배 위험 감정')

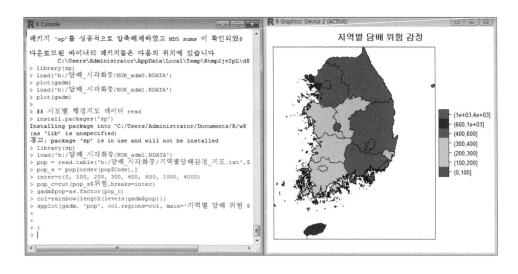

[표 8-1]과 같이 담배에 대한 감정 키워드의 연관성 예측에서 위험 감정은 행복, 추천, 고민, 최고, 대단, 피곤, 깔끔, 여유의 감정에 강하게 연결되어 있는 것으로 나타났다. 일반 감정의 경우에는 스트레스, 문제, 조심, 지적, 위험의 감정에 강하게 연결되어 있는 것으로 나타났다.

[표 8-1] 담배 감정 키워드 연관성 예측

	규칙	지지도	신뢰도	향상도
위험	{행복, 추천, 고민, 최고, 대단, 피곤} => {깔끔}	0.001110136	0.9722222	16.394312
	{고민, 즐거움, 대단, 피곤} => {여유}	0.001416745	0.9852941	16.221423
	{행복, 추천, 깔끔, 고민, 최고, 피곤} => {대단}	0.001110136	0.9905660	14.277767
	{행복, 추천, 깔끔, 고민, 피곤} => {대단}	0.001120709	0.9724771	14.017037
	{행복, 추천, 깔끔, 최고, 대단} => {고민}	0.001152427	0.9909091	7.064914
	{행복, 추천, 깔끔, 대단, 피곤} => {고민}	0.001120709	0.9906542	7.063097
	{추천, 깔끔, 최고, 대단, 피곤} => {고민}	0.001120709	0.9906542	7.063097
	{행복, 추천, 깔끔, 최고, 대단, 피곤} => {고민}	0.001110136	0.9905660	7.062469
	{행복, 깔끔, 최고, 대단, 피곤} => {고민}	0.001131282	0.9816514	6.998909
	{행복, 깔끔, 대단, 피곤} => {고민}	0.001163000	0.9734513	6.940445
일반	{스트레스, 문제, 조심, 지적} => {위험}	0.001163219	0.9080460	7.419833
	{실패, 결심, 욕구} => {성공}	0.001413532	0.7804878	7.227547
	{스트레스, 실패, 결심} => {성공}	0.001516602	0.7518248	6.962119
	{스트레스, 조심, 지적} => {위험}	0.001214754	0.7894737	6.450954
	{스트레스, 위험, 조심, 지적} => {문제}	0.001163219	0.9575758	3.553563
	{위험, 조심, 지적} => {문제}	0.001641758	0.9330544	3.462564
	{스트레스, 위험, 지적} => {문제}	0.002061400	0.8562691	3.177614
	{위험, 의지, 지적} => {문제}	0.001119046	0.8491620	3.151240
	{위험, 지적, 걱정} => {문제}	0.001523964	0.8448980	3.135416
	{성공, 지적, 걱정} => {문제}	0.001096959	0.8370787	3.106398

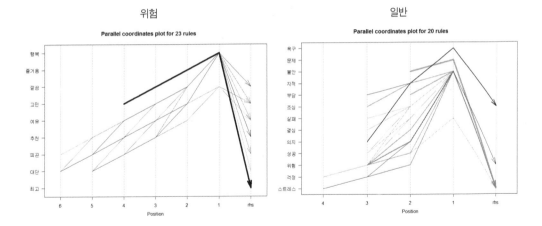

위험 · 일반

⑦ 담배 감정 키워드 연관성 예측(키워드 간 연관분석)

- '담배_연관분석_감정(위험).txt'를 다음과 같이 작성한다.

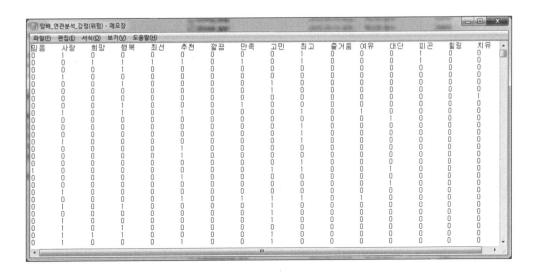

- arules 패키지와 apriori() 함수를 이용하여 연관분석을 실시한다.

  > setwd("h:/담배_시각화등")

  > asso=read.table("담배_연관분석_감정(위험).txt", header=T)

  > install.packages("arules")

  > library(arules)

```
> trans=as.matrix(asso, "Transaction")
> rules1=apriori(trans, parameter=list(supp=0.001, conf=0.97, target="rules"))
> inspect(sort(rules1))
> summary(rules1)
> rules.sorted=sort(rules1, by="confidence")
> inspect(rules.sorted)
> rules.sorted=sort(rules1, by="lift")
> inspect(rules.sorted)
```

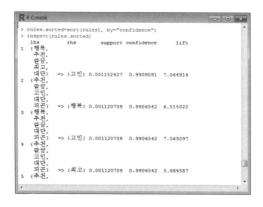

- arulesViz 패키지와 plot() 함수를 이용하여 시각화를 실시한다.

```
> install.packages("arulesViz")
> library(arulesViz)
> plot(rules1, method='paracoord', control=list(reorder=T))
> plot(rules1, method='graph', control=list(type='items'))
```

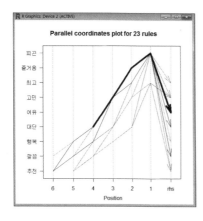

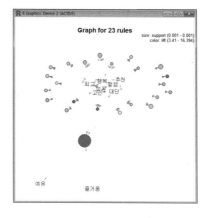

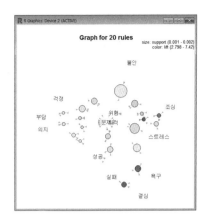

```
R R Console
> rules.sorted=sort(rules1, by="lift")
> inspect(rules.sorted)
  lhs            rhs        support    confidence  lift
1 {스트레스,
   문제,
   조심,
   지적}     => {위험} 0.001163219  0.9080460  7.419833
2 {실패,
   결심,
   욕구}     => {성공} 0.001413532  0.7804878  7.227547
3 {스트레스,
   실패,
   결심}     => {성공} 0.001516602  0.7518248  6.962119
4 {스트레스,
   조심,
   지적}     => {위험} 0.001214754  0.7894737  6.450954
5 {스트레스,
   위험,
   조심,
   지적}     => {문제} 0.001163219  0.9575758  3.553563
6 {위험,
   조심,
   지적}     => {문제} 0.001641758  0.9330544  3.462564
7 {스트레스,
```

Graph for 20 rules

size: support (0.001 - 0.002)
color: lift (2.798 - 7.42)

[표 8-2]와 같이 담배와 관련하여 긍정적 감정(위험군)을 나타내는 온라인 문서(버즈)는 32.8%, 보통의 감정(잠재군)을 나타내는 버즈는 8.6%, 부정의 감정(일반군)은 58.6%로 나타났다. 담배와 관련한 정책은 담뱃값인상(50.0%), 흡연규제(23.9%), 금연사업(9.3%) 등의 순으로 나타났다. 담배와 관련한 도움·치료는 병원(71.7%), 금연클리닉(25.6%), 금연교실(1.8%), 금연상담전화(0.9%) 순으로 나타났다. 담배와 관련한 폐해로는 간접흡연(48.6%), 담배꽁초(16.2%), 알코올(8.9%), 중독(7.3%) 등의 순으로 나타났다.

담배와 관련한 유해물질로는 니코틴(48.6%), 발암물질(14.3%), 타르(11.9%), 유해물질(8.0%) 등의 순으로 나타났다. 담배와 관련한 채널로는 SNS(52.9%), 카페(24.6%), 블로그(13.5%) 등의 순으로 나타났다. 담배와 관련한 금연도구로는 전자담배(68.1%), 금연패치(9.2%), 금연약(8.4%) 등의 순으로 나타났다. 담배와 관련한 장소로는 공공장소(18.9%), 식당(15.5%), 학교(15.4%) 등의 순으로 나타났다. 담배와 관련한 기관으로는 청와대(48.6%), 보건복지부(11.9%), 국회(8.7%) 등의 순으로 나타났다.

[표 8-3]과 같이 담배와 관련한 연도별 긍정적 감정(위험)을 나타내는 버즈는 청소년의 경우 2011년(30.9%), 2012년(29.2%), 2013년(27.9%), 2014년(26.8%), 2015년(25.3%)로 나타났으며, 성인의 경우 2011년(39.9%), 2012년(36.4%), 2013년(34.0%), 2014년(36.2%), 2015년(29.1%)로 나타났다. 따라서 2015년 담뱃값인상은 청소년보다 성인에게 더 많은 영향을 미친 것으로 나타났다.

[표 8-2] 담배 관련 버즈 현황

구분	항목	N(%)	구분	항목	N(%)
감정	일반	110,401(58.6)	채널	블로그	147,235(13.5)
	잠재	16,206(8.6)		카페	268,463(24.6)
	위험	61,660(32.8)		SNS	577,125(52.9)
	계	188,267		게시판	53,243(4.9)
정책	담뱃값인상	58,267(50.0)		뉴스	45,892(4.2)
	FCTC	454(0.4)		계	1,091,958
	금연관련법	13,528(11.6)	금연도구	금연껌	4,260(7.5)
	흡연규제	27,828(23.9)		금연약	4,778(8.4)
	금연광고	5,626(4.8)		전자담배	38,600(68.1)
	금연사업	10,887(9.3)		금연패치	5,200(9.2)
	계	116,590		금연보조제	3,819(6.7)
도움·치료	금연클리닉	10,015(25.6)		계	56,657
	금연상담전화	360(0.9)	장소	PC방	3,932(2.1)
	병원	28,062(71.7)		가정	12,414(6.7)
	금연교실	694(1.8)		금연건물	1,609(0.9)
	계	39,131		아파트	14,915(8.1)
폐해	간접흡연	88,855(48.6)		공공장소	34,775(18.9)
	알코올	16,217(8.9)		흡연구역	14,029(7.6)
	중독	13,333(7.3)		직장	19,666(10.7)
	기억력	12,396(6.8)		술집	26,000(14.1)
	담배꽁초	29,651(16.2)		식당	28,659(15.5)
	도박마약	8,469(4.6)		학교	28,314(15.4)
	이혼	3,333(1.8)		계	184,313
	정신건강	3,907(2.1)	기관	청와대	32,311(48.6)
	폭력	6,611(3.6)		국회	5,803(8.7)
	계	182,772		보건복지부	7,894(11.9)
유해물질	니코틴	18,496(48.6)		여성가족부	1,502(2.3)
	발암물질	5,651(14.3)		기획재정부	2,971(4.5)
	유해물질	3,142(8.0)		지방자치단체	4,963(7.5)
	일산화탄소	2,894(7.3)		공공기관	4,021(6.1)
	타르	4,707(11.9)		세계보건기구	2,227(3.4)
	화학물질	1,875(4.7)		금연단체	1,079(1.6)
	노폐물	2,745(6.9)		담배회사	3,673(5.5)
	계	39,510		계	66,444

[표 8-3] 담배 관련 연도별 감정 변화

연도	청소년				성인				전체			
	위험	잠재	일반	계	위험	잠재	일반	계	위험	잠재	일반	계
2011	2,283 (30.9)	1,017 (13.8)	4,085 (55.3)	7,385	6,873 (39.9)	1,747 (10.2)	8,589 (49.9)	17,209	9,156 (37.2)	2,764 (11.2)	12,674 (51.5)	24,594
2012	2,767 (29.2)	1,174 (12.4)	5,542 (58.4)	9,483	10,537 (36.4)	1,938 (6.7)	16,508 (57.0)	28,983	13,304 (34.6)	3,112 (8.1)	22,050 (57.3)	38,466
2013	2,478 (27.9)	1,178 (13.3)	5,228 (58.8)	8,884	11,037 (34.0)	1,956 (6.0)	19,432 (59.9)	32,425	13,515 (32.7)	3,134 (7.6)	24,660 (59.7)	41,309
2014	2,145 (26.8)	1,050 (13.1)	4,799 (60.0)	7,994	9,106 (36.2)	1,906 (7.6)	14,125 (56.2)	25,137	11,251 (34.0)	2,956 (8.9)	18,924 (57.1)	33,131
2015	2,160 (25.3)	1,068 (12.5)	5,324 (62.3)	8,552	12,274 (29.1)	3,172 (7.5)	26,769 (63.4)	42,215	14,434 (28.4)	4,240 (8.4)	32,093 (63.2)	50,767
계	11,833 (28.0)	5,487 (13.0)	24,978 (59.1)	42,298	49,827 (34.1)	10,719 (7.3)	85,423 (58.5)	145,969	61,660 (32.8)	16,206 (8.6)	110,401 (58.6)	188.267

3-2 담배 위험 관련 연관성 분석

[표 8-4]와 같이 정책요인에 대한 담배 위험의 연관성 예측에서 신뢰도가 가장 높은 연관 규칙은 {담뱃값인상, 금연관련법}=>{일반}이며 세 변인의 연관성은 지지도 0.002, 신뢰도 0.539, 향상도 5.338로 나타났다. 이는 온라인 문서에서 담뱃값인상, 금연관련법이 언급되면 담배를 부정적(일반)으로 생각할 확률이 53.9%이며, 담뱃값인상과 금연관련법이 언급되지 않은 문서보다 담배에 대한 감정이 일반일 확률이 5.34배 높아지는 것을 나타낸다.

특히 {담뱃값인상}=>{위험} 두 변인의 연관성은 지지도 0.002, 신뢰도 0.04, 향상도 0.72로 나타나 담뱃값인상은 담배에 대한 긍정적(위험) 감정을 감소시키는 것으로 나타났다. 반면, {담뱃값인상}=>{잠재} 두 변인의 연관성은 지지도 0.001, 신뢰도 0.02, 향상도 1.49로 나타나 담뱃값인상은 담배에 대한 보통(잠재) 감정을 증가시키는 것으로 나타났다.

[표 8-4] 정책요인에 대한 담배 위험 예측

규칙	지지도	신뢰도	향상도
{담뱃값인상, 금연관련법} => {일반}	0.001776625	0.53978854	5.3389590
{담뱃값인상, 흡연규제} => {일반}	0.001778457	0.49465104	4.8925115
{금연사업} => {일반}	0.004685162	0.46991825	4.6478836
{금연관련법, 흡연규제} => {일반}	0.001862709	0.46395985	4.5889500
{금연관련법} => {일반}	0.005130234	0.41410408	4.0958349
{금연광고} => {일반}	0.001716183	0.33309634	3.2946007
{흡연규제} => {일반}	0.007551572	0.29632025	2.9308545
{담뱃값인상} => {일반}	0.010004048	0.18748176	1.8543511
{금연사업} => {위험}	0.001788530	0.17938826	3.1768480
{흡연규제} => {위험}	0.001625520	0.06378468	1.1295846
{담뱃값인상} => {위험}	0.002182318	0.04089794	0.7242755
{담뱃값인상} => {잠재}	0.001182280	0.02215662	1.4929102

⑧ 정책요인에 대한 담배 위험 예측의 연관분석(키워드와 종속변수 간 연관분석)

• '담배_연관분석_정책.txt'를 다음과 같이 작성한다.

• arules 패키지와 apriori() 함수를 이용하여 연관분석을 실시한다.

> rm(list=ls())

> setwd("h:/담배_시각화등")

```
> asso=read.table("담배_연관분석_정책.txt", header=T)

> install.packages("arules")

> library(arules)

> trans=as.matrix(asso, "Transaction")

> rules1=apriori(trans, parameter=list(supp=0.001, conf=0.01), appearance=list(rhs=c("위험", "잠
  재", "일반"), default="lhs"), control=list(verbose=F))

> inspect(sort(rules1))

> summary(rules1)

> rules.sorted=sort(rules1, by="confidence")

> inspect(rules.sorted)
```

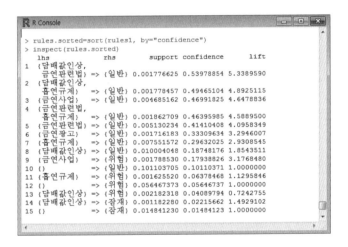

• '담배_연관분석_질병.txt'를 다음과 같이 작성한다.

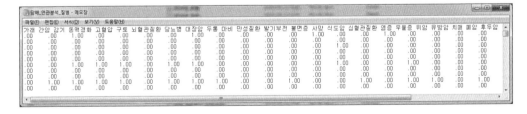

```
> asso=read.table("담배_연관분석_질병.txt", header=T)

> trans=as.matrix(asso, "Transaction")

> rules1=apriori(trans, parameter=list(supp=0.0167, conf=0.5, target="rules"))
```

```
R R Console                                                    [_][□][X]
> rules.sorted=sort(rules1, by="lift")
> inspect(rules.sorted)
     lhs                 rhs           support   confidence    lift
1    {뇌혈관질환,
      심혈관질환}  => {동맥경화}  0.01676615 0.7236122 22.446617
2    {동맥경화,
      심혈관질환}  => {뇌혈관질환} 0.01676615 0.6278833 22.196268
3    {고혈압,
      심혈관질환}  => {동맥경화}  0.01965562 0.6762231 20.976597
4    {뇌혈관질환} => {동맥경화}  0.01748173 0.6179955 19.170363
5    {동맥경화}   => {뇌혈관질환} 0.01748173 0.5422872 19.170363
6    {당뇨병,
      심혈관질환}  => {고혈압}    0.01969185 0.7543373 19.070206
7    {동맥경화,
      심혈관질환}  => {고혈압}    0.01965562 0.7360923 18.608959
8    {고혈압,
      심혈관질환}  => {당뇨병}    0.01969185 0.6774696 17.867492
9    {동맥경화}   => {고혈압}    0.02230052 0.6917674 17.488392
10   {고혈압}     => {동맥경화}  0.02230052 0.5637738 17.488392
11   {고혈압}     => {당뇨병}    0.02383131 0.6024731 15.889544
12   {당뇨병}     => {고혈압}    0.02383131 0.6285237 15.889544
13   {뇌혈관질환} => {고혈압}    0.01717376 0.6071085 15.348155
14   {동맥경화}   => {당뇨병}    0.01871360 0.5805001 15.310032
15   {동맥경화,
      뇌혈관질환}  => {심혈관질환} 0.01676615 0.9590674 12.953511
16   {동맥경화,
      고혈압}     => {심혈관질환} 0.01965562 0.8813972 11.904470
17   {동맥경화}   => {심혈관질환} 0.02670266 0.8283226 11.187624
18   {고혈압,
      당뇨병}     => {심혈관질환} 0.01969185 0.8263018 11.160331
19   {뇌혈관질환} => {심혈관질환} 0.02317008 0.8190842 11.062848
20   {고혈압}     => {심혈관질환} 0.02906677 0.7348294  9.924872
21   {당뇨병}     => {심혈관질환} 0.02610484 0.6884854  9.298933
> |
```

3-3 담배의 위험에 영향을 미치는 요인

[표 8-5]와 같이 금연과 관련한 모든 정책요인은 담배의 위험에 음(-)의 영향을 미치는 것으로 나타나 FCTC, 담뱃값인상, 금연관련법, 흡연규제, 금연광고, 금연사업과 관련한 정책이 온라인상에 많이 언급될수록 담배에 대한 긍정적 감정(위험)은 감소하는 것으로 나타났다.

금연과 관련한 도구요인의 영향은 금연약, 금연패치, 금연껌은 음의 영향을 미치는 것으로 나타나 금연약, 금연패치, 금연껌과 관련한 금연도구가 온라인상에 많이 언급될수록 담배에 대한 긍정적 감정(위험)은 감소하는 것으로 나타났다. 그러나 전자담배와 금연보조제는 양(+)의 영향을 미치는 것으로 나타나 전자담배와 금연보조제와 관련한 금연도구가 많이 언급될수록 담배에 대한 긍정적 감정(위험)은 증가하는 것으로 나타났다.

[표 8-5] 담배의 위험에 영향을 미치는 정책 및 도구 요인*

변수		위험				잠재			
		b[†]	S.E.[†]	OR[§]	P	b[†]	S.E.[†]	OR[§]	P
정책	담뱃값인상	−0.854	0.024	0.426	0.000	−0.207	0.031	0.813	0.000
	FCTC	−1.328	0.269	0.265	0.000	−0.451	0.215	0.637	0.036
	금연관련법	−0.845	0.037	0.430	0.000	−0.153	0.044	0.858	0.001
	흡연규제	−0.742	0.027	0.476	0.000	−0.191	0.036	0.826	0.000
	금연광고	−0.275	0.049	0.760	0.000	0.076	0.065	1.079	0.240
	금연사업	−0.242	0.028	0.785	0.000	0.410	0.035	1.507	0.000
도구	금연껌	−0.357	0.051	0.700	0.000	0.068	0.069	1.071	0.324
	금연약	−1.556	0.060	0.211	0.000	−0.176	0.058	0.839	0.003
	전자담배	0.206	0.019	1.229	0.000	0.155	0.032	1.167	0.000
	금연패치	−1.091	0.051	0.336	0.000	−0.414	0.065	0.661	0.000
	금연보조제	0.374	0.060	1.454	0.000	0.688	0.081	1.990	0.000

주: * 기본범주: 일반, [†]Standardized coefficients, [†]Standard error, [§]odds ratio

⑨ 담배의 위험에 영향을 미치는 정책 및 도구 요인(다항 로지스틱 회귀분석)

- SPSS를 활용한 정책 및 도구 요인의 다항 로지스틱 회귀분석
  - SPSS는 '담배_감성분석_전체_0815.sav' 파일을 사용한다.

모수 추정값

lattitude[a]		B	표준오차	Wald	자유도	유의확률	Exp(B)	Exp(B)에 대한 95% 신뢰구간	
								하한	상한
1.00 위험	절편	−.454	.005	7070.823	1	.000			
	정책1	−.854	.024	1315.776	1	.000	.426	.406	.446
	정책2	−1.328	.269	24.431	1	.000	.265	.157	.449
	정책3	−.845	.037	523.969	1	.000	.430	.400	.462
	정책4	−.742	.027	728.355	1	.000	.476	.451	.503
	정책5	−.275	.049	31.207	1	.000	.760	.690	.837
	정책6	−.242	.028	76.052	1	.000	.785	.744	.829
2.00 잠재	절편	−1.903	.009	42482.602	1	.000			
	정책1	−.207	.031	43.794	1	.000	.813	.764	.864
	정책2	−.451	.215	4.405	1	.036	.637	.418	.971
	정책3	−.153	.044	12.090	1	.001	.858	.787	.935
	정책4	−.191	.036	27.624	1	.000	.826	.769	.887
	정책5	.076	.065	1.378	1	.240	1.079	.950	1.225
	정책6	.410	.035	134.164	1	.000	1.507	1.406	1.615

a. 참조 범주는 \3.00 일반임니다.

<table>
모수 추정값

lattitude[a]		B	표준오차	Wald	자유도	유의확률	Exp(B)	Exp(B)에 대한 95% 신뢰구간	
								하한	상한
1.00 위험	절편	-.561	.005	11116.797	1	.000			
	N금연검	-.357	.051	48.630	1	.000	.700	.833	.773
	N금연약	-1.556	.060	670.455	1	.000	.211	.188	.237
	N전자담배	.206	.019	115.482	1	.000	1.229	1.183	1.276
	N금연패치	-1.091	.051	456.539	1	.000	.336	.304	.371
	N금연보조제	.374	.060	38.428	1	.000	1.454	1.292	1.637
2.00 잠재	절편	-1.925	.009	46417.803	1	.000			
	N금연검	.068	.069	.972	1	.324	1.071	.935	1.227
	N금연약	-.176	.058	9.111	1	.003	.839	.748	.940
	N전자담배	.155	.032	23.948	1	.000	1.167	1.097	1.242
	N금연패치	-.414	.065	40.078	1	.000	.661	.582	.752
	N금연보조제	.688	.081	72.574	1	.000	1.990	1.698	2.331
</table>

a. 참조 범주는 3.00 일반입니다.

3-4 담배 관련 위험 예측모형

본 연구에서는 담배 관련 위험을 예측하기 위하여 담배와 관련한 정책요인과 금연도구요인에 대해 데이터마이닝 분석을 실시하였다.

담배 관련 정책요인이 담배의 위험 예측모형에 미치는 영향은 [그림 8-4]와 같다. 나무구조의 최상위에 있는 네모는 루트노드로서, 예측변수(독립변수)가 투입되지 않은 종속변수(위험, 잠재, 일반)의 빈도를 나타낸다. 루트노드에서 담배의 위험은 32.8%(6만 1,660건), 잠재는 8.6%(1만 6,206건), 일반은 58.6%(11만 401건)로 나타났다. 루트노드 하단의 가장 상위에 위치하는 요인은 담배의 위험 예측에 영향력이 가장 높은(관련성이 깊은) 정책요인으로 '담뱃값인상요인'의 영향력이 가장 큰 것으로 나타났다. 담뱃값인상요인이 있을 경우 담배의 위험은 이전의 32.8%에서 16.3%로 크게 감소한 반면, 잠재는 8.6%에서 8.8%, 일반은 58.6%에서 74.8%로 증가하였다. '담뱃값인상요인이 있고 금연관련법요인이 있는' 경우 담배의 위험은 이전의 16.3%에서 6.0%, 잠재는 8.8%에서 8.0%로 감소한 반면, 일반은 74.8%에서 86.0%로 증가하였다.

[표 8-6]의 담배와 관련한 정책요인의 위험 예측모형에 대한 이익도표와 같이 담배의 위험에 영향력이 가장 높은 경우는 '담뱃값인상요인이 없고, 흡연규제요인이 없으며, 금연관련법요인이 없는' 조합으로 나타났다. 즉 8번 노드의 지수(index)가 108.1%로 뿌리마디와 비교했을 때 8번 노드의 조건을 가진 집단이 담배에 대한 위험이 높을 확률이 1.08배로 나타났다. 담배의 잠재에 영향력이 가장 높은 경우는 '담뱃값인상요인이 있고, 금연관련법요인이 없으며, 금연사업요인이 있는' 조합으로 나타났다. 즉 14번 노드의 지수가 168.0%로 뿌리마디와 비교했을 때 14번 노드의 조건을 가진 집단이 담배에 대한 보통의 감정(잠재)이 높을 확률이 1.68배로 나타났다. 담배의 일반에 영향력이 가장 높은 경우는 '담뱃값인상요인이 있고, 금연

관련법요인이 있으며, FCTC요인이 있는' 조합으로 나타났다. 즉 12번 노드의 지수가 163.0%로 뿌리마디와 비교했을 때 12번 노드의 조건을 가진 집단이 담배에 대한 부정의 감정(일반)이 높을 확률이 1.63배로 나타났다.

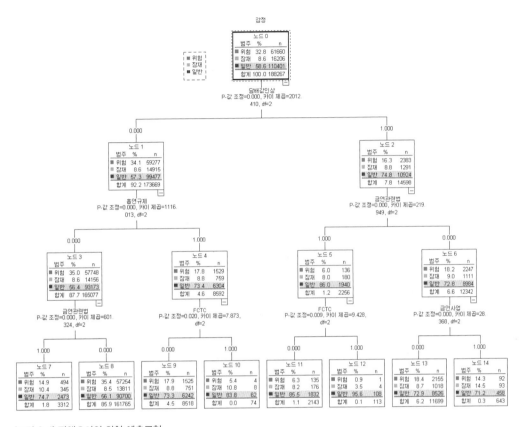

[그림 8-4] 정책요인의 위험 예측모형

[표 8-6] 정책요인의 위험 예측모형에 대한 이익도표

구분	노드	이익지수				누적지수			
		노드(n)	노드(%)	이익(%)	지수(%)	노드(n)	노드(%)	이익(%)	지수(%)
위험	8	161,765	85.9	92.9	108.1	161,765	85.9	92.9	108.1
	13	11,699	6.2	3.5	56.2	173,464	92.1	96.3	104.6
	9	8,518	4.5	2.5	54.7	181,982	96.7	98.8	102.2
	7	3,312	1.8	0.8	45.5	185,294	98.4	99.6	101.2
	14	643	0.3	0.1	43.7	185,937	98.8	99.8	101.0
	11	2,143	1.1	0.2	19.2	188,080	99.9	100.0	100.1
	10	74	0.0	0.0	16.5	188,154	99.9	100.0	100.1
	12	113	0.1	0.0	2.7	188,267	100.0	100.0	100.0
잠재	14	643	0.3	0.6	168.0	643	0.3	0.6	168.0
	10	74	0.0	0.0	125.6	717	0.4	0.6	163.6
	7	3,312	1.8	2.1	121.0	4,029	2.1	2.8	128.6
	9	8,518	4.5	4.6	102.4	12,547	6.7	7.4	110.8
	13	11,699	6.2	6.3	101.1	24,246	12.9	13.7	106.1
	8	161,765	85.9	85.2	99.2	186,011	98.8	98.9	100.1
	11	2,143	1.1	1.1	95.4	188,154	99.9	100.0	100.0
	12	113	0.1	0.0	41.1	188,267	100.0	100.0	100.0
일반	12	113	0.1	0.1	163.0	113	0.1	0.1	163.0
	11	2,143	1.1	1.7	145.8	2,256	1.2	1.8	146.6
	10	74	0.0	0.1	142.9	2,330	1.2	1.8	146.5
	7	3,312	1.8	2.2	127.3	5,642	3.0	4.1	135.3
	9	8,518	4.5	5.7	125.0	14,160	7.5	9.7	129.1
	13	11,699	6.2	7.7	124.3	25,859	13.7	17.4	126.9
	14	643	0.3	0.4	121.5	26,502	14.1	17.8	126.8
	8	161,765	85.9	82.2	95.6	188,267	100.0	100.0	100.0

담배 관련 질병요인이 담배의 위험 예측모형에 미치는 영향은 [그림 8-5]와 같다. 담배의 위험 예측에 영향력이 가장 높은 질병요인은 '폐암'으로 나타났다. 폐암이 있을 경우 담배의 위험은 이전의 32.8%에서 14.6%로 크게 감소한 반면, 잠재는 8.6%에서 12.3%, 일반은 58.6%에서 73.1%로 증가하였다. '폐암이 있고 후두암이 있는' 경우 담배의 위험은 이전의 14.6%에서 7.6%, 잠재는 12.3%에서 6.5%로 감소한 반면, 일반은 73.1%에서 85.8%로 증가하였다.

[표 8-7]의 담배와 관련한 질병요인의 위험 예측모형에 대한 이익도표와 같이 담배의 위험에 영향력이 가장 높은 경우는 '폐암이 없고, 심혈관질환이 없으며, 고혈압이 없는' 조합으로 나타났다. 즉 11번 노드의 지수가 104.6%로 뿌리마디와 비교했을 때 11번 노드의 조건을 가진 집단이 담배에 대한 위험이 높을 확률이 1.05배로 나타났다. 담배의 잠재에 영향력이 가장 높은 경우는 '폐암이 없고, 심혈관질환이 있으며, 간암이 있는' 조합으로 나타났다. 즉 14번 노드의 지수가 485.7%로 뿌리마디와 비교했을 때 14번 노드의 조건을 가진 집단이 담배에 대한 부정의 감정(일반)이 높을 확률이 4.86배로 나타났다. 담배의 일반에 영향력이 가장 높은 경우는 '폐암이 있고, 후두암이 있으며, 심혈관질환이 있는' 조합으로 나타났다. 즉 8번 노드의 지수가 155.0%로 뿌리마디와 비교했을 때 8번 노드의 조건을 가진 집단이 담배에 대한 부정의 감정(일반)이 높을 확률이 1.55배로 나타났다.

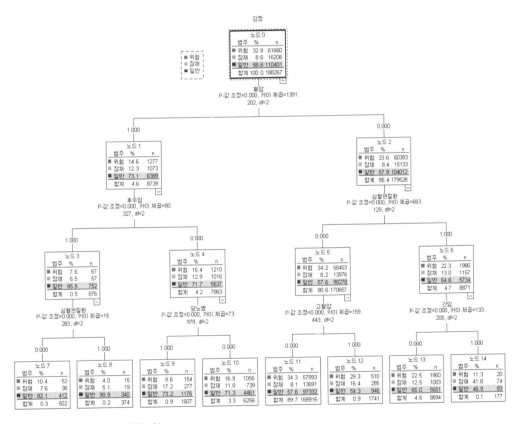

[그림 8-5] 질병요인의 위험 예측모형

[표 8-7] 질병요인의 위험 예측모형에 대한 이익도표

구분	노드	이익지수				누적지수			
		노드(n)	노드(%)	이익(%)	지수(%)	노드(n)	노드(%)	이익(%)	지수(%)
위험	11	168,916	89.7	93.9	104.6	168,916	89.7	93.9	104.6
	12	1,741	0.9	0.8	89.4	170,657	90.6	94.7	104.5
	13	8,694	4.6	3.2	68.8	179,351	95.3	97.9	102.8
	10	6,256	3.3	1.7	51.5	185,607	98.6	99.6	101.0
	14	177	0.1	0.0	34.5	185,784	98.7	99.6	101.0
	7	502	0.3	0.1	31.6	186,286	98.9	99.7	100.8
	9	1,607	0.9	0.2	29.3	187,893	99.8	100.0	100.2
	8	374	0.2	0.0	12.2	188,267	100.0	100.0	100.0
잠재	14	177	0.1	0.5	485.7	177	0.1	0.5	485.7
	9	1,607	0.9	1.7	200.2	1,784	0.9	2.2	228.6
	12	1,741	0.9	1.8	190.2	3,525	1.9	3.9	209.6
	13	8,694	4.6	6.7	144.7	12,219	6.5	10.6	163.4
	10	6,256	3.3	4.6	137.2	18,475	9.8	15.2	154.6
	11	168,916	89.7	84.5	94.2	187,391	99.5	99.6	100.1
	7	502	0.3	0.2	87.9	187,893	99.8	99.9	100.1
	8	374	0.2	0.1	59.0	188,267	100.0	100.0	100.0
일반	8	374	0.2	0.3	155.0	374	0.2	0.3	155.0
	7	502	0.3	0.4	140.0	876	0.5	0.7	146.4
	9	1,607	0.9	1.1	124.8	2,483	1.3	1.7	132.4
	10	6,256	3.3	4.0	121.6	8,739	4.6	5.8	124.7
	13	8,694	4.6	5.1	110.8	17,433	9.3	10.9	117.8
	11	168,916	89.7	88.2	98.3	186,349	99.0	99.1	100.1
	12	1,741	0.9	0.9	92.7	188,090	99.9	99.9	100.0
	14	177	0.1	0.1	80.0	188,267	100.0	100.0	100.0

⑩ **정책요인의 위험 예측모형**

- SPSS를 이용한 정책요인의 의사결정나무분석

  - '담배_감성분석_전체_0815.sav' 파일을 사용하여 [분류분석 - 트리]를 실행한다.

  - 성장방법은 CHAID를 선택한다.

  - 이익도표를 산출하기 위해 [출력결과 - 통계]에서 [비용, 사전확률, 스코어 및 이익 값]을

선택한 후 [누적 통계량 표시]를 선택한다.

- 분류결과를 확인한다.

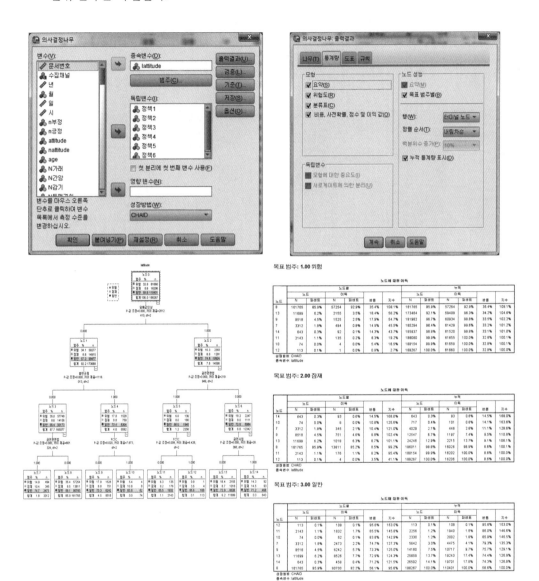

⑪ 질병요인의 위험 예측모형

- SPSS를 이용한 질병요인의 의사결정나무분석
  - '담배_감성분석_전체_0815.sav' 파일을 사용하여 [분류분석 - 트리]를 실행한다.
  - 독립변수: 간암, 동맥경화, 고혈압, 뇌혈관질환, 당뇨병, 식도암, 심혈관질환, 위암, 유방암,

폐암, 후두암, 구강암

- 성장방법은 CHAID를 선택한다.
- 이익도표를 산출하기 위해 [출력결과 - 통계]에서 [비용, 사전확률, 스코어 및 이익 값]을 선택한 후 [누적 통계량 표시]를 선택한다.
- 분류결과를 확인한다.

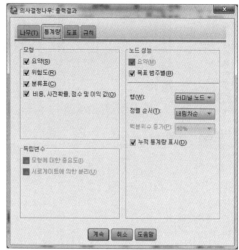

목표 범주: 1.00 위험

노드에 대한 이익

	노드별						누적					
	노드		이득				노드		이득			
노드	N	퍼센트	N	퍼센트	반응	지수	N	퍼센트	N	퍼센트	반응	지수
11	168916	89.7%	57893	93.9%	34.3%	104.6%	168916	89.7%	57893	93.9%	34.3%	104.6%
12	1741	0.9%	510	0.8%	29.3%	89.4%	170657	90.6%	58403	94.7%	34.2%	104.5%
13	8694	4.6%	1980	3.2%	22.5%	68.8%	179351	95.3%	60363	97.9%	33.7%	102.7%
10	6256	3.3%	1056	1.7%	16.9%	51.5%	185607	98.6%	61419	99.6%	33.1%	101.0%
14	177	0.1%	20	0.0%	11.3%	34.5%	185784	98.7%	61439	99.6%	33.1%	101.0%
7	502	0.3%	52	0.1%	10.4%	31.6%	186286	98.9%	61491	99.7%	33.0%	100.8%
	1607	0.9%	154	0.2%	9.6%	29.3%	187893	99.8%	61645	100.0%	32.8%	100.2%
	374	0.2%	15	0.0%	4.0%	12.2%	188267	100.0%	61660	100.0%	32.8%	100.0%

성장방법: CHAID
종속변수: lattitude

목표 범주: 2.00 잠재

노드에 대한 이익

	노드별						누적					
	노드		이득				노드		이득			
노드	N	퍼센트	N	퍼센트	반응	지수	N	퍼센트	N	퍼센트	반응	지수
14	177	0.1%	74	0.5%	41.8%	485.7%	177	0.1%	74	0.5%	41.8%	485.7%
9	1607	0.9%	277	1.8%	17.2%	200.2%	1784	0.9%	351	2.2%	19.7%	228.8%
12	1741	0.9%	285	1.8%	16.4%	190.2%	3525	1.9%	636	3.9%	18.0%	209.6%
13	8694	4.6%	1083	6.7%	12.5%	144.7%	12219	6.5%	1719	10.6%	14.1%	163.4%
10	6256	3.3%	739	4.6%	11.8%	137.2%	18475	9.8%	2458	15.2%	13.3%	154.1%
11	168916	89.7%	13691	84.5%	8.1%	94.2%	187391	99.5%	16149	99.6%	8.6%	100.1%
7	502	0.3%	38	0.2%	7.6%	87.9%	187893	99.8%	16187	99.9%	8.6%	100.1%
	374	0.2%	19	0.1%	5.1%	59.0%	188267	100.0%	16206	100.0%	8.6%	100.0%

성장방법: CHAID
종속변수: lattitude

목표 범주: 3.00 일반

노드에 대한 이익

	노드별						누적					
	노드		이득				노드		이득			
노드	N	퍼센트	N	퍼센트	반응	지수	N	퍼센트	N	퍼센트	반응	지수
8	374	0.2%	340	0.3%	90.9%	155.0%	374	0.2%	340	0.3%	90.9%	155.0%
7	502	0.3%	412	0.4%	82.1%	140.0%	876	0.5%	752	0.7%	85.8%	146.4%
	1607	0.9%	1176	1.1%	73.2%	124.8%	2483	1.3%	1928	1.7%	77.6%	132.4%
10	6256	3.3%	4461	4.0%	71.3%	121.6%	8739	4.6%	6389	5.8%	73.1%	124.7%
13	8694	4.6%	5651	5.1%	65.0%	110.8%	17433	9.3%	12040	10.9%	69.1%	117.8%
11	168916	89.7%	97332	88.2%	57.6%	98.3%	186349	99.0%	109372	99.1%	58.7%	100.1%
12	1741	0.9%	946	0.9%	54.3%	92.7%	188090	99.9%	110318	99.9%	58.7%	100.0%
14	177	0.1%	83	0.1%	46.9%	80.0%	188267	100.0%	110401	100.0%	58.6%	100.0%

성장방법: CHAID
종속변수: lattitude

본 연구는 국내의 온라인 뉴스사이트, 블로그, 카페, SNS, 게시판 등 인터넷을 통해 수집된 소셜 빅데이터를 주제분석과 감성분석 기술로 분류하고 데이터마이닝의 연관분석과 의사결정나무분석 방법을 적용하여 분석함으로써 우리나라 국민의 담배에 대한 위험요인을 예측하고자 하였다. 본 연구의 주요 분석결과는 다음과 같다.

첫째, 담배 관련 버즈는 매일 8시부터 증가하여 11시 이후 감소하며, 다시 12시 이후 증가하여 17시 이후 감소하고, 20시 이후 증가하여 23시 이후 급감하는 것으로 나타났다. 요일별로는 수요일, 목요일, 화요일, 월요일, 금요일 순으로 높은 추이를 보이는 반면, 주말에는 감소하였다.

둘째, 담뱃값인상 이후 위험군은 5.6% 감소하고, 일반군은 6.1% 증가한 것으로 나타났다.[5]

셋째, 버즈에서 담뱃값인상, 금연관련법이 동시에 언급되면 일반군이 될 확률이 증가하며, 담뱃값인상만 언급되어도 위험군을 감소시키는 것으로 나타났다.

넷째, FCTC, 담뱃값인상, 금연관련법, 흡연규제, 금연광고, 금연사업과 관련된 정책이 온라인상에 많이 언급될수록 위험군이 감소하는 것으로 나타났다. 금연약, 금연패치, 금연껌과 같은 도구가 온라인상에 많이 언급될수록 위험군은 감소하는 것으로 나타났으나, 전자담배와 보조제는 위험군을 증가시켰다.

다섯째, 담배 위험 예측모형에서 온라인상에 '담뱃값인상'이 언급될 경우 일반군이 58.6%에서 74.8%로 증가하며, '폐암'이 언급될 경우 73.1%로 증가한 것으로 나타났다.

끝으로 금연정책의 효과에 대한 대국민 조사와 더불어 소셜 미디어에서 수집된 빅데이터의 활용과 분석이 병행된다면, 정부의 금연정책에 대한 예측 및 평가에 대한 신뢰성이 더욱 제고될 것으로 예상된다. 한편 국민들이 금연에 적극적으로 동참할 수 있도록 소셜 빅데이터 분석을 통하여 담배를 애호적으로 생각하는 위험군을 감소시킬 수 있는 SNS 홍보가 강화되어야 할 것이다.

---

5. 담뱃값인상 이후 일반군이 6.1% 증가한 것은 흡연율이 6.1% 감소했다는 것을 나타내며, 이는 '질병관리본부가 한국갤럽과 함께 2015년 5월 27일부터 6월 10일까지 전국의 19세 이상 성인남녀 2,544명을 대상으로 진행한 담뱃값인상 6개월에 따른 금연효과 조사 결과 1년 전 40.8%인 흡연율이 35%로 5.8%가 감소'한 결과와 비슷한 것으로 나타났다.

참고문헌

1. Campaign for Tobacco-Free Kids. (2013). Increasing the federal tobacco tax reduces tobacco use, Washington DC.

2. Carter, B. D., Abnet, C. C., Feskanich, D., Freedman, N. D., Hartge, P., Lewis, C. E., Ockene, J. K., Prentice, R. L., Speizer, F. E., Thun, M. J. & Jacobs, E. J. (2015). Smoking and mortality: Beyond established causes. *New England Journal of Medicine*, 372, 631-640.

3. Center for Disease Control and Prevention. (2010). How tobacco smoke cause disease: The biology and behavioral basis for smoking attributable disease: A report of the surgeon genera, US Department of Health and Human Services, Atlanta, GA.

4. Centers for Disease Control and Prevention. (2014). Cigarette prices and smoking prevalence after a tobacco tax increase-Turkey, 2008 and 2012. *MMWR Morbidity and Mortality Weekly Report*, 63, 457-461.

5. Chun, H. (2015). The comparison of coauthor networks of two statistical Journals of the Korean Statistical Society using social network analysis. *Journal of the Korean Data & Information Science Society*, 26, 335-346.

6. Chun, H., Leem. B. (2014). Face/non-face channel fit comparison of life insurance company and non-life insurance company using social network analysis. *Journal of the Korean Data & Information Science Society*, 25(6), 1207-1219.

7. Hammond, D., Fong, G. T., McDonald, P. W., Brown, K. S. & Cameron, R. (2004). Graphic Canadian cigarette warning labels and adverse outcomes. *American Journal of Public Health*, 94, 1442-1445.

8. Hong, Y. (2014). A study on the invigorating strategies for open government data. *Journal of the Korean Data & Information Science Society*, 25, 769-777.

9. Ji, S., Jung, K., Jeon, C., Kim, H., Yun, Y. & Kim, I. (2014). Smoking attributable risk and medical care cost in 2012 in Korea. *Journal of Health Informatics and Statistics*, 39, 25-41.

10. Jung, K., Yun, Y., Baek, S., Jee, S. & Kim, I. (2013). Smoking-attributable mortality among Korean adults, 2012. *Journal of Health Informatics and Statistics*, 38, 36-48.

11. Kang, E. & Lee, J. (2011). Factor related to willingness-to-quit smoking cigarette price among Korean adults. *Korean Journal of Health Education and Promotion*, 28, 125-137.

12. Ministry of Health and Welfare. (2014). Korea health statistics 2013: Korea national health and nutrition examination survey VI, Ministry of Health and Welfare, Korea.

13. Ministry of Health and Welfare. (2014). press release. Government-wide, No smoking comprehensive plan, retrieved September 11, 2014.

14. Organization for Economic Cooperation and Development. (2014). Health data 2014, Paris,

OECD.

15. Park, H. C. (2013). Proposition of causal association rule thresholds. *Journal of the Korean Data & Information Science Society*, 24(6), 1189-1197.

16. Song, T. M., Song, J., An, J. Y. & Jin, D. (2013). Multivariate analysis of factors for search on suicide using social big data. *Korean Journal of Health Education and Promotion*, 30, 59-73.

17. Song, T. M. (2015). Predicting tobacco risk factors by using social big data. *Health and Social Welfare Issue & Focus*. Korea Institute for Health and Social affairs, Korea.

18. Thun, M. J., Carter, B. D., Feskanich, D., Freedman, N. D., Prentice, R., Lopez, A. D., Hartge, P. & Gapstur, S. M. (2013). 50-year trends in smoking-related mortality in the United States. *New England Journal of Medicine*, 368, 351–364.

19. World Health Organization. (2008). Report on the global tobacco epidemic – The MPOWER package. World Health Organization, Geneva.

20. Zheng, W., McLerran, D. F., Rolland, B. A., Fu, Z., Boffetta, P., He, J., Gupta, P. C., Ramadas, K., Tsugane, S., Irie, F., Tamakoshi, A., Gao, Y. T., Koh, W. P., Shu, X. O., Ozasa, K., Nishino, Y., Tsuji, I., Tanaka, H., Chen, C. J., Yuan, J. M., Ahn, Y. O., Yoo, K. Y., Ahsan, H., Pan, W. H., Qiao, Y. L., Gu, D., Pednekar, M. S., Sauvaget, C., Sawada, N., Sairenchi, T., Yang, G., Wang, R., Xiang, Y. B., Ohishi, W., Kakizaki, M., Watanabe, T., Oze, I., You, S. L., Sugawara, Y., Butler, L. M., Kim, D. H., Park, S. K., Parvez, F., Chuang, S. Y., Fan, J. H., Shen, C. Y., Chen, Y., Grant, E. J., Lee, J. E., Sinha, R., Matsuo, K., Thornquist, M., Inoue, M., Feng, Z., Kang, D. & Potter, J. D. (2014). Burden of total and cause-specific mortality related to tobacco smoking among adults aged ≥ 45 years in Asia: A pooled analysis of 21 cohorts. *Public Library of Science Medicine*, 11, e1001631.

찾아보기

χ^2-test 103

1-mode network 272
1종오류(α) 83
2-mode network 272
2종오류(β) 83
4분위수(quartiles) 85

A

AIC 149
ann() 238
anova() 123, 134, 144
aov() 115, 117
apriori() 212, 217, 220, 277, 303, 317, 319, 320, 355, 365, 368, 413, 420, 423, 467, 472
array() 50
as.factor() 263, 269
as.matrix() 212, 219, 277
at() 238
attach() 59, 87
axes() 238
axis() 238

B

barplot() 249, 298, 456
bartlett.test() 115, 157
bayes_data() 207
binomial() 173, 178, 180, 323
boxplot() 89, 100, 258
brewer.pal() 228
bty() 124

C

c( ) 49
cbind() 156, 160, 167, 169
cex() 239, 249
cex.axis() 249
CHAID 199
chisq.test() 105, 359
coef() 145, 179, 323, 373, 426
col() 128, 238, 239, 249
colors 239
confint() 145, 173, 179, 323, 373, 426
cor() 130, 157
cor.test() 130, 197
CRAN(Comprehensive R Archive Network) 42
CRAN 미러 60
CRT 199
ctab() 97, 104, 359
ctree() 191, 328, 379, 432, 434, 435
cut() 263, 269

D

data.frame() 55
Dunnett 117, 120
dwtest() 145

E

edge list 272
eigen() 157
Exhaustive CHAID(Chi-squared Automatic Interaction Detection) 30
exp() 173, 373, 426

IBM SPSS Statistics

Package 구성

Premium

IBM SPSS Statistics를 이용하여 할 수 있는 모든 분석을 지원하고 Amos가 포함된 패키지입니다. 데이터 준비부터 분석, 전개까지 분석의 전 과정을 수행할 수 있으며 기초통계분석에서 고급분석으로 심층적이고 정교화된 분석을 수행할 수 있습니다.

Professional

Standard의 기능과 더불어 예측분석과 관련한 고급통계분석을 지원합니다. 또한 시계열 분석과 의사결정나무모형분석을 통하여 예측과 분류의 의사 결정에 필요한 정보를 위한 분석을 지원합니다.

Standard

SPSS Statistics의 기본 패키지로 기술통계, T-Test, ANOVA, 요인 분석 등 기본적인 통계분석 외에 고급회귀분석과 다변량분석, 고급 선형모형분석 등 필수통계분석을 지원합니다.

소프트웨어 구매 문의

㈜데이타솔루션 소프트웨어사업부

대표전화:02.3467.7200 이메일:sales@datasolution.kr
홈페이지:http://www.datasolution.kr

데이타 솔루션
Formerly SPSS Korea